国家林业和草原局普通高等教育"十三五"规划教材

"十四五"江苏省高等学校重点教材

林 木 育 种 学

李火根 主编

中国林业出版社
China Forestry Publishing House

内容提要

　　《林木育种学》是国家林业和草原局普通高等教育"十三五"规划教材。"林木育种学"一直是本科林学专业的主干课程。本书系统介绍了林木育种中的遗传学原理、林木育种体系与育种策略、林木育种资源、林木引种与驯化、林木选择育种、林木杂交育种、林木分子育种及其他技术育种、林木遗传测定、林木良种繁育、林木良种审定与推广，以及常用林木繁殖技术等内容。教材的知识体系完整、内容新颖全面、文字简洁易读。

　　本教材主要针对林学专业，但也可作为森林保护、水土保持与荒漠化防治、生物技术等专业的教材或教学参考书。同时，也可作为林木遗传育种专业研究生以及从事林木遗传育种研究领域的教学与科研人员的参考书。

图书在版编目（CIP）数据

林木育种学/李火根主编. —北京：中国林业出版社，2022.8
国家林业和草原局普通高等教育"十三五"规划教材
"十四五"江苏省高等学校重点教材
ISBN 978-7-5219-1803-8

Ⅰ. ①林…　Ⅱ. ①李…　Ⅲ. ①林木–植物育种–高等学校–教材　Ⅳ. ①S722.3

中国版本图书馆 CIP 数据核字（2022）第 141184 号

 "十四五"江苏省高等学校重点教材
教材编号：2021-2-144

中国林业出版社教育分社

策划、责任编辑：肖基浒
电话：(010)83143555　　　　　　　　　传真：(010)83143516

出版发行　中国林业出版社（100009　北京市西城区刘海胡同 7 号）
　　　　　　E-mail：jiaocaipublic@163.com　　电话：(010)83143120
　　　　　　http://www.forestry.gov.cn/lycb.html
经　　销　新华书店
印　　刷　北京中科印刷有限公司
版　　次　2022 年 8 月第 1 版
印　　次　2022 年 8 月第 1 次印刷
开　　本　850mm×1168mm　1/16
印　　张　21.5
字　　数　510 千字
定　　价　65.00 元

《林木育种学》编写人员

主　　编　李火根

编写人员　（以姓氏拼音为序）

黄少伟（华南农业大学）

李　云（北京林业大学）

李火根（南京林业大学）

李周岐（西北农林科技大学）

王章荣（南京林业大学）

前　言

　　林木遗传育种学是本科林学专业的主干课程，该课程由遗传学与林木育种学两部分组成。虽然国内不同院校林学专业的课程设置及所用教材有所不同，但育种学部分一直是林木遗传育种学的主体内容。

　　林木育种学教材建设是林木遗传育种学课程建设重中之重的任务。我国学者在不同时期先后出版了多部林木育种学教材。1961 年，由南京林学院树木育种教研组叶培忠教授主编的《树木育种学》(试用教材)由农业出版社出版，随后成为我国农林院校林业专业的通用教材，这是我国学者自主编写的第一部林木育种学教科书。1980 年，南京林产工业学院树木育种组主编《树木遗传育种学》由科学出版社出版，该教材普遍为我国农林院校的林业专业所使用。1988 年，为适应新形势的需要，南京林业大学王明庥教授、王章荣教授、陈天华教授共同编写了《林木育种学概论》，该书由中国林业出版社出版，之后，国内大多农林院校也将该书作为林学专业的使用教材。2001 年，中国林业出版社出版了王明庥院士组织编写的《林木遗传育种学》，该教材在保留原有知识体系基础上，还系统总结了 1980—2000 年我国林木遗传育种研究的重要进展。该书既是林学专业的经典教材，又是林木育种工作者必备的参考书。期间，国内还有其他相关教材出版，如 1990 年中国林业出版社出版了北京林业大学朱之悌院士、沈熙环教授主编的《林木遗传学基础》和《林木育种学》。2005 年，陈晓阳教授、沈熙环教授重新修订了《林木育种学》并由高等教育出版社出版。2012 年，中国林业出版社出版了《林木遗传学基础》第 2 版，该书由张志毅教授主持修订。以上这些教材普遍受到高等农林院校林学专业师生的认可，也为我国林木遗传育种专业人才的培养发挥了重要作用。

　　进入 21 世纪，随着现代科技的进步，尤其是分子生物学理论与技术的飞速发展，为林木遗传育种学研究拓展了新的视野、提供了新颖的研究方法，大大促进了林木育种学的发展。例如，"林木基因编辑"与"林木全基因组选择"已纳入我国"十四五"重点研发计划。同时，近 10 余年来，国内外林木育种进展较快，如美国火炬松已进入第四轮强度育种，我国杉木育种也发展至第四代。此外，林木育种目标多样化、林木育种群体结构化、高世代育种集约化、林木种苗繁育工厂化等已成为林木育种发展趋势。因此，面对 21 世纪新林科专业人才培养模式转变及教学改革要求，迫切需要将林木育种学最新研究进展吸收进该课程的教学内容中。在此背景下，我们重新编写了《林木育种学》。该教材获得了中国林业出版社的大力支持，被列为国家林业和草原局普通高等教育"十三五"规划教材。同时，该教材也被江苏省教育厅列为"十四五"江苏省高等学校重点教材。此外，该教材的出版还得到了江苏省品牌专业(林学)建设经费的资助。

在编写过程中，我们力求做到以下四点：①在知识体系上体现出系统性与时效性。在继承林木育种学原有的知识结构体系基础上，新增加了林木分子育种、林木品种审定与推广以及常用林木繁殖技术3章内容，力求知识体系的系统性与全面性。同时，总结21世纪以来林木育种学最新研究进展与成果，并将其补充进教材内容中，以体现时效性。②在结构上注重严谨性与完整性。章节编排按照林木育种知识框架体系与育种活动的先后次序进行，主线清晰，并注意章节之间的关联性与结构严谨性。每一章包含引言、正文、本章概要、思考题、扩展阅读等，教学内容完整。③在内容上凸显简明性与实用性。为了适应通识教育背景下专业课课程学时缩减的要求，对教材篇幅进行了精简。此外，注意理论联系实际，利用实际案例来诠释常用的育种方法和遗传参数估算方法，凸显实用性。④在文字上注重通俗性、准确性与易读性。对于一些抽象的概念与原理尽可能用通俗的文字进行详细阐述；对于林木育种的专业术语，尽可能准确、清晰表述，并详细说明；另外，文字力求精练、流畅，以便于读者阅读与理解。

本教材共12章，包含绪论、林木育种中的遗传学原理、林木育种体系与育种策略、林木育种资源、林木引种与驯化、林木选择育种、林木杂交育种、林木分子育种及其他技术育种、林木遗传测定、林木良种繁育、林木良种审定与推广以及常用林木繁殖技术等内容，另外，附录部分列出了林木育种常用的术语及解释。其中，第1、2、5、8、10章以及附录由南京林业大学李火根教授编写；第3章由南京林业大学王章荣教授编写；第4、6章由西北农林科技大学李周岐教授编写；第7、9章由华南农业大学黄少伟教授编写；第11、12章由北京林业大学李云教授编写。同时，李周岐教授审校了第1、2、11章，也对其他部分章节提出了修改意见；李火根教授审校了第3、9、12章，并对第7章(杂种优势遗传基础)与第9章(重复力及其估算)等内容作了相应补充；李云教授审校了第4、5、10章；黄少伟教授审校了第6、8章；王章荣教授审校了第7章，并对其他各章提出了修改建议。之后，编委会成员两次对编写内容进行了集中讨论修改。最终，全书由李火根教授统稿。

在教材编写过程中，还得到了其他老师与研究生的帮助。南京林业大学童春发教授审阅了第8章8.1林木QTL与'MAS'内容并提出了修改意见。南京林业大学研究生胡珊、吴栩佳、张成阁、涂忠华、郝自远等同学帮助绘制或编辑了部分插图、公式及表格，或帮助格式编排。此外，南京林业大学林学院姜姜教授、朱涛老师一直关心与支持本教材的编写工作。对以上各位同志的帮助和支持，在此一并表示感谢。

本教材主要针对林学专业编写，但也可作为森林保护、水土保持与荒漠化防治、生物技术等专业的教材或教学参考书。同时，还可作为林木遗传育种专业的研究生以及从事林木遗传育种研究的教学与科研人员的参考书。由于编者的水平有限，书中错误与疏漏之处在所难免，敬请读者批评指正，以便今后订正与完善。

编　者

2021 年 6 日

目　录

1

第1章 绪 论

森林是人类赖以生存与繁衍的物质宝库，也是生物多样性最丰富的陆地生态系统。森林不仅对全球气候与生态环境有重要的影响，同时也与人类的生产生活及经济发展密切相关。

我国森林资源总量不足，分布不均、结构不合理。森林资源贫乏和经营管理粗放严重影响国家木材安全，同时，也是造成水土流失严重、生态环境恶化、自然灾害频繁的主要原因之一。尽管改革开放后，我国通过实施植树造林、三北防护林建设、天然林资源保护、森林分类经营等多项重大工程，使我国森林覆盖率由改革开放前的13.92%逐年增长至22.96%（2018年统计数据），但仍远低于世界平均水平的30.6%（FAO，2015）。根据第九次全国森林资源清查数据（2014—2018），我国森林总面积 $2.2×10^8$ hm^2，居世界第五，其中人工林面积达 $7954×10^4$ hm^2，居世界首位。但由于我国人工造林良种化水平较低，导致绝大部分人工林的林分质量差、生产力低下。另一方面，我国林业中长期发展战略将人工林高效培育作为保障国家木材安全的重要举措，这意味着今后我国的木材生产将完全依靠人工林培育。

林木良种是决定人工林产量与质量的最关键因素。因此，加强林木育种研究、不断提高人工林良种化水平是我国中长期林业发展的重要战略。可见，以选育林木良种为根本目标的林木育种学在林学学科中的重要性。可以说，林木育种学是现代林学的支柱学科。

本章首先介绍森林资源与林木良种之间的关系，引出林木育种的概念、研究内容与目标。接着简要介绍林木育种学的发展历程，最后阐述林木育种的特点与发展趋势。

1.1 森林资源与林木良种

1.1.1 森林资源概况

2015年，世界森林总面积 $39.99×10^8$ hm^2，约占全球陆地总面积的30.6%，其中，天然林面积 $37.09×10^8$ hm^2，约占森林总面积的93%（FAO，2015）。但森林资源在地球上分布并不均衡。2015年，全球木材活立木蓄积量为 $5310×10^8$ m^3，其中50%位于俄罗斯和拉丁美洲。森林覆盖率全球为30.6%，拉丁美洲和加勒比海地区达50%，北美洲、欧洲约30%，而非洲、亚洲仅为20%（FAO，2015）。

世界上大多数人工林是在1950年以后营造的。2015年，全球有 $2.91×10^8$ hm^2 人工林，约占林地总面积的7%。与天然林一样，人工林占森林面积的比例在各个国家之间差异也很大，瑞士、加拿大、印度尼西亚、俄罗斯的人工林比例较低，约占1%~3%；美国、智利、新西兰、南非较高，约占15%~25%，中国高达31%，最高为日本达45%。在

1

世界人工林发达国家中，美国、瑞典、芬兰的人工造林良种化比率较高，如 2014—2017 年，美国南方松人工造林的良种化比率达 98%；2014 年，瑞典欧洲赤松（*Pinus sylvestris*）、欧洲云杉（*Picea abies*）良种化比率分别为 95% 和 67%；芬兰白桦、欧洲赤松良种化比率分别达 100% 和 60%。

根据第九次全国森林资源清查（2014—2018）数据，我国森林面积有 2.2×10^8 hm²，森林覆盖率为 22.96%。我国森林蓄积量 175.6×10^8 m³。天然林面积 1.4×10^8 hm²，人工林面积 7954×10^4 hm²。森林面积、蓄积量分别位居世界第 5、6 位，而人工林面积居世界首位。但我国人工林良种化比率不高，至 2015 年，也仅增长至 60.8%。

森林的物种组成在世界不同地域间差异很大。温带的针叶林仅由少数几个树种组成，而热带雨林则含有成百上千个树种。根据国际植物园保护联盟（BGCI）2017 年统计数据，全球有 60 065 种乔木树种。巴西、哥伦比亚、印度尼西亚位居前三，分别有 8715 种、5776 种和 5142 种树木。特有种类数量前三国家为巴西、马达加斯加及澳大利亚，分别有 4333 种、2991 种和 2584 种，而北美洲的新北区（nearctic realm）树木特有种类最少，不到 1400 种。我国是世界上木本植物种类较丰富的国家之一，有 7000 余种，其中，乔木树种有 2000 余种。根据第九次全国森林资源清查（2014—2018）数据，我国现有乔木 1892.43 亿株。位居前 20 的树种分别为杉木（*Cunninghamia lanceolata*）、白桦（*Betula platyphylla*）、马尾松（*Pinus massoniana*）、落叶松（*Larix gmelinii*）、蒙古栎（*Quercus mongolica*）、黑杨派杨树（*Populus×canadensis*，*P. deltoides*）、山杨（*P. davidiana*）、云南松（*Pinus yunnanensis*）、木荷（*Schima superba*）、黑桦（*Betula dahurica*）、柏木（*Cupressus funebris*）、青冈栎（*Cyclobalanopsis glauca*）、辽东栎（*Quercus wutaishansea*）、油松（*Pinus tabuliformis*）、五角枫（*Acer mono*）、枫香（*Liquidambar formosana*）、云杉（*Picea asperata*）、紫椴（*Tilia amurensis*）、冷杉（*Abies fabri*）、尾叶桉（*Eucalyptus urophylla*），这 20 个树种的林木株数合计为 973.51 亿株、占全国乔木林株数的 51.44%，蓄积量合计 90.46×10^8 m³、占全国乔木林蓄积量的 53.03%。

在众多的木本植物中，仅有很少一部分开展了育种研究。据全球遗传资源管理委员会（Committee on Managing Global Genetic Resources，CMGGR）1991 年统计，全世界开展人工改良的乔木树种约 400 种。迄今，我国开展育种研究的乔木树种也仅有 70 余种，绝大多数树种仍处于野生状态。

1.1.2 森林的功能与效益

森林具有多种不同的功能，可为社会提供各种不同的林产品。同时，也具有多种生态功能。此外，森林还具有物种多样性保护及游憩观赏等功能。总体上，森林效益可区分为经济、生态、社会三大效益，现分述如下：

1.1.2.1 森林具有巨大的经济效益

森林能提供大量木材及其他林产品，这是森林产生的直接效益。具体又可细分为以下 5 个方面：

①木材及制品　如原木、各类人造板（胶合板、多层层级板、定向刨花板、纤维板）、纤维纸浆、人造丝等，可用于建筑、家具、车辆、船舶、枕木、矿柱、造纸和木纤维服装

制造等。

②化工原料　如橡胶、栲胶、紫胶、松香、松节油、樟脑、芳香油、单宁、生漆等。

③医药原料　如传统的中药材树种杜仲（*Eucommia ulmoides*）、桂皮（*Cinnamomum tamala*）、刺五加（*Acanthopanax senticosus*）、毛冬青（*Ilex pubescens*）等；近年来，从喜树（*Camptotheca acuminata*）、三尖杉（*Cephalotaxus fortunei*）等树种中提炼出喜树碱、紫杉醇等抗癌物质。

④森林食品　如油料树种油茶（*Camellia oleifera*）、油橄榄（*Olea europaea*）、花椒（*Zanthoxylum bungeanum*）；干果类核桃（*Juglans regia*）、板栗（*Castanea mollissima*）、香榧（*Torreya grandis*）等；以及松茸、木耳、香菇及其他食用菌等。

⑤生物质能　联合国粮食及农业组织据（FAO）统计，2011 年，发展中国家 87% 以上的采伐木材用作薪炭材。此外，一些树种可作为清洁能源的原材料，即生物质能源树种，如麻疯树（*Jatropha curcas*）、文冠果（*Xanthoceras sorbifolium*）、油桐（*Vernicia fordii*）、油棕（*Elaeis guineensis*）、黄连木（*Pistacia chinensis*）、光皮树（*Swida wilsoniana*）等。

1.1.2.2　森林具有多种生态功能

①保持水土、涵养水源　森林植被对降水截留，可保持水土。森林土壤蓄水功能强，有利于水源涵养。

②调节气候、减少灾害　林冠能降低太阳辐射及蒸腾作用，从而调节空气的温度与湿度。森林还能减少旱灾、洪灾等自然灾害的发生频率。

③防风固沙、改良土壤　生态防护林可有效降低风速，固定沙丘。枯枝落叶可改善土壤结构与肥力。

④固碳释氧、净化空气　森林通过光合作用吸收二氧化碳，放出氧气，有效缓解温室效应。林冠枝叶表面吸附灰尘和有毒微粒，吸收有毒气体，可净化空气。

⑤物种多样性保护　森林生态系统的生物多样性最丰富，是物种多样性的宝库。

1.1.2.3　森林具有显著的社会效益

森林的社会效益与生态效益紧密关联，难以截然分开。森林的社会效益主要表现在森林对人类的生产、生活及游憩活动，以及对人的心理、情绪、感知等方面所产生的积极作用。

①隔离噪声、净化空气　枝叶、树干可阻挡与吸收声波，进而降低噪声污染。同时，森林植物的芽、叶、花、果能分泌具有芳香挥发性的杀菌素，释放氧离子，杀死细菌。

②绿化大地、美化环境　森林还具有景观功能。林木的冠、叶、枝、花、果均具有观赏特性，可为人们带来视觉享受。

当今，对森林资源的利用已从单纯的木材生产转向森林资源的多功能利用，尤其是森林的生态功能越来越受到重视。虽然，追求森林资源的经济效益仍是林业生产的主要目标，但并非唯一目标，而是更重视森林的生态效益与社会效益。因此，从育种角度看，应结合森林的多种功能特点，根据国家战略要求与社会需求制定切实可行的林木育种目标。

1.1.3　天然林保护与人工林集约经营

众所周知，生物多样性是人类赖以生存与繁衍的基石。森林生态系统是生物多样性最丰富的生态系统，特别是热带雨林生态系统，保护天然林资源就是保护生物多样性和生态系统。20世纪60年代以来，世界天然林资源，尤其是热带森林资源持续减少，物种丧失速度加快。为保护现有原始林和天然次生林，许多国家开始实施原始森林与天然林资源保护工程。例如，2002年启动的"亚马孙区域保护区项目"，保护总面积达 $650×10^4 km^2$，其中森林面积 $5000×10^4 hm^2$，占全球森林面积的12%，占地球热带雨林总面积的50%，是迄今为止世界规模最大的热带雨林保护项目。非洲是仅次于拉丁美洲的世界第二大热带雨林区，面积达 $2.5×10^8 hm^2$。2001年，刚果(布)、赤道几内亚、中非共和国、加蓬和喀麦隆5国签署协议，加强刚果河流域热带雨林保护，促进森林资源的可持续利用。美国、加拿大等一些国家通过建立国家公园、森林公园或自然保护区等方式，保护天然林及具有特殊重要意义的自然资源和景观。南非的《森林法》全面禁止天然林采伐，印度尼西亚等东南亚国家也逐渐限制天然林的采伐。新西兰、澳大利亚等国家实行分类经营，通过大力发展和采伐利用人工林，减轻对天然林资源消耗的压力，同时，将绝大部分天然林划为各类保护区(陈蓬，2004)。

1995年，我国制定了《中国21世纪议程——林业行动计划》，提出森林分类经营策略，即将森林划分为公益林(防护林、特种用途林)和商品林(用材林、经济林、薪炭林)两类分别经营，其目标是建立较完备的林业生态体系和较发达的林业产业体系。1998年，我国开始实施天然林资源保护工程(简称"天保工程")，工程涉及长江上游、黄河上中游、东北、内蒙古等重点国有林区17个省(自治区、直辖市)的734个县和167个森工局，涵盖林业用地面积 $1.237×10^8 hm^2$。该工程旨在解决天然林的休养生息和恢复发展问题，最终实现林区资源、经济、社会的协调发展(陈蓬，2004)。另外，随着我国经济近30年的持续快速发展，人们对木材和林产品的需求急速增长已超出我国林业的承受力，影响了林业的可持续发展。现今，我国每年木材短缺量超过 $9000×10^4 m^3$，年进口木材及木制品高达600亿美元，对林产品进口的高度依赖，不仅是我国经济发展的瓶颈，而且影响我国木材国家安全，加之我国近70%天然林结构退化，致使其生态严峻、森林涵水量下降，37.1%的国土面积水土流失。因此，我国林业面临经济社会发展、生态文明建设、国家木材安全的多重压力。解决这一矛盾的唯一出路是发展高效人工林，营造速生优质人工林，以大幅度提高森林覆盖率和木材产量(张守攻等，2016)。

虽然人工林的物种单一，生物多样性较低，但人工林也有其优势。概括起来，与天然林相比，人工林具有以下四方面的优势。

①生长快　人工林普遍生长快，轮伐期短。例如，新西兰人工林面积仅占16%，却生产出95%的工业用材产品(FAO，1995)。

②产品一致　成熟期一致，便于集中采伐与机械化加工，使得人工林的木材采运及加工成本较低。

③功能多样　除了生产工业用材之外，人工林还具有木本粮油原料、生物质能、水土保持、防风固沙、改善水质、矿区复垦以及碳汇等多种用途。

④种植面广　人工林可适合多种立地类型种植，不与农业争地，土地利用率高。既可利用丘陵山地，也可利用平原地区的四旁空闲地；一些不适合农业种植的荒滩、盐碱地、

农业退化土地、甚至废弃的工业矿区等均适合用于人工林营造。

综上所述，人工林在满足全球日益增长的林产品需求方面起着重要作用，有助于减轻对天然林的木材生产依赖。塞乔（Sedjo）和博金（Botkin）（1997）认为，人工林面积最低仅需占世界林地面积的 5% 就可满足全球工业用材的需要。因此，发展人工林是减轻天然林采伐压力和保护天然林资源的一条途径。

随着世界贸易市场的不断开放，必然导致全球竞争加剧，从而使人工林的经营越来越集约化。当前世界上大多数的大型人工林培育计划中，均将树木改良项目作为其重要组成部分。采用良种造林，辅以集约栽培技术，将大大提高人工林的生产力，实现人工林的高效培育。

1.1.4 林木良种在人工林培育中的作用与地位

种为万物本，林以种为先。林木种苗是林业发展的基础。与农作物一季或是一年的栽培期相比，林木生长周期要长得多。农业种苗出问题仅影响一季或是一年，而一旦林木种苗出问题，将影响几年、十几年甚至几十年，给林业发展和生态建设造成巨大的损失。由此可见，与作物、蔬菜种子产业相比，林木良种在林业生产中占据更为重要的地位。

概括起来，林木良种具有以下 4 方面的作用。

（1）提高木材产量与品质，缩短轮伐期，提高林产品综合收益

采用经遗传改良的种苗营建的人工林，其产量可提高 15%～50%，轮伐期缩短 1/3～1/2。例如，火炬松（*Pinus taeda*）、辐射松（*P. radiata*）、欧洲云杉等针叶树种经过 3 个育种周期的改良，采用优良无性系/家系造林，其产量可提高 15% 以上。桉树、杨树等阔叶树种采用优良无性系造林，其产量可提高 50% 以上。采用马尾松初级种子园种子造林，树干通直度可提高 30%。新西兰辐射松育种成效显著，其木材出口额占总额的 13%，投入产出比高达 1∶46。

（2）提高林木抗性与适应性，减轻环境污染

林木良种的应用可提高林木抗性与适应性、减少农药使用量、降低土壤、水环境的化学污染、减少投入。例如，采用湿地松 1.5 代种子园种子造林，抗锈病能力提高 18%。

（3）减少天然林资源消耗，有助于维系森林生态系统的稳定

与树种单一的人工林相比，天然林具有丰富的生物多样性，因而对于全球森林生态系统的稳定与维系至关重要。林木良种的广泛应用促进了人工林的规模发展，人工林在为社会提供木材需求的同时，也间接保护了天然林资源。以美国南方松（湿地松、火炬松）为例，2014 年，美国南方松人工林面积为 1250×10^4 hm^2，其中，80% 为火炬松，松树人工林面积仅占美国南方森林面积的 15%，却提供了 50% 以上的木材供应。

（4）林木良种的应用有助于减缓全球气候变化进程

经遗传改良的人工林生物量增加，进而使碳汇（carbon sequestration）总量增加，有助于减缓全球气候变暖进程。据美国北卡罗莱纳州立大学测算，1968—2007，经遗传改良的火炬松人工林共生产了 256×10^8 m^3 木材及其制品，碳汇总量为 986.5×10^4 t，其中，由于遗传改良增加的木材产量为 37×10^8 m^3 木材，增加的碳汇量为 110×10^4 t。

1.2　林木育种学的概念、研究内容与目标

1.2.1　林木育种学的概念

基因(gene)是生物界所有遗传变异和生物多样性的基础，而遗传学(genetics)是研究基因的本质、传递和表达，即遗传和变异的学科。森林遗传学(forest genetics)是研究林木遗传与变异的学科，是遗传学的分支学科。林木育种学(tree breeding)是应用森林遗传学原理，研究林木良种选育及繁殖的理论与技术的学科；或指以遗传学原理为指导，以林木遗传变异为基础，以提高林木产量、品质、抗性与适应性等性状为目标，定向选育林木良种并加以扩繁的林业实践活动。因此，林木育种学是理论与实践结合非常紧密的一门学科。

在林木育种界，还有一个概念与林木育种的概念很近，即林木改良。林木改良(tree improvement)指应用森林遗传学、树木生物学、森林培育学和经济学等学科原理培育林木遗传改良品种，以达到改良林木产量和品质的目的。鉴于树木改良的目的也是培育高产优质的林木品种，因此，当前林木育种界大多将这两个概念视为同义词。

与农作物的品种概念较为严格不同，林木品种的概念比较宽泛，一般指人工选育出的符合生产需要，具有明显的特征性状且遗传相对稳定，能适应一定的自然或栽培条件的林木繁殖材料或群体。林木良种包含无性系、种源、家系等材料，也包括种子园混合种子。

1.2.2　林木育种学的研究内容

林木育种学是研究林木品种选育与扩繁的理论与技术的科学。运用遗传学原理研究林木群体的遗传组成、林木变异类型及规律，通过各种育种手段利用林木自然变异，或者创制变异，进而培育林木优良品种并进行有效扩繁，以改良林木遗传品质，通过对森林实施遗传管理，实现林业高效和可持续发展的目标。

林木育种学是一门实践性很强的科学，需要密切结合生产实践，掌握杂交、遗传测定以及种子园、采穗圃营建等相关技术。具体而言，林木育种学的研究内容应包含以下四部分。

（1）林木育种的遗传学基础

主要包含林木群体遗传、林木数量遗传的基础理论及林木性状表达的分子基础等内容。这部分内容是林木育种的理论基石。

（2）林木良种选育的原理与方法

这是林木育种学的主体内容。包括林木育种资源的收集保存与利用、林木育种策略、林木育种方法。林木育种方法又分为引种驯化、选种及育种。引种驯化是指通过人工栽培技术措施与选择，使外来树种或野生资源能适应本地的自然环境和栽培条件，成为本地栽培树种/品种。选种指在种内进行的种源选择、个体选择（优树、无性系）。林木育种的方法较多，包括杂交育种、倍性育种、诱变育种以及基因工程育种、分子标记辅助育种等。

（3）林木良种繁育技术

包括常规的良种繁育3种方式：采穗圃、母树林和种子园，也包括现代生物技术方法

进行的良种繁育，目前主要利用组织培养、体细胞胚胎发生等细胞工程技术繁育林木良种。同时，常用林木繁殖技术也要求掌握。

（4）林木遗传测定方法

遗传测定是林木育种的关键环节，是从表现型选择上升到遗传型选择（genotype selection）的必经之路，关乎林木良种选育的成败。林木遗传测定包括种源试验、子代测定和无性系测定 3 种主要类型。

本教材重点讲授林木群体遗传与数量遗传、林木育种体系与育种策略、林木育种资源、引种、种源选择与优树选择、杂交育种、无性系选育、采穗圃、母树林、种子园，以及遗传测定等内容，同时，也系统阐述林木分子育种、倍性育种、诱变育种、良种审定与推广，以及常用的林木繁殖技术等内容。

林木育种学作为一门应用科学，它是以进化论和遗传学理论为基础，同时与分子生物学、植物生理学、森林生态学、森林培育学及生物统计学等学科有着密切的联系。因此，学习林木育种学，必须具备坚实的现代生物学基础知识，同时，还需要熟练掌握林学相关的理论与实验技术。

1.2.3 林木育种学的研究目标与任务

总的来说，林木育种的目标是通过选择优良基因型，提高有利基因的频率，改变林木群体遗传结构，选育出木材产量高、品质好、抗逆性强的优良种源、优良类型、优良家系、优良无性系等材料，并进行规模化繁殖。林木育种学的根本目标是选育林木良种。

为了实现上述目标，林木育种的任务是：

（1）收集与保存林木种质资源，制定科学的林木育种体系

①广泛收集与保存林木种质资源 林木种质资源是育种的物质基础，遗传变异的发现与创制是林木育种的关键。育种资源的量和质，不仅关系到当前的育种成效，也关系到未来的育种工作能否持续下去。如果没有丰富的育种资源贮备，不仅会限制林木育种的持续开展，也将无法适应未来不断变化的育种目标的要求。

②准确评价木材种质 采用表现型测定、生理生化测定等手段，结合基于分子生物学技术的遗传鉴定新技术，全面、系统、准确地评价林木种质。

③科学组建林木育种群体 应根据树种的遗传基础、选择强度等特点组建不同的育种群体。根据亲缘关系和性状表现对育种群体进行结构化管理，例如，将整个育种群体分为主群体与精选群体，或亚系化，以便控制近交并充分利用林木种间及种内遗传变异。

④制定科学的育种策略 应根据树种特性、育种目标、种质资源、人力、物力和财力状况等，综合考虑群体中近交的控制、近期育种的效益、长期育种的增益、育种群体的规模、育种成本。对育种计划的各个组成部分作出最有效、最合理的安排，形成科学完整的育种体系。

（2）采用多种手段选育林木良种，满足社会对森林的多种功能需求

①采用多种方式培育林木良种 包括引种、选择育种、杂交育种、倍性育种、诱变育种等方法，同时，也可结合分子生物学技术手段开展林木转基因育种，分子标记辅助育

种，分子设计育种等。但在目前，常规育种技术仍然是林木育种的主要方式。

②区分树种特性制定不同的育种目标 杨树、松杉等主要工业用材树种，以速生、丰产、优质为目标，提高单位面积的木材产量、缩短轮伐期，为工业人工林的高效定向培育提供林木良种；对于生产栲胶、紫胶、松香、松节油、樟脑等非木质林产品的树种，以提高产量和品质、增强抗逆性为目标；对于生物质能源树种，以提高生物量为目标；对于荒漠治理、水土保持、水源涵养等生态树种，以提高抗逆性及生态适应性为育种目标。

（3）常规技术与现代生物技术相结合，规模化繁育林木良种

加强良种繁育理论与技术的研究。深入开展林木生殖生物学研究，开展人工辅助授粉、去顶修剪树体矮化等措施，研发种子园高产稳产的技术体系，提高种子园的种子产量。开展种子园交配系统研究，采用DNA分子标记检测种子园花粉污染率，保障种子园种子的遗传品质。

扦插、嫁接等无性繁殖技术中的成熟效应与位置效应、繁殖系数的提高、最佳繁殖条件等仍值得进一步探索。充分利用现代生物技术的优势，积极开展林木组织培养、体胚发生技术，将其应用于林木良种繁育，以实现林木良种的工厂化生产。

（4）开展林木育种理论与技术的研究

深入系统地研究林木遗传变异规律，分析林木主要性状在群体、家系、个体、个体内的变异模式，这是制定育种策略的重要依据。

科学开展种源试验、子代测定、无性系测定等遗传测定工作，准确估算林木性状的遗传力、配合力、育种值、遗传相关等遗传参数，这是提高林木改良效果的重要参考信息。综合考虑树种特性、生态区域、育种计划等因素确定试验点规模及地点。根据工作量、地形地貌、经费预算等条件选择最佳的田间试验设计方案。发展新的统计模型分析林木遗传学数据，服务于林木育种研究。

加速育种进程，缩短育种周期。林木世代周期长，林产品经济成熟期也较长。为缩短林木良种的投产周期，提高单位时间的遗传增益，应加强林木生殖生物学、传粉生物学机理研究，揭示开花结实规律，研发提早开花结实的技术。揭示林木经济性状在亲—子代间的遗传规律，分析性状在幼龄—成龄间的相关，研发林木早期选择理论与方法。

构建林木遗传学研究群体，利用分子生物学技术揭示林木主要经济性状的遗传学机理，探索林木分子育种的理论与技术方案。

（5）加强林木育种专业技术队伍建设，健全林木良种推广技术体系

林木育种工作技术性强，专业化程度高。林木育种工作需要一支成熟稳定的专业技术队伍。应加强林木育种专业技术队伍建设，尤其是林木良种基地的专业技术队伍建设，同时，还应定期组织技术培训，不断提高业务水平。

明晰良种选育、良种生产与良种推广应用三者之间的关系。建立由政府监管、高校与科研院所技术支撑，良种基地负责生产，种子公司负责销售推广的林木良种推广技术体系。

林木良种均有其适生范围，在区域化试验基础上确定良种的推广地区。同时，应开展配套的栽培技术研究，特定的良种只有在特定的良法条件下才能发挥其最大效益。

1.3　林木育种学的发展历程

早在 2000 多年前，人们就开展了林木引种工作，如西汉张骞出使西域引回核桃。我国民间自发的林木繁育活动，如杨、柳和杉木的无性繁殖也有数百年历史，但多是一些零星的引种和繁殖实践活动，缺乏科学理论指导。19 世纪初，欧洲的科学家已认识到林木种源变异的重要性。至 1850 年，欧洲的林学家培育出一批林木种间杂种，并且总结出一些树种的营养繁殖方法（Zobel and Talbert，1984）。可以说，林木育种的实践活动由来已久，但系统的、严格的林木育种工作始于 19 世纪。

以下分别介绍国外、国内的林木育种发展概况。

1.3.1　国外林木育种发展历程

1821 年，法国学者德·维尔莫林（De Vilmorin）在巴黎郊外首次进行了欧洲赤松的种源试验，这是目前学界普遍认可的最早的林木育种研究。随后法国、俄国、奥地利、瑞士等林学家对落叶松、欧洲云杉、欧洲赤松等树种开展了种源试验，证实了种内存在着明显的差异。

1845 年，德国植物学教授克洛茨奇（Klotzch）开展了欧洲赤松与欧洲黑松（*P. nigra*）间的杂交。在 19 世纪，杂交是园艺家们最喜欢从事的育种实践活动之一，这也促成了孟德尔遗传理论的问世。

1855—1880 年，达尔文提出的以自然选择为基础的进化论学说，阐明了物种的可变性与生物的适应性，达尔文学说对当时的林学界有很大影响。

1892 年，国际林联（IUFRO）为主要造林树种制订了种源试验技术方案。19 世纪末，国外不少林学家认识到林分内单株间存在变异。

19 世纪末至 20 世纪初，杂交与选择是植物育种学家们最常用的手段，代表性人物有美国园艺学家伯班克（L. Burbank，1849—1926）和苏联植物育种学家米丘林（I. V. Michurin，1855—1935）。1870 年，伯班克因受达尔文学说的影响开始从事植物育种实践，经过 50 多年的不懈工作，培育出 800 多个新的植物品系和品种。米丘林毕其一生选育出了 300 多个果树品种。两人的杰出工作对现代林木育种原理与方法仍有重要影响。

1912 年，爱尔兰亨利（Henry）教授最先开展杨树杂交试验，他通过杨树派间杂交，棱枝杨（*Populus deltoidesvar*）×毛果杨（*P. trichocarpa*），选育出速生且适应性强的杂种格氏杨（*P. generosa*）。

20 世纪 20 年代开始有计划的林木育种项目。最早进行林木育种工作的国家是美国和芬兰。瑞典是第三个开展有计划育种的国家，但却是在 1936 年。

20 世纪 30 年代掀起杂交育种高潮，爱尔兰、美国、意大利、德国、丹麦、日本等国在落叶松、板栗、榆树（*Ulmus pumila*）、杨树等树种中都作过大量的杂交试验，但成效最大的仍只限于杨属（*Populus*），其中，意大利杨树研究所的杂交育种成果尤为丰硕。

1934 年，丹麦林学家拉尔森（Larsen）将落叶松、欧洲白蜡的优树进行嫁接以生产商业化种子，这种方式后来发展成林木种子园技术，在 20 世纪 50 年代为世界各国所推崇。

1936年，瑞典尼尔森-埃尔（Nilsson-Ehle）发现了三倍体欧洲山杨（*Populus tremula*）无性系，随着秋水仙碱的发现与应用，掀起了林木多倍体育种的热潮。

20世纪20~50年代，欧洲多国对欧洲赤松、欧洲落叶松（*Larix decidua*）等主要造林树种开展了种源试验与种源选择。

1946年，瑞典哥德堡植物园林奎斯特（Lindquist）教授出版了瑞典语版的 *Forest Genetics*，这是世界上第一本林木遗传育种学教科书。1948年，该教材被翻译成英文并引入美国，从而揭开了美国南方松遗传改良工作的序幕。

20世纪50年代开始了大规模的树木改良项目，10多个国家启动了林木改良项目（Zobel and Talbert，1984）。期间，一个突出的成就是将栽培对比试验（common garden tests，又称同质园试验）方法引入林木育种研究，即在林木改良的各个环节，如杂交授粉、苗期试验、选择、嫁接、以及子代测定，都采用栽培对比试验。事实证明该方法对于林木改良项目成功与否至关重要。

20世纪五六十年代，国际林木育种实践与理论均得到较大发展，形成了较完备的林木育种技术体系。

1976年，美国森林遗传学教授莱特（Wright）出版的 *Introduction to Forest Genetics* 被翻译成多国文字，是20世纪七八十年代林木遗传育种学经典的教科书。

20世纪80年代，北欧的瑞典、芬兰，北美的美国、加拿大，大洋洲的新西兰、澳大利亚的林木育种进展迅速，分别在欧洲赤松、欧洲云杉，湿地松（*P. elliottii*）、火炬松、桉树、辐射松等树种的遗传改良中取得了突出的成就。新西兰辐射松人工造林用种由初级无性系种子园提供转向利用优良亲本进行控制授粉种子，同时营建采穗圃，为生产造林提供扦插苗。

同时期，植物组织培养技术广泛应用于林木无性快繁，并在桉树、杨树等速生树种的良种繁育中取得了显著的成效。

1986年，首次获得转基因杨树，随后在多个树种中开展了抗虫、抗除草剂、木质素合成、纤维素合成、开花调控、生长、抗病、抗旱、耐盐碱等相关基因的遗传转化研究，并在杨树抗虫基因工程研究中有成功的实例。

20世纪90年代，美国、加拿大、芬兰、瑞典等国的主要用材树种的育种项目已进入多世代改良阶段。至1991年，美国南方松（湿地松、火炬松）共营建种子园约4000 hm^2，由初级种子园、去劣疏伐和1.5代种子园，发展到第二代、第三代种子园。在这一时期，美国在湿地松，新西兰在辐射松改良中分别提出将育种群体进行结构化管理，以控制近交、减少杂交工作量，这一策略后来在澳大利亚的辐射松、美国的火炬松等树种的多世代改良中成功应用。

1992年，洛马斯（Lomas）等利用RAPD标记构建了含有61个标记和12个连锁群的白云杉（*Picea glauca*）分子遗传图谱，这是第一张林木分子遗传图谱。随后在杨属、松属（*Pinus*）、桉属（*Eucalyptus*）、云杉属（*Picea*）、杉木属（*Cunninghamia*）、红豆杉属（*Taxus*）、柳杉属（*Cryptomeria*）、黄杉属（*Pseudotsuga*）、栎属（*Quercus*）、鹅掌楸属（*Liriodendron*）等数十个树种中开展了遗传连锁图谱构建，并尝试开发林木数量性状基因定位（QTLs）方法。

1995 年，加拿大布里斯班(Brisbane)教授提出了在控制一定的近交水平下使遗传增益最大化的方法，这是首次对多世代改良中遗传增益与遗传多样性平衡问题的思考。

1997 年，瑞典农业大学林德格伦(Lindgren)教授提出综合增益(group merit gain, GMG)概念，将遗传多样性与遗传增益综合在一个指标中，并以此作为选择的依据。同年，他还提出利用状态数(Status Number, Ns)替代传统的有效群体大小(effective population number, Ne)参数来度量林木育种群体的遗传多样性，并提出用平均共祖度来计算群体基因多样性和近亲关系，并以此对育种值进行校准。

2000 年，库玛(Kumar)等尝试利用多基因标记对辐射松木材密度进行早期选择。

20 世纪末，新西兰辐射松控制授粉家系造林比重增加到 30%。新西兰商品化木材生产由占林地总面积 20% 的辐射松人工林提供，而辐射松人工林造林良种化比率达 50%。

进入 21 世纪，国际林木育种界在育种值的精确估算方法、高世代种子园建立技术、种子园人工制种、林木基因组研究、林木分子育种等领域取得了一系列重要进展。

在育种值、遗传相关等遗传参数估算方法方面，早期主要采用亨德森(Henderson)提出的最佳线性无偏预测(best linear unbiased prediction, BLUP)方法，但该方法计算过程复杂，且易出错，尤其是对于大数据量的林木遗传数据。现逐渐被 ASReml 方法所替代。AS-Reml 最初由吉尔默(Gilmour)于 1995 年提出，并应用于动物育种体系评估，是基于极大似然法的混合线性模型分析统计软件包，可用来做复杂的遗传分析，具有灵活性高、可利用个体亲缘关系信息精确估算遗传参数、界面友好、使用方便等优点，21 世纪初引入林木育种数据分析，是目前国际林木育种界普遍认同的数量遗传分析软件。

2006 年，第一张林木基因图谱——毛果杨基因组草图的问世。此后，林木基因组研究成为森林遗传学研究热点。迄今，先后有毛果杨、麻疯树、火炬松、桉树、云杉、胡杨(*Populus euphratica*)等数十个树种基因组图谱公布。

2009 年，加拿大不列颠哥伦比亚大学(UBC)的埃尔卡萨比(El-Kassaby)和勒斯季布雷克(Lstiburek)提出低成本育种(breeding without breeding, BWB)策略，在林木育种界引起讨论，但目前仍存在争议，尚未达成共识。近年来，瑞典将 BWB 策略应用于欧洲赤松和欧洲云杉育种，取得了较好的效果。

2012 年，源于家畜育种的全基因组选择(genomic selection, GS)策略(Schaeffer, 2006)开始在火炬松及几种桉树中进行尝试，利用 GS 预测林木性状的育种值(Resende *et al.*, 2012)。

2013 年，美国火炬松遗传改良已进入第四轮选择。在新建种子园中率先采用高枝嫁接(top grafting)技术以缩短育种周期。在种子园中采用混合授粉交配设计，利用半同胞子代测定分析亲本的一般配合力(GCA)。

2014 年，美国火炬松选择优良组合进行人工控制授粉进行大量制种，作为生产群体为人工林营建提供良种苗木。

2015 年，美国火炬松第四轮种子园已开始通过人工控制授粉方式生产种子。

2017 年，来自火炬松高世代(第三轮、第四轮)种子园控制授粉子代实生苗达 1.16 亿株，占美国南方火炬松实生苗 15%。控制授粉种子园(CP 种子园)在林业生产中越来越引起重视。

1.3.2　国内林木育种发展历程

我国是开展林木遗传育种实践与研究较早的国家之一。1932 年，我国林木遗传育种学界的先驱者与开拓者叶培忠教授由英国爱丁堡皇家植物园学习回国后，在总理纪念植物园（现中山植物园）任职期间引种收集多种杨树、松树、柏树，以及北美鹅掌楸（*Liriodendron tulipifera*）等树种，为日后进行种间杂交做准备，后因抗日战争爆发试验被迫中断。1938 年，叶培忠教授在四川农业改进所峨眉山林业试验场开始进行杉木有性杂交试验。1946 年，在甘肃天水，叶培忠教授成功进行了杨树种间杂交。1949 年开始，在武汉大学森林系苗圃开展杉木与柳杉（*Cryptomeria fortunei*）的属间杂交并获得成功，相关试验研究成果先后在《林业科学》《南京林学院学报》上报道。

1956 年，首次在全国林业院校林业专业开设了"林木遗传育种学"课程，使用的教材是 1955 年高等教育出版社出版的翻译教材《树种选种学及森林良种繁育原理》（苏·雅柏洛科夫著），参考书有 1954 年中国林业出版社出版的《森林选种及良种繁育学》（乐天宇、徐纬英著）。

我国有计划的林木育种研究始于 20 世纪 50 年代末。1957 年，福建林学院俞新妥教授开展了杉木、马尾松的种源试验。

1959 年，为了适应我国林木遗传育种发展形势要求，林业部决定由南京林学院从全国林业院校中招考我国林木遗传育种学第一批研究生，指导教师为叶培忠教授。第一批林木遗传育种学的 9 位研究生（黄铨、涂忠虞、孙鸿有、陈岳武、李云章、李伯洲、张全仁、林鑫民、翁俊华）随后大多都成为我国林木遗传育种学界著名的科学家，为我国林木遗传育种学科的发展做出了重要贡献。

20 世纪 60 年代初，在徐纬英教授的领导下，中国林业科学研究院从欧洲大量引进杨树优良品种，同时开展了杂交育种工作。随后，从中选育了北京杨（*Populus* × *beijingensis*）、群众杨（*P. popularis*）及小黑杨（*P.* × *xiaohei*）等我国第一批杨树品种。

1961 年，南京林学院树木育种教研组主编《树木育种学》（试用教材）由农业出版社出版，随后被我国大多数农林院校作为林业专业的教材。

1962 年，北京林学院陈俊愉教授开展了楝树（*Melia azedarach*）的种源研究。

1963、1964 年分别在郑州、北京召开了杨树学术讨论会和全国林木良种选育学术讨论会。

1964 年，南京林学院陈岳武先生在闽北开展杉木优树选择。同年，叶培忠、陈岳武在福建洋口林场建成我国第一个林木种子园——杉木无性系种子园。

1966 年，广东省林业科学研究所朱志淞教授在广东台山建立了湿地松种子园。

20 世纪 70 年代初，东北林学院开展了落叶松种间杂交、杨树单倍体育种工作。

1972、1974、1976 年的 10 月，中国农林科学院分别在福建南平、广西玉林、湖南靖县召开了 3 次全国林木良种选育与引种驯化的协作会议，充分讨论与酝酿了在全国范围内有计划地组织引种、林木种源试验，以及优树选择和种子园营建等问题。随后，全国各地相继对主要造林树种逐步开展了种源试验、优树选择、种子园建立等工作。同时，对杨树品种进行普查、评比与鉴定，推广种植了小黑杨等杨树品种。

　　1979 年 9~12 月，中国林学会树木遗传育种委员会、林木引种驯化委员会和杨树专业委员会等全国性学术团体相继成立。

　　20 世纪 70 年代末，林木良种基地建设纳入国家建设计划。20 世纪 80 年代，杨树、杉木、马尾松、落叶松等主要速生树种被列入国家、林业部的科技攻关项目，为我国林木育种的快速发展创造了条件。

　　20 世纪八九十年代，我国林木育种进入大发展时期。在加勒比松（*Pinus caribaea*）、马占相思（*Acacia mangium*）、桉树等树种的引种，杨树、杉木、桉树、柳树、刺槐（*Robinia pseudoacacia*）等树种的无性系选育，杉木、马尾松、落叶松、红松（*P. koraiensis*）、油松、樟子松（*P. sylvestris* var. *mongolica*）、侧柏（*Platycladus orientalis*）等树种的种源试验与种子区划，杉木、马尾松、落叶松、油松、火炬松等树种的种子园建立技术，毛白杨（*Populus tomentosa*）三倍体育种，白桦强化育种等领域都取得了突出的成就，奠定了较扎实的研究基础，开创了我国林木育种新局面。期间，在北京先后 3 次主持召开了影响较大的国际学术会议，即 1988 年 9 月国际杨树委员会 18 届会议、1994 年 10 月亚太地区林木遗传改良学术讨论会、以及 1998 年 8 月国际林业研究组织联合会（IUFRO）第四届森林遗传和林木育种学术讨论会，充分说明中国林木育种成就已经引起国际同行的广泛关注与认可。

　　1989 年，中国林业科学研究院首次报道了转基因欧洲黑杨实验。

　　1993 年，中国林业科学研究院获得了转 *Bt* 基因的欧洲黑杨，1994 年进入田间试验。

　　1997 年，南京林业大学首次利用 RAPD 标记和单株树大配子体构建了马尾松的分子标记连锁图谱。此后，又利用 RAPD、AFLP、SSR、ISSR 等标记构建了（美洲黑杨×欧洲黑杨）×美洲黑杨杂交组合的高密度遗传图谱，并探讨了影响性别分化、木材密度等性状的 QTLs 定位。随后，中国林业科学研究院利用 RAPD 标记技术，以美洲黑杨（*Populus deltoides*）×青杨（*P. cathayana*）F_1 群体 80 个单株为材料，构建了美洲黑杨×青杨分子标记连锁图谱。北京林业大学利用 AFLP 标记技术和拟测交作图策略，构建了第一张毛白杨及其杂种毛新杨的 AFLP 遗传连锁图谱。东北林业大学利用 RAPD 对白桦种源遗传变异和亲缘关系作了分析。

　　进入 21 世纪，我国林木育种向多目标改良转变。育种目标涵盖了杨树、杉木、桉树、落叶松等用材树种的速生丰产性，刺槐、泡桐（*Paulownia fortunei*）、木麻黄（*Casuarina equisetifolia*）等生态树种的抗逆性，油茶、核桃等经济林的高产性，黄檀（*Dalbergia hupeana*）、柚木（*Tectona grandis*）、桦木等珍贵树种的木材品质。研究树种 42 个，体现出林木育种的多方向性与地域广泛性。至 2008 年，我国对杉木等 31 个主要造林树种开展了全分布区或主要分布区的种源试验，建成种源试验林 1413 hm²，基本摸清了各树种的地理变异规律，其中 17 个树种完成了种子区划或种苗调拨区的区划。对杉木、马尾松、落叶松等 15 个树种共划定了 24 个优良种源区，选择出 153 个优良种源，推广造林超过 200×10⁴ hm²，材积增益 15% 以上；选育出中林 46、107、108、NL-95、NL-895 及三倍体毛白杨等一批杨树无性系；杉木、马尾松、落叶松、油松、火炬松等树种的种子园建立技术已成熟，杉木、马尾松遗传改良已进入高世代。提出了较完善的种子园种子丰产技术，使种子产量提高 31%~40%。在全国范围内建立了一大批国家或省级林木良种基地，为我国人工林建设及林业发展做出了积极贡献。

21世纪以来，我国在林木分子育种领域也取得了重要进展。2002年，转 *Bt* 基因的欧洲黑杨成为世界上第一个商品化栽培的转基因林木树种。同年底，抗虫转基因741杨也通过了商品化许可。落叶松是世界上第一个得到转基因植株的松类植物，2007年，中国林业科学研究院获得16个速生抗旱转基因落叶松释放许可证，通过大田试验证实转基因落叶松优良品系成材早，较传统落叶松提早20~25年。建立了山哈杨、银中杨、中林46、小叶杨等13种杨树的非离体分子育种再生体系，并于2012年获国际专利。这些研究为林木重要性状的标记辅助选择育种奠定了基础。此外，落叶松和鹅掌楸等体细胞工程技术也获得重大突破，建立了高效、稳定的体细胞胚胎发生快繁技术体系，并在生产中得到广泛应用。

1.4　林木育种特点、现状及发展趋势

1.4.1　林木育种特点

与农作物相比，森林树木具有以下特点：个体高大、世代周期长；大多为异花授粉，杂合率高，变异丰富，同时，自然界蕴含的遗传负荷高；多数树种尚处于野生状态；有些树种既可以进行有性生殖，也可以进行无性繁育。

林木的上述特点，决定了林木育种具有以下特性：

（1）林木育种的局限性

树木个体高大，必然给林木杂交授粉、采种及性状测定等工作增加难度。同时，树体大，占地空间也大，这意味着在采用栽培对比试验进行林木遗传测定时需要占用更多的林地面积。大面积的田间试验意味着需要更多的投入，同时，试验区面积大则很难保证环境条件的一致性，尤其是在山区开展试验，这必然给林木遗传测定的精度造成不利的影响。

多数树种尚处于野生状态，遗传背景不清，研究基础薄弱，可供林木育种借鉴的信息有限。同时，森林树种多数为异花授粉，遗传负荷高，近交衰退严重。不能套用自交物种的育种方式，只能采用适合于林木的异交物种的育种方式。此外，林木远缘杂交不容易成功，极大地限制了林木杂交组合的选择及优良遗传性状的组配。以上这些特性影响了林木育种研究的进程。

（2）林木育种的长期性、继承性与超前性

林木世代周期长，育种周期必然也长。水稻（*Orza sativa*）、小麦（*Triticum aestivum*）等禾本科作物几个月1代，一年可育2~3代，而多数树种达到性成熟或经济成熟需要几年，十几年，甚至几十年。因此，林木的子代测定、性状评价与基因型选择等工作也需要经过长时间的观察、测定与评价，这决定了林木育种工作具有长期性与延续性，不可能一蹴而就。同时，这也反映了林木早期选择、加速育种工作的重要性。缩短育种周期、加速育种进程对于林木育种意义重大，尤其是对于林木多世代改良。另外，林木育种工作的长期性意味着继承性或延续性，林木育种离不开前期工作的积累，一个品种往往凝结着几代人的汗水。同时，也离不开政府或机构资金的持续资助。此外，由于林木世代周期长，还要求林木育种工作要有前瞻性。

对一些世代周期短，生长快，或育种工作基础较好的树种，可以考虑兼顾短期选育

(提高遗传增益)与多世代改良(保持变异)两方面目标,有可能在短期内(几年或十几年)取得较好的育种成效。

(3)林木育种的有利性

绝大多数树种基本上尚未进行人工培育,仍处于野生原始状态。自然界中存在着大量未被发现和利用的优良基因型,选种的潜力大,见效快。对这一类树种,只需采用简单的表型优树选择就能取得较好的改良效果。

一些树种既可以进行有性繁殖,也可以通过扦插、嫁接等技术进行无性繁殖。对这类树种,可以采用"有性杂交创造变异,无性繁殖利用变异"的育种策略。在杂种子代中选择优良单株,繁殖成无性系,选育优良无性系在生产上推广应用。实践证明,有性杂交与无性选育相结合是最有效的林木育种方式。

由于林木为多年生植物,持续开花结实周期长,这意味着选优出来的材料可供繁殖利用的时间也长,做到"一轮选育,多年利用"。同时,还可根据子代性状的表现对亲本进行再次评价选择,即后向选择(backward selection),从而提高选择效果。这种做法在一年生草本作物中无法实行。

(4)林木育种的地域性

大多数树种分布广,形成了不同的自然变异类型。同样,对于幅员辽阔、自然条件多样的国家或地区,在开展林木育种工作时,也需按照自然、气候条件划定育种单元(breeding unit),或称育种区(breeding zone)。一个育种区特定于一种气候、土壤类型(生态区)。林木育种工作以育种区为单位开展,即按育种区分别制订育种计划,组建不同的基础群体、选择群体及繁育群体。

林木品种也具有区域性。不可能存在能适应各种气候、土壤类型的林木品种。因此,选育的林木品种在推广前需进行区域化试验,确定该品种的适应性与遗传稳定性,为品种的推广应用提供理论依据。事实上,基于种源试验结果的林木种子区划也是林木育种具有地域性的具体表现。

1.4.2　林木育种现状

1.4.2.1　国际林木育种现状

近20年来,国际林木育种及林木种业发展迅猛,形成了以美国、中国、欧洲和大洋洲4个世界林木育种研究中心。欧美等林业发达国家通过建立大学、科研院所和企业组成的各类育种联盟(或协作组织),实施政府引领基础性与公益性研究,企业主导技术研发及产业化,基本形成了分工合理、协同推进的高效林木种业创新体系。2013年,全球林木种业年产值约为1000亿美元。少数大型的跨国种业公司占有林木种业市场份额和知识产权的大部分,美国是世界第一大种业市场。

常规育种仍然是国际林木育种的主要手段。重视种质资源评价、核心种质构建及特异资源的挖掘。主要造林树种已进入多轮育种阶段,采用杂交育种、多性状聚合育种等手段,不断提高良种的遗传增益。例如,美国火炬松遗传改良已进入第四轮,材积遗传增益从第一轮的10%提升至第3轮的35%;澳大利亚和新西兰辐射松已完成第三轮改良,兼顾提高遗传增益和保持遗传多样性两方面目标,采用滚动向前(rolling front)的育种策略。

以分子设计育种、细胞工程育种等为核心的现代生物技术为林木育种增添了新的活力，促进了林木育种的发展。完成了杨树、火炬松、云杉、桉树等数十个树种基因组测序。耐盐、抗虫等一批转基因林木新品系正在开展安全性试验。建立了火炬松、云杉等树种成熟的体细胞胚胎发生技术体系，实现了林木新品种的规模化繁育。林木分子标记辅助选择和性状早期鉴定技术在提高林木育种效率、缩短林木育种周期方面发挥了重要作用。

1.4.2.2　国内林木育种现状

经过我国广大林木育种工作者 60 余年的努力，我国林木育种工作取得了突出的成就，收集保存了一大批优异林木种质，逐步完善了常规育种技术体系，选育出了一大批林木良种，形成了有中国特色的良种生产和管理体系，培养了一大批林木改良专业技术人员。在主要林木种质资源收集评价和育种群体构建、新品种创制和高效繁育、生物技术育种等领域取得了一批重大科技成果，为我国林木长期育种打下了良好的基础。

截至 2014 年年底，我国共收集与保存林木种质资源 16 万份，审（认）定林木良种 4842 个，其中国家审定 348 个。主要造林树种良种使用率由 2002 年的 20% 提高到 2015 年的 60.8%。2016 年，全国共采收林木种子 3182×10^4 kg。其中，良种 1091×10^4 kg，穗条 66.3 亿株。容器苗产量为 104.4 亿株，良种苗产量 211.5 亿株。截至 2017 年 9 月，我国已建成国家级重点林木良种基地 296 处，国家级林木种质资源库 99 处，各类林木良种基地累计达到 700 多处，面积超过 25×10^4 hm²。

开展了主要造林树种长期育种研究，松树、杉树、杨树、桉树等速生用材树种的遗传改良进程相对较快，我国主要造林树种如油松、马尾松等已建成第二代、第三代种子园，杉木已建成第四代种子园。鹅掌楸（*Liriodendron chinense*）、楸树（*Catalpa bungei*）、红锥（*Castanopsis hystrix*）、木荷等主要珍贵树种和木麻黄、樟子松、刺槐等生态防护树种的育种研究全面启动。油茶、核桃、杜仲、油桐等经济林树种按不同产区育成一批优质高产良种。完成了毛竹（*Phyllostachys heterocycla*）、簸箕柳（*Salix suchowensis*）、鹅掌楸、胡杨、杜仲、银白杨（*Populus alba*）等树种的全基因组测序，获得了杨树、桉树、白桦等木材形成和抗逆相关的功能基因。落叶松和鹅掌楸的体细胞胚繁育技术、轻型基质容器育苗技术等领域获得重大突破，在生产中得到广泛应用。

1.4.2.3　我国林木育种面临的主要问题

与美国、加拿大、瑞典、澳大利亚等西方林业科技先进国家相比，从林木育种技术上看，我国的差距不大，但在良种产量与品质、良种结构、育种体系、育种进展、良种基地建设以及良种推广技术体系等方面仍存在较大差异，不能完全满足我国现代林业建设和林业产业发展对林木良种的要求。具体表现在以下几方面：

（1）林木良种产能不足，良种品质有待提高

目前，虽然我国人工林面积位居全球首位，但单位面积蓄积量仅为 35 m³/hm²，为世界平均水平的 1/4。造成我国人工林质量普遍不高的主要原因，除了人工林经营管理水平有待提高之外，另一个重要原因就是我国人工林造林良种化比例不高（60.8%），高品质林木良种较少。而人工林造林良种化比例不高的而主要原因就是林木良种产能不足，难以满足人工林营建对林木良种的需求。林木良种繁育技术研究仍是今后我国林木改良的主要课题之一，研发种子园、母树林、采穗圃丰产技术，以提高林木良种产能；同时，采取多种

育种手段提高良种的遗传品质，提升人工林质量。

(2)林木良种结构不平衡

长期以来，我国林木育种主要集中在杉木、马尾松、杨树、油松等少数工业用材树种，绝大多数乡土树种的良种选育工作严重滞后，尤其是对于珍贵树种与生态树种。虽然近年来，油茶、核桃等经济树种和柚木、黄檀等珍贵用材树种的良种选育工作逐渐启动，但更多的乡土树种仍处于野生状态，各方面都是空白，亟待研究与开发利用。

(3)林木育种的基础性研究薄弱

一是多数树种的种质资源收集保存与评价工作基础不够扎实。具体表现在种质资源家底不清、种质收集不全、种质评价不系统等方面，给后续的亲本选配、育种群体组建、遗传多样性评估等工作带来不良影响。二是育种体系不够科学，缺乏总体规划与统筹设计。多数树种缺乏系统的育种群体组建，育种群体管理，选择、交配、测定、繁育等育种环节的总体方案。"各自为政""零打碎敲""看菜吃饭"等现象较为普遍。三是遗传测定工作不够规范。遗传测定的试验点较少，试验点未覆盖主要分布区，代表性不强，试验设计不够合理等等，导致遗传测定误差较大，影响试验结果的准确性，从而降低了选育品种的遗传品质。

(4)林木育种研究缺乏长期规划与工作延续性

林木育种是一项长期性、渐进性、延续性的工作，需要有长期的育种计划，需要几代人持之以恒的工作，同时，也离不开持续性的经费支持。而国内大多数树种缺乏长期的育种规划；同时，由于缺乏持续性的经费支持，造成一些树种的育种研究工作缺乏延续性，甚至导致一些林木育种资源永久丧失，给我国林木育种工作带来了不利的影响。

(5)育种进程有待加快

除了杉木、马尾松、火炬松等少数用材树种已进入第二轮、第三轮、第四轮改良外，其他树种大多仍停留在第一轮改良阶段。多数树种尚未开展子代测定工作，主要经济性状的遗传参数不清楚。加快开展子代测定工作，尽快揭示主要经济性状的遗传本质及表达特征，建立高世代林木育种群体。同时，开展性状早晚相关分析，提高林木早期选择效率；研发提早开花技术，缩短育种周期，加快林木育种进程。

(6)良种基地建设有待加强，良种推广体系有待完善

木本粮油树种、生物质能源树种、珍贵用材树种等林木良种基地有待建设或完善。大多数林木良种基地技术力量薄弱，急需补充专业技术人员。林木良种推广体系不够健全，表现在良种选育、良种生产与良种推广应用三者之间的关系不够明晰；企业资助林木育种研发的比例较低；林木种业的商业化机制尚未建立，产业综合竞争力不强等方面。

1.4.3　林木育种发展趋势

作为 21 世纪林业研究最为活跃的领域之一，林木遗传育种是当今林业研究的前沿学科，其发展趋势主要体现在以下几方面：

(1)重视林木优良种质资源的收集、保存与评价利用

林木种质资源是育种的物质基础。没有丰富的遗传资源储备，不仅会影响当代林木育种工作的成效，也无法适应未来林木育种目标发生的改变。随着全球人口数量的不断增

加，有限自然资源的日益减少，人们对资源可持续利用及种质资源保护意识也将不断增强。可以预计，对林木种质资源进行广泛收集、保存与评价利用将是应对社会对林产品的多样化需求，以及气候变化、环境恶化及有害生物等不确定因素的挑战的重要策略，也是今后林木育种的重要内容之一。

核心种质构建也是该领域的研究热点。构建核心种质不仅可为种质资源保护和持续利用提供决策信息，而且可从中挖掘优良基因或基因型，进而为种质创新与品种改良提供物质基础。

（2）常规育种仍将是国际林木育种的主要手段

今后相当长时间内，常规育种仍将是良种选育的主要途径。引种、选择育种和杂交育种仍将是林木改良的主要技术措施，充分利用种源、林分、家系、个体等多层次遗传变异；种源试验、子代测定与无性系测定仍将是林木遗传测定的主要方式；母树林、种子园以及采穗圃仍将是提供优良繁殖材料（良种繁育）的主要途径。多世代（轮）改良中，育种群体的结构化管理、遗传增益与遗传多样性的平衡等育种理念必将受到普遍重视。

（3）高产、优质、广适、高抗等多目标育种是今后林木改良的发展方向

提高育种效率已成为林木育种理论和技术发展的核心主题，多目标育种是林木育种的发展方向。以往改良的树种大多为用材树种，速生、优质为其主要的育种目标。随着社会对林木的多方面功能需求，林木育种目标必将向多目标改变。在保障木材供给的同时，提高林木的抗逆性，发挥林木的生态效益必将越来越引起重视。可以预计，速生、优质、广适、高抗是未来相当长的一段时期内林木育种的发展方向。可采用杂交育种、诱变育种、倍性育种、基因工程育种等技术手段，充分发掘与创制林木各种变异类型，从中选择出符合多种育种目标的遗传材料。

（4）生物技术育种将成为林木育种新引擎

基于现代分子生物学、植物细胞工程等学科最新进展发展起来的新技术将对林木遗传改良理论与技术产生深远影响。借助于现代生物新技术手段，国内外森林遗传学家们在林木功能基因的发现与功能验证、林木基因工程、遗传图谱绘制与 QTLs 定位等基础性研究领域取得了长足进展。在杨树、火炬松、欧洲云杉、桉树等树种中克隆鉴定了影响木质素合成的基因，抗旱、开花调控、抗病、抗虫和抗除草剂等相关的基因，开展了林木耐除草剂、降低木素含量、抗虫等基因工程研究，并获得了目标性状明显的转基因植株，展示了依托生物技术手段定向改良林木性状的诱人前景。另外，杨树、火炬松、欧洲云杉等树种的基因组研究已经逐渐展开，并在杨树、火炬松中定位了与生长、分枝、材性、抗逆性状连锁的 QTL 位点。林木基因组选择也在一些树种中进行尝试。以上这些工作为开展林木分子育种创造了条件。与传统的表现型选择相比，基于基因组信息的分子标记辅助选择，以及基于定向基因操作的基因工程育种，消除了环境噪声，实现真正意义上的基因型选择；同时，还可在林木的任意生长发育阶段进行鉴定选择，不受环境与发育阶段限制，可大大缩短育种周期。因此，如果分子育种的技术与方法得以完善，必将是未来林木育种方法的不二选择。

此外，在林木良种繁育领域，与常规的良种繁育技术相比，基于植物细胞全能性理论的细胞工程繁育技术展现出规模大、苗木整齐度高、可工厂化生产等优势，将在未来林木

良种规模化繁育中发挥更大的作用。

本章提要

森林是人类赖以生存与繁衍的物质宝库，也是生物多样性最丰富的陆地生态系统。我国森林资源总量不足，分布不均、结构不合理。人工林高效培育是保障国家木材安全的重要举措，而林木良种是决定人工林产量与质量的最关键因素。

林木育种学是研究林木品种选育与扩繁的理论与技术的科学。它既是一门理论性极强的学科，也是一门实践性很强的科学。需要掌握遗传学基本原理，同时也需密切结合生产实践，掌握杂交、遗传测定以及种子园、采穗圃营建等相关技术。林木育种的目标是选育出木材产量高、品质好、抗逆性强的优良种源、家系、无性系等材料，并进行规模化繁殖。其根本目标是选育林木良种。

与农作物育种相比，林木育种既有局限性，也有其自身的优势。同时，林木育种还具有地域性、长期性、继承性与超前性。在实际的育种工作中，应根据林木自身特点，有针对性地采用最合适的方法培育林木新品种。林木育种有 100 余年的发展历史，也取得了举世瞩目的成就。尽管目前常规育种技术仍是林木育种的最有效方法，但以分子生物学为引擎的现代生物技术必将给林木育种带来新的活力。

思考题

1. 名词解释
遗传　变异　森林遗传学　林木育种学　林木改良
2. 简述林木良种在林业发展中的作用。
3. 与农作物育种相比，林木育种有何特点？
4. 林木育种的任务与目标是什么？

推荐读物

1. Globe Forest Resources Assessment. FAO, 2015, http://www.fao.org/forest-resources-assessment/en/.

2. Managing Global Genetic Resources：Forest Trees［R］. CMGGR（Committee on Managing Global Genetic Resources），1991. Washington, D. C：Board on Agriculture, National Research Council. National Academy Press.

3. Challenges and opportunities for the world's forests in the 21st century. Fenning T, 2014. Springer, Dordrecht Heidelberg New York London. DOI 10.1007/978-94-007-7076-8.

4. Applied Forest Tree Improvement. Zobel BJ, Talbert J. New York：John Wiley & Sons, 1984.

第2章 林木育种中的遗传学原理

　　林木育种的实质就是育种工作者按照一定的育种目标，利用各种育种手段对林木进行遗传操作，进而培育成林木新品种或繁殖材料。林木育种的科学依据来自植物的遗传学原理。

　　遗传（heredity）是指生物在上、下代之间及同代的个体之间的相似现象。向日葵种子成苗后仍然为向日葵，水杉（*Metasequoia glyptostroboides*）种子出苗后仍然为水杉，这就是生物的遗传。遗传也是生物繁殖过程中表现出来的普遍现象。无论是高达百余米的巨杉（*Sequoiadendron giganteum*），还是小至微米级的细菌；也不管是最进化的人类，还是最原始的类病毒，在其繁殖过程中都存在遗传现象。从表观性状水平而言，遗传是亲代通过繁殖将亲本特征传递给后代；从分子水平看，遗传是亲代遗传信息的复制及在子代中表达。生物有遗传，性状才能稳定与固定，物种才得以保存与繁衍。

　　生物在遗传的同时，也产生了大量的变异（variation）。遗传与变异如同一对双胞胎，两者是生物体在繁殖过程中同时出现。当然，与遗传相比，变异的来源更广泛。除了在繁殖过程中由于基因重组产生的子代个体之间基因型差异外，基因突变、染色体变异也会产生可遗传的变异。此外，环境条件的改变可导致非遗传的变异。因此，林木表现出来的变异可能包括了以上几个方面的来源。林木育种工作者的任务之一就是通过合理的试验设计、科学的分析方法等手段来区分变异，充分挖掘可遗传的变异，为林木育种创造条件。

　　总之，遗传是林木育种赖以成功的基石，变异是林木育种的物质基础，环境是林木育种不可忽视的重要因素，选育的林木品种成功与否还需要通过自然选择的检验。

2.1 林木变异的本质

　　生物种类众多，是生物多样性的主要表现形式。生物多样性是生物长期进化的结果，而变异是生物进化的物质基础。变异是指亲代与子代之间，以及子代个体之间表现出的性状差异的现象。生物只有存在变异，才有进化和发展，育种工作者也才能对生物进行改良。

2.1.1 林木的自然变异类型

　　森林蕴含丰富多样的变异。在这些变异中，有的仅仅是由于环境因素的影响造成的，并没有引起林木体内遗传物质的改变，因而不能够遗传，属于非遗传的变异。有的是林木遗传基础即基因型的改变而引起的变异，这类变异是可遗传的。从改良的角度出发，非遗传的变异不能利用，而遗传变异是可以利用的。

产生可遗传变异的主要原因有基因重组（gene recombination）和遗传物质的改变（changes in hereditary substance）两大类。基因重组是指生物在繁育过程中由于基因的重新组合导致子代与亲本之间，以及子代各个体之间遗传上的差异。基因重组发生在植物有性生殖过程中。基因重组的结果导致同一亲本产生的配子其遗传组成可能不同，雌雄配子结合后发育的子代每个个体其遗传组成不同。这就是"一母生九子，九子各不同"的原因。基因重组是引起生物发生可遗传变异的主要原因。

遗传物质的改变包括基因水平的变异——基因突变（gene mutation），以及染色体水平的变异——染色体畸变（chromosomal aberration）。染色体畸变又可细分为染色体结构变异和染色体数目变异两类。遗传物质改变能产生新的基因，改变生物的遗传组成，为自然选择提供材料，是生物进化以及新物种形成的重要途径。图 2-1 为生物变异的几种类型及相互间的关系。

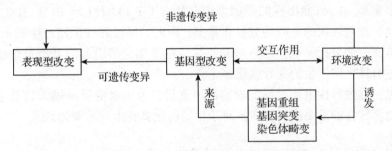

图 2-1　生物变异的类型及相互间的关系（引自巩振辉，2008）

与其他生物一样，树木的变异是非常普遍的，其变异类型也是多样的，既存在可遗传的变异，也存在非遗传的变异。我们既要认识到种间的差异，更要利用种内的变异。

树种间的差异最明显。种间的差异是物种在长期进化过程形成的，每个树种均蕴涵有特定的遗传信息，因而表现出各自的种性。

人们很早就认识到种间差异，如红松生长慢、材质佳；胡杨耐干旱、耐盐碱；柳树生长快、繁殖容易等。根据种间差异大小，树木分类学家将其归类为不同的科、属、种，如杨柳科（Saliaceae）、杨属（*Populus*）、小叶杨（*P. simonii*）等。种间的差异经常在生产上应用，如造林时遵循的"适地适树"原则就是利用树种间生物学及适应性的差异，根据立地条件选择合适的树种造林。

与种间差异相比，种内的变异一般较小，有时很难用肉眼区分，因此，一般人对种内变异并没有深刻的认识。实际上，种内的变异是非常重要的，尤其对于林木育种工作而言。因为，树木的种性是很难人为使其发生改变的；而通过遗传操作，可以利用树木种内的变异培育出符合需要的品种或繁育材料，进而在生产上推广应用。实际上，林木改良工作者就是在研究林木种内变异模式、变异性质与变异幅度的基础上，充分利用树木种内变异，制订科学合理的林木改良计划。

依据变异范围大小，树木种内遗传变异大体可分为地理种源间变异、林分间变异、个体间变异、个体内芽变等几个层次。具体内容将在第 4 章介绍，在此不再赘述。

总之，林木育种工作者应区分遗传变异与非遗传变异，认识种内不同变异类型，在此基础上，有针对性地利用树木种内有益的变异，培育出林木新品种。以下对导致林木发生可遗传变异的原因分别加以阐述。

2.1.2　基因重组

基因重组是指在生物体进行有性生殖的过程中，控制不同性状的基因的重新组合。基因重组导致生物性状的重新组合，是生物多样性的主要原因之一。

基因重组有两种方式，一是同源染色体(homologous chromosome)分离，而非同源染色体(nonhomologous chromosome)可自由组合；二是同源染色体的非姐妹染色体单体间发生片段交换(crossover)。一般地，亲本的杂合性越高，双亲的遗传组成相差越大，基因重组产生变异的可能性也越大。以杉木为例，当具有 11 对相对性状(假定控制这 11 对相对性状的等位基因分别位于 11 对同源染色体上)的亲本进行杂交时，如果只考虑基因的自由组合所引起的基因重组，F_2 可能出现的基因型组合就有 177 147 种(即 3^{11})。在生物体内，尤其是高等植物，控制性状的基因的数目非常多，因此，通过有性生殖产生的杂交后代的表现型种类非常多。如果把同源染色体的非姐妹染色单体交换引起的基因重组也考虑在内，那么生物通过有性生殖产生的变异就更多了。

由此可见，通过有性生殖过程实现的基因重组，为生物变异提供了极其丰富的来源。这是形成生物多样性的重要原因之一，对于生物进化具有十分重要的意义。

2.1.3　基因突变

基因突变是指染色体上某一基因座内部发生了化学性质的变化，与原来基因呈对性关系。基因突变是摩尔根于 1910 年首先肯定的，基因突变在自然界中广泛存在。基因突变通常会引起一定的表现型变化。由于基因突变而表现突变性状的细胞或个体称为突变体(mutant)或称突变型。相对地，正常个体称为野生型(wild type)。

基因突变在生物进化中具有重要意义。基因突变是生物变异的根本，为生物进化提供了最初的原材料。表 2-1 列出了基因突变与基因重组的区别。

表 2-1　基因突变与基因重组的区别

	基因突变	基因重组
本质	基因的分子结构发生改变，产生了新基因，出现了新性状	不同基因的重新组合，不产生新基因，而是产生新基因型，使之性状重新组合
发生时间及原因	细胞分裂间期 DNA 分子复制时，由于外界理化因素或自身生理因素引起的碱基互补配对差错或碱基对的丢失	减数第一次分裂过程中，同源染色体的非姐妹染色单体间交叉互换，以及非同源染色体上基因自由组合
条件	外界条件的剧变和内部因素的相互作用	不同个体之间的杂交，有性生殖过程中减数分裂和受精作用
意义	生物变异的主要来源，也是生物进化的重要因素之一。通过诱变育种可培育新品种	是生物变异的重要因素，通过杂交育种使性状重组，可培育优良新品种
发生频率	很小	普遍

注：引自巩振辉，2008。

引起基因突变的因素很多，可以归纳为 3 类：一类是物理因素，如 X 射线、激光等；另一类是化学因素，是指能够与 DNA 分子起作用而改变 DNA 分子性质的物质，如亚硝酸、碱基类似物等；第三类是生物因素，包括病毒和某些细菌等。自然条件下发生的基因突变称为自发突变，人为条件下诱发产生的基因突变称为诱发突变。由于自发突变频率非常低，为了利用基因突变培育植物新品种，通常采用各种诱变因素人工诱发基因突变，从而实现提高突变率、扩大突变谱的目的。

2.1.3.1　基因突变的特点

基因突变作为生物变异的一个重要来源，具有以下一些特点。

(1)基因突变的普遍性

基因突变在生物界中是普遍存在的。无论是低等生物，还是高等的动植物以及人，都可能发生基因突变。基因突变在植物中广泛存在。例如，棉花的短果枝，水稻的矮秆、糯性等都是突变性状。

(2)基因突变的随机性

基因突变通常是独立发生的，且可以发生在生物个体发育的任何时期，即体细胞和性细胞都能发生突变。通常性细胞的突变频率比体细胞高，这是因为性细胞在减数分裂末期对外界环境条件具有更大的敏感性。

性细胞发生突变后，如果是显性突变，即 $aa{\rightarrow}Aa$，可传递给后代并立即表现出来。如果是隐性突变，即 $AA{\rightarrow}Aa$，突变当代表现不出来，只有在突变第二代当突变基因处于纯合状态时才能表现出来。

体细胞发生突变后，如果为显性突变，当代表现，同原来性状并存，形成嵌合体。突变越早，范围越大；反之越小。果树上许多"芽变"就是体细胞突变引起的，如温州早橘就是源于温州密橘的芽变。

一般地，在生物个体发育的过程中，基因突变发生的时期越迟，生物体表现突变的部分就越少。例如，植物的叶芽如果在发育的早期发生基因突变，那么由这个叶芽长成的枝条，其上着生的叶、花和果实都有可能与其他枝条不同。如果基因突变发生在花芽分化时，那么，将来可能只在一朵花或一个花序上表现出变异。

(3)基因的自发突变频率较低

在自然状态下，基因突变的频率很低。据估计，高等植物中基因突变率为 $10^{-8} \sim 10^{-5}$。突变率(mutation rate)的估算因生物生殖方式而不同。有性生殖的生物是用每一配子发生突变的概率，即用一定数目配子中的突变配子数表示。

(4)基因突变的重演性和可逆性

突变的重演性指同一突变可在同种生物不同个体间多次发生。而突变的可逆性是指突变可向两个方向发生，即显性基因 A 可以突变为隐性基因 a；反之亦可。一般地，将 $A{\rightarrow}a$ 称为正突变，$a{\rightarrow}A$ 称为回复突变。

$$A \underset{\text{回复突变}\,v}{\overset{\text{正突变}\,u}{\rightleftharpoons}} a$$

正突变与回复突变的频率不一。一般地，正突变频率大于回复突变，即 $u>v$。这是因为野生型每个基因座都可能发生正突变，但回复突变只有当发生突变的基因再次突变为原有的基因时才能实现。

(5)基因突变的多方向性

基因突变的多方向性指基因突变的方向是不定的，可以多方向发生。

如：$A \rightarrow a_1$，$A \rightarrow a_2$，$A \rightarrow a_3$，$\cdots$，$A \rightarrow a_n$

这 n 个基因(a_1，a_2，$\cdots$，a_n)的生理功能和性状表现都可能不同，两两之间，以及与 A 之间都存在对性关系，纯合体杂交后代 F_2 都可能呈 $3:1$ 或 $1:2:1$ 分离。

位于同一基因座位上的各个等位基因，称复等位基因(multiple alleles)。复等位基因一般来源于基因的多方向突变。复等位基因并不存在于同一个二倍体个体中，而是存在同一生物类型的不同个体里。如控制烟草自交不亲和性的基因就有 S_1，S_2，S_3，$\cdots$，S_{15} 复等位基因。复等位基因增加了生物的多样性。

(6)突变的平行性

亲缘关系相近的物种因遗传基础比较相近，往往发生相似的基因突变，称为基因突变的平行性。据此，当了解到一个物种或属内具有的突变类型，就能预见与其近缘的种或属也同样可能存在相似的突变类型。

(7)基因突变的有害性

由于任何一种生物都是长期进化的结果，物种与其环境条件已高度协调。如果发生基因突变，就有可能破坏这种协调关系。因此，基因突变对于生物的生存往往是有害的。例如，植物中常见的白化苗，就是由基因突变造成的。多数基因突变为隐性致死(recessive lethal)，也有少数基因突变为显性致死(dominant lethal)。例如，美国西黄松(*Pinus ponderosa*)的白化针叶苗。由于参与叶绿素生物合成的一个基因发生了突变，导致针叶缺乏叶绿素。幼苗由于缺乏光合作用而死亡，那么，这种突变即为致死突变。

绿株 *WW*

↓

绿株 *Ww*

↓

$1WW : 2Ww : 1ww$

3 绿苗 : 1 白苗(死亡)

但是，也有少数基因突变是有利的。例如，植物的抗病性突变、耐旱性突变、微生物的抗药性突变等，都是有利于生物生存的。当然，突变的有利与有害性是相对的。例如，植物的矮秆与雄性不育突变，对人有利但对植物本身不利；又如，作物脱粒性突变，对植物有利但对人不利。

此外，有些性状对于生物的生存与繁殖并不重要，那么，控制这些性状的基因即使发生突变，也不会影响生物的正常生理活动，仍能保持其正常的生活力和繁殖力。这类突变可在自然选择中保留下来，称为中性突变。中性突变对生物的生存并无影响。

2.1.3.2 基因突变的鉴定

(1)突变真实性的鉴定

发生突变后，要弄清楚突变是否真实遗传。鉴定的方法是：将突变体与野生型在相同的条件下种植观察，如果突变体仍与野生型不同，则可认为突变为真实遗传。

（2）突变类型的鉴定

要鉴定突变是显性突变还是隐性突变。方法为：将突变体与野生型杂交，观察 F_1 代、F_2 代的表现。例如，矮秆突变体与野生型杂交，如果 F_1 表现高秆，F_2 出现分离，则为隐性突变，且突变体为纯合体。

（3）突变率的测定

突变率的测定有花粉直感法和植株测定法两种。花粉直感法测定性细胞的突变率，植株测定法测定体细胞的突变率。

利用花粉直感（胚乳直感）法测定玉米籽粒非甜粒的突变率。理论上 F_1 果穗上都应为非甜粒，如在 20 000 粒中出现 2 甜粒，说明父本花粉中有 2 个花粉粒的基因由 Su 突变成 su，则可确定基因 Su 突变为 su 的频率为 10^{-4}。

植株测定法测定体细胞的突变率，一般以 M_2 出现的突变体占观察总个体数的比例来表示。如 M_2 群体中 100 000 个体中出现 5 个突变体，则突变率为 5×10^{-5}。

2.1.4　染色体变异

染色体变异又称染色体畸变，是指染色体结构和数目的改变。基因突变是染色体的某一个位点上基因的改变，基因突变用光学显微镜难以检测，而染色体变异可用显微镜直接观察。

2.1.4.1　染色体结构变异

染色体一般是稳定的。但在某些极端环境条件下，染色体发生一个或多个断裂。染色体片段在断裂、融合过程中易产生差错，导致染色体结构变异，又称为染色体重排（chromosomal rearrangement）。染色体结构变异类型主要有 4 种：缺失（deletion）、重复（duplication）、倒位（inversion）和易位（translocation）。

（1）缺失

缺失指染色体部分区段的丢失。缺失分中间缺失和末端缺失两类。如果同源染色体中的一条有中间缺失，另一条是正常的，称为中间缺失杂合体。缺失杂合体在联会时可见缺失环。较大片段缺失，个体往往死亡，微小部分缺失，往往引起生活力下降或某些独特表现出现。

（2）重复

染色体部分片段发生了重复，即一个染色体片段在同一染色体上多次出现。重复的遗传效应比缺失低，但大片段的重复，也可使个体生活力下降甚至死亡。染色体某特定区域的重复可产生特定的表现型特征。

（3）倒位

倒位指染色体区段发生位置上的前后倒置。当染色体发生倒位以后，倒位区段内基因的顺序颠倒了，导致倒位区段内和倒位区段外各个基因间的距离发生了改变，重组率随之改变。倒位区段内的基因将表现很强的连锁，或很低的交换值。当两个基因位点间的交换值比正常的大大减少时，可推论出该区段有可能发生了倒位。

（4）易位

易位常指非同源染色体之间片段的转移。染色体片段单方向转移称简单易位；双向互换称相互易位。易位不同于交换，前者发生的非同源染色体之间，后者发生在同源染色体之间。易位打破了基因原有的连锁关系：一方面，使原来不连锁的基因发生连锁，另一方面，原来连锁的基因由于易位而表现为独立遗传。相互易位的染色体在基因总量上没有改变，因此，相互易位纯合体一般是功能正常的，但易位杂合体在减数分裂时，常形成部分的不育配子。

上述四种染色体结构的改变，都将引起染色体上基因数目的改变或排列顺序的改变，从而导致性状的变异。大多数染色体结构变异对生物体是有害的，有的甚至会导致个体死亡。

2.1.4.2 染色体数目的变异

一般来说，每一种生物的染色体数目都是稳定的，但是，在某些特定的环境条件下，生物体的染色体数目也会发生改变，从而产生可遗传的变异。染色体数目的变异可分为两类：一类是个别染色体增加或减少，形成各种非整倍体(aneuploid)，包括三体(trisomic)、四体(tetrasomic)、单体(monosomic)、缺体(nullisomic)和双三体(double trisomic)等；另一类是染色体数目以染色体组的形式成倍地增加或减少，形成各种整倍体(euploid)，包括单倍体(haploid)和多倍体(polyploid)两种类型。依据增加的染色体是否来自同一物种，多倍体一般又分为同源多倍体(autopolyploid)和异源多倍体(allopolyploid)两类。整倍体在植物育种中应用较广泛；而非整倍体由于减数分裂不正常，导致后代生活力低，甚至不能存活，因而应用很少。

(1)染色体组

二倍体(diploid)生物的生殖细胞中含有的全部染色体，称为一个染色体组(chromosome set)。例如，松树的体细胞中有12对共24条染色体，这24对染色体可以分成两组，每一组中包含12条染色体。同一个染色体组的各个染色体的形态、大小、结构和连锁群彼此不同，但却构成一个完整而协调的体系；染色体组包含了控制生物遗传和变异、生长与发育的全部遗传信息，缺少其中任何一个成员都会造成不育或性状的变异，这是染色体组的主要特征。

不同种、属的染色体组所包含的染色体数目不尽相同。例如，松属染色体组有12条，杨属有19条等。

(2)单倍体

单倍体是指含有配子染色体数目的个体。由配子不经受精直接发育成的生物个体都是单倍体。自然界中，玉米(*Zea mays*)、高粱(*Sorghum bicolor*)、水稻、番茄(*Lycopersicon esculentum*)、普通小麦、烟草(*Nicotiana tabacum*)等农作物，偶然会出现单倍体植株。林木中单倍体植株较少，我国曾培育出小黑杨单倍体。

与正常植株相比较，单倍体植株弱小，且高度不孕，不能产生后代，因此，单倍体本身在生产上没有利用价值。但由于单倍体只含有一套染色体，因而在育种上有特殊意义。植物育种中，一般通过单性生殖(如花药离体培养)获得单倍体植株，再通过人工诱导使其染色体数目加倍获得纯合二倍体，纯合二倍体自交后代不分离，性状稳定。因此，利用单倍体可大大缩短育种周期。

(3)多倍体

由受精卵发育而成的个体，体细胞中含有两个染色体组的称为二倍体。体细胞中含有三个或三个以上染色体组的称为多倍体。其中，体细胞中含有三个染色体组的称为三倍体；体细胞中含有四个染色体组的称为四倍体，依此类推。多倍体在植物中很常见。例如，紫穗槐（*Amorpha fruticosa*）为四倍体（$2n=4X=40$），欧洲李为六倍体（$2n=6X=48$），北京林业大学培育的毛白杨为三倍体（$2n=3X=57$）。

与二倍体植株相比，多倍体植株多表现为组织器官巨大、代谢旺盛，如茎秆粗壮，叶片、果实和种子都比较大，糖类和蛋白质等营养物质的含量都有所增加。例如，四倍体葡萄的果实比二倍体品种的大得多，四倍体西红柿的维生素 C 的含量比二倍体的品种几乎增加了 1 倍。因此，人们常常采用人工诱导多倍体的方法来获得多倍体，进而培育多倍体品种。

体细胞中含有多个相同类型染色体组的多倍体称为同源多倍体。同源多倍体的细胞、茎、叶、花、果实等器官往往表现巨大性，但生长缓慢，发育延迟；细胞内含物含量有增高趋势，配子育性不高或几乎不育。

体细胞中含有多个不同类型染色体组的多倍体称为异源多倍体。人工或自然条件下，通过不同物种间的远缘杂交和染色体加倍获得。自然界中的多倍体以异源多倍体居多，是植物进化的一个重要途径。在植物中，自然发生的异源多倍体常见的有普通小麦、棉花、烟草等。人工培育的异源多倍体，常见的有萝卜甘蓝、八倍体小黑麦等。

需要注意的是，并非所有的多倍体均比正常的二倍体有优势，有些多倍体表现反而不如二倍体，尤其是与繁殖有关的性状。因此，应根据不同的植物、不同的性状、不同的育种目标而采用不同的育种方案。

（4）非整倍体

非整倍体指染色体组中个别染色体的增加或减少。非整倍体是细胞在减数分裂时偶然发生的染色体不配对、不分离、分离延迟或其他原因引起的。例如，某对同源染色体在减数分裂时不配对或不分离，则在减数第一次分裂的后期便可能同时分配到一个子细胞中，形成 $n+1$ 配子，相应地，另一个子细胞则形成 $n-1$ 配子。当 $n+1$ 配子，$n-1$ 配子与正常配子（n）相互结合时，便形成各种非整倍体。常见的非整倍体包括单体、缺体、三体、四体、双三体等。

单体是由不正常的 $n-1$ 配子和正常的 n 配子结合产生的，合子的染色体可用 $2n-1$ 来表示。单体（$2n-1$）在减数分裂时有一条染色体不能配对，单独存在，所以称单体。单体一般不能存活或表现异常。一般二倍体生物很少出现单体；多倍体生物易产生单体。

缺体（$2n-2$）是由相同的 $n-1$ 配子之间结合产生的。因为缺少一对同源染色体，所以称为缺体。缺体对生物影响较大，仅在异源多倍体植物中可能出现缺体。

三体是正常的 n 配子与不正常的 $n+1$ 配子结合产生的，合子的染色体数可用 $2n+1$ 表示。因为某一条染色体多出了一条，所以叫三体。

四体和双三体两者都是 $n+1$ 配子和 $n+1$ 配子结合产生的。如果增加的染色体是同源染色体，受精形成的合子是四体，用 $2n+2$ 表示；如果增加的染色体是非同源染色体，受精的合子就是双三体，用 $2n+1+1$ 表示。

2.1.5　环境饰变

环境饰变（environmental modification）是由生境引起的表现型不可遗传的变异，如外部形态、解剖结构、生理特性、物候与生态习性等方面的变异。环境饰变是基于植物的表型可塑性(phenotypic plasticity),表现为基因型(genotype)相同的个体在不同环境中呈现出相异的表现型(phenotype)。

林业工作者对于环境饰变有深刻认识,并在森林生态学和森林培育学中得到了广泛研究。环境差异表现在不同的尺度上。大尺度环境包括海拔、降水、温度状况以及土壤间的差异,这些环境差异导致同一树种不同地区树木在生长速率与形态特征方面产生巨大差异。小尺度环境主要指同一林分相邻树木所处的微环境,包括微气候、微地点、个体竞争,以及病虫害的差异。

有些环境饰变在人工林培育中可加以利用。例如,施肥可增加土壤养分,造林前整地可改善土壤水分与土壤结构,除草和间伐可减轻树木间的竞争,这些措施均能促进人工林生长,也是森林培育学研究的范畴。

2.2 林木群体遗传

大多数树种具有较高的遗传多样性。树种间的差异不仅表现在遗传变异水平上,而且还表现在群体内和群体间的变异模式上。群体遗传学(population genetics)是研究群体遗传多样性模式,阐述遗传多样性的起源、维持机制及进化意义的遗传学分支学科。林木群体遗传学是遗传学原理在林木群体水平上的具体应用。

这里,林木群体既可以是天然林,也可以是人工林。因此,群体遗传学不仅可研究林木自然群体的遗传结构、适应与进化,同时也可了解森林经营活动(包括育种)对人工群体遗传结构的影响程度。需要说明的是,虽然群体遗传学着重于单基因控制的性状,但林木大多数性状为多基因控制,群体遗传学原理同样适用于多基因性状。多基因性状或称数量性状的遗传将是下一节阐述的内容。

2.2.1 群体遗传结构的度量

群体遗传学中,群体(population)指栖息在一定区域内同一物种的一群个体,群体内所有个体均有机会与其他个体交配,共享同一个基因库,又称为孟德尔群体(Mendelian population)。然而,大多数树种具有较大的自然分布区,分布区内相隔遥远的个体间几乎不可能交配。为此,可将这些广布种区分为若干个繁育群,又称为亚群体(subpopulation)。亚群体区域较小,且亚群内个体间可相互交配。本节中,如无特殊说明,"群体"特指小区域内的繁育群,即亚群体。

基因型频率和等位基因频率是度量群体遗传结构的两个主要参数。

基因频率(gene frequencies)是指在一个群体中,某一个基因位点内某种等位基因所占的比例。设一对等位基因位 A 和 a,某一群体的个体数为 N;AA、Aa、aa 三种基因型的个体分别为 n_1、n_2、n_3,则 A 基因的频率 p 为:

$$A: p = \frac{2n_1 + n_2}{2N} = \frac{n_1 + 0.5n_2}{N}$$

即为 AA 纯合体的频率(n_1/N)加 1/2 杂合体 Aa 的频率(n_2/N)之和;a 基因的频率为:

$$a: q = \frac{2n_3 + n_2}{2N} = \frac{n_3 + 0.5n_2}{N}$$

即为 aa 纯合体的频率(n_3/N)加 1/2 杂合体 Aa 的频率(n_2/N)之和。

基因型频率(genotype frequencies)是指某种基因型个体占群体全部个体的比例。仍以上述群体为例,基因型 AA、Aa、aa 的频率分别用符号 D、H、R 来表示。于是有

AA:
$$D = \frac{n_1}{N}$$

Aa:
$$H = \frac{n_2}{N}$$

aa:
$$R = \frac{n_3}{N}$$

可由基因型频率计算基因频率,公式为:

A:
$$p = D + 0.5H$$

a:
$$q = R + 0.5H$$

现实群体中,真实的基因型频率是不清楚的,一般利用样本群体来估计。以某一松树为例,共采集 64 株成年大树提取 DNA,利用等位酶技术分析同一基因座(A、a)不同个体间的基因型,结果显示,基因型(AA)有 21 株,基因型(Aa)36 株,基因型(aa)7 株。则 3 种基因型频率为:

AA:
$$D = \frac{n_1}{N} = \frac{21}{64} = 0.328$$

Aa:
$$H = \frac{n_2}{N} = \frac{36}{64} = 0.563$$

aa:
$$R = \frac{n_3}{N} = \frac{7}{64} = 0.109$$

而 $D + H + R = 1$,即群体的各种基因型频率的总和为 1,群体的两种等位基因 A 和 a 的频率为:

A:
$$p = \frac{2n_1 + n_2}{2N} = \frac{78}{128} = 0.609$$

a:
$$q = \frac{2n_3 + n_2}{2N} = \frac{50}{128} = 0.391$$

故 $p + q = 1$

这里,需要说明以下 3 点:

(1)当某一等位基因的频率为 1 时,可以认为该等位基因在群体中被固定,意味着该基因座上仅有一个等位基因,即为单态。然而,在林木自然群体中,大多数基因座是多态的,即同一基因座上存在两个或多个等位基因,且每个基因以一定的频率出现。至于"一定的频率"是多少,目前尚无统一规定。一般认为,对于多态性基因座,最高的等位基因频率应不超过 0.95。

(2)当某一等位基因的频率较低时,其基因主要存在于杂合体中,尤其对于隐性等位

基因。例如，当隐性基因(a)的频率q较小时(如$p = 0.9$，$q = 0.1$)，那么，$f(Aa) = 2pq = 0.18$、$f(aa) = q^2 = 0.01$，其比例为 18 : 1，即杂合体数目是隐性纯合体 18 倍。当q值减少一半，比如$p = 0.95$，$q = 0.05$，则$2pq = 0.095$、$q^2 = 0.0025$，杂合体与隐性纯合体比率急剧上升到 38 : 1，这意味着绝大部分等位基因a是由杂合体携带。当$q = 0.001$，杂合体与隐性纯合体比率为 1998 : 1。

(3)群体等位基因频率一般根据样本群体估算，得到的也仅仅是估计值。因此，如果要获得准确的等位基因频率估计值，样本群体需足够大。这从等位基因频率方差σ^2的估算公式中也可以得出，该公式为：$\sigma^2 = [p(1-p)]/2N$，式中，N是样本群体大小。上例中，$\sigma^2 = (0.609 \times 0.391)/(2 \times 64) = 0.001\,86$。$\sigma^2$的平方根是估计值的标准误，因此，$\sigma = 0.043$。一般情况下，若要获得准确性较高的等位基因频率估计值，样本大小至少 50，最好 100 以上。

2.2.2 哈迪—温伯格法则

早在 20 世纪初，哈迪(Hardy)和温伯格(Weinberg)各自独立地发现了基因型频率与等位基因频率在上下代群体间的关系。即在一个大的随机交配群体中，如果没有迁移、突变与选择等因素的影响，那么，群体只需经过一代的随机交配，则其基因型频率与等位基因频率就可在世代相传中保持不变。这就是哈迪—温伯格遗传平衡法则。需要说明的是，遗传平衡法则建立在以下 7 个假设前提上：①有性繁殖的二倍体生物；②世代非重叠；③大群体；④随机交配；⑤无基因迁移；⑥无基因突变；⑦不存在选择作用。

为解释该法则，现以最简单的单个基因位点共 2 个等位基因为例来说明。

例如，假定 5 个初始群体中，3 种基因型AA、Aa、aa频率分别为：(0.05, 0.30, 0.65)(0.01, 0.38, 0.61)(0.18, 0.04, 0.78)(0, 0.40, 0.60)(0.20, 0, 0.80)，可以验证，经过一次随机交配，下一代都将变成为(0.04, 0.32, 0.64)。继续随机交配其基因型的比例始终是(0.40, 0.32, 0.64)。至于等位基因频率，则自始至终保持不变($p = 0.2$，$q = 0.8$)。

林木自然群体中，基因型比例通常大体接近哈迪—温伯格期望值。这是因为林木的交配系统一般近似于随机交配。

那么，对于现实的林木群体，如何判定该群体是否达到哈迪—温伯格遗传平衡？可利用统计学中的适合性检验(X^2检验，又称卡方检验)来验证基因型频率观察值是否显著偏离哈迪—温伯格期望值。

仍以上一节中的松树为例。等位基因A和a的频率估计值分别为$p = 0.609$，$q = 0.391$。根据随机交配原理，3 种基因型的期望频率分别为：

$f(AA) = p^2 = 0.609^2 = 0.371$

$f(Aa) = 2pq = 2 \times 0.609 \times 0.391 = 0.476$

$f(aa) = q^2 = 0.391^2 = 0.153$

群体中，期望基因型个体数由每种基因型期望频率乘以观察的个体总数(64)而得，3 种基因型的期望数目与观察数目比较见表 2-2。

表 2-2　三种基因型的观察个体数与期望个体数

基因型	观察个体数	期望个体数
AA	21	$0.371 \times 64 = 23.75$
Aa	36	$0.476 \times 64 = 30.46$
aa	7	$0.153 \times 64 = 9.79$

3 种基因型的观察个体数看起来与期望个体数非常接近，但是否符合哈迪—温伯格平衡还需统计学依据来判定，一般采用适合性(χ^2)检验。χ^2 检验的原理可参考统计学教材。简言之，根据计算得到的 χ^2 统计量及概率值来判断群体是否达到哈迪—温伯格平衡。χ^2 统计量由下式得出：

$$\chi^2 = \sum_{i=1}^{n} \frac{(O_i - P_i)^2}{P_i} \tag{2-1}$$

式中，O_i 为观察值；P_i 为期望值；n 为组数。

本例中，$\chi^2 = (21-23.75)^2/23.75 + (36-30.46)^2/30.46 + (7-9.79)^2/9.79 = 2.12$。这里，$\chi^2$ 的自由度为组数(n)减 1。本例中，由于计算期望基因型频率所必需的等位基因频率可从数据资料中获得，所以还需减去一个额外自由度，因此，本例中 χ^2 自由度为 $3-1-1=1$。χ^2 概率值可从 χ^2 分布表中查得，$\chi^2 = 2.12$(自由度为 1)的概率位于 0.25 至 0.15 之间。这意味着，如果将基因型频率的观察值作为群体的真实值，那么，以 64 个样本估计的观察值，发生偏差的概率为 15%~25%。考虑到由于偶然误差造成 χ^2 计算值出现 15%~25% 倍的偏差是可以接受的，因此我们接受该假设，认为群体基因型频率符合哈迪—温伯格期望值。只有当计算的 χ^2 概率 ≤0.05 时才拒绝这个假说。例如，本例中，如果计算得出的 χ^2 值大于 χ^2 表中查得的 5% 水平临界值 3.84，就可以 95% 的置信度推断这三种基因型间存在显著性差异。

上文仅考虑了单个基因位点、2 个等位基因情形，如扩展至多个基因以及多个基因座，哈迪—温伯格法则是否依然成立？

在一个基因座有多个等位基因情形下，经过一代随机交配，纯合子 A_iA_i，杂合子 A_iA_j 的期望比例分别为 $p_i{}^2$，$2p_iq_j$。而且，只要其他条件保持不变，那么，其等位基因频率与上一代群体相同。因此，上述哈迪—温伯格法则的同样适用于多个等位基因的情形。

多个基因座的情形则更为复杂。对于一个基因座，只需经过一代随机交配，群体中的基因型频率就可达到平衡，但当同时考虑两个或多个基因座，各基因型组合就难以达到平衡。对于多个基因座情形下哈迪—温伯格平衡的检测，一般采用单倍体的配子来分析。原因有两方面：一是单倍体配子的基因组合简单，易于分析；二是在哈迪—温伯格平衡条件下，如果各等位基因组合在配子阶段处于平衡，那么，由配子结合形成的二倍体基因型也应处于平衡。假如，有两个基因座，每一基因座有两个等位基因，分别为 A_1、A_2 和 B_1、B_2，其基因频率分别为 p、q 和 r、s，那么，平衡时，涉及这两个基因座的每一种配子类型(A_1B_1、A_1B_2、A_2B_1、A_2B_2)的频率正好为其所携带基因频率之积，比如，$f(A_1B_1) = pr$，$f(A_2B_1) = qr$。如果其中任何一种类型配子的频率不等于平衡频率，就称该基因座处于配子不平衡(gametic disequilibrium)，也称为连锁不平衡(linkage disequilibrium)状态。

导致配子不平衡的因素主要有以下 2 种：①选择，如不同基因型之间在繁殖能力上存在差异，或者，基因型间在繁殖力上虽无差异，但在繁殖下一代时，由于偶然因素导致仅有部分亲本参与；②具有不同等位基因频率的群体混合。第一种因素较易理解，对于第二种因素，举例说明如下：

假定甲、乙两个随机交配群体，甲群体中，A 基因频率为 p_1，a 基因频率为 q_1；乙群体中，A 基因频率为 p_2，a 基因频率为 q_2。将甲、乙两个群体混合，混合群体中三种基因型比例为：

$$(AA : Aa : aa) = (mp_1^2 + np_2^2) : (2mp_1q_1 + 2np_2q_2) : (mq_1^2 + nq_2^2)$$

式中，m 为群体甲的个体数占混合后群体总数的比率；n 为群体乙的个体数占混合后群体总数的比率。

混合群体中，杂合体(Aa)的频率(H_1)为 $2mp_1q_1 + 2np_2q_2$，而该混合群体达到哈迪—温伯格平衡时，杂合体(Aa)的期望频率(H_0)为 $2(mp_1 + np_2)(mq_1 + nq_2)$。两者的差值为：

$$H_1 - H_0 = (2mp_1q_1 + 2np_2q_2) - 2(mp_1 + np_2)(mq_1 + nq_2) = -2mn(p_1 - p_2)^2 \leq 0$$

可见，在将等位基因频率不同的两个或多个随机交配群体混合后，混合后群体的杂合体频率低于哈迪—温伯格平衡时的期望频率，也就是说，群体混合会导致配子不平衡。

但是，除非两个基因座紧密连锁，否则，尽管存在配子不平衡，只需少数几代的随机交配就可消除。因此，与其他异交为主的植物相似，在林木自然群体中，配子不平衡并不常见。

从应用前景看，筛选与数量性状位点(quantitative trait loci，QTLs)紧密连锁的基因，利用两者之间的配子不平衡信息进行标记辅助选择，可能是目前最有希望应用于林木育种的策略。例如，某一 DNA 标记基因座与某个与生长、抗病或者木材品质性状有关的 QTL 紧密连锁，若两者之间存在显著的配子不平衡，那么这些标记就可用于标记辅助选择。

哈迪—温伯格法则对现实林木群体的几点启示：

①随机交配维系遗传变异 一旦群体基因型频率达到哈迪—温伯格平衡，在后续世代中，只要满足哈迪—温伯格法则的基本条件，那么，群体基因型频率就将保持不变。可见在大群体中，随机交配是维持群体现有遗传变异的主要因子。即使在高度近交群体中，只需一代随机交配就可恢复遗传平衡。

②林木自然群体中蕴含大量遗传负荷 由于稀有等位基因主要以杂合体形式存在，即使群体中携带隐性有害等位基因(称为遗传负荷，genetic load)的纯合体表现出疾病，但其杂合体仍表现正常。因此，在自然群体中，这些稀有的隐性有害等位基因仍可在杂合体中保留下来。

③不可能完全淘汰隐性有害基因 在育种工作中，通过混合选择来固定某一有利的显性等位基因是难以实现的。因为随着有利显性等位基因频率不断增加，不利的隐性等位基因越来越稀少，且主要存在于杂合体中，其表型效应被显性基因所掩盖。所以，完全淘汰隐性有害基因是不可能的。

④育种就是打破群体遗传平衡 如果群体遗传结构世代保持不变，那么，群体的表型性状也不可能发生较大改变。从林木育种角度，要使林木群体朝着育种目标方向发展，就必须通过改变基因型频率来改良林分结构，也就意味着必须打破群体原有遗传平衡。

2.2.3　度量群体遗传多样性的参数

度量遗传多样性的参数有很多，各参数含义不同，适用的场合也不同。应在充分理解各参数的基础上合理应用，不能生搬硬套。

2.2.3.1　度量群体内遗传多样性的参数

这类参数主要有：多态位点比例(proportion of polymorphic loci，PPB)；等位基因平均数 A；有效等位基因平均数 N_e；平均期望杂合度 H_e 和实际观察杂合度 H_o；Shannon 多样性指数 I 等。

(1)多态位点比例 PPB

多态位点指具有两个以上等位基因且每个等位基因频率大于 0.01 的位点。

$$PPB = \frac{k}{n} \times 100\% \tag{2-2}$$

式中，k 为多态位点数；n 为检测到的位点总数。

(2)平均等位基因数 A(average number of alleles)

$$A = \sum_{i=1}^{n} \frac{a_i}{n} \tag{2-3}$$

式中，a_i 为第 i 个位点的等位基因数；n 为测定位点总数。

(3)平均有效等位基因数 N_e(average effective number of alleles)

$$N_e = \sum_{i=1}^{n} \frac{n_e}{n}, \ n_e = \frac{1}{\sum p_i^2} \tag{2-4}$$

式中，n_e 为单个位点上的有效等位基因数；p_i 为单个位点上第 i 个等位基因频率；n 为测定位点总数。

与平均等位基因数 A 相比，平均有效等位基因数 N_e 更有应用价值。因为它与基因的频率大小联系起来，更能反映群体的真实情况。

(4)实际观察杂合度 H_o(observed heterozygosity)

H_o 为实际观察到的杂合单株占全部单株的比率(H_o=杂合单株/全部单株)。由于取样的误差和群体内交配不平衡，会造成 H_o 和 H_e 之间的一定差异。

(5)平均期望杂合度 H_e(average expected heterozygosity)

$$H_e = \frac{1}{n} \sum_{i=1}^{n} h_e \tag{2-5}$$

式中，h_e 为单个位点上的杂合度，$h_e = 1 - p_i^2$；p_i 为单个位点上第 i 个等位基因的频率；n 为检测位点总数；H_e 衡量的是群体中基因的多少及其分布的均匀程度，Nei(1973)将其定义为"基因多样度(gene diversity)"。

H_e 是应用较广泛的度量群体遗传多样性的参数。但需注意的是，并非任何群体都可以估算 H_e，其前提是群体内随机交配，一般适应于较大规模的自然群体。

通过比较 H_e 与 H_o 两者大小，可以推断群体内存在近交与否。如当 $H_e < H_o$ 时，则可以认为群体内杂合子过量，主要为异交。若 $H_e > H_o$，则群体内杂合子不足，纯合子过量，群体内存在近交。近交将在下一节中重点介绍。

（6）Shannon 多样性指数 I（Shannon's diversity index）

$$I = -\sum P_i \log_2 P_i \tag{2-6}$$

式中，P_i 是基因 i 的频率。

Shannon 多样性指数 I 直接评价遗传多样性的大小。

2.2.3.2 群体间的遗传多样性分布

这类参数主要包括基因分化系数、F-统计量、基因流、群体间遗传距离等。

（1）基因分化系数 G_{st}（coefficient of gene differentiation）

$$G_{st} = \frac{D_{st}}{H_t} = \frac{H_t - H_s}{H_t} \tag{2-7}$$

式中，H_t 和 H_s 分别为群体总的遗传多样度和群体内的遗传多样度。

H_t 与 H_s 的计算同 H_e，但计算 H_t 时，P_i 为第 i 个等位基因在总群体中的频率（所有群体基因频率的平均值），而计算 H_s 时，需先计算每个群体的 H_e 值，P_i 为第 i 个等位基因在该群体中的频率，再将所有群体 H_e 值平均即得 H_s，每个位点可得出一个 G_{st} 值。不同物种的 G_{st} 临界值不同，异交物种的 G_{st} 一般小于 10%；而自交物种的 G_{st} 临界值为 51%。

（2）F-统计量（F-statistic）

F-统计量包括三个参数：F_{it}、F_{is} 分别为总群体与群体的平均固定指数，可用来检验在总群体或群体中基因型频率与哈迪—温伯格平衡期望比例的偏离程度；F_{st} 为群体间基因频率方差，可用来衡量群体分化程度。

$$F_{st} = \frac{\sigma_p^2}{p(1-p)} \tag{2-8}$$

式中，p 为某一等位基因在所有群体中的平均频率；σ_p^2 为群体之间的方差。

该法是建立在固定指数（F）基础上的，用来检验群体分化的等级结构。

（3）基因流 N_m（gene flow）

$$N_m = \frac{1 - G_{st}}{4G_{st}} \tag{2-9}$$

基因流对群体遗传分化有重要影响。一般地，基因交流频繁的物种，群体间遗传分化小；反之，群体间遗传分化大。当 $N_m > 1$ 时，基因流就可以防止由遗传漂变所引起的群体间的遗传分化。

（4）群体间遗传距离 D（genetic distance among populations）

遗传距离也是度量群体间遗传分化的参数。目前，应用较多的是 Nei 氏遗传距离（Nei's genetic distance，D_A）。D_A 又细分为 Nei 氏最小遗传距离（Nei's minimum genetic distance，D_m）和 Nei 氏标准遗传距离（Nei's standard genetic distance，D_s）。这里，给出常用的 D_s 计算公式如下：

$$D_s = -\ln I \tag{2-10}$$

式中，I 为遗传相似性系数，表示两群体间的遗传相似程度。$I = J_{xy}/(J_x J_y)^{1/2}$，其中，$J_x$、$J_y$ 和 J_{xy} 分别是所有位点上 j_x、j_y 和 j_{xy} 的算术平均数，这里，j_x、j_y 分别指 X 或 Y 群体中某一位点的纯合子频率之和，$j_x = \sum x_i^2$，$j_y = \sum y_i^2$；j_{xy} 指 X 和 Y 群体中的同一位点两

个相同等位基因频率之积的累加值，即 $j_{xy} = \sum x_i y_i$。x_i、y_i 分别指群体 X 或 Y 中相同位点第 i 个等位基因的频率。

2.2.4　交配系统与近交

前文介绍了随机交配群体的遗传平衡，本节将重点阐述群体偏离随机交配的情形。

2.2.4.1　交配系统及其类型

个体间的交配模式称为交配系统（mating system）。交配系统本身并不改变群体内的等位基因频率，但可改变基因型频率，进而对子代群体产生影响。林木中，群体偏离随机交配情形是普遍存在的，即使群体内的基因型频率近似于随机交配群体的频率。这是由于：①大多数树种为雌雄同株，可能存在自花授粉。②相邻的树木个体间可能有亲缘关系（如来源于同一母树的子代）。这两方面因素为近亲交配（inbreeding）提供了可能。因此，林木一般为混合交配系统。也就是说，林木群体中，大多数交配是随机的，但也有一些交配发生在遗传上有亲缘关系的个体间，且亲缘个体间交配的概率高于随机交配群体的期望比率。这种亲缘关系较近的个体间交配就是近亲交配，又称为近亲繁殖。自交是最极端的近交。除自交外，还有不同等级的近交，如全同胞之间、半同胞之间以及孤立种群个体间的交配。大多数一年生农作物（如小麦、大麦及燕麦）及一些一年生草本植物，其自然交配几乎都是自交。大多数树种的自交比例较低，但也有些树种的自交率非常高。例如，美洲红树（*Rhizophora mangle*）的自交率可达 90% 以上。

其他非随机交配类型还有表型同型交配与表型异型交配。表型同型交配（phenotypic assortative mating，PAM）指表现型相似个体间的交配，如花期相似的个体间交配。表型异型交配（phenotypic disassortative mating，PDM）指表现型相异个体间的交配。由于表现型部分受遗传控制，因此，上述两种交配类型也包含遗传同型交配（genetic assortative mating，GAM）和遗传异型交配（genetic disassortative mating，GDM）。

2.2.4.2　近交系数

近交系数（inbreeding coefficient，F）是衡量近亲交配程度的指标，一般用 F 表示。1922 年，Wright 将近交系数定义为"结合的配子的相关系数"；1948 年，Malecot 从概率角度重新对其定义为"个体的两个相同基因来源于同一个祖先基因的概率"。

为便于理解，以下对近交系数的 Malecot 定义作进一步解释。为简单起见，我们仅考虑一个基因座上的两个相同的等位基因（如 AA）的情形。这两个等位基因（AA）要么来源于某一共同祖先同一等位基因的复制，即两者为遗传同质（identical by descent），又称为自系纯合（autozygous）；要么来源于 2 个没有亲缘关系的祖先，或称异系纯合（allozygous）。由于近交群体中纯合子频率的增加归因于自系纯合子（autozygote）的产生，因此，将 F 定义为单个基因座上两个等位基因遗传同质的概率。显然，该 F 值是相对度量值，相对于基础群体（其 F 值为 0）而言。需要说明的是，对于任意纯合子中的两个相同等位基因，如果回溯祖先的世代足够多，则均有可能是遗传同质的。但在实际研究中，一般将早于当前群体几代的群体视为基础群体。

为进一步理解近交系数（F）的含义，举例说明如下：假定某一群体，其基因自系纯合概率为 F，等位基因 A 和 a 的频率分别为 p 和 q。从群体中抽取一个等位基因 A 的概率为

p，根据 F 值定义，抽取另一个等位基因 A 为遗传同质的概率为 F，因此，基因型 AA 为自系纯合的概率为 pF。抽取的两个等位基因 A 也有可能不是遗传同质（即异系纯合），那么，基因型 AA 为异系纯合的概率就为 $p^2(1-F)$，这里，p^2 为抽取两个等位基因 A 的概率，而 $1-F$ 为异系纯合的概率。因此，群体中基因型 AA 总的概率为 $f(AA)=p^2(1-F)+pF$。其中，前一部分来源于完全随机交配形成的异系纯合 $[p^2(1-F)]$，后一部分来源于近交导致的自系纯合 (pF)。

对于群体中的任意个体 (x) 均可估算其近交系数 F_X。一种方法可根据近交系数定义来估算，先计算该个体特定基因座上每一个等位基因自系纯合的概率，然后将其累加起来即可获得 F_X，但该方法较为繁琐。另一种方法相对简单，基于谱系关系计算近交系数。以半同胞子代个体间交配为例，先列出谱系图，如图 2-2 所示，将自系纯合的等位基因的路径一一回溯，同时，列出每一条路径所对应的概率。本例中，由于为半同胞，只有一个亲本 (Aa) 相同，该相同的亲本即为共同祖先。半同胞间交配产生的子代中，自系纯合的基因型有 2 种类型，AA、aa，根据概率运算法则分别计算其自系纯合的概率，然后相加就是半同胞子代个体 (X) 的近交系数 F_X。例如，获得自系纯合的基因型 AA 的概率 $f(AA)=(0.5×0.5)(0.5×0.5)=1/16$，同样，获得自系纯合的基因型 aa 的概率 $f(aa)=(0.5×0.5)(0.5×0.5)=1/16$，那么，半同胞子代的近交系数 $F_X=1/16+1/16=1/8$。当然，该方法需有一个假设前提，即共同祖先 (Aa) 不存在近交，即 $F_A=0$。

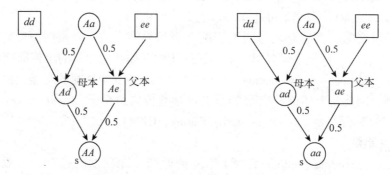

图 2-2　半同胞子代的近交系数（引自 White 等，2007）

若需考虑共同祖先的近交水平，则计算个体近交系数的通用公式为：

$$F_X = \sum \left[\left(\frac{1}{2}\right)^{n+n'+1}(1+F_A) \right] \tag{2-11}$$

式中，F_X 为个体 (X) 的近交系数；n 为父本至共同祖先的代数；n' 为母本至共同祖先的代数；F_A 为共同祖先的近交系数。该公式由 Wright（1922）提出。

在更为复杂的谱系中，例如，共同祖先不止 1 个，或者源于共同祖先而传递路径不同。这时，近交系数就为每个路径的自系纯合子概率之和。此时，计算近交系数 F_I 的通用公式为：

$$F_I = \sum_{i=1}^{m} \left(\frac{1}{2}\right)^{n_i}(1+F_i) \tag{2-12}$$

式中，m 为所有路径的总数；F_i 为第 i 个路径中共同祖先的近交系数；n_i 为第 i 个路径的亲本数目。

表 2-3 列出了常见几种亲属间交配的近交系数。

表 2-3　林木群体常见的几种亲属间交配及近交系数

交配类型	自交	亲子	全同胞	半同胞
近交系数 F	0.5	0.25	0.25	0.125

在林木多轮回育种中，如果进行多代近交（如自花授粉、同胞交配或回交），其近交系数增加的速度如何？上述利用谱系计算 F 值的公式，当世代数较多时，该方法就显得十分繁琐。这时，可采用递归方程来计算上下代之间的近交系数 F，该方法较为简便。例如，自交情况下每代杂合度减少 1/2，使得 k 代杂合度为 $H_k = H_{k-1}/2$。则有 $1-F_k = (1-F_{k-1})/2$，$F_k = (1+F_{k-1})/2$。

上面介绍了基于谱系资料以自系纯合概率来度量近交系数 F 的原理与方法。当缺乏谱系资料时，又如何估算近交系数 F 呢？此时，我们可以根据群体基因型频率来度量近交系数 F，可通过比较观察杂合度 H 与期望杂合度 H_e 来估算近交系数 F，公式为：

$$F = \frac{H_e - H}{H_e} \tag{2-13}$$

式中，F 为近交系数，是度量现实群体中杂合体频率相对于具有同样等位基因频率的随机交配群体杂合体频率减少的比率；H 为观察杂合度；H_e 为期望杂合度。

目前，该方法应用较多，尤其是在利用基因组信息（如 DNA 分子标记信息）研究群体遗传多样性时。

当仅考察单个基因座、一对等位基因时，$H_e = 2pq$，$F = (2pq - H)/2pq$，将上式变换，得到杂合子频率（杂合度）计算公式为：

$$H = 2pq(1-F) \tag{2-14}$$

在近交群体中，纯合体 AA 频率 $f(AA)$ 也可用来估算 F 值。

$p = f(AA) + H/2$，替代上式中的 H，$p = f(AA) + pq(1-F)$，得：

$$f(AA) = p - pq(1-F) = p - p(1-p)(1-F) = p^2(1-F) + pF$$

该式与之前基于自系纯合 F 值定义估算基因型（AA）概率的公式完全相同。

实际上，在分析现实群体的遗传结构时，通常利用基因型频率来计算 F 值。但应清楚的是，除近交外，其他因素（如选择或遗传漂变）也会造成杂合体频率偏离哈迪—温伯格期望值。因此，通常我们将近交群体的 F 值称为固定指数（fixation index），以区别于非近交群体的近交系数 F。

无论是林木自然群体还是育种群体，近交对群体的遗传组成及性状表现都有显著影响。连续多代近交的后果主要有两个：①与随机交配相比，近交导致子代纯合子频率增加，杂合子频率降低；②近亲间交配会导致近交衰退（inbreeding depression），如子代繁殖适合度下降，生长势变弱等。下一节将对此进行详细阐述。

2.2.4.3　近交对群体基因型频率的影响

杂合体通过自交可导致后代基因分离，使后代群体中遗传组成迅速趋于纯合。假定某一个体，其基因位点是杂合的，基因型为 Aa，那么其自交后代的 3 种基因型比例为 AA：$2Aa$：aa。1/2 的后代将是纯合的 AA 和 aa，1/2 是杂合体 Aa。如继续自交，纯合的个体只产生纯合的后代，而杂合的个体则又产生 1/2 纯合体，这样连续自交 r 代，其后代群体中杂合体将逐步减少为 $(1/2)^r$，纯合体相应地逐代增加为 $[1-(1/2)^r]$。因此，杂合体通过连续自交，后代逐渐趋于纯合。纯合体增加的速度与基因对数，自交代数密切相关。

例如，假定某一群体中有两个等位基因 A 和 a，频率分别为 $p=0.4$ 和 $q=0.6$。在随机交配的 0 世代，三种基因型频率为哈迪—温伯格比率，即纯合子 $f(AA)=p^2=0.16$，纯合子 $f(aa)=q^2=0.36$，杂合子 $f(Aa)=2pq=0.48$。在完全自交情形下，纯合子 AA，aa 分别仅产生 AA，aa 子代。因此，如果群体由 1000 株树组成，那么，群体中将会有 160 个基因型为 AA 的个体(0.16)，这些个体自交仅产生 AA 子代。杂合子 Aa 自交产生所有三种基因型子代，其频率分别为：$1/4(AA)$，$1/2(Aa)$，$1/4(aa)$。由于只有成年的杂合子才能产生杂合子子代，且只有 1/2 的子代为杂合子，因此，经过 1 代自交，杂合子频率减少了一半，$f(Aa)=0.24$。经过第 2 代自交，杂合子频率又减少了一半，$f(Aa)=0.12$。随着自交的延续，群体中杂合子频率每自交一代减少一半。

尽管杂合子的频率逐渐减少，但等位基因 A，a 的频率在各世代仍保持不变，$p=0.4$，$q=0.6$。由此可以推论，近交仅改变群体中基因型频率而不改变等位基因频率。

上例讨论的是最极端的近交(即自交)对基因型频率的影响，其他类型的近交(如同胞之间)也会导致杂合体频率减少，差别在于基因型频率改变的速率。实际上，在自然群体中，各种类型的近交均有可能发生。

下面讨论近交系统对群体遗传平衡的影响。

假定某一基因座上两个同源基因来自共同祖先的概率(即近交系数)为 F，而基因 A 或 a 的概率分别是 p、q，那么，群体中纯合子 AA 的两个同源基因来自共同祖先的频率应为 pF，同样，aa 的频率为 qF。相对地，两个同源基因不是来自共同祖先的概率就为 $p^2(1-F)$。因此，群体中的 AA 基因型的频率，应该是来自共同祖先的同一基因的纯合个体频率 pF 与来自不同祖先的 A 基因纯合个体的频率 $p^2(1-F)$ 之和，而 Aa 因不可能来自来自共同祖先的同一基因，所以为 $2pq(1-F)$。

因此，对于近交群体，当近交系数为 F 时，三种基因型的期望频率为：

$$f(AA)=p^2(1-F)+pF=p^2+Fpq \tag{2-15}$$

$$f(Aa)=2pq(1-F)=2pq-2Fpq \tag{2-16}$$

$$f(aa)=q^2(1-F)+qF=q^2+Fpq \tag{2-17}$$

从上式可以看出，与随机交配(即 $F=0$)群体相比，近交群体(近交系数为 F)中，两种纯合体 AA，aa 的频率各自增加 Fpq，而杂合体 Aa 的频率则相应减少 $2Fqp$。

上式通用于经历一代或多代近交后的自然群体或人工群体。需要说明的是，上式仅适用于大群体，且群体内不存在影响其基因频率与基因型频率的进化因素。

当 $F=0$，即不存在近交，基因型频率就是哈迪—温伯格平衡时的频率；当 $F=1$，极端自交多代，近交群体全部是由 Aa 和 aa 组成，其频率分别为 p 和 q。

群体中所包含的隐性基因，在近交时就能在纯合体中表现出来。如许多异花授粉植物中，已知有许多隐性基因在纯合体时表现出有害的影响。出现隐性纯合子的概率，在随机交

配情形下为 q^2，在近亲交配的情况下则为 q^2+Fpq。增加的部分 Fpq 与 q^2 的比例，在很大程度上依赖于 q 值。对于各种 q 值，近亲交配子代的纯合体出现率(q^2+Fpq)为随机交配下的出现率(q^2)的倍数(表 2-4)。由此可知，近交时，有害隐性基因纯合的概率将快速增加。

表 2-4　近亲交配时，纯合子增加的倍数与基因频率的关系

隐性基因频率 q	0.1	0.01	0.005	0.002
随机交配下的纯合体频率 q^2	0.01	0.0001	0.000 025	0.000 004
近亲交配时，Fpq/q^2 值				
$F=1/64$	1.14	2.55	4.11	7.78
$F=1/32$	1.28	4.09	6.22	15.58
$F=1/16$	1.56	7.19	13.44	32.18

注：引自 White 等，2007。

表 2-5　育种群体大小对近交系数 F 的影响

育种群体大小	近交系数 F	
	10 代	100 代
5	0.6514	0.999 973
10	0.4014	0.9941
25	0.1825	0.8673
50	0.0955	0.6335
100	0.0489	0.3946
250	0.0198	0.1815

注：引自 White 等，2007。

　　表 2-5 为不同群体大小的近交系数随世代的增加而递增的情况。若育种群体大小仅为 5，近交 5 代，$F=0.41$，近交 10 代时，$F=0.65$。如果群体大小为增大至 10，则近交 5 代其 $F=0.23$，近交 10 代，$F=0.4$。由此可见，在育种工作中，为了控制近交，育种群体不能太小。

2.2.4.4　近交衰退

　　当等位基因杂合时，隐性基因常被显性基因所掩盖，隐性性状表现不出来。自花授粉植物(如小麦等农作物)由于长期自交，有害的隐性性状已被自然选择和人工选择所淘汰，后代一般很少出现有害性状，也不会因为自交而导致后代生活力显著降低。但在异花授粉植物(如大多数林木)中，通常情况下大多数位点是杂合的，有害的隐性等位基因被显性等位基因所掩盖，不表现隐性性状。但若使其相互近交，将导致有害隐性等位基因纯合，从而使有害性状表现出来。例如，在林木育种时，连续几代少数个体间的交配常导致树木生长势弱、发育迟缓、结实能力下降等现象，这是由于连续几代近交导致基因位点纯合，促使一些有害隐性等位基因的遗传效应表达，这种现象称为近交衰退(inbreeding depressing)。近交衰退与杂种优势(hybrid vigor，或 heterosis)是生物中相对应的两个现象，其内在机理是相同的。有关杂种优势或近交衰退的遗传基础将在第 7 章介绍。

　　林木为异交物种，异交物种近交衰退严重。在林木良种繁殖时(母树林或种子园)，其亲本间近交水平的高低直接影响到种子的遗传品质。因此，在林木种子园营建过程中必须考虑群体的大小，以控制近交比率。

(1)近交衰退的度量

近交衰退一般采用以下公式计算:

$$\delta = 1 - \frac{W_s}{W_c} \qquad\qquad (2\text{-}18)$$

式中, W_s 和 W_c 分别表示自交子代和异交子代的性状平均值。

例如, 若 $\delta = 0.25$, 表明近亲衰退达 25%, 说明近交个体的性状平均值是异交个体性状均值的 75%。当然, 上式还可用来估算其他类型的近交衰退, 只需将自交子代的性状平均值 W_s 替换为其他类型近交子代平均值即可。

近交衰退程度也可以致死当量表示。致死当量(lethal equivalent)是指在基因纯合状态下, 平均引起一个死亡事件的一组基因数目(Morton et al., 1956), 致死当量一般用 α 表示。可能是一个等位基因发生了致死突变; 也可能是不同基因座上两个等位基因发生突变, 每个基因突变导致死亡的概率各为 50%, 等等。致死当量可用自交可育率(R)来估算, 自交可育率与致死当量(α)之间存在以下关系(Sorensen, 1969):

$$\alpha = -4\ln R \qquad\qquad (2\text{-}19)$$

需要说明的是, 应用上式时需满足以下两个条件: ①所有致死等位基因均为完全隐性、且各自独立起作用; ②每一粒空粒种子对应于一个胚败育事件。

例如, 在欧洲云杉中, 曾估算其育种亲本的 R 值为 0.283, 对应的致死当量为 5.0。换句话说, 如果某亲本在 5 个不同基因座上的隐性致死等位基因均处于杂合状态, 那么, 期望的自交可育率约为 0.28, 这意味着自交子代的饱满种子数为异交子代的 28%。

(2)林木近交衰退程度

一般地, 近交衰退程度与近交水平 F 呈正比。虽然林木有多种近交方式, 但自交仍然是最主要的近交。这是因为自交不仅是许多树种交配系统的组成部分, 也是研究林木近交最常用的手段, 因为林木自花授粉非常容易实施。有鉴于此, 下面列举一些林木自交衰退的例子。

通常情况下, 林木自交衰退非常明显。林木自交衰退可表现在生长发育的任何阶段, 如表现为种子饱满度、胚的生活力、苗木成活率、树木生长势以及种子产量等指标的下降。

迄今为止, 林木近交效应研究主要集中于针叶树种, 阔叶树种的近交研究相对较少。表 2-6 为一些树种基于种子饱满度估算的自交可育率(R)和致死当量(α)。

表 2-6 林木自花和异花授粉种子的饱满度、自交可育率(R)、致死当量(α)

树　种	种子饱满度/%		R	α	文献出处
	自交	异交			
壮丽冷杉(*Abies procera*)	36.0	51.0	0.706	1.4	Sorensen 等, 1976
北美落叶松(*Larix laricina*)	1.6	21.6	0.074	10.4	Park 和 Fowler, 1982
欧洲云杉(*Picea abies*)	13.0	45.9	0.283	5.0	Skrøppa 和 Tho, 1990
脂松(*Pinus resinosa*)	71.0	72.0	0.986	0.1	Fowler, 1965
花旗松(*Pseudotsuga menzesii*)	7.9	69.2	0.114	8.7	Sorensen, 1971
蓝桉(*Eucalyptus globulus*)	60.0	80.0	0.750	1.2	Hardner 和 Potts, 1995
糖槭(*Acer saccharum*)	17.4	35.1	0.496	2.8	Gabriel, 1967

注: 引自 White 等, 2007。

从表 2-6 中可以看出，大多数林木的致死当量 α 大于 5.0，高于一年生农作物，部分原因可能与林木寿命长、不利基因突变不断累积有关。同时，致死当量大小在种间及种内个体间变异很大。例如，与大多数树种致死当量较高不同，脂松(*P. resinosa*)种内遗传变异非常低，其致死当量也很低，α = 0.1。在花旗松与北美落叶松(*L. laricina*)中，林分内个体间的致死当量变化范围为 3.0~19.0。

另外，从研究的性状看，林木近交效应研究主要集中在与适合度相关的性状，如胚与种子饱满度、成活率，以及生长量等性状上，其他性状则很少涉及。表 2-7、表 2-8 为鹅掌楸不同交配类型种子饱满度、出苗率、苗期生长量以及存活率的比较，近交类型(自交、回交)均远低于异交类型。

表 2-7　鹅掌楸不同交配类型种子饱满度与出苗率

交配类型	饱满度/%(标准差)	出苗率/%(标准差)
种间杂交	20.66(3.67)	5.16(2.52)
种内杂交	27.54(4.21)	9.29(5.27)
回交	14.57(2.95)	4.30(2.42)
自交	3.875(2.09)	0.25(1.98)

注：引自姚俊修，2010。

表 2-8　鹅掌楸不同交配类型子代苗期生长量比较

交配类型	胸径		树高		存活率	
	均值/cm	变异系数/%	均值/cm	变异系数/%	均值/%	变异系数/%
自交	2.51	35.69	249.84	27.44	52.09	11.6
种内杂交	4.67	14.71	366.05	9.51	69.87	12.5
种间杂交	4.59	12.56	384.58	8.34	74.58	13.03

注：引自潘文婷，2012。

既然近交子代一般表现生活力衰退，产量和品质下降，但为何在林木育种研究中有时候却有意识地开展近交？这主要是出于以下三方面的考虑：①通过近交使后代基因型趋于纯合，使隐性有害等位基因得以暴露并将其从育种群体中淘汰，同时，近交子代群体也是基因功能分析的理想材料；②通过近交获得纯合基因型个体，从中选择育种亲本；③估算近交衰退程度，为杂交育种及良种繁育材料的管理提供参考信息。

2.2.5　改变等位基因频率的进化因素

改变等位基因频率的进化因素主要有 4 个，分别为突变、迁移、选择和遗传漂变。突变和迁移两者均可为群体引入新的等位基因。选择与遗传漂变可导致群体等位基因频率发生改变，前者为定向改变，而后者为随机改变。以下对 4 种进化因素分别介绍。

2.2.5.1　突变

突变是群体遗传变异的最根本来源，也是生物进化的必要历程。广义的突变是指生物个体的遗传组成发生的改变。突变类型多种多样，突变范围可大可小。包括 DNA 上单个碱基的突变，染色体片段的重复或缺失，染色体结构的重排，整个染色体组的重复或缺失，等等。虽然多倍体在高等植物新物种的起源中具有非常重要的作用，但对于物种内的变异，大多数源于单个基因座的突变。基于此，以下重点介绍单基因突变。

单基因突变对上下代群体间等位基因频率的影响是十分微弱的。短期内的突变影响不大，这是由于自发突变率非常低。目前可检测到的单基因突变率每代仅为 $10^{-6} \sim 10^{-5}$。这表明，在任何基因座上，每世代大约 100 000 ~ 1 000 000 配子中仅有 1 个配子发生了单基因突变（如，$A_1 \rightarrow A_2$ 或 $A_2 \rightarrow A_3$）。需要说明的是，有些 DNA 序列的突变是检测不到的，如发生在非编码区的突变，以及发生在编码区但不改变编码蛋白功能的同义突变。

大多数新发生的突变对生物表现型是有害的。因此，仅有少量的单基因突变对生物体可能是有利的。在美国西黄松中，基因突变使叶绿素生物合成受阻，导致白花苗的出现并最终夭亡。

与单基因性状相比，多基因性状更易受突变影响，因为多基因座上任何一个基因发生突变都会影响该性状。已有报道表明，对于影响某一特定数量性状的所有基因座，其累积突变率约为每代每个配子 0.01。对于单个数量性状，由于大约 50% 的基因突变是高度有害的，因而大约每 200 个配子中有一个配子携带一个中性或轻度有害的突变。

为了检测突变对等位基因频率的影响，假定有两种类型的等位基因：野生型等位基因（正常表现型）和有害等位基因，且突变是可逆的。野生型等位基因可突变为有害等位基因（正突变），有害等位基因也可突变为野生型等位基因（回复突变）。一般地，正突变率高于回复突变频率，这是因为使基因功能失活的途径比基因功能修复的途径要多。

假定从野生型等位基因 A 突变为有害等位基因 a 的正突变率为 u，而回复突变率为 v，那么，每代仅由突变引起的等位基因 a 频率 q 变化为：

$$\Delta q = u(1-q) - vq = u - q(u+v)$$

当 $q = 0$ 时，Δq 为最大正值，等于 u；当 $q = 1$ 时，Δq 为最大负值，等于 $-v$。因此，Δq 值非常小，这再一次验证了"突变对等位基因频率的影响是微弱的"的论断。

尽管在任何单一世代中，突变的影响非常小，但是，突变仍然是自然群体内遗传变异的最根本来源。通过长期的积累，林木种内将产生大量的遗传变异。

当达到突变平衡时，群体中等位基因频率推导如下：

平衡时，$q = 0$，即 $u\hat{p} = v\hat{q}$，即，$u(1-\hat{q}) = v\hat{q}$，则有，$\hat{q} = u/(u+v)$

同理，可推导出，$\hat{p} = v/(u+v)$

从上式可知，平衡时的等位基因频率 $\hat{p}$ 和 $\hat{q}$ 的值与原始群体的基因频率 p、q 无关，完全由突变率所决定。

一般的突变率每代大约在 $10^{-8} \sim 10^{-4}$ 之间，因此在正常的突变率下，单靠突变只能在基因频率上产生很小的变化特，而且要经过漫长的时间。根据基因突变原理，我们可以估算基因频发突变达到某一定值所需的突变代数 n。例如，$u = 3 \times 10^{-5}$，$v = 2 \times 10^{-5}$，$\hat{q} = 0.6$，欲从 $q_0 = 0.10$ 增加到 $q_m = 0.20$ 时，需要的世代数可用下列公式计算：

$$n = \frac{1}{u+v} \ln \frac{q_0 - \hat{q}}{q_m - \hat{q}} \tag{2-20}$$

代入式（2-20），得 $n = 4462.87 = 4463$（代）。这说明当存在回复突变时，基因频率的改变往往需要很长的时间。

2.2.5.2　迁移

迁移（migration），又称为基因流（gene flow），指群体间等位基因的交流。迁移对群体遗传结构的影响主要有以下两方面：①引入新的等位基因，增加群体内遗传变异；②连续多代的迁移将降低群体间遗传分化。

为了估算迁移的遗传效应，假定在某一群体中，每代迁入个体比例为 m，那么非迁移个体（原有个体）比例为 $1-m$。若迁入个体中，等位基因 a 频率为 q_m，且迁移之前本地群体中的等位基因 a 频率为 q_0，那么，迁移后等位基因 a 的频率为：

$$q = (1 - m)q_0 + mq_0 = q_0 - m(q_0 - q_m) \tag{2-21}$$

迁移一代后等位基因频率变化量为 $\Delta q = q - q_0 = -m(q_0 - q_m)$。因而，等位基因频率变化量取决于迁移率，以及迁入群体与本地群体之间的等位基因频率差。

迁移会缩小迁出群体与迁入群体之间的等位基因频率差异，因为当 $q_0 < q_m$，Δq 为正，当 $q_0 > q_m$，Δq 为负。如果迁移是单向的（即迁移总是从迁出群体迁移到迁入群体），而且 q_m 在各世代间是不变的，那么，Δq 最终为 0，这时，$q = q_m$。此时，迁入群体与迁出群体的等位基因频率相等。类似地，当两个或更多群体间的基因相互迁移，基因流最终导致所有群体的等位基因频率相同，其值为这些群体初始等位基因频率的平均值。由此可以看出，迁移是消除群体间遗传分化和避免群体遗传多样性丧失的潜在因素。而下文要介绍的选择与遗传漂变的遗传效应则正好相反。

很多研究结果显示，林木群体间变异较小，一般仅占总变异的 10% 以下，这表明林木群体间存在较强的基因流。林木基因流的方式主要有两种，即花粉流与种子流，虽然以营养器官为载体的基因流在林木中也存在，但其比例通常较低。

2.2.5.3　选择

自然界中，选择无处不在。自然选择（natural selection）是生物进化的关键因素。自然选择的结果使生物适应性逐代提高，即"适者生存"。林木育种计划中，育种工作者根据育种目标对群体进行选择，进而实现群体改良，这是人工选择（artificial selection）。人工选择的结果为"益者生存"。但无论是自然选择还是人工选择，两者的作用原理是相同的。

根据选择后群体的遗传变异模式可将选择区分为定向选择（directional selection）、平衡选择（balancing selection）、依频选择（frequency-dependent selection）以及歧化选择（diversifing selection，或分裂性选择）等 4 种类型。这里，先介绍自然选择中常见的 2 种类型，即平衡选择及依频选择，与人工选择密切相关的两种类型（定向选择及歧化选择）将在第 6 章介绍。

平衡选择是自然选择的一种形式。由于杂合子优势，选择使不同的等位基因存在于同一基因座上，从而维持基因多态性。因此，平衡选择是保持群体遗传变异的重要因素。依频选择是指依赖于基因频率的选择。当等位基因频率较低时，选择对其有利；当等位基因频率较高时，选择对其不利。通过依频选择可使遗传多态性保持均衡。例如，显花植株中的自交不孕基因就属于依频选择。当携带有自交不孕基因的花粉粒落在含有相同等位基因个体的柱头上时，该花粉粒不能萌发和伸长，而含有低频等位基因的花粉粒则具有交配优势，其结果导致群体中保持有大量的自交不孕基因。

（1）选择的遗传效应

在阐述选择的遗传效应之前，先介绍适合度、选择系数、显性度等几个概念。假定有两种基因型个体 AA 和 aa，各 100 个，AA 个体的成活繁殖率为 1，aa 个体为 0.9，那么可以说，aa 的适合度只为 AA 的 0.9，所以适合度（fitness）是指某基因型能成活繁殖后代的相对能力，用 w 表示，取值范围 0~1。这里，AA 和 aa 的适合度分别为 $w_{AA}=1$ 和 $w_{aa}=0.9$。令 $s=w_{AA}-w_{aa}=1-0.9=0.1$，一般称之为对 aa 基因型的选择系数。选择系数（selction coefficient）是指某基因型被淘汰而不能繁殖后代的个体在群体中所占的百分率，用 s 表示，取值范围 0~1。该例 $s=0.1$ 说明，基因型 aa 有 1/10 的个体不能繁殖后代。

由于选择作用于表现型，因此还需说明适合度的显性度（the degree of dominance，h）。如选择对隐性基因不利，当 $h=0$，基因型 AA、Aa 和 aa 的相对适合度分别为 1，1 和 $1-s$，这里，等位基因 a 对 A 在适合度方面是隐性的。当 $h=1$，上述 3 种基因型的相对适合度分别为 1，$1-s$ 和 $1-s$，且 a 对 A 是隐性的。当 $h=1/2$，等位基因在适合度方面不存在显隐性关系。需要注意的是，适合度显性并不等同于该基因的表现型显性。

以例说明，表 2-9 中列出了经一代选择后林分中各基因型频率的变化。基因型的适合度指其从种子萌发成苗直至繁殖年龄时的成活率。3 种基因型的绝对适合度分别为 0.80，0.80 和 0.20。在这种情况下，选择仅取决于适合度的大小，而每个基因型相对适合度是以其绝对适合度除以最适基因型绝对适合度的相对值表示。因此，基因型 aa 相对适合度为 0.20/0.80 = 0.25，或者说，相对于群体中其他两种基因型而言，其适合度为 25%。一旦达到繁殖年龄（即育龄），基因型之间在交配与繁殖子代能力方面的差异也影响它们对下一代的贡献大小（即适合度）。为了简便起见，假定所有基因型具有同等繁殖能力。

每种基因型对下一代的贡献率是其选择前的初始频率与其相对适合度之积。所有基因型对下一代贡献率之和（0.36+0.48+0.04=0.88）小于 1，这是因为选择淘汰了部分个体。所以，选择后每种基因型比例应除以所有基因型比例之和。因此，下代群体中基因型 aa 频率为 0.04/0.88=0.045。选择对等位基因 a 频率 q 的效应以上、下代群体等位基因频率 q 值改变量（Δq）来度量。假定等位基因初始频率 q 值为 0.40，而选择后为 0.318，则 $\Delta q = 0.318-0.400=-0.082$。选择后等位基因 a 频率减少是由于基因型 aa 相对适合度降低所致（表 2-9）。

表 2-9 经过一代定向选择后等位基因频率变化

指　标	基因型			合　计
	AA	Aa	aa	
初始频率	0.360	0.480	0.160	1.000
绝对适合度	0.80	0.80	0.20	
相对适合度	1	1	0.25	
选择后比率	0.360	0.480	0.040	0.880
选择后频率	0.409	0.546	0.045	1.000

注：引自 White 等，2007。

表 2-10　不利于隐性基因的定向选择情形下，等位基因频率变化的一般模型

参　数	基因型			合　计
	AA	*Aa*	*aa*	
初始频率	p^2	$2pq$	q^2	1.0
相对适合度	1	$1-hs$	$1-s$	
比　例	p^2	$2pq(1-hs)$	$q^2(1-s)$	$T=1-2pqs-sq^2$
选择后频率	p^2/T	$2pq(1-hs)/T$	$q^2(1-s)/T$	1

为推导定向选择导致基因频率与基因型频率变化的通用表达式，采用表 2-10 的群体模型。

表 2-10 中，s 为不利于等位基因 a 的选择系数；h 为等位基因 a 显性度(0 为无显性，1 为完全显性)；选择后等位基因 a 频率(q_1)为 $q=(q-hspq-sq^2)/(1-2hspq-sq^2)$；$\Delta q=q_1-q=-spq[q+h(p-q)]/(1-2pqs-sq^2)$(引自 White 等，2007)。

按照上例中介绍的方法，可推导出经一代选择后等位基因频率变化量 Δq 的估算公式(表 2-10)。该公式可进一步简化为：

$$\Delta q=-\frac{sq^2(1-q)}{1-sq^2}\quad(当\ a\ 为隐性)$$

$$\Delta q=-\frac{sq(1-q)^2}{1-sq(2-q)}\quad(当\ a\ 为显性)$$

$$\Delta q=-\frac{\frac{1}{2}sq(1-q)}{1-sq}\quad(当不存在显隐性)$$

在不考虑显性度情形下，对等位基因 a 的定向选择将降低群体中 a 基因的频率。然而，基因频率的改变量 Δq 不仅取决于选择强度 s，还与等位基因 a 的初始频率 q 有关。

假定有害等位基因 a 在 0 世代群体中被固定(即 $q=1.0$)，选择系数为 0.2。利用计算机程序 Populus(Alstad，2000)分别模拟显性、隐性和没有显性 3 种情形下等位基因 a 随世代变化趋势。

从图 2-3 中可清楚地看出，当 $s=0.20$ 时，在上述 3 种显性度情形下，等位基因频率与显性度对定向选择有效性的影响程度。例如，假定有害等位基因是隐性的，且几乎在群体中固定(即 q 值接近于 1)。从图中可以看出，定向选择约 22 代，有害等位基因频率降低为 0.50；再经 15 代的定向选择，该基因频率降低为 0.25。然而，当隐性等位基因频率很低时，对这类基因的选择，无论是有利还是不利，其效果均不明显(即等位基因频率变化很小)(如从 $q=0.05$ 到 0.025 将大约需要 100 代)。前已述及，当隐性等位基因频率较低时，隐性基因主要存在于杂合体中，因而不易被自然选择而淘汰。另外，对于不利于显性等位基因的选择，当显性等位基因频率较高时，此时有利的隐性等位基因很少，选择效果甚微。

当 $s=1$，即在某一自然群体中存在一个致死等位基因，或者在某一育种程序中，对所

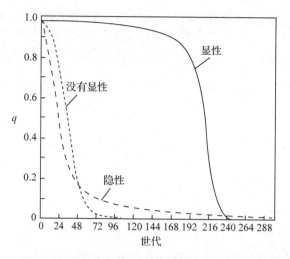

图 2-3　随机交配大群体中有害等位基因 a 频率 q 随世代变化图

(引自 White 等，2007)

有表达该等位基因的个体进行淘汰的情况下，对不利等位基因进行选择，其效果如何呢？当致死等位基因为显性，仅需一代选择就可以消除，但如致死等位基因为隐性，当其基因频率很小时，对其选择淘汰越来越难。将 $s=1$，$\Delta q = -q^2/(1+q)$，当 $q=0.01$ 时，希望淘汰的隐性纯合体频率将为 0.0001。因此，对于随机交配群体，即使将选择强度提高至最大值，淘汰稀有隐性等位基因的效果也非常小。

这里，以随机交配群体中对隐性基因的完全淘汰为例讨论选择后群体基因频率的变化。由于隐性纯合体的适应度等于 0，即选择系数 $s=1$，隐性基因 a 选择一代的频率为：

$$q_1 = \frac{q_0(1-sq_0)}{1-sq_0^2} \tag{2-21}$$

因 $s=1$，
则有

$$q_1 = \frac{q_0(1-q_0)}{1-q_0^2} = \frac{q_0}{1+q_0} \tag{2-22}$$

同理，可推导，

$$q_2 = \frac{q_1}{1+q_1} = \frac{q_0}{1+2q_0} \tag{2-23}$$

由此可以归纳出选择 n 代后隐性基因 a 的频率：

$$q_n = \frac{q_0}{1+2q_0} \tag{2-24}$$

根据上式，可计算某种基因频率减少到一定程度所需要的代数 n，因 $q_n + nq_nq_0 = q_0$，则有

$$n = \frac{q_0 - q_n}{q_nq_0} = \frac{1}{q_n} - \frac{1}{q_0} \tag{2-25}$$

式中，q_0 为选择前群体 a 基因频率；q_n 为选择 n 代后群体 a 基因频率；n 为所需的选择代数。

利用子代测定信息可大大加快淘汰育种群体中的有害等位基因。通过将隐性表现型亲本与育种群体中所有个体杂交，根据子代隐性纯合体表现，就可确认育种群体中那些携带有害等位基因的杂合体。利用子代测定资料淘汰杂合体亲本，根据亲本表现型淘汰隐性纯合体亲本，两者相结合就能在一代淘汰所有隐性等位基因。

（2）选择与突变的平衡

在随机交配情形下，拟通过选择来淘汰群体中稀有的有害等位基因，其过程将是非常缓慢的；而且，想完全淘汰这些有害等位基因也是不可能的。这是由于正常等位基因的频发突变使新的有害基因不断出现，选择淘汰的稀有隐性等位基因与突变产生的有害等位基因两者相互抵消，最终达到平衡。平衡时，突变引起的等位基因频率变化与选择引起的等位基因频率变化两者相等，由此推导出平衡状态下估算隐性等位基因频率 q_e 的近似公式为（Falconer 和 Mackay，1996）：

$$q_e = \left(\frac{u}{s}\right)^{1/2} \tag{2-26}$$

式中，u 为正常等位基因突变为有害等位基因的突变率；s 为不利于有害等位基因的选择系数。突变率通常可观察到，只有非常低的选择才能使 q_e 维持较低水平。

例如，如果 $u = 10^{-5}$，选择系数仅为 0.10 时，才能使 $q_e = 0.01$。当有害等位基因为显性或不完全显性，甚至需要较低的选择强度来维持较小的 q_e 值，因为杂合体也容易被选择掉。选择与突变的联合效应很好地解释了自然群体中存在较低频率的有害等位基因的现象。

（3）平衡选择

选择与突变的联合效应解释了有害等位基因以低频形式存在的现象，但它不能够解释异交物种（包括林木）中观察到的大多数遗传变异。例如，在一些基于等位酶技术研究中，至少 40% 的基因座存在有两个或更多的等位基因。这些等位基因频率较高，并非低频等位基因，因此，不能用突变—选择平衡理论来解释。尽管其他进化因子可以解释大多数遗传变异，但毫无疑问，平衡选择对于遗传多样性的保持起着关键性作用，并影响与适应性有关的多基因性状。

杂合子优势为平衡选择的实例之一。在定向选择中，杂合子的适合度处于两类纯合子适合度之间，或者等同于两类纯合子之一。在杂合子优势（heterozygote superiority），或称超显性（overdominance）的情形下，杂合子的适合度高于任一纯合子的适合度，且选择不会淘汰任一个等位基因。假定 AA，Aa 和 aa 的相对适合度分别为 $1-s_1$，1 和 $1-s_2$，那么，$\Delta q = pq(s_1p - s_2q)/(1 - s_1p^2 - s_2q^2)$。

当 $s_1p = s_2q$ 时，群体中这两个等位基因达到平衡（即 $\Delta q = 0$）。平衡时等位基因 A_2 频率为：

$$q_e = \frac{s_1}{s_1 + s_2} \tag{2-27}$$

只要群体中这两个等位基因不被固定，选择将使等位基因频率逐渐趋于平衡值（这意味着两个等位基因都将保持中等水平的频率）。只要群体足够大，即使存在微弱的杂合子优势也可导致平衡多态性(图2-4)。

超显性机制可能有多种解释。例如，在分子水平上，对于一个结构基因，杂合子产生两个或更多类型的酶，而纯合子仅产生一种酶。如果不同类型的酶具有不同的功能，包括对不同环境因子（如 pH 值和温度）的适应性，那么，对于各种不同的生境，杂合子可能具有更好的适应性。如果同一基因座的两个等位基因在不同发育阶段、不同季节或不同微环境特定表达，也会导致超显性（称为边际超显性，marginal overdominance）。例如，假如某个等位基因

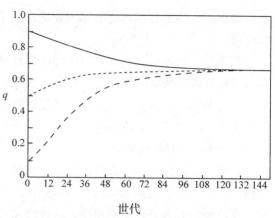

图 2-4　选择对杂合体有利（超显性）情况下，随机交配大群体中等位基因 a 频率（q）随世代变化

（引自 White 等，2007）

有利于苗期和幼林期的生长，而另一个等位基因有利于林分郁闭后的生长，那么，杂合子在整个生长周期中都具有优势。

假定 0 世代群体中三种不同初始 q 值(0.10，0.50，0.90)。等位基因 A 和 a 选择系数分别为 $s_1 = 0.1$、$s_2 = 0.05$。在选择对杂合子有利（即超显性），无论初始 q 值多少，最终的 q 值将达到平衡值 0.66(White 等，2007)。

2.2.5.4　遗传漂变

从抽样视角，任意世代的子代群体都抽样自上一代亲本群体所产生的配子库。假定亲本的育性相等且子代数目很大，那么，子代群体与亲代群体的等位基因频率应相似。但如果子代数目少，子代群体的等位基因频率则很有可能与上一代完全不同。这是因为，从亲本配子库中随机抽取样本，抽取的样本数越少则代表性越低。因此，在小群体中，由于亲代在产生子代时，对基因的随机抽样而引起的等位基因频率发生随机性的改变，该现象就被定义为遗传漂变(genetic drift)。

前已叙及，在随机交配的大群体中，群体的遗传组成将保持不变，即群体的基因频率不会发生改变。但在小群体中，有性生殖形成下一代的合子时，由于配子的偶然结合，将导致群体基因频率在世代更替中发生波动，或增加，或减少。基因频率的每一次具体的变动都是偶然的，不可预测的。而且，这种随机漂变产生的遗传效应会随着世代更替而不断累积，最终使某些基因固定，某些基因消失，从而降低群体遗传变异水平。

此外，由于抽样的误差而使基因频率发生随机变化，其变化幅度还与群体大小有关。由于单一群体中的等位基因频率变化方向不可预测，因此，随机遗传漂变效应通常采用平均杂合度或等位基因频率的方差来度量。在一系列假设前提下：如为随机交配群体，没有突变、选择和迁移，雌雄个体数目相等，可推导出群体大小与平均杂合度或等位基因频率方差之间的关系。

假定某一群体，等位基因 A、a 频率分别为 p、q，从该群体中抽出 N 个样本，则样本

群体中，A 基因频率 p 的方差为：

$$\sigma^2 = \frac{pq}{2N}$$

相应的标准差为：$\sigma = \sqrt{\dfrac{pq}{2N}}$

如以 $p=q=0.5$，$N=50$ 及 5000 为例，则 $N=50$ 时，标准差为 $\sigma = \sqrt{\dfrac{0.5 \times 0.5}{2 \times 50}} = 0.05$

$N=5000$ 时，标准差为 $\sigma = \sqrt{\dfrac{0.5 \times 0.5}{2 \times 5000}} = 0.005$，即前者的标准差为后者的 10 倍。

在群体呈正态分布情形下，偏离平均值 $+\sigma$ 或 $-\sigma$ 以上的约有 32%，超过 $+2\sigma$ 或 -2σ 的约 4%，因此在 $N=50$，$p=0.5$ 的有限群体中就会发生急剧的变化，即在一代后约以 1/3 的概率其基因频率发生正负 0.05 以上的变化，而成为 $p>0.55$ 或 $q<0.45$，以 1/25 的概率成为 $p>0.6$ 或 $p<0.4$。与此相反，在 $N=5000$ 的大群体中，出现 $p>0.51$ 或 $q<0.49$ 的基因概率只不过是 1/25，即基因频率随机变化的幅度很小，可以忽略不计。

需要说明的是，现实群体中，能同时满足以上所有假设条件的群体是不可能存在的。另外，为了准确预测小群体的进化趋势，首先需要获知群体中参与繁育的个体数，而不是统计个体数。一般地，群体中参与繁育的个体数小于统计个体数。而且，仅仅知道群体中参与繁育的个体数也是不够的，因为繁育个体数并不等于理想群体大小。所谓理想群体（idealized population）是指群体中，雌雄个体数目相等、亲本产生配子或后代数目相等、在世代间群体大小恒定等。因此，为了准确地评价现实群体中遗传漂变的遗传效应，需要估算有效繁育个体数目或有效群体大小（effective population size，N_e）。对于理想群体，其群体大小就为有效群体大小。而对于某一现实群体，其有效群体大小等同于理想群体中的繁育个体数量，或者，在随机遗传漂变影响下，能够产生与理想群体相同的等位基因频率分布的群体大小。有效群体大小一般小于繁育个体数目。弗兰克尔等（Frankel，1995）认为，林木中，N_e 仅为群体成年个体数的 10%~20%。

尽管大多数树种为连续分布的大群体，但这并不表明林木不会发生遗传漂变。在以下 3 种情形下，林木也会发生遗传漂变：①在树种分布区的边缘，群体一般较小，而且一般与同一树种的其他群体存在隔离。这种情形下，边缘群体就易受遗传漂变影响，导致等位基因频率的随机变化。②在树种分布区扩张过程中，新的扩张群体一般由少数个体建立，这些少数个体构成了奠基者群体。这种情形下，也会导致遗传漂变，也称奠基者效应（founder effect）。③由于自然或人为灾害，如冰雪、洪水、飓风、森林火灾、山体滑坡等，导致大群体的个体数目锐减，导致瓶颈效应（bottleneck effect）的发生，进而对群体的遗传组成产生长久而深远的影响。

在实际的林木改良计划中，一个林木种子园的无性系或家系的数目大多在 40~200 之间，所以在种子园中，多数情况下，基因频率的变化主要是由于遗传漂变而并非主要由于人工选择的结果。

在天然林中，是否也存在遗传漂变？考虑到大多数林木种子和花粉的传播距离有限，林木个体间相互交配有可能局限在较小的范围内。例如，在日本扁柏中发现，位于 15～23 m 范围内的树木个体间很相似，暗示着该树种个体间交配可能局限在小范围内，这种小群体内交配就类似于遗传漂变。

2.2.5.5 各种进化因素的联合效应

前文讨论了各种进化因素各自对群体结构产生的影响。但在现实群体中，往往是各种进化因素共同对群体遗传组成起作用，差别是每种进化因素的作用大小不同。由于突变对等位基因频率的影响不大，因而，下面仅讨论选择、迁移与遗传漂变对等位基因频率的联合效应。

(1)仅当有效群体非常小时，遗传漂变才是影响等位基因频率的主导因子

例如，假如对某突变基因的选择系数为 s，那么，选择与遗传漂变对该突变基因频率的相对影响大小为 $4N_e s$ 的函数，这里，N_e 为有效群体大小。当 $4N_e s > 10$，选择作用占优势，也就是说，选择使突变基因频率趋于减少，只有靠频发突变才能在群体中维持该突变基因。当 $4N_e s < 0.1$，突变基因的频率主要源于随机抽样的偶然性。当 $0.1 < 4N_e s < 10$，选择与遗传漂变共同影响等位基因频率。除非群体极小，低强度的选择能抵消遗传漂变的影响。如 N_e 为 25，仅当 $s < 0.001$ 时，遗传漂变才是影响突变基因频率的主导因子。

(2)群体间基因流可降低由遗传漂变导致的群体间分化

例如，在很多岛屿群体(有效群体大小为 N_e)间等位基因频率分化被来自一个陆地大群体的基因流 m 所抵消，即基因迁移可导致群体平衡，此时，群体间的基因频率差异为 $1/N_e m$ 的函数，这里，$N_e m$ 为每代每个岛屿群体迁入的个体数目。基因流可使群体间分化维持在某一特定水平，因此，大群体的基因流要比小群体基因流要小，因为大群体不易受遗传漂变的影响。当 $N_e m$ 小于 0.5 (即每隔一代迁移个体数为1)，平衡时，群体间等位基因频率将发生大的分化。许多基因座将被固定，不同等位基因被固定在不同的岛屿群体中。随着 $N_e m$ 增大，分化程度迅速下降，当 $N_e m > 1$ 时，将大大削弱群体间分化。

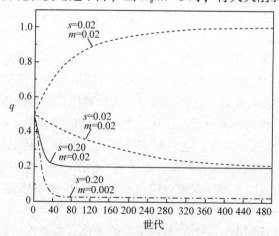

图 2-5　岛屿群体等位基因 a 频率 q 随世代的变化图
(引自 White 等，2007)

（3）基因流也可大大降低由选择导致的群体间分化

上例中，假定某个岛屿群体足够大到可忽略遗传漂变效应，并假定选择不利于等位基因 a。大陆群体中，等位基因 a 的频率恒定。在两种迁移率 m 水平（0.02，0.002）及两种选择系数 s 水平（0.2，0.02）下，群体中期望基因 a 的频率 q 随世代变化如图 2-5 所示。从大陆群体中迁入极少量基因 a，在选择强度相对较高的情形下，岛屿群体中基因 a 的频率将快速降至很低水平（如，$s = 0.2$，$m = 0.002$）。然而，即使很低的基因流也足够维持高的基因 a 频率（如，$s = 0.2$，$m = 0.02$）。当 $m \geqslant s$ 时，基因流起完全主导作用。可见，当存在迁移时，选择很难造成群体间的等位基因频率发生较大分化，除非 s 远大于 m。

2.2.6　遗传与进化

生物进化（biological evolution）是自然界中的一种普遍现象，是生物通过遗传系统的变化来适应改变了的环境。史旦宾斯（1974）将生物进化定义为"生物进化乃是生物群体部分或全部的遗传组成发生不可逆的一系列转变，这种转变基本上是基于生物与其环境相互作用的改变"。1998 年，北京大学张昀进一步将其完善为"生物在与其生存环境相互作用过程中，其遗传系统随时间而发生一系列不可逆的改变，并导致相应的表现型改变，在大多数情况下这种改变导致生物总体对其生存环境的相对适应"。

2.2.6.1　进化途径

关于生物进化的原因，早在 19 世纪，生物学家们就提出了各种各样的理论，经历了拉马克、达尔文、木村资生和杜布赞斯基等为代表的四个发展时期。其中被人们普遍接受的是达尔文的自然选择学说、木村资生的中性进化理论以及杜布赞斯基的综合进化理论。

达尔文自然选择学说的主要内容是：生物的繁殖能力很强，能够产生大量的后代，但是环境条件（如生存空间和食物）是有限的，因此，必然要有一部分个体被淘汰。淘汰是通过生存斗争而实现的。在自然界中，生物个体既能保持亲本的遗传性状，又会出现变异。出现有利变异的个体就容易在生存斗争中获胜，并将这些变异遗传下去；出现不利变异的个体则容易被淘汰。这种适者生存、不适者被淘汰的过程就是自然选择。经过长期的自然选择，微小的有利变异得到积累而成为显著的有利变异，从而产生了适应特定环境的生物新类型。

达尔文的自然选择学说，能够科学地解释生物进化的原因，以及生物的多样性和适应性，对于人们正确地认识生物界具有重要意义。但是，由于受当时科学发展水平的制约，对于遗传和变异的本质以及自然选择如何对可遗传的变异起作用等问题，达尔文还不能做出科学的解释。后来，随着遗传学和生态学等学科的发展，人们对生物进化理论的研究才得以不断深入。

日本国立遗传研究所木村资生（Kimura Motoo）根据分子突变大多是中性突变这一事实于 1968 年发表了《分子水平上的进化速率》一文，创立了中性突变与随机漂变理论（neutral mutation and random genetic drift theory）。该理论认为，自然界中存在着大量的中性突变，所谓中性突变是指那些对生物的生存既无益也无害的变异，如小枝有毛或无毛等。中性突变完全凭偶然的机会在群体中丧失或固定，与自然选择无关。

到 20 世纪 30 年代，关于生物进化过程中遗传和变异的研究，已经从性状水平深入到分子水平。生物体内核酸和蛋白质分子蕴涵着大量的生物进化的遗传信息，通过研究不同生物体内的某种蛋白质或核酸分子的组成成分之间的差异，可估测生物间的亲缘关系。关于自然选择的作用等问题的研究，已经从以生物个体为单位发展到以种群为基本单位。这样就形成了以自然选择学说为基础的现代综合进化理论（modern synthetic theory of evolution），其代表人物是杜布赞斯基（Dobzhansky）。其基本要点如下：

（1）种群是生物进化的单位

生物进化的基本单位是种群（population）。所谓种群，是指生活在同一地点的同种生物的一群个体。例如，一片天然林分中的所有马尾松也是一个种群。种群中的个体并不是机械地集合在一起，而是彼此可以交配，彼此间共享一个基因库（gene pool），并通过繁殖将各自的基因传递给后代。因此，种群也是生物繁殖的基本单位。一个种群所含有的全部基因组成该种群的基因库。种群中的个体一代一代地死亡，但基因库却在代代相传的过程中保持和发展。

在自然界中，由于存在基因突变、基因重组和自然选择等因素，种群的基因频率总是在不断变化的。生物进化的过程实质上就是种群基因频率发生变化的过程。

（2）基因重组和突变产生变异

生物在繁衍后代的过程中，会产生各种各样可遗传的变异，这些可遗传的变异是生物进化的原材料。可遗传的变异主要来自基因重组和突变。突变又可分为基因突变和染色体变异。

自然界中生物的自发突变频率很低，而且一般对生物体是有害的，那么，它为什么还能够产生生物进化的原材料呢？这是因为虽然对于每一个基因来说，突变率是很低的，但是种群是由许多个体组成的，每个个体的每一个细胞中都有成千上万个基因，这样，每一代就会产生大量的突变。例如，杨树约有 4.5×10^4 对基因，假定每个基因的突变率都是 10^{-5}，对于一个较大数量的杨树种群（如 10^4）来说，每一代出现的基因突变数将是 $2 \times 4.5 \times 10^4 \times 10^{-5} \times 10^4 = 9 \times 10^3$（个）。

在突变过程中产生的等位基因，通过有性生殖过程中的基因重组，可以形成多种多样的基因型，从而使种群出现大量的可遗传变异。由于这些变异的产生是不定向的，因此，突变和基因重组只是产生了生物进化的原材料，不能决定生物进化的方向。

（3）自然选择决定生物进化的方向

种群中产生的变异是不定向的，经过长期的自然选择，其中的不利变异不断地被淘汰，有利变异逐渐积累，从而使种群的基因频率发生定向改变，导致生物朝着一定的方向缓慢地进化。因此，生物进化的方向是由自然选择决定的。

（4）隔离导致物种形成

物种是指分布在一定的自然区域，具有一定的形态结构和生理功能，且在自然状态下能够相互交配和繁殖，并能够产生出可育后代的一群生物个体。这就是说，不同物种之间一般是不能交配的，即使交配成功，也不能产生可育的后代。

在自然界中，新物种形成的前提是存在生殖隔离。生殖隔离（reproduction isolation）是指种群间的个体不能自由交配，或者交配后不能产生出可育后代的现象。如一个种群被分隔成许多个小种群，彼此之间不能交配，久而久之，不同的种群就会向不同的方向发展，就有可能形成不同的物种。

生殖隔离机制(reproduction isolation mechanism)是指造成类群之间不易交配或交配后子代不育的原因。根据隔离机制发生的时期,可分为合子前隔离和合子后隔离两种。

合子前的隔离因素有:地理隔离(geographic isolation)、生态隔离(ecological isolation)、季节隔离(seasonal isolation)、性别隔离(sexual isolation)、形态隔离(morphological isolation)等。地理隔离是指由地理环境不同而造成的隔离,如海洋、高山、河流、沙漠等,使植物种群相互间不能进行基因交流,长此以往,就会形成相互独立的物种。例如,鹅掌楸和北美鹅掌楸分别分布于我国长江流域及北美东南部,经过长期的地理隔离,这两个种在形态、适应性、遗传结构等方面产生了非常大的差异,成为两个不同的种。生态隔离是指由于植物的生态习性、所处的环境或其他生态条件的差异而发生的隔离。例如,两种植物虽然同处一个地区,但因繁殖季节不同(花期不遇)而不能达到相互交配或受精的目的。性别隔离是指不同类群的雌雄性别个体,相互之间的吸引力微弱或缺乏而造成的隔离。形态隔离是由于花部形态的差异而导致的隔离。

合子后的隔离因素有:配子不亲合或称配子体隔离(gametic isolation)、杂种不活、杂种不育、杂种体败坏等。配子不亲合或配子体隔离是指花粉管或精子不能到达胚囊,或者在胚囊中不存活等。杂种不活是指杂种子代不能存活,其根本的原因是两套基因组不协调或生理失调等。杂种不育是指杂种不能产生具有正常可育的配子。杂种体败坏指杂种二代 F_2 或回交后代全部或部分不能存活或适合度低。这是生殖隔离的最后一道屏障。

隔离对生物进化,特别是对物种的形成起着非常重要的作用。物种的形成一般是通过隔离实现的。隔离开的类群不断地积累变异,在自然选择的作用下,逐渐分化形成新的物种。

一个大群体被隔离成若干小群体后,为什么会各自发展成不同的物种呢?原因可能有以下三个方面。首先,被分隔的各个小群体的基因组成或基因频率一般不会完全一样,假如被隔离形成的群体很小,由于遗传漂变导致小群体间的遗传组成可能差异很大,这是群体分化的起因。其次,在各小群体中还有可能发生不同的基因突变。由于群体间基因交流被阻隔,必然使各群体向着不同的方向分化和发展。第三,各分隔的小群体所处的地理和生态环境条件一般是不同的,即不同群体的自然选择压不同,从而使不同群体的遗传组成差异越来越大,最后导致群体间发生生殖隔离,形成不同的物种。

2.2.6.2　进化方式

生物进化的方式(evolutionary pattern)主要有 4 种。

(1)复式进化(anagenesis)

复式进化又称线系进化或全面进化,指生物体的形态结构、生理功能的全面提高,这是进化的主干,其结果使生物由简单到复杂、从低等到高等。例如,从原核生物到真核生物,从单细胞生物到多细胞生物,从叶状体植物到维管束植物,从藻类植物到蕨类植物,再到裸子植物,最后进化到被子植物。

(2)分支进化(cladogenesis)

分支进化指同一类生物分化为多种不同的类型,以适应不同环境的现象。例如,同一种植物分布在不同的生境,会形成不同的生态型,随着时间的推移,最后可能演化成不同的物种。

（3）特化（specialization）

特化又称特异适应，指生物在分支发展过程中，局部结构和功能发生了变化，以适应特殊的环境，但整个生物体的体制水平并没有比它们的祖先更复杂、更高级。特化还有两种情况：一是趋同（convergence），指亲缘关系较远的生物，由于生活在同样的环境条件下，表现出惊人的相似特征，例如，仙人掌科、菊科、大戟科、萝摩科4个科的植物外形非常相似，都有多汁的肉质茎，这就是生物的趋同进化现象；二是平行（parallelism），指同一祖先的后裔在分开之后又在相似的环境条件下生活，从而产生出既相似又有区别的不同类群，例如，如欧洲赤松与樟子松。

（4）简化（degeneration）

简化又称退化，指生物形态结构和生理功能全面简化的进化现象，通常是对寄生生活或固着生活的一种特殊适应。例如，菟丝子、列当等寄生植物由于营寄生生长而使其叶绿素退化，叶片也成为鳞片状。

2.3 林木数量遗传

依据性状的表现及特点，生物的性状有质量性状和数量性状之分，两者的遗传特点及研究方法也各不相同。林木中，大多数经济性状均为数量性状，因此，林木数量遗传在林木育种中占有重要的地位。

2.3.1 数量性状的遗传机制

2.3.1.1 质量性状与数量性状

质量性状受单基因或少数几个基因控制，不同基因型彼此容易区分，因而可明确分组归类。然而，林木中有许多重要性状（如树高）表现出连续的变异，难以依其基因型进行分组归类。这些性状的表现既受多基因控制，同时也受环境效应的影响。我们将这类性状称为数量性状（quantitative character, quantitative trait）或多基因性状（polygenic character），又称为计量性状（metrical character）。

数量性状有以下两个主要特征：①在分离群体内数量性状表现为连续性变异，不能明确地分组归类，而只能以统计方法进行分析。例如，水稻、小麦、玉米等农作物的植株的高矮、生育期的长短、产量的高低，烟草、兰花、矮牵牛花径的大小，菊花、大丽花、百日草的重瓣性等性状。相对性状上有显著差异的不同品种间杂交所产生的 F_2、F_3 等分离群体变异类型广泛，性状呈现连续性分布。②数量性状一般容易受环境条件的影响而发生变异，而这种变异是不能遗传的。可遗传的变异和不可遗传的变异混合在一起，使数量性状的遗传分析更加复杂化。表2-11列出了质量性状和数量性状的特征区别。

林木中，大多数重要经济性状，例如，生长速率（树高、胸径、材积）、物候（萌芽期、封顶期、开花期）、木材比重、干形（通直度、分枝粗、分叉）、插穗的生根能力以及结实量等都为多基因性状。多数情况下，一个多基因性状受几个关联性状影响。例如，生长速率受生理指标（如光合速率与呼吸速率）、物候期（萌芽期、伸长期，顶芽生长）、器

表 2-11 质量性状和数量性状的区别

特　征	质量性状	数量性状
变异分布	变异在群体内是间断的	变异在群体内是连续的
基因数目及效应	一个或少数几个主(效)基因,每个基因的效应大而明显	多个微效基因,每个基因的效应较小
环境影响程度	不易受环境的影响	对环境变化很敏感
F_1 和 F_2 代的遗传动态	F_1(杂合体)表现为显性或共显性;F_2 群体按孟德尔比例分离,可明确地分组归类	F_1 和 F_2 均表现为连续性变异,不能明确地分组归类;可采用生物统计学的方法对性状的遗传变异和遗传动态作定量进行研究

注:引自巩振辉,2008。

官生长速率(根生长模式、展叶时间)等因素的影响。

尽管控制同一数量性状的基因位点有许多,每个位点的等位基因频率有大有小,但这些基因位点同样遵循质量性状遗传规律。而且,有关质量性状的选择、突变、迁移、遗传漂变的概念及其效应同样适用于数量性状。例如,人工选择与自然选择将改变控制某一数量性状的多个或所有基因的频率(但在单一世代中,单一位点频率的变化非常小)。

2.3.1.2 多基因假说

1908 年,瑞典遗传学家尼尔森–埃尔根据小麦皮色试验结果结合德国遗传学家克尔默特(Kolreuter)对烟草花冠长度的试验结果,提出了多基因假说(polygenic hypothesis)。1910年,伊斯特(East)等根据玉米穗长的试验结果发展并完善了这一假说。多基因假说的主要内容为:①数量性状受多个微效基因控制;②基因之间无显隐性的区别,只有增效和减效之分;③基因的效应是可累加的。当然,控制数量性状的基因也遵循遗传的 3 个基本规律:分离、自由组合与连锁互换。

现以经典的玉米穗长的遗传为例来说明多基因假说。

将玉米果穗长度显著不同的两个品系进行杂交,其中短穗亲本的平均穗长 6.6 cm,长穗亲本的平均穗长 16.8 cm。F_1 的穗长介于两个亲本之间,平均穗长 12.1 cm,F_2 的穗长也是介于两个亲本之间,平均穗长 12.9 cm,试验结果见表 2-12。

由于环境条件的影响,即使是基因型纯合一致的两个亲本(P_1 和 P_2)和基因型杂合一致的杂种一代(F_1),每个个体的果穗长度也呈现出连续性变异,而不是一种基因型只有一个长度值;对于 F_2 代群体,既有由于基因分离所造成的个体间基因型差异所导致的表现型变异,又有由于环境条件的影响所造成的同一基因型的表现型差异;两类变异混合在一起,使 F_2 代的变异幅度明显地比 P_1、P_2 和 F_1 的大。

表 2-12 玉米果穗长度的频数分布　　　　　　　　　　　　　　　　　　　　　　cm

长度	5	6	7	8	9	10	11	12	13	14	15	16	17	18	19	20	21
P_1	4	21	24	8													
P_2									3	11	12	15	26	15	10	7	2
F_1					1	12	12	14	17	9	4						
F_2			1	10	19	26	47	73	68	68	39	25	15	9	1		

注:引自 East,1910。

数量性状为何表现为连续性的变异？这是基因效应与环境效应共同作用的结果。数量性状受微效多基因控制，而这些微效基因都易受环境条件的影响。例如，假设某植株的苗高为数量性状，由 5 对基因共同决定，且 5 对基因对苗高的效应相等，每个 A 的效应为 10 cm，每个 a 效应 5 cm，则基因 $A_1A_1A_2A_2A_3A_3A_4A_4A_5A_5$ 为 100 cm，$A_1A_1a_2a_2a_3a_3A_4A_4A_5a_5$ 为 75 cm，$A_1a_1A_2A_2A_3a_3a_4a_4a_5a_5$ 为 70 cm，但由于环境的影响，基因型 $A_1A_1A_2A_2A_3A_3A_4A_5A_5$ 的表现型不一定为 100 cm，而是在 100 cm 左右波动。同理，基因型 $A_1a_1A_2A_2A_3a_3a_4a_4a_5a_5$ 的表现型值不一定为 70 cm，而是在 70 cm 左右波动。理论上，杂合体自交产生的分离群体中存在 $3^5 = 243$ 种基因型，环境条件不一致，则从群体分布看，该性状就表现为连续性的变异。

多基因假设认为控制数量性状的各基因的效应是"加性"（additive）的。所谓"加性"，指多基因对某一性状的共同效应是每个基因对该性状的单独效应的总和。如上例中，每个 A 基因的效应是 10 cm，每个 a 基因的效应是 5 cm，则基因 $A_1A_1a_2a_2a_3a_3A_4A_4A_5a_5$ 的总效应为 $10 \times 5 + 5 \times 5 = 75$ cm。

多基因的效应除加性效应外，还有显性效应和上位效应。由等位基因间相互作用产生的效应称作显性效应。例如，$A_1A_1a_2a_2$ 的总和效应是 30 cm，而 $A_1a_1A_2a_2$ 同样为两个 A 和两个 a，其总效应却可能是 35 cm，多出的 5 cm 就是由于 2 对基因杂合产生的，即由于 A_1 与 a_1，A_2 和 a_2 间的相互作用引起的，这就是显性效应。由非等位基因之间的相互作用而产生的效应，称为上位效应，又称互作效应。例如，A_1A_1 的效应是 20 cm，a_2a_2 的效应是 10 cm，而 $A_1A_1a_2a_2$ 的总效应却可能是 32 cm，多出的 2 cm 就是 2 对基因间相互作用所引起的，此即为上位效应。显性效应与上位效应统称为非加性效应（non-additive effect）。

多基因假说可用来解释植物杂交育种中出现的超亲遗传（transgressive inheritance，又称越亲遗传）现象，超亲遗传是指两个品种杂交，在其杂交后代中出现超过原始亲本的个体的现象。例如，假设水稻的生育期是由 3 对独立的等位基因所控制的，以大写字母表示增效基因即延长生育期的基因，以小写字母表示减效基因即缩短生育期的基因，并设早熟亲本的基因型为 $a_1a_1a_2a_2A_3A_3$，晚熟亲本的基因型为 $A_1A_1A_2A_2a_3a_3$，则两者杂交产生的 F_1 代基因型应为 $A_1a_1A_2a_2A_3a_3$，其表现型介于其双亲之间，比晚熟亲本成熟早，比早熟亲本成熟晚。由于基因的分离和重组，F_2 代的基因型在理论上应有 27 种，其中基因型为 $A_1A_1A_2A_2A_3A_3$ 的个体，将比晚熟亲本成熟更晚，基因型为 $a_1a_1a_2a_2a_3a_3$ 的个体，将会比早熟亲本成熟更早，此即为超亲遗传。需要说明的是，在自然界中，引起超亲遗传现象的原因比较复杂，除上述基因重组的原因外，还有上位性效应等。

超亲遗传和杂种优势不同。超亲遗传主要是基因重组的结果，可以通过选育工作将其保持下来，这是通过杂交培育高产品种的遗传学基础。杂种优势则主要来源于基因的非加性效应，随着纯合基因型的比例增加，杂种优势也逐渐减少，因此，杂种优势很难通过有性繁殖方式加以保持与固定。但大多数树种易无性繁殖，可通过无性繁殖方式将杂种优势固定下来，这是林木杂交育种的优势。

随着数量遗传学发展，对多基因假说有了新的补充和进一步完善。目前，普遍接受的观点认为，数量性状由多个基因控制，但控制同一数量性状的这些基因的效应并不完全相等。其中，少数几个基因对性状的效应大，称为主效基因或主基因(major gene)；而其他的基因对性状的效应微小，称为微效基因(minor gene)或修饰基因(modifying gene)。此外，基因对性状的效应除加性效应外，还包括显性效应、上位性效应以及主基因与环境的互作效应。

近年来，随着分子生物学的飞速发展，数量遗传学进入了一个新的发展时期。借助于分子标记(molecular marker)和数量性状基因位点作图技术，可对数量性状基因在分子标记连锁图上进行定位，并能检测出单个基因的效应。

2.3.2　表现型值、基因型值与育种值

对于数量性状，由于无法确定测定个体的基因型，也不能对其进行分组归类，因此，必需采用统计分析方法进行研究。通过对性状表现型变异进行定量分析，将表现型变异分解为遗传效应与环境效应，进而对测定材料(种源、家系、个体、无性系)的遗传效应值进行估计。

2.3.2.1　表现型变异的度量

假定在某树种的同龄纯林(如测定林)中，调查了1000株树的树高，其树高表现型值分布近似于正态分布。在该林木群体中，共有 $N=1000$ 个表现型观察值 P_i，可采用式(2-28)计算树高的群体平均值(population mean，μ)，应用式(2-29)计算树高的表型方差(σ^2)。

$$\mu = \frac{1}{n}\sum P_i \tag{2-28}$$

$$\sigma^2 = \frac{1}{n}\sum (P_i - \mu)^2 \tag{2-29}$$

群体平均值描述的是该群体调查性状的总体水平，表型方差描述的是个体表现值与群体平均值的离差或者变异程度。表型方差的平方根称为标准差 σ，也是度量性状变异幅度的指标，其单位与度量性状值单位相同。方差(或标准差)越大，表明群体变异也越大。

2.3.2.2　表现型变异的分解

对于任何性状，从表现型度量值(表现型均值与表型方差)中不可能推断出其遗传与环境效应的相对贡献大小。为了说明这个问题，以上述1000株树群体为例，该群体树高表现型观察值可用以下线性模型来描述：

$$P_i = \mu + G_i + E_i \tag{2-30}$$

式中，P_i 为第 i 株树的表现型值(如树高)，i 取值范围 1～1000；μ 为树高均值，比如 20 m；G_i 为第 i 株树固有的遗传效应值；E_i 为第 i 株树的累加环境效应值。具体而言，G_i、E_i 为个体效应值与群体平均的离差值，且有 $\sum E_i = 0$，$\sum G_i = 0$。在某一特定个体中，其基因型值(或环境效应值)可使其表现型值在群体平均值基础上增加或减少。上例中，G_i、E_i 可视为高于或低于平均值 20 m 的离差值。因此，对于某一特定个体，其树高表现型值是群体平均数、基因型离差与环境离差三者之和。

由于群体平均数 μ 为常量，式(2-30)中，个体的表现型度量值实际取决于两个变量 G_i 和 E_i，且这两个变量常常混淆在一起，难以区分。在式(2-30)的线性模型中，不管已知变

量的数目(即测定的表现观察值数目)有多少,未知变量(G_i、E_i)的数量永远是其两倍,因此,不可能解出 G_i、E_i。鉴于此,林木育种工作者往往利用随机、重复的试验设计开展后裔(有性或无性后裔)测定,从而将遗传效应值与环境效应值从表现型观察值中分解出来。该类后裔测定又称为田间对比试验或同质园试验(common garden tests)、子代测定(progeny tests)或遗传测定(genetic tests)。采用田间试验设计是为了保障试验的随机性、重复性以及土壤和气候等环境因子的代表性。

数量遗传学中,通常以方差来度量某一变异类型的相对贡献大小。对于遗传及环境效应,一般以两者方差占总表型方差的比例来衡量其相对重要性。

从式(2-30)可推导出:$Var(P_i) = Var(\mu+G_i+E_i) = Var(\mu) + Var(G_i) + Var(E_i)$。由于群体平均数 μ 为常量,其方差为 0,则有,

$$\sigma_P^2 = \sigma_G^2 + \sigma_E^2 \tag{2-31}$$

即表型方差为基因型方差(σ_G^2)与环境方差(σ_E^2)之和。

为说明式(2-31),考察以下两个极端例子。如果所有的 1000 株树来自同一个无性系(基因型相同),那么,$\sigma_G^2 = 0$(由于基因型相同,植株间无遗传差异),则 $\sigma_P^2 = \sigma_E^2$。与此相反,如果环境完全一致(实际上不可能存在),但个体间遗传组成有差异,则有 $\sigma_E^2 = 0$,$\sigma_P^2 = \sigma_G^2$。

2.3.2.3 基因型值、育种值及其估算

在讨论基因型值概念之前,有必要先介绍无性系的概念。若从同一母树上采集营养繁殖材料通过扦插或组织培养途径获得一批无性繁殖植株(plantlets),由于无性繁殖未经历有性生殖过程中的基因重组,因此,这批无性繁殖植株的基因型完全相同,且与母树的基因型也完全相同,则该母树称为无性系原株(ortet),而源自同一母树的无性繁殖再生植株称为无性系分株(ramets)。原株与分株两者共同构成一个无性系(clone)。同一无性系所有成员具有相同的基因型值 G_i。因此,某一个体的基因型值 G_i 实际上等同于该个体的无性系值(clonal value),可看作利用多个无性系分株对该个体的基因型值进行多次重复测定。

与表现型值相似,基因型值(或无性系值)也特定于某一性状。利用无性系值可用于预测该个体无性繁殖植株的平均表现。例如,当采用不同无性系造林时,无性系值高的林分生长更快。利用无性系值 G_i 对无性系进行排序,选择最优无性系进行造林,这是无性系选育的常用策略。

对于有性繁殖后代,如能预测某一亲本子代的性状表现对于亲本评价与选择有重要指导意义。式(2-30)的线性模型不能预测有性繁殖后代的表现,需对该模型进行拓展。

$$P_i = \mu + A_i + I_i + E_i \tag{2-32}$$

式中,A_i 为个体的育种值(也称为加性效应值 additive value);I_i 为交互效应值(interaction value)或非加性效应值(non-additive value)。有 $G_i = A_i + I_i$,A_i,I_i 为个体与群体平均数的离差值,因而,群体中所有个体的 A_i 或 I_i 之和为 0。在随机交配情况下,个体的育种值为亲本遗传方差中可传递给子代的那部分。如某一亲本的子代树高生长高于群体中所有交配组合子代的平均树高,则可以认为该亲本的树高性状育种值为正值。

要完全理解育种值的概念,还需了解平均等位基因效应(average allele effect)的概念。在植物的有性繁殖中,亲本贡献给后代的是配子,而不是基因型。因此,亲本传递给子代的是其等位基因的一半,每一个子代得到亲本等位基因单倍型的一个样本,亲本传递给子

代的并不是同一位点的 2 个等位基因，也不是传递不同位点等位基因的组合。根据经典遗传学三大规律，在每一世代的交配子代群体中会出现大量的等位基因组合（包括同一位点不同等位基因，以及不同位点的基因）。因而，每一基因均具有特定的平均等位基因效应，或增加或降低子代群体的表现，且每个基因独立起作用。个体的育种值 A_i 与特定性状有关，是影响该性状所有等位基因（$2n$）平均效应的总和（n 个位点，每个位点 2 个等位基因）。

由于个体的育种值仅取决于该个体拥有的每个等位基因的平均效应，无性系值 G_i 中，源于等位基因间互作（例如，显性效应或上位性效应）的那部分效应并不会影响随机交配子代的平均表现。将这部分效应定义为非加性效应或者交互作用效应 I_i，以强调该效应来自等位基因间特定的交互作用，且并不能传递给后代。因此，对于每一个性状，尽管每个亲本均有一个无性系值 G_i 和一个育种值 A_i，但两者并不相同。无性系值是总的基因型值，可完全传递给无性繁殖后代（无性系分株），而亲本的育种值是指在随机交配情形下，亲本传递给有性繁殖后代的那部分遗传效应。

与基因型值不可直接度量相似，育种值也不能直接获知。因此，育种者通过交配设计获得各类交配组合子代，再将多个亲本的子代按照田间试验设计要求布置试验，营建子代测定林并进行性状测定，最终利用子代测定数据来估算亲本的育种值。需要说明的是，由于估算每一个子代的基因型值或育种值是难以实现的，因此，一般从估算家系平均值着手。

（1）利用半同胞家系估算亲本育种值

某一亲本与群体中所有其他亲本随机交配获得的子代，称为一个半同胞家系（half-sib family）。林木中，某一母树的自由授粉子代就构成一个半同胞家系。假定影响某性状的基因位点有 n 个，不同基因对该性状的作用或正或负。对于某一亲本产生的配子，其所携带的 n 个等位基因可看作亲本等位基因的一个随机样本。在其半同胞子代群体中，由于平均等位基因效应可以累加，则对于某一性状，每个子代的育种值为 $2n$ 个等位基因平均效应之和。由于每个子代从其母本中只继承了一半的基因（及相应的平均效应），因此，子代育种值的一半来自其母本。子代另一半的基因来自其父本。对于半同胞家系子代，其父本（即雄配子或花粉粒）随机来自群体。若父本数量很大，则父本的平均等位基因效应近似等于 0，这是由育种值的定义所决定的。育种值定义为与群体平均数的离差，因而，对于任何性状，群体中有些父本的育种值为正，而有些为负，因此理论上，所有父本的平均育种值近似等于 0。据此，可推导出半同胞家系平均育种值 $\overline{A}_{O,\,HS}$ 的公式为：

$$\overline{A}_{O,\,HS} = \sum \frac{A_F + \frac{1}{2}A_M}{m} = \sum \frac{A_F}{2m} + \sum \frac{A_M}{2m} = \frac{1}{2}\overline{A}_F + \frac{1}{2}\overline{A}_M$$

由于父本的平均育种值为 0，因此有

$$\overline{A}_{O,\,HS} = \frac{1}{2}\overline{A}_F = \frac{1}{2}A_F = GCA_F \tag{2-33}$$

式中，A_M、A_F 分别为母本、父本的育种值；m 为子代数目；GCA_F 为母本的一般配合力（general combining ability）。

半同胞家系中，某一子代的平均育种值（或期望育种值）是其母本育种值的一半，也等同于母本的一般配合力（$1/2A_F = GCA_F$）。这意味着亲本将其育种值的一半传递给子代。这是由于亲本的育种值是 $2n$ 个等位基因的平均效应之和，而亲本传递给子代的仅为 $2n$ 基因的一半。

半同胞家系子代的平均表现型值（average phenotypic value，$\overline{P}_{O,HS}$）可用下式表示：

$$\begin{aligned}\overline{P}_{O,HS} &= \mu_O + \overline{G}_{O,HS} + \overline{E}_{O,HS} \\ &= \mu_O + \overline{A}_{O,HS} + \overline{I}_{O,HS} + \overline{E}_{O,HS} \qquad （由于 G = A + I）\\ &= \mu_O + \overline{A}_{O,HS} \qquad\qquad （由于 \overline{I}_{O,HS} = \overline{E}_{O,HS} = 0）\\ &= \mu_O + 1/2A_F \qquad\qquad [推导自式(2-33)]\\ &= \mu_O + GCA_F \end{aligned} \tag{2-34}$$

式中，μ_O 为所有可能交配子代的群体平均值；$\overline{G}_{O,HS}$ 为半同胞家系所有子代的表现型平均值；$\overline{E}_{O,HS}$，$\overline{I}_{O,HS}$ 分别为平均环境效应与平均非加性效应。

式（2-33）与式（2-34）说明了半同胞家系的育种值等于亲本育种值的一半，而且，子代的平均育种值可用来预测家系的表现。因此，通过对群体中所有亲本育种值的估算（如某一林木改良计划中的育种群体），则可预测由这些亲本随机交配产生的半同胞子代的表现。如果将排名靠前的多个亲本相互间交配产生的子代应用于生产造林（如种子园），那么，可以预计，这批子代苗木将比排名靠后的亲本子代有更好的表现。进一步地，可以中选亲本的平均育种值作为子代遗传增益的预估值。

（2）利用全同胞家系估算特殊配合力

特定的父本（F）与母本（M）杂交获得的子代构成一个全同胞家系（full-sib family）。按照前述的方法，同样可推导出描述全同胞家系的平均表现型值 $\overline{P}_{O,FS}$，其计算公式如下：

$$\begin{aligned}\overline{P}_{O,FS} &= \mu_O + \overline{G}_{O,FS} + \overline{E}_{O,FS} \\ &= \mu_O + \overline{A}_{O,FS} + \overline{I}_{O,FS} + \overline{E}_{O,FS} \\ &= \mu_O + \frac{1}{2}A_F + \frac{1}{2}A_M + SCA_{FM} \\ &= \mu_O + GCA_F + GCA_M + SCA_{FM} \end{aligned} \tag{2-35}$$

式中，SCA_{FM} 为组合 F×M 的特殊配合力（special combining ability），其他各参数定义与式（2-34）相似。由于在田间试验时，子代个体随机栽植，有些个体所处的微环境较好，而有些较差，因此，平均环境效应 $\overline{E}_{O,FS}$ 近似等于 0。另外，鉴于每个亲本将其一半的基因传递给子代，则全同胞家系子代的平均育种值等于每个亲本育种值一半之和。换言之，全同胞家系所有子代的平均育种值等于两亲本的平均育种值，或者等于两个亲本的一般配合力之和，即

$$\overline{A}_{O,FS} = \frac{1}{2}(A_F + A_M) = GCA_F + GCA_M \tag{2-36}$$

与一般配合力（GCA）相比，特殊配合力（SCA）稍微复杂些。一般配合力度量的是基因的加性效应，而特殊配合力描述的是基因的交互作用效应，既有相同位点内的基因互作（如显隐性）也有不同位点间的基因互作（如上位性），这些基因互作效应统称为非加性

效应。

对于一般配合力与特殊配合力，还需说明以下几点：

①半同胞家系子代基因主要来自母本，而全同胞家系子代的基因型组合取决于交配的双亲所含有的特定基因。因此，一般配合力特定于单个亲本，而特殊配合力特定于双亲组合。

②特殊配合力反映了某一家系某一性状的实际平均值与基于亲本育种值的期望值之间的离差。因而，特殊配合力为离差值，且群体中所有交配亲本对的特殊配合力之和近似等于 0。

③若存在特殊配合力，则全同胞家系的平均表现值就不等于两个亲本平均育种值之和；反之，如所有的基因位点仅为加性效应，则不存在特殊配合力效应，换言之，特殊配合力对家系平均值的贡献为 0。

④一般配合力与特殊配合力两者不相关。如果某一母本分别与 100 个父本交配，产生 100 全同胞家系，可以期望，其中一半家系的特殊配合力为正值，另一半家系的特殊配合力为负值；这 100 个特殊配合力值与 100 个父本的一般配合力值不相关。

2.3.3　遗传力与遗传相关

2.3.3.1　遗传力

（1）遗传方差与遗传力

群体中某一性状的表型方差 σ_P^2 表示为：

$$Var(P_i) = Var(\mu) + Var(A_i) + Var(I_i) + Var(E_i) ，即$$

$$\sigma_P^2 = \sigma_A^2 + \sigma_I^2 + \sigma_E^2 \tag{2-37}$$

式中，由于群体平均数为常量，因而 $Var(\mu) = 0$；σ_A^2 为加性方差（additive variance）（群体内个体间育种值的方差）；σ_I^2 为交互作用方差或非加性方差（non-additive variance）（由个体间等位基因互作差异引起的方差）；σ_E^2 为环境方差，且假定模型中所有的效应彼此之间不相关。上式将表型方差 σ_P^2 分解为三个方差组分（ σ_A^2，σ_I^2，σ_E^2）。其中，交互作用方差 σ_I^2 还可进一步分解为显性方差（dominance variance，σ_D^2），源于同一位点内的基因互作；以及上位性方差（epistatic variance，σ_ε^2），源于不同位点间的基因互作，即有 $\sigma_I^2 = \sigma_D^2 + \sigma_\varepsilon^2$。虽然这些方差的真实值无法确知，但可以通过子代测定获得这些方差的估计值。

由于育种值反映了基因型值中亲本通过随机交配传递给子代的那部分，因而，育种值间的方差（加性方差）也只能利用有性繁殖子代试验来估算。若表型方差中的仅有一小部分源于育种值间的方差，则可以认为，表型方差主要来自环境效应或交互作用效应。换言之，若加性方差小，意味着表现型度量值主要受环境效应或交互作用效应影响，而非育种值影响。

遗传力是度量性状受遗传控制程度常用的参数，有广义遗传力（broad-sense heritability）和狭义遗传力（narrow-sense heritability）之分。广义遗传力，以 H^2 表示，指遗传方差占总表型方差的比值：

$$H^2 = \frac{\sigma_G^2}{\sigma_P^2} = \frac{\sigma_A^2 + \sigma_I^2}{\sigma_A^2 + \sigma_I^2 + \sigma_E^2} \tag{2-38}$$

狭义遗传力，以 h^2 表示，指加性遗传方差占总表型方差的比值：

$$h^2 = \frac{\sigma_A^2}{\sigma_A^2 + \sigma_I^2 + \sigma_E^2}$$

(2-39)

狭义遗传力有以下 3 种诠释：①h^2 为加性遗传方差占总表型方差的比值；②h^2 为育种值对表现型值的回归系数 b；③h^2 度量了有性繁殖后代与其亲本相似的程度。例如，若 $h^2 = 1$，那么，每一个表现型度量值完全反映该个体内在的育种值。

对于任意性状，其真实的遗传力是永远无法获知的，只能借助于后裔测定来估算，即利用无性系"后裔"估算 H^2，利用有性后裔估算 h^2。即便如此，要获得遗传力的精确估计值，需要测定的无性系或家系较多，还需要布置大规模的试验。因为遗传力估算的准确性有赖于遗传测定所用样本大小，小规模试验估算的遗传力误差往往较大。此外，遗传力估算值还与测定的性状、试验群体以及环境条件等因素有关。仅仅根据单个地点的试验结果估算的遗传力一般都偏高。因此，要精确估算遗传力值，需在不同地理区域或不同的土壤气候条件进行多地点的重复试验。

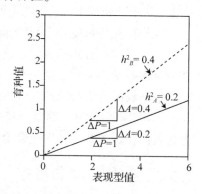

图 2-6　育种值对表现型值的回归直线
（引自 White 等，2007）

此外，在估算林木遗传力时，还需注意以下几点：

①自然群体不能直接用来估算遗传力。因为只有通过重复、随机设计的田间试验，才能将表型方差分解为遗传方差与环境方差。

②在利用无性系材料估算广义遗传力时，需要注意 C 效应的影响。C 效应（C-effects）是无性繁殖材料、方法等引起的非遗传效应。如在无性系间存在 C 效应，将使估算的广义遗传力偏高。

③在估算狭义遗传力时，以下 3 种情形对估算结果会产生重大影响，需引起重视。a. 多倍体树种；b. 试验群体含有自交或近交子代；c. 试验群体处于严重的连锁不平衡状态。

④无论是广义遗传力还是狭义遗传力，如果都是以树木个体为单位进行度量、分析及选择，那么，估算的遗传力均为单株水平的遗传力。需要注意的是，不能将单株遗传力与家系遗传力、无性系重复力混淆。无性系重复力将在第 9 章介绍。

（2）估算的林木性状遗传力及其应用

林木遗传力估算报道很多，涉及多种性状及众多树种。科尼利厄斯（Cornelius，1994）曾综述了林木狭义遗传力估算结果，总结出 4 点结论：①遗传力估算值的变动范围主要依赖于试验规模及试验环境条件的一致性，基于单地点试验结果估算的遗传力往往偏高；②大多数经济性状（如树高、树径、材积、通直度以及某些分枝特性等）的 h^2 为 0.1~0.3；③与其他性状相比，木材比重的遗传力 h^2 更高，为 0.3~0.6；④h^2 与林龄之间并未发现有任何规律性。

在林木改良计划中，遗传力有多方面的实际应用。①根据性状遗传力高低确定林木育种策略。例如，当其他条件相同时，应优先考虑遗传力较高性状的改良；再如，当 h^2/H^2 值较小时，表明遗传方差中非加性方差占比较大，此时，采用无性系选育策略可获得更好的改良效果。②根据性状遗传力的大小来确定田间试验的类型与规模。例如，对于遗传力低的性状，需要开展多地点、多次重复的试验，且测定的子代数目尽可能多。③利用估算的遗传力、或育种值及无性系值等信息构建选择指数，以提高选择效果。④利用遗传力预测改良效果(估算期望遗传增益)。

此外，遗传力对于了解林木自然群体的进化分歧也具有重要意义。自然群体中，微进化是一个长期缓慢的过程。微进化影响群体遗传结构，进而使不同环境的林木群体发生遗传分化。只有当某一性状表现出差异，性状可遗传(即 $h^2 > 0$)且在分化自然选择作用下，大群体才会发生遗传分化。因此，当群体间环境差异明显，自然选择压不同时，可应用表现型方差、遗传方差以及两者的比值遗传力来定量分析某一性状是否会发生潜在的遗传分化。如果某一性状的非加性方差很大，则该性状更易受选择影响，并极有可能在随后发生瓶颈事件。

在一些树种中研究发现，与适合度相关的性状其遗传力一般较低，这可用费希尔(Fisher)的自然选择法则来解释。费希尔认为，与适合度密切相关的性状处于强度选择压之下，经过多代的自然选择，选择压将导致控制该性状的多个位点的等位基因被固定。因此，与适合度密切相关的性状的遗传变异程度较低，因而性状遗传力较低。与此相反，对于适合度不相关的性状，自然选择不起作用，从而得以保持其原有的遗传变异，因而遗传力较高。

2.3.3.2　遗传相关

林木群体中，当同时测量两个性状时，两个性状度量值之间有可能存在某种关联性。例如，假定在某一包含 1000 株树的群体中，分别测量每一个体的树高与胸径。比较胸径、树高两组数据，你可能会发现，树高较高的个体其胸径也较大。换句话说，两个性状之间存在关联性。对于表现型度量值之间的关联性一般用表型相关(phenotypic correlation)系数 r_p 表示。相关系数的估算可参考统计分析方法，在此不再赘述。

与表型方差相同，两个数量性状之间的表型相关可能来自遗传因素，也可能来自环境因素，或者两者兼有。因此，剖析遗传与环境两个因素在表型相关中所占比重就显得很有必要。

从内在机制分析，遗传相关(genetic correlation)可归因于基因连锁(linkage)与一因多效(pleiotropy)两方面因素。与遗传力类似，遗传相关也可区分为广义遗传相关 r_G 与狭义遗传相关 r_A。广义遗传相关(broad-sense genetic correlation)指两个性状(X，Y)无性系值(遗传型值)之间的相关: $r_G = Corr(G_{Xi}, G_{Yi})$，其中，$G_{Xi}$，$G_{Yi}$ 分别为性状 X，Y 在所有个体中的真实的无性系值，$i = 1$，2，…，$N(N$ 为群体中的个体数)。狭义遗传相关(narrow-sense genetic correlation)指两个性状(X，Y)育种值之间的相关，$r_A = Corr(A_{Xi}, A_{Yi})$，其中，$A_{Xi}$，$A_{Yi}$ 分别为性状 X，Y 在所有个体中的育种值。两者分别度量了群体中两个性状的无性系值 r_G 之间和育种值 r_A 之间的关联性。

如果影响某一性状的环境效应同时也影响另一性状，则两个性状之间的表型相关也可能由环境相关(environmental correlation，r_E)所引起。例如，假定在某一针叶树种林分中，由于立地条件(如土层深厚、土壤湿润)适宜，导致春材生长较快，但对秋材生长影响不大。在该类立地条件下培育的木材，由于春材比例高，而春材的木材比重比秋材小，因此，在该类立地条件下，树木生长快，但木材比重小，即胸径生长与木材比重间的环境相关为负值，而这与影响两个性状的基因位点没有任何关系。

在进行间接选择时，了解性状间遗传相关信息非常重要，因为表型相关信息可参考价值不大。然而，遗传相关的精确估算更为困难，需要更大规模的田间试验结果。

在应用遗传相关系数时，还需注意以下 2 点：①相关系数的符号（正或负）具有不确定性，它反映的仅仅是度量的尺度，相比较而言，精确估算相关系数值更为重要。有学者建议采用"有利或不利相关"来描述相关系数，以取代"正相关或负相关"。②所有类型的相关系数反映的是群体水平的趋势，而不是特指某一个体。因此，存在特例的个体是完全可能的。

林木遗传改良中，常用的遗传相关有 3 类：①不同性状间的遗传相关，如生长量与木材比重；②相同性状在不同年龄之间的遗传相关，称为年—年相关（age-age correlations）或幼—成相关（juvenile-mature correlations）；③相同性状在不同环境之间的遗传相关。下面将讨论前两类遗传相关，第三类遗传相关将在 12 章中讨论。

（1）性状—性状相关

性状与性状之间的遗传相关在林木中报道较多，且估算的遗传相关绝大多数为狭义遗传相关（r_A），通常指简单遗传相关。随着更多的林木无性系育种计划的实施，广义遗传相关的报道也逐渐增多。

在许多研究中发现，在一些度量生物体型大小的性状之间往往存在强度的正遗传相关。例如，在林木中，树高、树径与材积三者之间呈强度遗传相关，r_A 为 0.7~1.0。木材比重与材积生长量之间的遗传相关一直是林木育种工作者关注的重点。Zobel 和 Jett（1995）总结了大多数针叶树和桉树研究结果，认为两者相关性不强。但也有研究结果发现两者为正相关，有些为负相关。总之，性状与性状之间的遗传相关程度依树种、性状而改变。

在林木改良计划中，性状与性状之间遗传相关信息具有重要参考价值。假如两个性状之间存在强度的正相关或负相关，那么，对第一个性状的选择必然会引起第二个性状的改变，即所谓的相关选择响应（correlated response to selection）或间接选择（indirect selection）。如果两个性状间为强度正遗传相关，可以推论，若某一亲本在第一个性状上具有高的育种值，则第二个性状的育种值也必定高，表明该亲本产生的后代在两个性状上均有优良的表现。但如果两个性状间存在强度的负相关，则要同时改良两个性状就更加困难。另外，有些情况下，性状间确实存在遗传相关，但育种工作者并没有意识到，当对某一目标性状进行选择时，由于性状间的遗传相关，导致另一个非目标性状发生（有利或不利）改变。这就是无意选择响应（inadvertent selection response）。

（2）年—年相关

林木改良计划中，虽然育种目标是提高轮伐期时的材积生长量，但育种工作者很少在轮伐期结束后才进行选择，一般从幼林期开始就对目标性状进行选择。这主要是由于林木生长周期普遍较长。从缩短育种周期、提高育种效率角度考虑，开展林木早期选择确有必要。如果影响材积生长的基因位点在林木不同发育阶段（林龄）几乎相同，则早晚性状间的遗传相关较高。如果在幼林期起作用的大多数基因位点到成年期（如林分郁闭期或始花期）作用变小或者有新的基因位点起作用，那么，早晚性状间遗传相关就较小。但可以肯定的是，早期选择效率与性状的年—年相关系数有关。

年—年相关已被广泛应用于许多树种的改良计划中。

兰贝斯(Lambeth)(1980)在总结针叶树种树高生长不同林龄间的表型相关系数基础上，提出以下经验公式：

$$r_p = 1.02 + 0.308 \times (LAR) \tag{2-37}$$

式中，r_p 为表型相关系数的估算值；LAR 为幼龄与成龄之比率的自然对数。

例如，第 5 年与第 20 年的表型相关为 $r_p = 1.02 + 0.308 \times \ln(5/20) = 0.593$。该经验公式仅与幼龄与成龄的比值有关，而与实际年龄无关。因此，不管任何实际林龄，只要幼—成年龄比率为 25%，其预估的表型相关系数均为 0.593。相应地，当幼—成年龄比率为 0.5、0.75 时，估算的表型相关系数分别为 0.81、0.93。

如同兰贝斯(1980)所认为，如果生长性状的年—年相关可近似等于年—年表型相关，那么，在生长早期进行选择后，可利用经验式(2-37)来估算生长晚期树高的遗传响应。基于此，育种工作者利用式(2-37)估算了一些树种的树高、胸径、材积等生长性状的遗传相关并进行比较，得出如下 5 点结论：①大多数情况下，任意生长性状(树高、树径、材积)的年—年遗传相关稍高于利用式(2-37)估算的表型相关；②遗传相关并不总是与 LAR 呈线性关系，可能随土壤气候条件而改变，因而，对有些树种需要建立新的更复杂的模型；③与树高相比，胸径与材积更需要建立不同的模型，因为胸径、材积生长对株行距、竞争差异等林分特征更加敏感，这在成龄期尤为明显；④用式(2-37)估算的第 1～2 年的早晚相关系数常常偏大；⑤不管用式(2-37)估算的是遗传相关还是表现相关，对于该估算方法的理论依据已备受质疑，因为生长晚期的树干大小是生长早期的树干大小的函数，两者存在自相关。

基于以上结果，在缺乏大规模长期的田间试验条件情况下，可利用式(2-37)估算生长性状年—年遗传相关，但该估算值仅为参考值。

有研究表明，在相同的林龄情况下，木材比重的年—年遗传相关高于树干生长性状。例如，在火炬松中，第 2 年与第 22 年的木材比重的遗传相关系数为 0.73，而用式(2-37)估算相同林龄组合的生长性状的相关系数仅为 0.28。

2.4　林木分子遗传

与大多数生物相同，树木的发育也始于一个单细胞(受精卵)，该细胞含有树木整个生命过程所需要的全部遗传信息，而这些遗传信息来其双亲。

2.4.1　基因组的组成

2.4.1.1　DNA 分子

1868 年，米歇尔(Miescher)从细胞中提取到核酸与蛋白质的复合物，称为核素(nuclein)；20 世纪 20 年代，列文(Levene)研究了核酸的化学结构并提出四核苷酸假说；20 世纪 40 年代，艾弗里(Avery)，赫尔希(Hershey)和切尔斯(Chase)分别通过严密的实验证实了 DNA 是遗传物质，但此时对 DNA 的化学组成和结构仍不是很清楚；20 世纪 50 年代初，贾格夫(Chargaff)应用紫外分光光度法结合纸层析等简单技术，对多种生物 DNA 作碱基定量分析，提出 DNA 碱基配对的 Chargaff 准则。

1953 年，沃森(Watson)与克里克(Crick)在威尔金斯(Wilkins)和富兰克林(Franklin)的 DNA X 射线衍射结果基础上，提出了 DNA 分子的双螺旋结构模型，这是生物学发展史上的重大里程碑。

DNA 双螺旋结构模型要点如下：①在 DNA 分子中，两条 DNA 链围绕一共同轴心形成一右手螺旋结构，双螺旋的螺距为 3.4 nm，直径为 2.0 nm。②链的骨架(backbone)由交替出现的、亲水的脱氧核糖基和磷酸基构成，位于双螺旋的外侧。③碱基位于双螺旋的内侧，一条链中的嘌呤碱基与另一条链中的嘧啶碱基之间以氢键相连，称为碱基互补配对(complementary base pairing)或碱基配对(base pairing)。腺嘌呤与胸腺嘧啶之间(A=T)形成两个氢键；鸟嘌呤与胞嘧啶之间(G≡C)形成三个氢键。碱基对之间距离为 0.34 nm。④DNA 双螺旋中的两条链的方向为反向平行，即一条链为 $5'{\rightarrow}3'$，另一条链为 $3'{\rightarrow}5'$。⑤DNA 两条链之间在空间上形成交错排列的大沟(major groove)与小沟(minor groove)，是与蛋白质相互作用的位点。

DNA 双螺旋的稳定性由互补碱基对之间的氢键及碱基堆积力(base stacking force)维系。DNA 双螺旋中两股链中碱基互补的特点，预示了 DNA 复制的忠实性，即在 DNA 复制过程中，每一条 DNA 链都作为模板，通过碱基互补配对原则合成一条新的互补链。由于复制得到的两条链中只有一条是亲本链，即保留了一半亲链，因而将这种复制方式称为 DNA 的半保留复制(semiconservative replication)。半保留复制是生物体遗传信息传递的最基本方式。DNA 双螺旋结构模型不仅揭示了遗传信息是如何储存在 DNA 分子中，而且也预见性地阐明了遗传性状是如何在世代间得以保持的。

2.4.1.2 基因组

在所有高等植物的细胞中，有两套基因组，即细胞核基因组(简称核基因组)和细胞质基因组(plasmon，或细胞器基因组)。细胞质基因组主要存在于叶绿体(chloroplasts)和线粒体(mitochondria)两类细胞器中。细胞中的大多数 DNA(或基因)位于细胞核内的染色体上，少量的 DNA(基因)位于细胞质中的叶绿体和线粒体等细胞器内，细胞器环状 DNA 含少量与光合、呼吸作用有关的基因。

细胞器中的基因组为环状 DNA，这与原核生物基因组类似，因而，有学者提出细胞器基因组的内共生假说。该假说认为，植物的叶绿体与线粒体分别起源于蓝细菌和好氧细菌。最初的自养细菌定殖在原始植物细胞中并与其形成一种共生关系；随着时间的推移，细菌中的许多基因逐渐转移到植物的核基因组中。

与细胞核中线性染色体仅含有一套基因组不同，细胞器基因组的拷贝数非常多。因为每个叶绿体和线粒体都含有环状 DNA 分子的许多拷贝，而每个细胞中有多个叶绿体和线粒体。

基因组(genome)是一个细胞的细胞核内所有染色体上全部基因的总称。例如，在松属中，整个核基因组至少由 1×10^{10} 个核苷酸碱基组成。

细胞核内 DNA 的总量决定一个物种基因组的大小。基因组大小通常被称为 C-值(C-value)，通常以每个单倍体细胞核内的 DNA 量(pg)表示。基因组大小在植物种间差异极大，例如，被子植物(如杨属和桉属)的基因组就比裸子植物(如松、杉等)小得多。基因组大小是否与生物进化程度有关？这是科学家们感兴趣的话题之一。通过比较不同物种基因组大小，学者们发现基因组大小并不随着生物进化复杂性呈线性增加，进而提出 C-值悖论（C-value paradox）的概念。这一悖论存在于多种生物类型间，例如，两栖动物比人类和其他哺乳动物有更多基因；植物比大多数动物有更多基因，裸子植物比被子植物含有更多的基因，即前者虽然在进化上更原始但却含有更多的 DNA。表 2-13 列出了部分树种的染色体数目、倍性水平及 C-值。

表 2-13　部分树种的染色体数目、倍性水平和 DNA 含量（C-值）

树　种	染色体数目 N	染色体倍数	C-值
火炬松 *Pinus taeda*	12	2X	22.0
辐射松 *P. radiata*	12	2X	23.0
糖松 *P. lambertiana*	12	2X	32.0
花旗松 *Pseudotsuga menziesii*	13	2X	38.0
欧洲云杉 *Picea abies*	12	2X	30.0
北美红杉 *Sequoia sempervirens*	11	6X	12.0
巨桉 *Eucalyptus grandis*	11	2X	1.3

注：引自 White 等，2007。

2.4.1.3　染色体、染色体组与多倍体

细胞核内的 DNA 存在于染色体（chromosomes）上。染色体是 DNA 与组蛋白结合的复合体。在细胞分裂间期染色体解螺旋成为线性分子，称为染色质（chromatin）。在细胞的有丝分裂或减数分裂过程中，染色质经多级包装而聚缩成棒状结构，形成显微镜下可看到的染色体。因此，染色体与染色质是遗传物质在细胞周期不同阶段的不同表现形式，是同一物质的两种构象。

二倍体生物中，染色体一般成对存在。大小、形态相似的一对染色体称为同源染色体。体细胞中染色体数目为二倍体（diploid），用 2n 表示；配子细胞中，染色体的数目为单倍体（haploid），用 1n 表示。例如，松属的所有树种都是二倍体，松树体细胞中有 2n = 24 条染色体，配子中染色体为单倍体，1n = 12。

裸子植物中（针叶树种）的染色体数目在种间变异很小，一般为 22 条或 24 条染色体。例如，松科（Pinaceae）中，除花旗松 *Pseudotsuga menziesii* 与金钱松 *Pseudolarix amabilis* 两个种外，其他松树都是 24 条染色体。花旗松有 26 条染色体，有观点认为，花旗松原本也是 24 条染色体，其中的一条染色体一分为二，形成了一个额外的染色体对。金钱松属（*Pseudolarix*）为单种属，其染色体有 44 条，为四倍体树种。

被子植物（阔叶树种）中，染色体数目差异较大。例如，蔷薇属（*Rosa*），大多数种为 2n = 14 条染色体；桦木属（*Betula*）中二倍体树种有 2n = 28 条染色体，而杨属中，大多数树种为 2n = 38 条染色体。

一个染色体组所包含的染色体数目称为染色体基数，用 X 表示。绝大多数树种的 X 值在 10~20 之间。在不存在性染色体的生物中，染色体组与基因组的含义几乎相同。

只含有一个染色体组的个体称为一倍体（monoploid），而单倍体指含有配子染色体数

目的个体。从两者概念可以看出，一倍体与单倍体是有区别的。对于体细胞为二倍体的个体，一倍体与单倍体相同；但对于体细胞为多倍体的个体，一倍体与单倍体是完全不同的。

多倍体（polyploidy）是指体细胞中含有 3 个或 3 个以上染色体组的个体。裸子植物中（针叶树种），大多数树种也是二倍体，多倍体树种较少。例如，松科（Pinaceae）中，除金钱松为四倍体（4X＝44）之外，其他松树都是二倍体。杉科中，除北美红杉（Sequoia sempervirens）为六倍体之外，其余均为二倍体树种（2n＝22）。柏科中，除鹿角圆柏（Juniperus chinesis 'pfitzeriana'）有 44 条染色体，为四倍体之外，其余树种也都是二倍体（2n＝22）。北美红杉有 66 条染色体，是目前唯一已知的六倍体针叶树种。Stebbins（1948）认为北美红杉是同源异源六倍体，推测其祖先种先通过基因组加倍形成一个同源四倍体的树种，随后与另一个二倍体树种杂交，再经染色体加倍形成的六倍体。据推测，水杉（2n＝22）可能是北美红杉的亲本种之一。

与裸子植物不同，被子植物中，多倍体较多。例如，杨属、柳属（Salix）、桦木属、蔷薇属、樱属（Prunus）以及金合欢属（Acacia）中，多倍体的树种较多。

林木三倍体报道较多，如欧洲山杨、美洲山杨（Populus tremuloides）、毛白杨、灰杨（P. pruinosa）、香脂杨（P. balsamifera）、白桦、桤木（Alnus cremastogyne）、云杉、落叶松、榆树、柳树、欧洲赤松、椴树、栎类、水青冈（Fagus longipetiolata）、合欢（Albizia julibrissin）、日本柳杉（Cryptomeria japonica）、刺槐、桑树（Morus alba）、漆树（Toxicodendron vernicifluum）、花椒、七叶树（Aesculus chinensis）等均成功培育出三倍体。表 2-14 列出了木本被子植物中多倍体较常见的 6 个属。

表 2-14　木本被子植物中多倍体较常见的属

属　名	染色体基数（X）	2X	3X	4X	5X	6X	7X	8X
蔷薇属（Rosa）	7	14	21	28	35	42	—	56
樱属（Prunus）	8	16	24	32	—	48	—	—
金合欢属（Acacia）	13	26	—	52	—	—	—	104
桦木属（Betula）	14	28	42	56	—	84	—	—
柳属（Salix）	19	38	—	76	—	114	—	—
杨属（Populus）	19	38	57	76	—	—	—	—

注：引自 White 等，2007

2.4.1.4　核型分析

染色体的数目与形态是物种鉴别与分类的重要的细胞遗传学特征。细胞遗传学不仅研究染色体数目和倍性水平，还涉及染色体间的形态差异。通常采用核型分析（karyotype analysis）方法开展细胞遗传学研究，其基本方法是，先将处于细胞分裂旺盛期的根尖等组织采用碱性染色剂（如弗尔根和醋酸洋红）对染色体进行染色，然后在光学显微镜下观察、计数处于细胞分裂的中期染色体。例如，染色体臂的长度、次缢痕的有无及着生位置等，这些特征是描述染色体最基本的特征，可用来区分同一物种内不同的染色体，也可用于物种分类。

次缢痕(secondary constrictions)是染色体上的缢缩区，与核仁形成有关，又称为核仁组织区(nucleolus organizer region，NOR_s)。NOR 含有组成核糖体的核糖核酸(rRNA)基因，核糖体是将编码在 DNA 序列上的遗传信息翻译成结构蛋白质的重要结构。

作为常规的细胞遗传学分析方法，核型分析在林木中应用较广，尤其对于针叶树种，这是源于针叶树种的染色体数目较少，染色体较大。随着荧光原位杂交、激光共聚焦显微技术等的应用，林木细胞遗传学研究将会有更多新的发现。

2.4.2　基因的结构

2.4.2.1　基因的概念与类型

经典遗传学(孟德尔)认为，基因是位于染色体特定位置的遗传单位，称为位点(locus)。现代遗传学认为，基因是 DNA 分子上带有遗传信息的特定核苷酸序列区段(位点)。同一位点上的基因有不同的形式，称为等位基因(alleles)。在二倍体生物中，在一对同源染色体上同一位点最多有两个等位基因。对于某一基因位点，如果两个等位基因相同，那么这一个体在该基因位点上就是纯合子(homozygosity)。相应地，若同一位点的两个等位基因不同，该个体就是杂合子(heterozygosity)。而在群体中，不同个体在同一位点所含的基因有可能不同。若同一位点的等位基因有 2 个以上，遗传学上将该位点等位基因称为复等位基因(multiple alleles)。

1941 年，比德尔(Beadle)与塔图姆(Tatum)提出了一个基因一种酶(one gene-one enzyme)假说，首次对基因的功能进行了描述。随着分子遗传学的发展，对基因功能的认识不断深入。当前，对基因的功能分类主要有以下 3 类：①编码蛋白质的结构基因；②编码 rRNA 和转运 RNA(tRNA)的结构基因；③作为基因组中控制基因表达的各种因子的识别位点的调控基因。

2.4.2.2　真核基因的结构

一个完整的真核生物结构基因包含编码区和非编码区两部分。①编码区，包括外显子与内含子。其中，具有编码蛋白功能的 DNA 序列称为外显子(exons)，而处于外显子之间不具有编码蛋白功能的序列称为内含子(introns)。动物的结构基因中，内含子非常大，可达 10 000 碱基对；植物结构基因中，内含子的长度通常不超过几百个碱基对。②非编码区，位于基因编码区的两侧，也称为侧翼顺序(flanking sequences)。包含上游的启动子(promoter)区域、下游的终止子(terminator)区域，以及两端更远的增强子(enhancer)与衰减子(attenuator)区域。

DNA 模板上转录启动的起点称作启动子区。真核生物的启动子包含 2 个保守的基序(motif)：TATA 框和 CCAAT 框，与 RNA 聚合酶识别、解螺旋、转录起始有关。TATA 框的功能是通过促进双螺旋变性识别转录起点的位置。CCAAT 框参与 RNA 聚合酶的最初识别。

2.4.2.3　林木基因的结构

目前，有关林木基因结构研究仍然不多，而且，直接从全基因组 DNA 序列水平来分析基因结构的报道非常少，大多数林木基因的结构是采用同源克隆策略，利用 RACE 技术克隆获得 cDNA 序列，而 cDNA 序列仅为外显子序列，不能提供内含子序列及编码区上游或下游的非转录区的 DNA 序列信息。

少数林木全基因组 DNA 序列分析的例子中，发现尽管不同生物间内含子的长度有差异且内含子的 DNA 序列差异显著，但内含子的数目和位置则高度保守。如在火炬松中，*ADH* 基因的结构与其他植物的 *ADH* 基因的结构非常相似，内含子的数目、位置高度保守。启动子序列，如 TATA 框和 CCAAT 框，其所处位置高度保守。远离编码区上游的增强子序列的区域在林木中很少报道，少数研究发现，林木增强子序列与其他植物基因的对应序列相似性较低。

2.4.3 基因表达与调控

2.4.3.1 基因表达

基因表达(gene expression)指在一定的调节机制下，基因经过转录、翻译，产生具有特异生物学功能的蛋白质分子或合成 RNA 的过程。基因表达具有时空性。时间特异性(temporal specificity)指基因表达特定于某一时间或发育阶段；空间特异性(spatial specificity)指基因表达特定于某一类组织或细胞，又称为细胞或组织特异性。同时，有些基因在生物体几乎所有细胞中持续表达，称为组成型表达。这类基因只受启动子序列或启动子与 RNA 聚合酶相互作用的影响，不受其他机制的调节，如管家基因(housekeeping gene)以及合成核糖体 RNA(rRNA)基因。而另一些基因的表达需在特定环境信号刺激下基因才能被激活，称为诱导/或阻遏表达。如在逆境胁迫中诱导表达的基因。

在基因表达过程中，涉及遗传信息的传递。中心法则(central dogma)阐述了生物遗传信息的传递，即遗传信息在遗传物质复制、基因表达、性状表现过程中的信息流向(图 2-7)。中心法则是生物学的重大发现之一，最初由克里克(Crick)于 1958 年提出，后经过多次修订与完善。

在遗传信息传递过程中，遗传密码起了至关重要的作用。遗传密码(genetic code)决定了 mRNA 中核苷酸顺序对应的编码蛋白的氨基酸顺序，由 3 个连续的核苷酸组成的密码子(codon)对应 1 个氨基酸，称为三联体密码。这是由于核苷酸只有 4 种，而氨基酸有 20 种。如果 3 个核苷酸组合在一起决定一个氨基酸，则有 $64(4^3)$ 种组合方式，就可满足 20 种氨基酸的要求。同时，也必然使大多数氨基酸具有 2 个或 2 个以上的密码子，这就是遗传密码的简并性(degeneracy)。与此相对应，翻译时，密码子的第三位碱基与反密码子的第一位碱基配对时常出现非 Watson-Crick 碱基配对，即密码子第 3 位碱基的配对缺乏特异

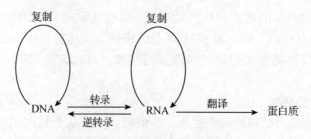

图 2-7　中心法则示意

性，可随意摆动，这就是克里克于 1966 年提出的摆动假说(wobble hypothesis)。

编码蛋白的结构基因的表达需经历转录与翻译 2 个步骤。转录(transcription)是以 DNA 模板的一条链合成一个称为信使 RNA(mRNA)的单链 RNA 分子的过程。RNA 聚合酶结合到 DNA 模板上并控制 mRNA 的合成。作为 mRNA 合成模板的 DNA 链称为反义链，与之互补的非转录 DNA 链称为有义链，这是由于该链与 mRNA 链具有相同的核苷酸顺序，除了 RNA 链中的尿嘧啶(U)替代了 DNA 链中的胸腺嘧啶(T)。

转录时，编码区内的外显子与内含子均被转录，但只有外显子区才能翻译成多肽；因此，转录合成的初级转录本需要经过一系列的加工过程才能形成可用于翻译的成熟 mRNA。包括内含子剪切、外显子拼接，以及 5′端戴帽(5′ Capping)、3′端加尾(3′ poly(A) tail)等过程。在 RNA 剪接(RNA splicing)中，还有可能发生可变剪接(alternative splicing)，即对同一转录本通过不同的剪切方式最终合成不同多肽，这是"一因多效"的具体表现。

转录及转录后加工均发生在细胞核中。转录及加工完成后，成熟的 mRNA 从细胞核转移到细胞质中。翻译(translation)是将 mRNA 中编码的信息翻译合成多肽的过程，翻译在细胞质中进行。翻译时，要准确读取 mRNA 模板链的信息(读码)以合成目标多肽，就必须从 mRNA 模板一个精确位置开始，这是由起始密码子(initiation codon) AUG 来控制的，AUG 也是甲硫氨酸的密码子。因此，所有多肽都以甲硫氨酸开始。同样，一段 mRNA 模板链翻译结束需要终止密码子(terminator codon)来完成。共有 3 类终止密码子：UAG、UAA 及 UGA，分别识别不同的终止释放因子。

当核糖体结合到 mRNA 上时，翻译起始。此时，mRNA 第一位密码子与 tRNA 反密码子(anticodon)进行配对。tRNA 是一种小的 RNA 分子，处于活化状态的 tRNA 为三叶草结构，其反密码子环中含有与 mRNA 上密码子互补的反密码子。只有携带互补的反密码子的 tRNA 才能与 mRNA 上的密码子配对。tRNA 的受体臂携带有 1 个氨基酸，每个 tRNA 上的反密码子对应于其所携带的特定氨基酸，这样，mRNA 上密码子的顺序决定了多肽链的氨基酸的顺序。同样，翻译合成的多肽需经过一系列的加工过程，包括蛋白质修饰、降解与折叠等步骤，最后形成具有生物学功能的蛋白(或酶)，转运至各自的场所并行使其功能。

2.4.3.2　基因表达调控

基因表达调控直接决定了生物的表现型，是生物体内细胞分化、形态建成及个体发育的分子基础。基因表达调控可发生于基因表达的各阶段，包括①转录；②mRNA 加工；③成熟 mRNA 转运至细胞质；④mRNA 的稳定性；⑤用于翻译的 mRNA 的选择；⑥翻译后加工。其中，转录调控是最重要的基因调控方式，也是目前了解最多的调控方式。

调控转录的因子有两类：①顺式作用元件(cis elements)，如启动子和增强子，位于结构基因附近；②反式作用因子(transacting factors)，如 DNA 结合蛋白，其编码位点并不与其调控的基因毗邻。转录因子(transcription factors)是众所周知的反式作用因子，它与启动子和增强子结合，调控基因表达的速率、发育时间和细胞特异性。

2.4.3.3　林木基因表达调控

林木基因表达调控研究起步较晚，目前主要集中在林木开花以及木质素的生物合成、逆境胁迫反应，以及不定根发生的调控等方面，也取得了一些进展，现略举一二。

在毛果杨中过量表达 *NAC6* 等基因，能显著增强转基因杨树的耐旱性。进一步研究发现，毛果杨木质部中干旱胁迫诱导的转录因子 AREB1 与组蛋白乙酰化酶复合体 GCN5-ADA2b 相互作用形成三聚体，结合到 *NAC6* 等耐旱基因启动子上，通过乙酰化修饰，激活 *NAC6* 等靶基因表达。*NAC* 耐旱基因的表达可降低杨树木质部导管内腔孔径，从而降低干旱诱导的导管栓塞风险；同时增加木质部导管数量，进而增强木质部输水能力。因此，*NAC6* 等耐旱基因可能通过影响木质部发育，改变木质部导管的结构和数量，从而使树木适应干旱胁迫(Li *et al.*，2018)

16 Sen-hubTFs 是 NAC 家族 TF(Sen-NAC TFs)。研究发现，毛白杨 PtRD26 通过调控下游靶基因促进叶片衰老，同时产生选择性剪切变体 PtRD26IR 抑制自身和其他 Sen-Hub TF 延缓叶片衰老，保障叶片衰老的正常起始和进展，进而保障衰老叶片营养物质的正常回运，表明 PtRD26 在调控毛白杨叶片衰老中起了关键作用(Wang *et al.*，2021)。

2.4.4　基因突变的分子基础

基因是染色体上一段 DNA 序列，相当于染色体上的一个位点(locus)，而基因内的每个核苷酸对可看作不同的座位(site)。从分子水平看，基因突变就是基因内不同座位的改变，实质上就是核苷酸对中碱基的改变。

分子水平的基因突变方式主要有两种，即分子结构的改变和碱基顺序的改变(移码frameshift)。一个基因内不同座位的改变会产生不同的功能，形成不同的等位基因。

(1)分子结构的改变

碱基替换(substitution)：如 AAA(赖氨酸)→GAA(谷氨酸)

碱基倒位(inversion)：如 AAG(赖氨酸)→GAA(谷氨酸)

(2)碱基顺序的改变

碱基缺失(deletion)：如 AAACACCCA A⋯⋯→ AACACCCAA ⋯⋯
　　　　　　　赖氨酸-组氨酸-脯氨酸→天冬氨酸-苏氨酸-谷氨酰胺

碱基插入(insertion)：如 AAACACCCA A⋯⋯→ AAUACACCC AA⋯
　　　　　　　赖氨酸-组氨酸-脯氨酸→天冬氨酸-苏氨酸-脯氨酸

本章概要

遗传与变异是自然界的普遍现象。遗传为物种或品种的稳定提供了保障，变异为物种进化以及植物育种提供了物质基础。遗传、变异与自然选择三者共同决定了生物进化的方式。林木育种者的任务就是利用自然界的遗传变异来创造新品种。变异有遗传的变异与非遗传的变异两类。产生可遗传变异的原因主要有基因重组和遗传物质的改变两大类。

哈迪—温伯格法则认为，一个大的群体，没有基因迁移、突变、选择、遗传漂变等因素假设前提下，那么，群体只需随机交配一代，该群体的等位基因频率与基因型频率将世代保持不变。突变、选择、迁移、遗传漂变等进化因素均可导致群体间等位基因频率发生分化。

生物的性状可以分为质量性状与数量性状两大类。质量性状受主基因控制，受环境影响较小。数量性状受多基因控制，易受环境条件影响。林木主要经济性状为数量性状，林木育种者需采用统计分析方法，将各类育种材料的遗传效应值从表现型变异中分解出来，进而准确评估其遗传价值。

　　遗传信息蕴含在 DNA 中。遗传信息表达与调控称为中心法则。基因调控在决定表现型和引起表现型变异方面起着非常重要的作用。从分子水平看，基因突变实质上就是 DNA 中碱基的改变，包括碱基插入、缺失、替换、倒位等。突变是遗传多样性的根本来源。

思考题

　　1. 名词解释

　　质量性状　数量性状　基因型　表现型　基因频率　基因型频率　基因重组　基因互作　基因突变　染色体组　单倍体　同源多倍体　异源多倍体　品种稳定性　无性系值　育种值　遗传力　遗传相关　全同胞家系　半同胞家系　一般配合力　特殊配合力

　　2. 生物变异的类型有哪些？各有何特点？

　　3. 树木种内自然变异有哪些类型？

　　4. 在某一苗圃，100 000 株西黄松实生苗群体中发现 10 株白化苗。假定白化苗是由单个隐性等位基因突变所致。问在这个实生苗群体中，该突变基因频率 q 是多少？（答案：白化针叶苗频率为 $q^2 = 10/100\,000 = 0.0001$，$q = 0.01$）

　　5. 设云南松某群体中，曲干型（bb）个体占 1%，通直型（BB 和 Bb）个体占 99%，每代将曲干型个体淘汰，问需要多少代的选择才能将曲干型的比例降低至万分之一？

　　6. 林木基因流的方式有哪些？基因流对群体遗传结构及群体分化有何影响？

　　7. 遗传漂变对群体遗传结构有何影响？

　　8. 阐述遗传力的特点？遗传力与遗传相关在林木育种中有何实际意义？

　　9. 简述 DNA 双螺旋结构模型要点。

　　10. 简述 DNA 与 RNA 分子结构的异同。

　　11. 裸子植物基因组很大，查阅资料说明其可能的原因。

推荐读物

　　1. 现代遗传学. 赵寿元，乔守怡. 北京：高等教育出版社，2001.

　　2. 物种起源. 达尔文著，周建人，叫笃庄，方宗熙译. 北京：商务印书馆，1991.

　　3. 植物的变异和进化. G. L. 史旦宾斯著，复旦大学遗传学研究所译. 上海：上海科学技术出版社，1963.

第3章   林木育种体系与育种策略

森林是陆地生态系统的主体。随着全球人口不断增加，人类对木材和耕地的需求不断增长，导致全球森林资源危机日益突出。林业作为生态建设的主体和生态文明建设的主要承担者，肩负着保护、重建、恢复森林生态系统和培育森林资源的重任。林木遗传育种手段与森林培育技术的融合是实现人工林资源稳定增长、确保国家木材等林产品供应安全的主要途径。

本章介绍林木育种体系与育种策略。在介绍具体内容之前，我们必须首先明确林木育种的几个突出特点。第一，森林树木作为育种对象，与农作物和动物相比，其特点是寿命长、个体高大。一个林木育种周期少则近十年，多则几十年，如果实施多世代长期育种计划则需更长时间，这需要多代人持续不断地努力与团结协作。第二，树木生长、生存的场所是大自然开放环境，选育出推广应用的品种，必须能经受起大自然环境条件的考验。第三，森林树木在历史长河的进化中基本上处于原生状态，野生性强，自然变异丰富。第四，鉴于上述特点，在实施林木多世代长期育种过程中可能会出现不确定性，因此，在开始林木育种研究前就更需要制定科学的育种策略，避免造成不必要的损失。第五，森林树木变异丰富，选择潜力大。而大多数树木能无性繁殖，这是林木育种的最大优势。若能充分利用林木特点，结合其他技术，可以降低成本，提高育种效率。因此，在开展林木育种时，围绕育种目标任务，根据树种特性、项目经费、技术力量等条件，制订一个科学的育种策略或遗传改良计划，指导育种工作的开展是完全必要的。

3.1   林木育种程序与育种体系

当某个树种的遗传改良任务与目标确定后，应按一定育种程序开展工作，这个育种程序被称为轮回育种（cyclic breeding）。首先，要获得育种材料，一般是在该树种天然林的适宜种源区选择表现型优良单株，即选优树（plus tree or superior tree）。该天然林称为起始基础群体（founder population）。随后，分别采集优树的穗条和种子。利用采集的优树穗条，在交通方便、便于安全保存与管理观察的地点建立优树无性系收集区（clone bank or clone archives），这些优树无性系称为选择群体（selected population）或候选群体（candidate population）；利用采集的优树种子开展优树单亲子代测定。对优树无性系收集区中的候选群体进行成活率与保存率统计、性状观测测定并整理归档；从候选群体中挑选无性系等材料组建育种群体（breeding population）。育种群体需进行科学管理，实施近交控制，采用科学的交配设计开展人工杂交，产生下一个世代的家系，为下一轮育种构建基本群体，称为重组基本群体(recombinant population)。育种群体经过数个世代的轮回选择后，需要扩大遗传基础，增加遗传多样性。可从天然林群体中选择新的优树，新补充的优树群体称外来补充群体(infusion population)。另外，可从候选群体材料中选择部分优良亲本(无性系或家系)用于组建生产群体(production population)或称为繁殖群体(propagation population)，繁殖生产营造人工林的良种，如建立初级种子园(primary seed orchard)或采穗圃(scion orchard)。初级种子园利用子代测定信息，经去劣疏伐改建成去劣种子园(rogued seed orchard)；或利用后向选择的亲本重建种子园，称 1.5 代种子园(1.5 seed orchard)。上述流程可以用图 3-1来表示。

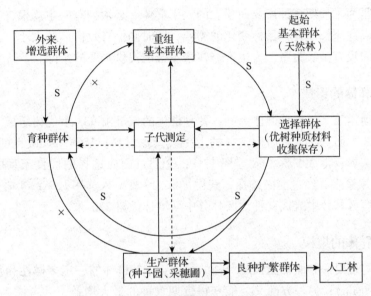

图 3-1　林木育种体系图解(仿 White，1987)

注：S 代表选择；×代表杂交；虚线箭头代表群体间遗传信息传递；实线箭头代表选育繁育材料移动。

由图 3-1 展示出林木整个育种体系(breeding system)由两大部分构成：上部圆圈为良种选育、种质创新部分。由 3 个不同功能的群体(选择群体、育种群体、重组基本群体)组成轮回育种的育种轮(breeding cycle)，实施高世代轮回育种(rotational breeding)。圆圈中央的子代测定(progeny tests)，是自始至终必须抓住的核心环节，是选育良种的关键。圆圈下方是良种生产、推广应用部分。由良种生产(种子园或采穗圃)、良种扩繁和良种推广3 个环节构成。高品质良种只有在推广速度快、推广规模大的条件下，增产效益和社会生态效益才能充分体现出来。随着社会的发展，良种繁育单位应该主动创制出不同等级的良种。在立地优越、管理精良条件下，推动家系造林，以进一步提高增产效益。例如，种子园良种可以创制出混合良种(种子园内不分家系混合采种)、种子园半同胞优良家系良种(一般配合力的半同胞家系良种)、全同胞优良家系良种(控制授粉特殊配合力良种)等。实行优质优价，以适应市场需求。同时，如果特殊配合力良种市场需求大，可充分利用细胞工程技术，规模化繁殖推广体细胞工程苗木。通过上述措施，实现良种生产的产品能满足市场发展的需求，产生更大增益。

在构建林木育种体系过程中，值得注意是优树选择一定要在合适种源区的天然林中进行。一般来说，营建种子园采用当地种源区的优树材料是比较可靠的。来自外地种源区的优树可能因光周期和积温不同而影响开花结实。更不能将不同育种区的优树材料配置在同一个种子园中，这会造成花期不能同步。

建立优树收集库、组建候选群体是一项基础性工作，可以提供种子园建园亲本材料、开展性状观察测定及生殖生物学研究、可以开展杂交，发挥育种园作用，进而加速育种进程。

3.2 林木育种群体的组建与管理

育种群体是为了长期育种需要而建立的人工群体。必须拥有一定规模，具有较为广泛的遗传基础，以适应长期育种目标变化的需要；同时确保有效群体的大小，能维持一定数量的成员彼此间没有亲缘关系，为生产群体亲本选配提供必要的条件。

3.2.1 育种群体的组成

以美国湿地松第二代育种群体为例，育种群体的成员由 933 个优树组成。这些优树材料来源于以下 3 方面：①通过后向选择的上一代亲本材料：从第 1 代改良的 2373 株优树中，经过后向选择获得 395 株，入选率 17%；②通过前向选择的优良家系中的优树：从 2700 个全同胞家系中，经过前向选择，获得优株 318 株，入选率 12%；③增选新补充的优树材料：在重病区林分中或优良种源区林分中新增选优树 220 株。

3.2.2 育种群体的规模

育种群体的规模一方面根据长期育种的需要，维持群体的一定多样性和长期育种的遗传增益（genetic gain）；另一方面又要能获得近期育种的最大增益，并考虑到育种的成本。从表 3-1 实例中看出，育种群体规模大多在 300~400，最少为 150，最多达 1000。

表 3-1　育种群体规模示例

树　种	项目所在国家（地区）	群体规模	来源文献
蓝桉 *Eucalyptus globulus*	葡萄牙	300	Cotterill *et al.*，1989
蓝桉 *E. globulus*	澳大利亚	300	Cameron *et al.*，1989
巨桉 *E. grandis*	巴西	400	Campinhos *et al.*，1989
亮果桉 *E. nitens*	澳大利亚	300	Cameron *et al.*，1989
王桉 *E. regnans*	澳大利亚	300	Cameron *et al.*，1989
王桉 *E. regnans*	新西兰	300	Cannon *et al.*，1991
尾叶桉 *E. urophylla*	巴西	400	Campinhos *et al.*，1989
欧洲云杉 *Picea abies*	瑞典	1000	Rosvall *et al.*，1989
白云杉 *P. glauca*	加拿大	450	Fowler，1986
黑云杉 *P. mariana*	加拿大	400	Fowler，1986
斑克松 *Pinus banksiana*	加拿大	200	Klein，1987
斑克松 *P. banksiana*	美国大湖区	400	Kang，1979
加勒比松 *P. caribaea*	澳大利亚	250	Kanowski *et al.*，1989
湿地松 *P. elliottii*	美国（2 代）	900	White *et al.*，1993
湿地松 *P. elliottii*	美国（3 代）	360	White *et al.*，2003

（续）

树　种	项目所在国家(地区)	群体规模	来源文献
湿地松 *P. elliottii*	美国得克萨斯州	800	Lowe *et al.*，1986
火炬松 *P. taeda*	美国北卡罗来纳卡(3 代)	160	McKeand *et al.*，1998
火炬松 *P. taeda*	美国得克萨斯州	800	Lowe *et al.*，1986
辐射松 *P. radiata*	澳大利亚	300	White *et al.*，1999
辐射松 *P. radiata*	新西兰	350	Shelbourne *et al.*，1986
辐射松 *P. radiata*	新西兰	550	Jayawickrama *et al.*，2000
花旗松 *Pseudotsuga menziesii*	加拿大	350	Heaman，1986
铁杉 *Tsuga chinensis*	加拿大	150	King *et al.*，1995
美洲山杨 *Populus tremuloides*	加拿大	150	Li，1995
柳树 *Salix* spp.	瑞典	200	Gullberg，1993

注：引自 White，2007，有改动。

3.2.3　育种群体的结构

形成什么样的结构，主要考虑群体中近交的控制，既要考虑近期育种的效益，又要考虑长期育种的遗传增益。方法是：一方面对育种群体成员进行分组或亚系化，采用隔离手段，不同组/亚系间成员不交配；另一方面对组内(亚系内)成员间选用适当的交配设计，开展杂交，创造新的变异，为进一步选择提供源泉。所以，林木育种管理的基本手段是选择、隔离与杂交。测定是作为选择的一种手段，隔离是控制近交的一种措施。要做好这方面工作，必须对育种群体中各成员的性状表现有较好的了解与掌握，如开花、结实、生长、材性、子代表现等。只有在深入了解各成员的性状表现基础上，才能对其很好地利用。

仍以上述美国湿地松育种为例，第 2 代育种群体由 933 株材料组成，他们把育种群体划分 2 大亚系组，每组包含 12 个亚系。每亚系 42 株优树无性系，并按育种值高低分为 3 个层次，育种值最高的排列在最上层，由这些高育种值的个体组成精选群体。整个育种群体分为主群体(main population)和精选群体(elite population)两大部分(图 3-2)。

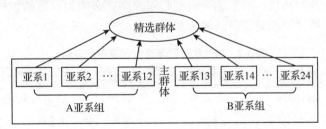

图 3-2　湿地松第二育种轮策略中育种群体结构示意

（引自 White 等，2007）

3.2.4　育种群体的管理

育种群体的管理内容包括育种群体结构设计和交配方案选定及子代测定等工作。其目的是控制近交，维持遗传多样性，筛选出最优基因型的建园亲本，获得近期较高的遗传增益，并维持长期改良的效果。根据林木育种的国内外经验，其基本做法如下：第一，将后向选择和前向选择评选出来的优良遗传型材料采用嫁接方法收集保存，建立基因库（育种园）；开展杂交与测定。一般是每个无性系嫁接 5~10 株。第二，育种群体结构设计，如主群体与精选群体；分组、亚系化。第三，确定具体的交配设计、杂交组合数及子代测定的田间设计等。第四，特别优良的无性系采用多父本混合花粉进行一般配合力（GCA）测定，为选择育种值较高的亲本创造条件。第五，精选群体的亲本和育种值较高的其他亲本开展全同胞杂交与子代测定，为下一个世代的亲本选择提供选择群体。第六，多系混合花粉授粉的子代采用多点测定，以确保亲本育种值评定的精度。全同胞子代采用无重复的全同胞家系小区测定，每个家系小区为 75~100 株，以减少测定工作量。上述育种技术的运用，需根据过去的育种基础、经费支持力度和技术力量等条件，来确定育种强度。

3.3 林木高世代育种策略

林木育种是一项长期的事业，不能仅停留在第一代，需开展多世代轮回育种。目前，美国火炬松、湿地松已完成了第三代育种，开始第 4 轮育种。我国马尾松第二代种子园已投产，正进行第三轮改良，而杉木已着手第四轮改良。林木高世代育种，是百年大计的事业。在开展林木高世代育种中，要求处理好短期育种增益与长期育种增益的关系；要求控制交配系统，防止或减缓近交发生；要求采取综合措施，缩短育种世代和提高育种效率。因此，需要研究育种策略，制订育种计划。以下为高世代育种中应注意的问题。

3.3.1 第一代育种与高世代育种的差别

从表 3-2 可以看出，开始时，从天然林群体中进行选择，起始基础群体规模大、数量多，选择强度大，采用表现型混合选择。但是，在第一代时，优树之间没有亲缘关系。从第二代开始的高世代育种，优树选择是从子代群体中进行，每代组建的基本群体不可能很大，而且群体内个体间存在一定亲缘关系。选择强度比较低。优树选择可以采用多性状育种值评选方法。在开始几代，家系选择强度必须控制，必须为以后的世代育种保留一定的选择机会，维持长期育种相对较高的遗传多样性。

表 3-2 第一代育种与高世代育种的差别

世 代	优树来源	选择强度	研究性状	评选方法	亲缘关系
第一代	天然林群体	大	较少	表现型混合选择	无
高世代	人工子代群体	较低	较多	多性状育种值评选	有

3.3.2 获取短期遗传增益与维系长期遗传多样性的平衡

这里，对上述问题进一步分析。在高世代育种中，首先遇到的问题是育种材料的近亲交配管控问题。例如，第一代优树 400 株组成育种群体，任其充分互相交配而对近交不加控制情况下，育种群体的近交系数会很快增加，群体中彼此间没有亲缘关系的亲本数量减少很快。

从图 3-3 中看出，虽然第一代有 400 株彼此间没有亲缘关系的优树育种群体，但经过 5 个世代交配后，育种群体中没有亲缘关系的个体只有 25 株。因此，在高世代长期育种中育种材料的近亲交配必须管理控制。

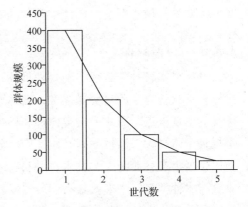

图 3-3　育种群体中无亲缘关系个体随世代增加而减少

在高世代长期育种中，人们往往较多地考虑近期的遗传增益，而忽视长远后期的遗传增益。这里存在短期育种增益与长期育种增益的平衡维持问题。也就是说，近期改良能取得相对较高的遗传增益，在后续世代育种中也能有较多选择机会，能获得较满意的遗传增益。因此，在高世代长期育种中必须加强育种群体的科学管理，科学运用家系选择与家系内选择策略，维护后续世代中育种材料的遗传多样性。

在高世代长期育种中，关于育种材料的近交交配管控、遗传多样性维护问题，根据遗传学原理和国外的先进经验，其要点是：①构建的育种群体要求足够的大；②对育种群体进行分组，科学组成合理的结构；③采用科学的杂交交配设计和家系选择强度；④在适当时机补选外来优树材料。

关于控制育种群体大小和生产群体的亲缘关系，英国群体遗传学家福尔克纳（Falconer，1960，1996）教授提出评价有效群体含量的指标，其计算公式为：

$$N_e = \frac{1}{2}\Delta F$$

式中，ΔF 为群体近交率，$\Delta F = 1/2N$；N 为群体统计的实际个体数。

瑞典林木育种学家林德格伦（1996，1997）提出用状态数 N_s 来检测有效群体的大小，控制繁殖群体的近交程度。所谓状态数 N_s 就是群体中无亲缘关系且不会发生近交的个体数。其公式：

$$N_s = \frac{0.5}{\theta}$$

式中，θ 为群体共祖率，即一个个体的近交率取决于两个亲本的共同祖先数目。而两个亲本之间由血统造成的亲缘关系程度，可用共祖率来表示（半同胞子代间的共祖率为 0.125，全同胞子代间的共祖率为 0.25，自交子代的共祖率为 0.5）。

Kang（1979）研究了群体基因频率与有效群体大小 N_e 的关系。

表 3-3　维护中性基因频率 30 代的初始频率（P）与所需的有效群体大小（N_e）

P	0.005	0.01	0.02	0.03	0.04	0.05	0.10	0.20	0.50
N_e	282	161	94	69	56	48	29	19	11

注：引自 Kang，1979。

表 3-3 是理论数值，基因频率变化随时会发生。例如，群体中个体间繁殖力等因素，都会影响群体基因频率的变化。表 3-3 中表明约有 50 株优树的群体，维护某性状的群体基因频率在 0.05 水平，将可达到 30 代时间。怀特（White，1992）提出育种群体规模要求为

300~400 株优树。但是,群体中基因频率的变化是动态的,需要不断检测与调控。

3.3.3 育种目标

开展林木育种,必须明确育种目标。育种目标明确后,确定改良的目标树种。研究目标树种性状变异来源与变异幅度。在林业以木材生产为中心的年代,林木育种目标是以速生性为改良重点。因此,松类树种和杨树、桉树等主要造林树种成为改良的主要对象。这类树种个体高大、出材率高、用途广、分布广、造林面积大,对国民经济发展影响大。当前以发展生态林业为先,林木育种目标不仅仅是围绕木材生产,而且还要兼顾生态建设。森林树木种类多,本来就具有调节气候、涵养水源、防风固沙、保持水土、改良土壤、养护物种、净化空气、美化环境、固碳释氧、维护生态平衡等多种重要功能。因此,随着社会经济的发展和市场需求的变化,林木育种必须开展多方向、多目标育种。根据每类目标不同,选择相应的树种和确定改良的重点性状。如果当地有合适的树种,尽量利用当地乡土树种作为改良对象。如果外地有更优良树种,也应积极引进利用外地树种作为改良对象。总体上看,林木育种目标大体可归纳为以下 6 类,每类都有相应的功能树种。

(1)以提高木材生长量为主要育种目标的用材树种

① 一般工业用材树种 特点是树体高大、生物量集中在主干,如松属、杉木属、落叶松属、杨属、桉树属等。

②珍贵用材树种 特点是木材具有特殊用途的树种,如降香黄檀(*Dalbergia odorifera*)、楠木(*Phoebe bournei*)、水曲柳(*Fraxinus mandshurica*)等。

(2)以果实提取油脂、提炼食用油或生物柴油及干果食品为主要育种目标性状的经济树种提取油脂或生物柴油

如油茶、油橄榄、油桐、八角(*Illicium verum*)等;干果类树种,如核桃、山核桃(*Carya cathayensis*)、香榧、榛子(*Corylus heterophylla*)等。

(3)以次生代谢产物为育种目标性状,作为化工、药物及树脂、胶漆等原料的树种

如杜仲、厚朴(*Magnolia officinalis*)、山茱萸(*Cornus officinalis*)、漆树、松属等。

(4)以提高抗病虫害、抗盐碱、抗干旱、抗寒等抗逆性为育种目标的抗逆树种

如松树的抗松材线虫病、抗梭形锈病以及沿海滩涂、沙地生境的造林树种;如马尾松等松类树种及木麻黄、柽柳(*Tamarix chinensis*)、梭梭(*Haloxylon ammodensron*)、沙棘(*Hippophae rhamnoides*)等。

(5)以发展城市林业、旅游景区或居民社区的环境绿化美化、增加观赏性、康养性为主要目标的绿化树种

如银杏(*Ginkgo biloba*)、杂交鹅掌楸(又称亚美马褂木)(*Liriodendron sino-americanum*)、玉兰(*Magnolia denudata*)、金钱松等。

(6)以发挥生态功能为主要育种目标

如涵养水源、防风固沙等生态树种。

例如,池杉(*Taxodium ascendens*)、墨西哥落羽杉(*T. mucronatum*)、胡杨等。

根据各地树种资源状况，选择利用当地的树种或是引进外地的树种。育种目标不同，选择的树种不同，利用变异层次水平也不同（表 3-4）。

表 3-4　树木变异层次水平对育种目标的相对重要性

育种目标	树种	种源	家系	无性系
木材生产	*	***	***	**
油脂、食品	*	*	**	***
松脂油漆药料	*	**	**	***
抗病虫、抗逆境	*	**	**	***
观赏美化环境	*	*	**	***
生态功能	***	***	*	*

注：* 表示一般重要；** 表示很重要；*** 表示最重要。

3.3.4　育种强度

育种项目或育种计划的实施，由于项目经费和人员投入及树种特性、研究基础的差异，其育种强度和采用的育种技术措施是不同的。衡量育种强度主要有以下 4 个方面指标：

（1）育种群体的规模大小

育种强度的大小，很大程度上体现在育种群体的规模大小和管理精细程度上。从表 3-1 资料中看出，育种项目组建的育种群体规模一般是优树无性系 200~400 个。育种群体的规模大，遗传多样性大，选择机会多，选择潜力大；但所需投入的经费多、投入的人力也大。

（2）育种群体管理的精细程度

从天然林群体中选择优树，组建选择群体和育种群体，这是缩小变异的过程。通过这一过程，改良的目标性状在育种群体中基因频率与基因型频率有明显提高，从而获得初步的遗传增益。但这不是终极。为了获取更大、更长远的增益，必须采取杂交和测定的育种措施：一方面是为了扩大育种群体的遗传变异，实施种质创新，为选育新品种提供选择机会；另一方面是为了减少、减缓育种群体中近交程度，维护育种群体的遗传多样性。其具体措施有以下两种。

第一种措施：对整个育种群体从结构组成上进行设计安排。①按改良目的性状分组。例如，分成速生材用组、高产松脂组、高产纤维组等。每组亲本按改良目的方向进行杂交与测定，其中有少数特殊亲本在组间也可兼用。②按"特优者先用"原则。高育种植、当前急需利用的亲本组成精选群体，其余部分组成主群体。杂交与测定工作在精选群体中进行，主群体发挥候备军、保存遗传多样性。③按组建种子园（繁殖群体）所需亲本数量，将整个育种群体成员分组隔离，亚系化。各组组内个体间交配杂交。组间隔离，不产生亲缘关系。

第二种措施：选用合适的交配设计，对育种群体中亲本进行杂交与测定。这是扩大变异、增加遗传多样性、创造新种质的过程。在杂交交配设计中有不完全谱系交配设计、完全谱系交配设计及互补交配设计和不连续交配设计。选用交配设计时需考虑能对亲本遗传评价、能为下一代产生更多无亲缘关系的子代群体提供选择、能提供有用遗传参数和估算遗传增益。采用哪一种交配设计是有前提条件的。经费投入、技术力量投入、亲本植株的开花量性状等都是限制条件。

（3）繁殖群体亲本的评选与近交控制水平

①繁殖群体亲本的评选　第一代亲本采用表现型性状评选，属于表现型混合选择。建立子代测定后，可根据子代家系表现评价其亲本遗传品质的好坏，对其亲本按育种值高低排序进行选择（BLP/BLUP），从而提高繁殖群体生产良种的遗传增益水平。随着交配设计的实施和一般配合力（GCA）、特殊配合力（SCA）信息的掌握，可以通过对优良杂交组合的控制授粉，生产优良家系种子，发展优良家系林业或无性系林业，从而进一步提高遗传增益。

②繁殖群体亲本的近交控制　繁殖群体的亲本选择，除利用全同胞家系（FS）外，也可以在半同胞家系（HS）中选择。半同胞家系中优良单株的选择利用，可通过 SSR 等分子检测手段，监控被选优株的亲缘关系，从而控制繁殖群体的近交。

（4）林木良种生产与良种应用水平

林木良种生产从最初的利用混合良种开始，到目前一些育种强度较高的单位，发展到利用特殊配合力的家系良种，并进一步发展到利用无性系良种，良种生产与良种应用水平不断提高。因此，随着育种经费投入的增加、育种团队技术力量的加强及林木良种市场需求的发展，有计划地推广遗传增益更高的良种，进一步提高林木良种生产与良种应用水平是完全必要的，可大大促进我国人工林单位面积产量的提高。

3.3.5　加速育种世代与加快良种推广应用

在高世代育种中不仅要考虑整个育种轮的时期内遗传增益，而且还应考虑单位时间内获得的遗传增益。因此，在育种过程中采用加速育种世代措施和加速良种推广规模、推广进度是非常必要的。例如，充分利用优树收集区（育种园）中开花较早的优树材料开展杂交；建立塑料大棚育种园，采用盘栽、激素处理及控制温度、控制光照等措施，促使提早开花结实；或将早期选择的优树枝条嫁接到成年开花的树木的树冠枝条上，促进松树提早开花等。与此同时，对于特别优良的家系等新品种，如果有市场需求可以采用体细胞胚胎发生、细胞工程，较迅速地规模化推广良种。

我国森林资源丰富，树种功能多样，开展林木改良的时间有早有迟，所处地域有南有北。因此，开展林木育种时，需要在省（自治区、直辖市）行政主管部门主持下，科学制定育种策略和实施计划。同时，为了使育种策略和实施计划能切实执行，一是需要建立监督、检查、汇报、总结的机制和制度；二是需要组建省（自治区、直辖市）行政主管部门、基层生产单位、教学科研校所"三结合"执行团队，对育种计划进行具体实施，从而充分发挥林木育种的技术作用和良种基地的示范功能。

3.4　林木育种策略范例

鉴于实施林木高世代育种意义重大，世界各国对主要造林树种的长期育种策略的制定都非常重视。以美国为代表的市场经济发达的工业化国家，其林木育种项目受到决策部门的极度重视，资金、土地、技术队伍均有保障，运行体制稳定，在长期林木育种策略方面值得我们借鉴。从 20 世纪 50 年代开始，美国火炬松改良项目一直由北卡罗来纳州立大学技术负责。而欧洲赤松的育种工作一直由瑞典农业大学牵头实施，采用另一种策略，实施中等强度的长期育种。下面介绍 3 个林木育种策略的经典案例。

【案例 1】美国火炬松的高强度育种

火炬松是分布在美国东南部的重要造林树种。火炬松第 3 轮育种的策略——美国北卡罗来纳州立大学与一工业公司树木改良协作组制定的育种策略(计划)。火炬松第 3 轮育种目标是为了在短期内能提供遗传增益，同时保持遗传多样性，还要兼顾长期的遗传增益。

火炬松第三轮育种采用的育种群体结构由主群体和精选群体组成。主群体从第二轮育种的子代林中选择优良单株，通过育种值评选，共由 160 个优良单株无性系组成。第三轮育种的主群体育种工作内容见表 3-5。

表 3-5　第三轮育种的主群体育种工作年度安排表

年度	育种工作内容
0	从第二轮亲本和子代中，通过育种值评选，评选出第三育种轮优树 160 个无性系(包括亲本和子代)，嫁接在育种园中
6	到第六年，完成 160 无性系的多系混合花粉(PMX)杂交
5~9	在这期间，由 4 个无性系组成的亚系，进行半双列交配的 6 个杂交组合的杂交工作
7~12	在这期间，建立全同胞家系(杂交组合足够种子数量)小区子代测定林
13~18	在这期间，从全同胞家系子代测定林中评选最高育种值的优树，进行多系混合花粉(PMX)杂交
18	开始下一轮育种

注：表中内容为简要流程说明。事实上，该项工作早已开始。1991 年已完成第三轮优树选择任务的 1/3。75% 的优树是 1995 以后选出完成的，到 2003 年优树选择全部完成。

精选群体由主群体中的最佳优树组成，数量为主群体数量的 1/4，即 40 个无性系。精选群体开展的主要育种工作内容见表 3-6。

表 3-6　精选群体主要育种工作内容进度安排

年度	育种工作内容
0	从双列杂交组合中评选出育种值最高 40 株优树并嫁接在育种园中
2	对 40 个无性系进行多系混合花粉授粉杂交
4	对多系混合花粉授粉杂交组合进行子代测定，计算 40 个无性系育种值
3~5	对 4×4 双列杂交的最佳自交的 40 个无性系进行杂交
5~7	栽种全同胞家系和自交组合家系
11~13	对经多系混合花粉授粉杂交测定，最高育种值的全同胞家系和自交组合家系中进行选择优良单株
13	开始下一轮的育种

该育种策略将是对 3 个层次的群体进行遗传管理，而每个群体的管理强度不同。①主群体将由 160 个优树组成，每个合作者可在所属的特定地理区域进行补充选择优树。主群体将再分为育种亚种群(分 40 个亚群体，每个亚群体 4 株组成)进行管理，其主要目的是

为了提供长期的遗传收益和多样性。育种工作最集中、遗传管理强度最大的是精选群体。②精选群体是经过精心挑选的一组优树组成（约40棵），是为每个协作成员的育种项目提供短期遗传收益。③第三个层次是保存育种群体的遗传多样性、以能在以后世代中适应今后环境的变化和选择标准变化的树种基因资源库。在1950—1980年之间协作组从天然林和未经改良的人工林中选择，拥有优树4000株，作为遗传多样性资源保存在种子园和优树收集园中。

该育种策略与目前的进行的计划相比，育种的效率得到了提高，同时群体规模也有所减少，这将减少各个合作成员的工作量。通过减少育种群体规模而增加选择强度，以及通过交配更少的树木而增加的繁殖速度，将在后代中大大增加收益。虽然最集中的努力将用于那些提供立即遗传和财政收益的群体，但通过对所有三个阶层的明智管理，将维持遗传资源的长期利益。

【案例2】瑞典欧洲赤松的中等强度长期育种

瑞典欧洲赤松长期育种计划，采用中等强度育种策略。他们最初选择了表现型优树6000株，完成了表现型优树子代测定。随后经过后向选择，从中评选出较优良遗传型优树1200株组构建成重组育种群体（recombinant populations）作为育种亲本。育种群体的结构：再分成24个亚群体，每个亚群体由50株优树组成。构建亚群体时，需注意优树地理起源。优树地理起源不同，光周期和积温不同，影响优树开花的同步性。亚群体的优树杂交：采用成对交配设计（double-pair mating design）。杂交子代家系安排在4个地点进行子代测定。在子代达到开花年龄时，通过家系内选择（within family selection），即前向选择（forward selection），为组建下一代种子园创造条件。目前正开始第三轮育种。

关于种子园遗传增益，与最初选择的表现型优树材积生长量相比较，瑞典第一轮种子园的遗传增益为10%，预期第三轮遗传增益可达20%~25%。而据芬兰种子园种子与一般林分种子的比较测定结果，第一代种子园的材积增益可达20%~25%，而最优杂交组合家系的遗传增益可达50%。

瑞典在林木育种中，对育种群体管理采用中等强度的管理措施。但是，种子园建园条件选择比较严格，非常重视防止外来花粉的污染。建园亲本选配强调彼此间无亲缘关系，采用"状态数"理论对种子园无性系的检测、分析和监控。对种子园种子推广应用强调适地适树原则和对气候变化的适应能力。

【案例3】美国巨桉的低强度、低成本育种

巨桉（E. grandis）是美国佛罗里达州的外来树种。佛罗里达州的桉树引种开始于1961年。到1965年已引进桉树67种，包括的桉树种源数达156个。经过十年的引种发展，巨桉的栽培面积达4675 hm²，株数达近千万株。上述资源从而为巨桉的遗传改良奠定了良好基础。

桉树研究项目组根据该树种的表现和当地环境条件，提出育种目标：①选育出能适应当地生态环境条件的栽培品种；②通过改良工作，能获得显著的遗传增益。

根据该树种的生物学特性等条件，提出育种策略：对育种群体管理采用自由授粉（OP）、生产群体采用实生种子园（seedling seed orchards，SSOs）；基本群体、育种群体、子代测定群体及生产群体融合为一体的低育种强度、低成本的树木改良策略。

具体实施方案：佛罗里达南部巨桉实生种子园（SSOs）建立是在过去引种试验基础上从1961 年开始。第一代的遗传基础群体由 13 个种批的 4352 株组成，经筛选去劣疏伐后，保留有 3 个种批的 8 株建成为第一代实生种子园（SSO$_1$）。并于 1964 年转为第二代遗传基本群体，由 18 个种批的 11 000 株组成；经去劣疏伐转成第二代实生种子园（SSO$_2$）。这里仅保存有 12 个种批的 33 优树材料。

为了扩大遗传基础，第三代和第四代的遗传基本群体补充了新的材料。1973 年种植时，采用完全随机单株小区设计，基本群体由 285 个种批的 13 000 多单株组成。经去劣疏伐，成为由 191 份种批的 431 棵树组成的第 3 代实生种子园（SSO$_3$）。1977 年，收集了 529 个种批的 31 000 多棵树组建成第四代基本群体；经筛选去劣后，保存 260 种批 1500 株，组建成第四代实生种子园（SSO$_4$）。他们建立实生种子园的具体做法及实生种子园的遗传增益见表 3-7 及如图 3-4、图 3-5 所示。

表 3-7　美国佛罗里达州巨桉不同世代建立实生种子园情况

世代	年份	基本群体		种子园	
		引种株数	引种批数	株数	批数
1	1961	4352	13	8	3
2	1964	11 000	18	33	12
3	1973	13 234	285	431	191
4	1977	31 725	529	1500	260

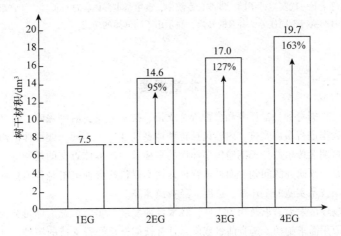

图 3-4　美国佛罗里达州巨桉不同世代实生种子园的遗传增益

注：1EG 代表引种未经改良巨桉，示为第一代基本群体；2EG 代表第二代改良巨桉，与前者相比材积增长 95%；3EG 代表第三代，与基本群体相比材积增长 127%；4EG 代表第四代，与前面基本群体相比材积增长 163%

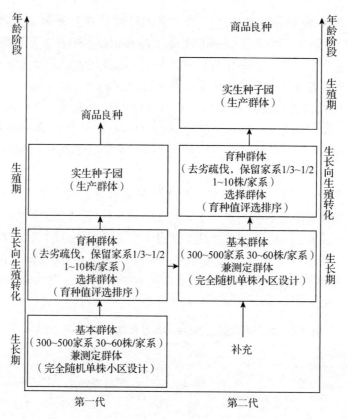

图 3-5 低成本自由授粉实生种子园改良模式

注：该改良模式最大技术特点、要点：①全过程采用自由授粉交配设计（OP）。建园隔离条件要求严格，避免外来花粉污染。②子代测定及时，严格选择优良家系中优良单株，进行育种值统计评选，及时建立下一代实生种子园。③改良系统中，重组基本群体、育种群体、生产群体三者融合一体，不同时期执行不同任务，并及时转换，显示出不同群体的功能

本章提要

林木育种策略是根据育种目标任务和育种资金支持、技术力量、后勤保障、改良树种的特性等条件对育种关键技术的运作进行布局安排。内容包括育种体系的建立、不同功能群体的组配、育种群体规模确定与管理措施、短期遗传增益与长期遗传多样性的平衡及生产群体近交的控制等。在进行高世代育种过程中，育种策略是必须研究的问题。而林木育种计划不仅包括育种策略对各项育种技术措施的具体安排，而且还包括各项技术实施的工作量、进度、经费预算等。

当前，根据市场经济发展需求及相关条件，林木育种发展与实施情况大体可分为 3 类。第一类是强度育种，对于良种应用需求迫切、选育前景宽广、且有长期充足经费支持的树种，可以采用强度育种策略。例如，美国北卡罗来纳州立大学主持的美国火炬松育种。第二类是中等强度育种，对于良种应用有一定需求，而市场容量有限，但属当地重要造林树种，而且有相当经费能长期支持，可采用中等育种强度策略。例如，瑞典农业大学主持的欧洲赤松育种。第三类是低强度低成本自由授粉实生种子园育种体系。对于那些开花结实期较早、无性繁殖较困难、当地栽培规模不大的树种，或是刚开始选育的珍贵树种，或是引进的树种，可采用低强度封闭群体的自由授粉控制、建立实生种子园的遗传改良途径。例如，

美国佛罗里达州从澳大利亚引种的巨桉育种。

　　林木育种不仅要讲究策略，而且要讲究实效。不仅要重视近期的遗传增益，而且还应考虑长期的遗传增益。林木育种需制订科学育种策略和实施计划。充分发挥林木育种的技术作用和良种基地的示范功能。

思考题

1. 名词解释

育种资源　育种材料　育种群体　生产群体　基本群体

2. 阐明林木育种策略与育种计划的区别和关系。

3. 详细介绍林木育种策略内容。

4. 论述育种群体与生产群体的关系。

5. 论述育种群体和生产群体与遗传增益的关系。

6. 如何平衡短期改良增益与长期改良增益之间关系。

7. 自选某个树种，制定其育种策略。

推荐读物

1. 林木高世代育种原理及其在我国的应用 . 王章荣 . 林业科技开发，2012，26（1）：1-5.

2. 森林遗传学 . T. L. 怀特，W. T. 亚当斯，D. B. 尼尔著 . 崔建国，李火根主译 . 北京：科学出版社，2013.

3. History and Status of *Eucalyptus* Improvement in Florida. Rockwood，D. L. International Journal of Forestry Research. Volume 2012，Article ID 607879，doi：10. 1155/2012/607879.

第4章 林木育种资源

育种资源是林木育种的物质基础。实践证明，对育种资源收集越丰富、越全面，对其特征特性研究越深入、越清楚，就越能有预见性、有创造性地制订育种计划并实现育种目标。没有丰富的育种资源作为基础，林木育种就如无米之炊、多世代改良更是无法进行。因此，要开展林木育种工作，首先必须进行育种资源的调查、收集、研究和保存工作。

4.1 林木育种资源的概念及其重要性

4.1.1 育种资源及其相关概念

遗传资源（genetic resources），也称为基因资源（gene resources），指以物种为单位的种内个体的全部遗传物质，或种内基因组、基因型变异的总和。

目前，国际上植物遗传育种文献大都采用种质资源（germplasm resources）这一名词，但国内对林木种质资源的概念有多种不同的描述。《中华人民共和国种子法》规定种质资源是指选育植物新品种的基础材料，包括各种植物的栽培种、野生种的繁殖材料以及利用上述繁殖材料人工创造的各种植物的遗传材料。《林木种质资源保存原则与方法》（GB/T 14072—1993）定义林木种质资源是指林木种及种以下分类单位具有不同遗传基础的林木个体和群体的各种繁殖材料总称。国家林业与草原局《林木种质资源管理办法》《林木种质资源异地保存库营建技术规程》（LY/T 2417—2015）以及《全国林木种质资源调查收集与保存利用规划（2014—2025年）》对林木种质资源也有各自阐述。顾万春等提出林木种质资源特指以物种为单元的遗传多样性载体资源，包括物种天然的资源与为挖掘新品种、新类型所收集的育种原始材料。也有不少实际工作者认为林木种质资源就是森林植物资源。可见，林木种质资源概念在实际使用时其内涵并不一致，有的偏重于涵盖所有遗传材料，有的倾向于特指育种材料。

针对种质资源研究的目的和用途不同，有学者提出林木种质资源广义概念和狭义概念。广义林木种质资源相当于林木遗传资源或林木基因资源。每一个携带遗传基因，并能够繁殖后代（包括人工干预繁殖）的林木都是遗传资源。遗传资源的重要性在于延续物种，维护生物多样性和生态系统安全。因此，从广义上看，种质资源调查主要是从物种水平出发，常采用普查（全面调查）的方法，侧重于物种的多样性和安全性，主要目的是为了掌握物种资源状况和保护生态安全。国家林业与草原局组织开展的第一次全国林草种质资源普查就使用了这一概念内涵。狭义林木种质资源更关注林木遗传资源中可用于林木品种选育和林木种苗生产哪些部分，是针对已知具有某种利用价值的树种，为研究利用和生产使用而对其具有不同遗传基础的种源、类型、群体、个体等进行调查、收集、保存的遗传材料。种质资源的重要性在于它是林木育种的基础资源，是优质种苗生产的核心，因而也是推动人工林高质量发展的关键。因此，从狭义上看，种质资源调查主要针对种以下的群体、类型和个体，常采用重点调查的方法，侧重于种内遗传材料的优良性、特异性和可利用性，主要目的是进行育种和用于种苗生产。广义林木种质资源和狭义林木种质资源受关注的方向也有不同，前者更为植物学家和生态研究者所关注，后者则更为育种学家和种苗生产经营者重视。比较而言，为推动林木种苗事业的高质量发展，林木种苗行业组织开展的林木种质资源调查、收集和保存更适用于狭义林木种质资源概念。

育种资源（breeding resources）是遗传资源的组成部分，指在选育优良品种工作中直接利用的繁殖材料，往往是根据品种选育目标调查、收集的资源。

因此，遗传资源与育种资源的涵义既相关，但又有区别。遗传资源注重资源的多样性及其保护，育种资源更注重资源的利用价值及其在育种中的作用。广义的种质资源其内涵与遗传资源相当，狭义的种质资源其内涵与育种资源相当。

在林木育种文献中还经常出现原始材料（original material）这一概念，是指选育某个林木品种时直接利用的繁殖材料。该概念对于新品种更为直接、具体，而育种资源还包括新品种创育过程中备用的遗传资源。与遗传资源等常一起出现的另一个术语是生物多样性（biological diversity），指地球上数以百万计的所有生物，即动物、植物和微生物及其所拥有的基因，以及生物与其生存环境构成的复杂的生态系统的总称。

4.1.2　育种资源的重要性

要使林木育种工作取得成效并得以持续发展，不仅要有明确的育种目标，实现目标的适当育种策略和技术方法，还必须拥有丰富的育种资源，并能科学、合理地使用这些资源。林木育种资源越来越受到重视，主要有如下理由：

第一，农作物和园艺植物栽培育种的历史证明，现有的品种都起源于野生植物。品种的形成过程是人类利用自然资源的过程。虽然林木育种与农作物和园艺植物育种相比起步较晚，目前投入生产的树木品种为数还不多，但都是直接或间接从自然资源选育出来的。育种所需要的基因广泛蕴藏于自然资源之中，育种资源是创育新品种的物质基础。

第二，在集约经营和选育过程中，往往将注意力集中在少数经济性状上，从而使群体或个体的遗传基础变窄。一个优良的品种不仅应具备优良的经济性状，同时也应具有较强的适应性和抗逆性。为选育优良品种，必须具备丰富的资源作后盾，不断地引进、补充新的资源，多世代育种工作才能顺利开展。为防患于未然，必须重视林木育种资源的调查、搜集、保存、研究和利用。

第三，随着经济条件的发展、工艺过程的改革、市场需求的变化，对林木新品种的要求也会发生改变。就当前木材利用而言，树干材积生长快，干形通直是重要的经济性状，但将来生物质（biomass）产量可能成为主要追求目标。如果只考虑当前需要，只重视当前所需要的性状，而对有潜在利用价值的资源滥加砍伐，或任其毁灭。到头来，育种工作将会面临"无米之炊"的困境。因此，从事育种工作的单位，特别是负责资源收集工作的单位，不能只从一时一地的需要出发收集资源，而应尽可能多地收集各类资源，以供今后的研究和利用。

第四，今天复杂而丰富的物种和育种资源是生物经历 6 亿多年自然演化形成的，是生物适应繁杂、变化的自然环境的结果，也是进化的标志。生物界在适应环境过程中，不断增加和丰富生物种群。生物多样性是充分利用自然资源的必要条件，是人类赖以生存和发展的物质基础。生物多样性不仅为人类提供了食物、能源、药品和工业原料，还在维持生态平衡和稳定环境方面发挥着极其重要的作用，因此需要十分珍惜。

第五，抢救濒临毁灭的树种，已迫在眉睫。世界上动植物种类有 500 万~1000 万种，已作过描述的约为 175 万种。高等维管束植物 25 万种，苔藓、地衣等低等植物 15 万种，约有 90% 生活在陆地，而其中又有约 2/3 生活在热带森林。热带地区，特别是热带雨林对保存物种十分重要。然而，随着人口的增加，森林的大量砍伐，许多珍贵物种和遗传资源遭到毁灭。据世界自然基金会（WWF）与世界保护监测中心（WCMC）测算，8000 年前全球天然林面积为 80.8×10^8 hm²，至 1996 年年底，62% 的森林已消失了，仅剩下了 30.4×10^8 hm²。森林面积的锐减，导致许多物种的灭绝或生存受到威胁。20 世纪 80 年代，人们明显地觉察到物种不断减少，灭绝速度为自然灭绝速度的 1000 倍，即每天约有 75 种被消失。在 25 万种高等维管植物中已有 2 万~2.5 万种处于濒危状况。基因、物种和生态系统以前所未有的速度在消失，人类面临着严峻的挑战。因此，必须重视林木育种资源收集和保存工作。

4.2　林木种内变异的层次与形式

4.2.1　变异层次

在林木的自然繁衍和世代更替过程中，由于各种生物和非生物因素的影响，基因会发生突变从而产生新基因，或者发生染色体畸变产生更广泛的遗传效应，遗传基因的分离和重组会在群体内形成各种不同的基因型，加之林木多为异花授粉、基因组较大、基因数量较多，几乎可以说林木群体内个体的基因型各不相同。同时，多数林木种的分范围较广，由于分布区内不同地点的土壤气候条件以及栽培管理措施的不同，长期自然选择的结果使林木种内常存在丰富的变异。变异包括可遗传的变异和不可遗传的变异两个方面，林木种内可遗传的变异主要可分为 4 个变异层次：

（1）地理种源间变异

当一个树种分布范围广、分布区内环境条件差异较大时，由于基因突变、自然选择和隔离等原因，常常分化为种内不同的地理生态种群。因此，树木的地理变异较为明显，尤其是与适应性有关的性状。不同的地理生态种群，即使栽培在相同条件下，生产力和适应性都会表现出显著的差别，这也就是林木育种中进行种源选择的理论依据。种源间的遗传差异实际上是基因频率的不同，在极端情况下甚至包括部分基因的固定（基因频率为 1）或基因消失（基因频率为 0）。

（2）种源内群体（林分）间变异

种源通常是以县（旗）为单位进行划分的，在一个种源内一般会存在多个群体（林分），同样由于遗传、变异、选择（自然和人工选择）、遗传漂变（遗传漂移）以及隔离的结果，种源内群体（林分）间也会存在变异，其中人工选择（择伐、间伐等人为干预）和遗传漂移

(小群体取样)是造成林分间变异的主要原因。因此,林木育种中通过优良林分选择改建母树林是有效的,同时在种源试验取样时应重视林分间变异。群体(林分)间的遗传差异也体现在基因频率的不同。

(3)群体内个体间变异

由于基因的分离和重组,会在群体内形成各种不同的基因型,由于林木多为异花授粉,因此,对于大多数林木种来说群体内个体间的遗传变异十分广泛,通过优良单株选择(优树选择)和利用同样可以取得较大的改良效果。群体内个体间的变异是由于基因型的不同造成的。

(4)个体内变异

在有性繁殖情况下,一个林木个体是由一个受精卵发育而来,理论上个体的每一个细胞、组织和器官的基因型应该是完全相同的。在无性繁殖情况下,一个林木个体是由一个细胞、组织或器官经细胞有丝分裂及分化发育而来,个体的每一个细胞、组织和器官的基因型也应该是完全相同的。但由于体细胞突变的结果,个体的部分细胞、组织或器官的遗传基因可能会与其他正常情况的有所不同,因而出现个体内变异。芽变是最为常见的个体内变异表现,芽变选种是利用个体内变异的主要育种手段。在有些文献资料中,将树干不同部位木材比重的变化、树体不同部位枝条扦插生根能力差异、阴生叶与阳生叶大小及形态不同等情形也归为个体内变异,虽然这些都属于不可遗传的变异,但仍需引起重视,尤其是对品种进行性状评价时应注意取样部位的一致性。

4.2.2　变异形式

我们知道,表现型是由基因型和环境因素共同作用的结果。如前所述,林木群体和个体会在四个层次上发生遗传型变异,再加上生长环境的影响,林木的表现型变异就更为丰富。尽管从育种利用的角度人们需要的是基因型变异,但这种变异往往较难识别和鉴定,所以在育种资源调查、收集阶段常常从表现型变异着手。由于生物的所有性状都有其遗传基础,所以理论上林木的所有性状都可以发生变异,变异形式多种多样,而且各种变异之间还可能存在相关性。归纳起来,林木变异可以划分为以下 6 种形式:

①形态特征变异　如根、茎、叶、花、果实、种子的形态变异。

②生态特性变异　如对温度、湿度、光照、土壤等环境生态因子要求的变异。

③生理生化特性变异　如在光合、呼吸、代谢、物质含量等生理生化特性的变异。

④抗逆性适应性变异　如抗寒、抗旱、抗盐碱、抗病虫等方面的变异。

⑤生长、产量及品质变异　如用材树种生长节律变异(早期速生,晚期速生)、生长量变异、木材理化性质变异等,以及经济树种经济产量(果实、种子、树叶、树皮等产量)及有效成分含量变异等。

⑥繁殖特性变异　如性别分化和性别偏向(偏雌性或偏雄性),可持续结实性(每年连续结实、隔年结实或隔几年结实,每年结实量的稳定性),扦插生根能力等。

4.3　林木育种资源的分类及其特点

分类是认识自然事物的重要途径,通过分类使复杂的事物系统化,从而达到认识和区分事物的目的。林木育种资源有多种分类方式，例如，按照其来源可分为本地育种资源和外地育种资源，按照其起源可分为自然育种资源和人工创育的育种资源，按照栽培化程度可分为野生育种资源和栽培利用的育种资源。这里按照林木育种工作的现有发展水平，作如下综合分类：

（1）本地育种资源

本地育种资源指在当地的自然条件下形成且处于野生状态林木的遗传变异，或经过长期的人工栽培和选择得到的林木品种(农家品种)和类型，即包括已经人工栽培(栽培利用的育种资源)的和尚处于野生状态(野生育种资源)的两类，但都属于自然育种资源。这类育种资源都经过当地自然条件的作用和选择(如属后者，尚受人为选择的影响)，对当地自然条件的适应性最强，如果已经栽培化，则其在经济性状上一般也能满足生产要求，所以本地育种资源利用价值最高，是育种工作中最基本的基因资源，可直接投入生产或稍加改良即可发挥其作用。迄今，林木中尚有大量本地育种资源未能充分利用，因此必须重视乡土树种育种资源的调查和利用。

（2）外地育种资源

外地育种资源指从国内外其他地区引入的繁殖材料，同样包括已经人工栽培(栽培利用的育种资源)的和尚处于野生状态(野生育种资源)的两类。与前一类育种资源相比，由于是从其他地域引进的，所以在生态适应性方面一般不如前一类。但由于其长期生长在各种不同生态条件下，具有多种多样的遗传特性，可作为改良本地品种和创造新品种重要基因资源。同时，由于一般是人们有选择引入的，其在经济性状上可能优于本地资源。

这里所说的"本地"与"外地"，是针对育种工作者所在地或育种资源收集保存地而言的，而且区域范围也可大可小，可以大到不同国家、也可以小到不同地区。但一般认为以生态区划分比较科学且实用。

（3）人工创制的育种资源

人工创制的育种资源指通过杂交、诱变、基因工程等人工措施获得的品种、品系、无性系等繁殖材料。这类资源往往已综合了多种优良性状，对其起源、习性、利用价值也比较了解，既可以新品种形式用于生产栽培，又可为进一步育种提供新的育种资源。

也就是说，通过一个育种计划的实施，所得到遗传变异材料可能作为新品种用于生产栽培，新品种及其他尚不满足新品种要求但具有某些优良特性的遗传材料都可作为下一个育种计划的育种资源。目前，已有多种人工创制新种质的技术方法，包括人工杂交、人工诱变(物理诱变、化学诱变、航天诱变)、细胞工程(染色体工程、体细胞杂交、体细胞突变体筛选)和基因工程等，这其中的部分内容将在第8章介绍。

4.4　林木育种资源研究

林木育种资源研究工作常常是以物种为单位开展的，一般包括调查、收集、保存、研究、评价、创新与利用等环节。

4.4.1　育种资源调查

4.4.1.1　调查内容与调查指标
育种资源调查的内容一般包括以下两个方面：

①目的树种的种内变异(如变种、亚种、品种、类型、生态型)、数量、分布、生境、生长情况等。

②目的树种优异育种资源(如优良种源、优良林分、优良类型、优良单株、古树、特异型等)的相关信息。

根据目的树种的利用价值,确定调查的具体指标,一般包括:

①用材树种　以胸径、树高、冠幅等生长性状为主要指标。

②生态树种　以抗病、抗虫、抗寒、抗旱等抗性性状为主要指标。

③经济树种　以产量、品质等经济性状为主要指标。

④园林观赏树种　以花期、花色、叶色、株型等观赏性状为主要指标。

4.4.1.2　调查方法

育种资源调查方法一般包括资料查阅、知情人访谈、踏查、线路调查、林分调查、类型调查和单株调查等。在实际工作中根据育种资源种类不同可采用不同的方法进行。

(1)人工创制的育种资源

①资料查阅　查阅目的树种的育种历史、人工创制的遗传变异及其保存状况、相关技术档案等。

②知情人访谈　走访有关专家、林业技术人员、熟悉情况的人员,了解目的树种育种资源分布及保存利用情况。

③实地调查　在资料查询和访谈的基础上,优先选择在林木良种基地(繁育基地)或林木育种资源保存库(圃)进行调查。掌握目的树种育种资源栽培利用、保存定植等基础信息,了解其来源、起源、分布、特征、特性、资源量、生长状况等信息,拍摄照片,采集标本。

(2)野生育种资源

①资料查阅　查阅目的树种分布、数量、生境等技术档案资料和文献资料,掌握调查区域内林木育种资源基础信息。

②知情人访谈　走访有关专家、基层林业技术人员、熟悉情况的村民,了解询问调查区域内目的树种的优良及特异林分或单株,确定调查线路和调查区域。

③踏查　根据现有资料和了解的情况,按一定的线路实地查看,调查了解目的树种的分布、数量、林分起源及结构、林(树)龄、生长状况、表型变异和生境条件等。

④线路调查　在踏查的基础上,对目的树种呈散生分布的,采用线路调查方法,沿线路选择优良单株。线路调查应合理确定线路密度,布设 1 条或多条调查线路。在山区坡面地段,从谷底向山脊垂直于等高线设置;在河谷地段,沿河岸由下游向上游设置;在丘陵和平原地区,按南北向或东西向平行设置。

⑤林分调查　在踏查的基础上,对目的树种呈成片成林分布的,采用林分调查。林分调查包括选定调查林分、设置标准地和标准地调查。

一般按照以下原则选定调查林分:目的树种集中分布,处于中龄和近熟龄阶段的林分;地形平缓、交通方便、分布相对集中,面积宜在 0.3 hm^2 以上,以便于管理、保护和今后的种实采集;宜选同龄林或相差 2 个龄级以内的异龄林,密度适宜,郁闭度不低于0.6;林木生长整齐、生长量或其他经济性状明显优良,没有经过人为破坏或未进行上层疏伐的林分;根据调查区域大小、所涉及行政区及生境多样性,在不同市、县、镇、村或林业局、林场、小班分别选定调查林分；不得在疫区选择，或选择病虫害危害较重的林分。

选定的调查林分应设置标准地，标准地设置要求如下：标准地不宜设在林缘，不能跨越河流、道路；标准地形状为正方形或长方形，面积不小于 400 m²；每处调查林分标准地设置数量不少于 3 块；标准地定位信息选择在西南方位角采集。

在标准地内实测每株树的胸径、树高、冠幅，目测树干通直度、结实情况，同时调查林分面积、起源、林龄、郁闭度和地形地势等，拍摄照片。调查结束后，进行综合评价，确定调查区域内目的树种的优良林分。

⑥类型调查　对资料查阅、访谈、踏查或在调查中发现的目的树种不同类型，根据资源量大小，每个类型随机选取若干株(一般应在 30 株以上)，进行单株调查，按类型进行比较、评价和收集。

⑦优良单株调查　具体方法参见第 6 章相关内容。调查结束后，进行综合评价，确定调查区域内目的树种的优良单株。

(3)特殊林木育种资源

①查询资料　查询登记古树、特异型个体的现有文献资料，掌握相关信息。

②知情人访谈　走访知情人，了解目的树种育种资源的相关信息。

③实地调查　根据情况进行实地核查和补充调查。

4.4.2　育种资源收集

根据目的树种遗传多样性和育种资源保存利用的需要，对目的树种的育种资源进行收集。收集的途径可以是组织调查收集队伍直接收集，也可以通过交换或购买进行。

4.4.2.1　制订收集方案

依据目的树种的调查和评优结果，以及目的树种的生物学特性、繁殖方式等，制订收集方案，确定收集地点、收集方式、收集数量、收集时间等，准备收集器械及设备，组织开展育种资源收集。

4.4.2.2　收集原则

①必须根据收集的目的和要求，单位的具体条件和任务，确定收集的对象，包括类别和数量，做到有计划、有步骤、分期分批进行，收集材料应根据需要，有针对性地进行。

②收集范围应该由近及远，根据需要先后进行，首先应考虑珍稀濒危物种的收集，其次收集有关的种、变种、类型及遗传变异的个体，尽可能保存生物的多样性。

③种苗收集应该遵循种苗调拨制度的规定，注意检疫，并做好登记、核对，尽量避免材料的重复和遗漏。

4.4.2.3　收集材料及数量

(1)群体型育种资源

种源、林分、类型、生态型等是以群体为对象的育种资源。对群体型育种资源有结实的，在各调查林分(或类型、生态型)内分别随机选取 30 个以上单株，每株间隔 30 m 以上，每株采集 50 粒以上的种子混合为 1 份作为该林分(或类型、生态型)混合育种资源。调查收集区域内，各林分(或类型、生态型)收集的种子混合为 1 份作为该区域种源混合育种资源。

对群体型育种资源不结实的，各调查林分(或类型、生态型)内分别随机选取 50 个以上单株，每株间隔 30 m 以上，以成功繁殖为原则，每株采集 10 个(条)以上的繁殖材料，单独繁殖成功后混合为 1 份作为该林分(或该类型、生态型)混合育种资源。调查收集区域内，各林分(或类型、生态型)收集的繁殖材料混合作为 1 份该区域种源混合育种资源。

(2)个体型育种资源

对易于无性繁殖的个体型育种资源，采集根、茎、芽、穗条等无性繁殖材料。每株采集无性繁殖材料 10 个(条)以上，作为 1 份育种资源。

对难以无性繁殖的个体型育种资源，每株采集种子 50 粒以上混合作为 1 份育种资源。

4.4.2.4 收集方法

根据收集对象的不同，分别采取采种、切根、剪枝等方法收集。种子应在种实成熟期采集；无性繁殖材料一般应在休眠期采集，采集后应立即采取保湿措施，防止失水。一般可根据具体情况亲临现场收集，也可以通过交换或购买获取。

4.4.2.5 标签

每一份资源需填写编号、树种(品种)、采集时间、采集地点(小地名)、采集人等标签信息。每个采集袋内、外分别附一张标签。

4.4.2.6 处理

对收集的育种资源按生物学特性及时进行调制处理，采取适当方法保存。

4.4.3 育种资源保存

调查发现和收集到的育种资源，必须妥善保存，以免基因资源丧失。根据技术现状和发展趋势，林木育种资源保存的方式包括就地保存(或称原址保存)、异地保存(或称易地保存、原址外保存、异地种植保存)和设备保存。

4.4.3.1 就地保存

就地保存(*in situ* conservation)是指在自然生境内的保存，包括保护天然林分，或用保护林分的种苗就近营建新的林分。珍稀、濒危木本植物多用这种保存方式。自然保护区、国家森林公园，以及优良天然林和母树林等都具有就地保存的功能。其主要优点是：可保存原有的生态环境和生物多样性，使物种得以继续进化，且费用较低；缺点是：易受自然灾害、病害和虫害的侵袭，造成育种资源的丧失。就地保存的基本原则是：要求保存足够的遗传多样性，生态系统的保存需要占据较大的面积，而育种资源的保存一般有数千株树就可以建立起有效的基因库。原则上应当重视群体的分布地点，较大面积集中于一个地点，不如较小面积分散保存在多个不同的地点。

对于这类林分的性质，应不加人为干预，但由于林分的自然演替，不能保存人们所需要的林分结构。为保存所需的林分组成，仍需采取必要的经营措施。

从遗传学考虑，保护林分面积越大，保存的基因资源越多，效果也越好，但面积大，人力、物力投入大。所以，在面积和投资间要进行权衡。

4.4.3.2 异地保存

异地保存(*ex situ* conservation)，又称迁地保存，是指把收集到的种子、穗条在其他适宜地区的栽植保存。异地保存是应用较广的保存方式，多与林木育种活动结合，如种源试验林、种子园、收集圃、无性系和子代测定林、树木园等都属异地保存。这种保存方式的优点是：基因型集中、比较安全、管理方便；缺点是：费用较高、易发生基因混杂、需要做好花粉隔离并防止机械混杂，同时也易受自然灾害威胁。

4.4.3.3 设备保存

随着技术装备的进步，育种资源的设备保存技术不断发展，主要包括种子贮藏保存、离体保存和基因文库保存。

（1）种子贮藏保存

种子贮藏是以种子为繁殖材料的林木育种资源简便、经济、应用普遍的保存方法。种子容易采集、数量大而体积小，便于储存、包装、运输和分发。种子贮藏保存主要是通过控制贮藏温度、湿度、气体成分等措施来保持种子的生活力。目前林木种子贮藏保存通常采用-18 ℃及5%~6%的湿度条件。这种保存方式的优点是：保存数量多，保存时间长。种子保存存在的限制因素包括：①种子生活力随贮存期的延长会逐渐丧失；②无性繁殖植物难于采集种子保存；③通过无性繁殖来保持其优良性状的植物，若用种子繁殖后代会发生变异；④顽拗型种子因其不易干燥脱水和低温贮藏，不宜用种子保存或保存难度大，同时，有研究发现长期低温贮藏的种子也会发生染色体畸变。

（2）离体保存

育种资源离体保存(*in vitro* conservation)是指对离体培养的小植株、器官、组织、细胞或原生质体等材料，采用限制、延缓或停止生长的处理措施使之保存，在需要时重新恢复其生长并再生植株的方法。这种保存方式的优点是：①所占空间小，节省人力、物力和土地；②有利于种质国际间交流及濒危物种的抢救和快繁；③需要时，可以用离体培养方法快速大量繁殖；④避免自然灾害引起的资源丢失。缺点是：①经长期继代培养，变异概率增加，遗传稳定性降低；②多数林木种类的组织培养再生体系尚未建立或尚不完善，不适合此法。

目前育种资源离体试管保存有两个系统：

一是缓慢生长系统，包括①高渗保存法，通过提高培养基的渗透压，如提高蔗糖浓度，增加琼脂用量，添加甘露醇、山梨醇等，以减少离体培养物从培养基中吸收养分和水分，减缓生理代谢过程，从而减缓生长速度，达到抑制培养物生长的目的；②生长抑制剂保存法，在培养基中加入生长抑制剂或延缓剂，如ABA、矮壮素、B$_9$、多效唑等，达到抑制培养物生长的目的；③低压保存法，通过降低培养容器内的氧分压或改变培养环境的气体状况，抑制离体培养物细胞的生理活性，延缓衰老，从而达到保存目的；④饥饿法，从培养基中减去某种或几种营养元素，或者降低某些营养物质的浓度，或者略微改变培养基成分，使培养物处于最慢生长状态。

二是超低温保存系统，是指在干冰(-79 ℃)、超低温冰箱(-80 ℃)、氮的气相(-140 ℃)或液氮(-196 ℃)中保存植物组织或细胞。在超低温条件下，细胞处于代谢不活跃状态，从而可防止或延缓细胞的衰老；由于不需要多次继代培养，也可抑制细胞分裂和DNA的合成，细胞不会发生变异，因而保证了育种资源的遗传稳定性；利用超低温保存技术，可以长期储存去病毒的分生组织，以及远缘杂交的花粉、体细胞无性系及杂交种组织等材料。根据所保存材料的类型不同，超低温保存可分为悬浮培养细胞和愈伤组织超低温保存、生长点的超低温保存、体细胞胚和花粉胚的超低温保存，以及原生质体的超低温保存4大类。超低温保存的基本程序包括：植物材料(培养物)的选取、材料的预处理、冷冻处理、冷冻贮藏、解冻处理、细胞活力和变异评价、植株再生等，其中最重要的环节是冷冻和解冻处理。

(3) 基因文库保存

面对遗传资源的大量流失和部分资源濒临灭绝的情况，建立和发展基因文库，为抢救和长期安全保存育种资源提供了有效方法。这一技术的要点是从植物组织提取相对分子质量大的 DNA，利用限制性核酸内切酶切成许多 DNA 片段，再通过载体把 DNA 片段转移到大肠杆菌中，通过大肠杆菌的无性繁殖，增殖大量可保存在生物体中的基因，当我们需要某个基因时，可以通过某种方法"钓取"获得，也有人将基因文库称作基因银行。这样建立起来的基因文库不仅可长期保存该种类的遗传资源，而且还可以反复地培养繁殖、筛选，以获得各种基因。

4.4.4　育种资源研究与评价

为了更好地利用育种资源，充分发挥育种资源的作用，必须对育种资源进行考察和研究，以便育种工作中能得心应手的加以利用。

育种资源研究的主要内容有：

①分类学研究　包括形态特征、分类地位、亲缘关系等，区分同物异名和同名异物材料。

②生物学、生态学习性研究　包括物候期、生长发育习性、对环境因子(水、肥、气、热)的要求等，并研究分析三者的关系。

③组织学、细胞学研究　包括重要组织器官的解剖构造特征、染色体核型及其倍性。

④经济价值研究　根据树种特点和主要用途，确定育种目标性状，并对其优良程度和利用潜力进行分析评价。

⑤抗逆性与适应性的研究　包括抗病、抗虫、抗旱、抗寒、耐盐碱、抗环境污染的特征特性。

⑥性状的遗传机制及性状之间相关性研究　包括性状的遗传方式、受基因控制的程度、基因型与环境的互作、同一性状在个体生长早晚期的相关性、不同性状之间的相关性等。

为了有效管理和利用育种资源，弗兰克尔(Fankel)和布朗(Brown)于 1984 年提出核心种质的概念。认为核心种质是保存的育种资源的一个核心子集，以最少数量的遗传资源最大限度地保存整个资源群体的遗传多样性，同时代表整个群体的地理分布。因此核心种质可以作为育种资源群体研究和利用的切入点，从而提高整个种质库的管护和利用水平。

一般来讲，核心种质是从现有的种质中按照科学的取样方法与技术，选出约 10% 样品组成，在一定程度上，代表了某一种及其近缘野生种的形态特征、地理分布、基因与基因型的最大范围的遗传多样性。对于促进种质交流、利用以及基因库管理具有重要的学术和实用意义。核心种质的材料必须具有最大的遗传差异，这些差异主要表现为不同材料在基因型上的差异，以及不同基因型对环境反应上的差异，因此如何准确地评价不同材料间在遗传上的相似性是合理构建核心种质的前提。根据核心种质的定义，从林木的特点出发，林木核心种质应具有如下特性：①核心种质组成应包括和体现当前该物种的主要变异类型；②核心种质彼此间要有异质性，最大限度地避免遗传上的重复；③核心种质存在动态交流和调整，而不是一成不变；④包含生产栽培所需的优异性状或基因。

4.4.5　育种资源创新与利用

4.4.5.1　育种资源创新

丰富的育种资源是林木育种的物质基础，为了有效开展林木育种工作，不仅要充分发掘利用自然育种资源，同时需要利用人工方法开展育种资源创新。传统的杂交育种方法不仅可望直接培育林木品种，同时也是十分重要的育种资源创新手段。随着现代生物技术的发展，人工创新育种资源的技术方法不断涌现，目前进行育种资源创新的主要方法有：有性杂交、体细胞杂交(原生质体融合)、物理诱变、化学诱变、航天诱变、体细胞突变体筛选、染色体加倍、基因工程、细胞工程、细胞器工程和染色体工程等。

4.4.5.2　育种资源利用

林木育种资源有多种用途，其中最主要的是为品种选育提供遗传材料，通过对育种资源的研究和评价，根据育种资源类型和特点，可从以下几个方面加以利用，其具体方法参见相关章节内容：

①野生育种资源　引种利用。

②外地育种资源　引种利用。

③种源间变异　优良种源选择与利用。

④种源内林分间变异　优良林分选择与改建母树林。

⑤林分内个体间变异　优良单株选择与利用。

⑥个体内变异　芽变选择与利用。

⑦类型变异　优良类型选择与利用。

⑧农家品种(地方品种)　直接栽培利用。

⑨特异型种质　基因资源发掘与利用。

4.4.6　育种资源更新与复壮

正如林木育种是一项有开始没有结束的长期性工作一样，林木育种资源工作同样需要持续进行、不断丰富和完善。随着调查范围的不断扩大，新的自然育种资源会陆续被发现；随着育种过程持续和高世代改良的实施，新的人工创制育种资源会不断增加；随着育种目标的变化，育种资源的收集对象会发生变化；随着研究评价技术的不断进步及研究工作的不断深入，不同育种资源的利用价值需要重新认识、同物异名资源需要清理、劣质资源需要适当淘汰。因而，林木育种资源收集保存是一个不断扩大、不断丰富、不断更新的过程。

育种资源保存的目的是防止基因资源丧失。对于就地保存的育种资源，为确保其有效更新并维持所需的林分组成，需采取必要的经营措施；对于异地保存的育种资源，随着树木的生长会逐渐老化甚至死亡，因此需要及时采种采条、育苗繁殖，重新建立保存圃；对于通过种子贮藏保存和组织器官等材料离体保存的育种资源，除了通过改进保存技术确保其生命力外，为防止生命力丧失和发生遗传变异，亦应在必要的时间进行更新；而对于通过基因文库保存的育种资源，只要实验室管理制度有效、设备正常运转，理论上则可以无限期保存。

本章提要

　　育种资源是选育新品种的物质基础，本章在对育种资源及其相关概念进行辨析的基础上，介绍了遗传资源的重要性、林木种内变异的层次与形式、林木育种资源的分类及其特点以及林木育种资源研究中的调查、收集、保存、研究、评价、创新与利用等环节基本理论和方法。掌握好本章内容对于理解林木育种方法相关章节的内容、原理及其相互关系非常重要。

思考题

1. 育种资源的概念及其与遗传资源、基因资源、种质资源、原始材料的联系与区别。
2. 要搞好林木育种工作，为什么首先必须强调育种资源工作？
3. 试述林木种内遗传变异层次和选择利用方式间的关系。
4. 育种资源如何分类，各有何特点？
5. 试述林木育种资源研究的内容、方法及相互联系。
6. 试述林木育种资源创新的方法、途径和特点。

推荐读物

1. 林木遗传育种学．陈晓阳，沈熙环．中国林业出版社，2020.
2. 园林植物遗传育种学．陈金水．中国林业出版社，2000.
3. 植物育种学．胡延吉．高等教育出版社，2003.

第5章 林木引种与驯化

地球上森林树种种类繁多，资源丰富，但分布不均。例如，低纬度热带雨林地区树种多，资源丰富；而高纬度的极地地区树种少，资源贫瘠。同时，由于林木世代周期长，采用选择育种、杂交育种等传统的林木改良方法需时长、见效慢。因此，引进其他地区现有树种资源或人工选育出的品种，是林木育种最简便、最高效的途径。

当一个树种引种到一个新的环境，有可能适应新环境，也有可能不适应，甚至最终死亡。由此可见，引种并不是简单的"拿来主义"，引种工作也应遵循其内在的科学规律，否则，就有可能造成巨大的经济损失。

广义的引种包含引种与驯化两方面内容。狭义的引种是指将树种从自然分布区内引至自然分布区外种植。驯化又包含两层含义：其一，当外来树种不能适应引种地的环境，需要通过人工措施使其逐渐适应；其二是将野生树种改变成栽培种。

本章详细阐述引种与驯化的概念与意义、引种原理、引种程序以及引种技术。

5.1 引种概述

5.1.1 主要概念

5.1.1.1 树种自然分布区

物种分化形成时，该物种所占有的空间范围构成它的初始分布区或起源中心。各种植物均具有程度不等的繁殖能力，并不断向外界传播种子或其他繁殖体，逐渐扩大自己的分布范围。每一树种均有一定的分布区，从传播途径看，树种的分布区可分为自然传播与人为传播两类。树种自然分布区（natural distribution region）特指该树种的自然分布范围。具体而言，指某一树种的起源地及随后的自然扩张所覆盖的区域。这里，自然扩张并不包含由引种栽植等人为传播行为而扩展的分布区域。

每一树种均有一定的适生范围，由于地球地质历史与气候的变迁，树种的自然分布区也不是一成不变的。因此，一个树种现在的分布区并不等同于其历史分布区。比如，世界珍稀濒危孑遗植物水杉，其现在的自然分布区仅限于湖北利川、重庆万州、湖南龙山三省交界的狭窄区域，但从化石记录看，在第四纪冰川前，水杉曾广布于欧亚大陆及北美洲。

除了上述的地球地质历史与气候的变迁等大尺度范围的因素之外，影响树种自然分布区的因素还有小尺度范围的环境因素，如水分、温度、光照、土壤、伴生生物等环境因素以及适应性、繁殖体传播能力等树种本身的生物学因素。一般地，如树种的适应性强、种子传播距离远，则其自然分布区也大。

5.1.1.2　乡土树种与外来树种

任何一个树种都有它的自然分布范围，当它在自然分布区内生长或种植时称为乡土树种(indigenous tree species)。当将一个树种栽种到自然分布区外时，称为外来树种(exotics tree species)。

由于长期的自然选择，乡土树种对当地环境的适应性是最好的，不存在环境风险，而且乡土树种的社会认可度高，也无需广泛宣传，但乡土树种的生长量或经济价值可能并非最高。在有些情况下，当乡土树种不能满足社会某种需求时，则可通过引进外来树种来解决。实践证明，有些外来树种在某些条件下可能比乡土树种表现更好，如生长更快、材质更佳、抗性更强等。

在选择造林树种时，是采用乡土树种还是外来树种，需要从多方面权衡。不同国家、不同地区之间树种选择的差异源于多种考虑。例如，美国、加拿大的人工造林一般优先考虑乡土树种；在南半球，大部分人工林则为外来树种；而在欧洲，无论是乡土树种还是外来树种，都有大面积的人工林。

世界上采用乡土树种营建大面积人工林的成功实例有很多。例如，美国西部及加拿大的花旗松、美国南部的火炬松与湿地松、欧洲的欧洲赤松与欧洲云杉，以及印度的柚木。当然，也有很多采用外来树种成功营建大面积人工林的实例。例如，澳大利亚、新西兰的辐射松，中国的黑杨派杨树等。总之，一般情况下应优先考虑乡土树种，除非经过长期的引种试验结果表明外来树种具有明显的优势。

我国乡土树种资源极其丰富，已发现木本植物约 7000 余种，其中乔木树种约 2000 余种。在 1000 种左右的人工栽培树种中，主要造林树种约 210 种，而研究较深入的树种仅几十种，绝大多数树种的研究尚为空白或仅有初步的研究。如红皮云杉(*Picea koraiensis*)、鱼鳞云杉(*P. jezoensis*)、新疆云杉(*P. obovata*)、白杆(*P. meyeri*)、青海云杉(*P. crassifolia*)、臭冷杉(*Abies nephrolepis*)、新疆冷杉(*A. sibirica*)、新疆落叶松(*Larix sibirica*)、白皮松(*Pinus bungeana*)、新疆五针松(*P. sibirica*)、高山松(*P. densata*)、金钱松、杜松(*Juniperus rigida*)、黄杉(*Pseudotsuga sinensis*)、侧柏、紫椴、糠椴(*Tilia mandshurica*)、黄波罗(*Phellodendron amurense*)、胡桃楸(*Juglans mandshurica*)、赤杨(*Alnus japonica*)、春榆(*Ulmus davidiana*)、辽杨(*Populus maximowiczii*)、大青杨(*P. ussuriensis*)、藏川杨(*P. szechuanica*)、小叶杨、旱柳(*Salix matsudana*)、沙柳(*S. cheilophila*)、白刺(*Nitraria tangutorum*)、栓皮栎(*Quercus variabilis*)、麻栎(*Q. acutissima*)、槲树(*Q. detata*)、臭椿(*Ailanthus altissima*)、槐树(*Sophora japonica*)、楠木、檫木(*Sassafras tzumu*)、乌桕(*Sapium sebiferum*)、苦楝、枫杨(*Pterocarya stenoptera*)、油桐、米老排(*Mytilaria laosensis*)、火力楠(*Michelia macclurei*)、蚬木(*Excentrodendron hsienmu*)等。总体上看，我国对乡土树种的研究较为薄弱，亟需加强。

5.1.1.3　引种与驯化

将一个树种从其自然分布区内引至分布区外进行种植的过程称为引种(introduction of exotics)。林木引种就是引入外来树种遗传资源并加以选择与利用的过程。当原分布区与引入地区的自然条件差异较大或由于外来树种的适应范围较窄，只有通过杂交、诱变、选择等措施改变其遗传型从而使引进树种逐渐适应新的环境，该过程称为驯化(domestication）。广义的驯化还包括将野生种改变成栽培种的过程。

米丘林根据引种驯化的难易程度，将引种区分为简单引种（自然驯化、自然归化）和驯化引种（人工驯化）。简单引种是指原分布地与引种地自然环境差异较小或者植物本身的适应范围较广泛，该植物无须特殊的驯化措施，能在新环境正常生长发育。例如，刺槐、桉树、银桦（*Grevillea robusta*）、马占相思等。驯化引种是指原分布区与引种地之间自然环境差异较大或植物适应范围窄，必须经过人为措施，使之适应新的环境。例如，油橄榄、中华猕猴桃（*Actinidia chinensis*）等。可见，引种与驯化两者紧密相关，引种是驯化的开始，驯化是引种的措施之一。

5.1.1.4　地域小种

当某一外来树种引种至自然分布区外栽植，经过自然适应，有时候还需人工驯化，在引种地区选育出适合当地土壤气候条件的品种，称为地域小种（local land race）。如我国20世纪70年代从意大利引进的一批欧美杨、美洲黑杨无性系，经过引种试验，从中挑选出I-214、I-69、I-72、I-63等无性系在我国推广种植，这几个无性系就属于地域小种。如果地域小种具备采种条件，则地域小种可作为种子产地，为该外来树种造林提供繁殖材料。例如，我国引种的美国南方松（湿地松、火炬松），经引种试验选出适合当地土壤气候条件的无性系建立种子园，为南方松造林提供种子。

地域小种的适应性大小与引种材料的遗传多样性、种子原产地、选择强度、试验期、栽培面积等因素有关。其中，遗传多样性与种源是限制地域小种适应性的两个最关键因素。例如，引进的种子来自少数几株树，这将导致外来树种的人工群体遗传多样性低，适应性窄，同时还可能导致后代产生近交衰退；而如果引进的种源不合适，则不能适应引种地区的土壤气候条件，总体表现较差。

5.1.2　引种历史与成就

目前全球农林业生产中栽培的植物并不都是当地原产，相当多一部分来源于人们长期的引种。例如，在我国广泛栽培的玉米、陆地棉（*Gossypium hirsutum*）、刺槐、雪松（*Cedrus deodara*）、桉树等均不是我国原产。

5.1.2.1　国外林木引种

国外林木引种工作历史较久，也较频繁。早期的引种是随着宗教与文化的传播，以及经济交往而开展的，引进的树种大多依个人喜好而定，带有盲目性，缺乏科学理论指导，也缺乏计划性。有计划的引种始于1857年，澳大利亚从北美引种辐射松。随后，新西兰、智利等国在19世纪末也从北美引种辐射松等针叶树种。由于外来树种比乡土树种生长快、产量高、培育周期短，因此，在后来的几十年中，澳大利亚、新西兰等国大力发展外来针叶树种。随后，越来越多的国家先后开展林木引种工作。迄今开展引种试验的树种有数百种，但引种成功并推广种植的仅几十种，其中最主要有三类树种，即松树、桉树、杨树。

松属有80余种，仅自然分布于北半球，但在南半球也被广泛引种栽培，是温带地区引种较多的树种。这主要是由于松树生长较快、纤维长，是生产特种纸张的优良原材料。其中，辐射松是南半球国家引种最多且表现最好的针叶树种；湿地松、火炬松、展叶松（*P. patula*）、加勒比松是当前热带、亚热带地区主要的外来松树种。除此之外，引种面积较大还有卵果松（*P. oocarpa*）、扭叶松（*P. contorta*）、西部白松（*P. monticola*）、西黄松以及日本黑松等。

在近 700 个桉属树种中，绝大多数原产于南半球的澳大利亚，少部分桉树自然分布于巴布亚新几内亚、印度尼西亚以及菲律宾群岛。桉树引种始于 19 世纪，迄今有近 100 个国家或地区有引种栽培。广泛引种栽培的树种主要有蓝桉（*Eucalyptus globulus*）、赤桉（*E. camaldulensis*）、柳叶桉（*E. saligna*）与柠檬桉（*E. citriodora*）等。

杨属有 100 多种，除了 1~2 种原产于非洲赤道附近之外，其余均自然分布于北半球。目前，在国际杨树委员会（International Poplar Commission，IPC）的 38 个成员国中，杨树均为各国的主要造林树种之一，其中大多数国家都涉及杨树引种，尤其是南半球的新西兰、智利、阿根廷、南非等国。前期引种栽培主要为杂种杨，特别是欧美杨（*P. euramericana*）无性系。如欧洲栽培历史悠久的健杨，是欧洲黑杨（*P. nigra*）与美洲黑杨的自然杂种无性系，而美洲黑杨是 200 年前北美新大陆发现后由北美引入欧洲。欧洲各国广泛种植的是欧美杨无性系 I-214，是由意大利杨树研究所选育的。这些欧美杨无性系广泛引种至亚洲、美洲、非洲。20 世纪 80 年代以来，为拓宽杨树育种的遗传基础，很多国家从北美、欧洲大陆引进美洲黑杨、欧洲黑杨无性系。中国是世界杨树人工林面积最大的国家，2010 年达 $700×10^4 hm^2$，这其中，引进的黑杨派杨树无性系起了至关重要的作用。

其他引种栽培面积较大树种还有西加云杉（*P. sitchensis*）、花旗松、日本落叶松、欧洲落叶松（*Larix decidua*）、南洋杉（*Araucaria cunninghamii*）、欧洲云杉、雪松等针叶树种；柚木、刺槐、核桃、橡胶（*Hevea brasiliensis*）、黑荆树（*Acacia mearnsii*）、悬铃木（*Platanus* spp.）、油橄榄、美国白蜡（*Fraxinus americana*）、黑胡桃（*Juglans nigra*）、金合欢（*Acacia farnesiana*）等阔叶树种。

总之，国外林木引种成功的例子非常多，不胜枚举。其中最成功的两个树种，一个为阔叶树种蓝桉，另一个为针叶树种辐射松。这是世界上人工造林计划中栽培最广泛的两个树种，也是外来树种引种成功的经典案例。

此外，需要说明的是，在国际植物交流中，原产中国的植物对于丰富世界各国植物种类及育种起了重要的作用。据不完全统计，美国加州 70%以上的树木来自中国；意大利从中国引进的园林植物有 1000 余种；德国现有植物的 50%来源于中国；世界花卉出口量最多的国家荷兰约有 40%的花卉原种引自中国。因此，中国有"世界园林之母"之称。随着全球经济一体化进程的加快，国际物种交流将会越来越频繁。

5.1.2.2　国内林木引种

我国树木引种历史悠久。我国古代劳动人民早已将野生的桃、李、枣、杏、柿子、梨、栗等通过驯化措施称为人工栽培种。据记载，汉代张骞等通过"丝绸之路"从中亚引进核桃、葡萄和石榴等。我国古代农学家对植物的习性及气候土壤条件与引种的关系也进行了总结。例如，1400 多年前，北魏贾思勰在《齐民要术》中提出"习以成性"的观点；元代王桢在《农书》中指出，"九州之内，田各有等，土各有产，山川阻隔，风气不同，凡物之种，各有所宜。"两者都强调了气候、土壤条件对植物习性的重要影响。明朝徐光启在《农政全书》中提出"三改其种"的观点，认为植物的引种要反复试验，试验成功再推广，同时强调了栽培技术在引种中的作用。

明代以后，随着"海上丝绸之路"的开通，油橄榄、橡胶、黑荆树、黑松、赤松、扁柏、日本花柏（*Chamaecyparis pisifera*）、红枫（*Acer palmatum*）等逐渐引入我国种植。

1949年后，我国开始有计划地引种，尤其是改革开放以来，随着国际交流不断扩大，引种工作有了飞速的发展，并取得了显著的成效。如我国中部地区引种的刺槐、雪松、铅笔柏、欧美杨、美洲黑杨、日本落叶松；华南地区引种的桉树、柚木、湿地松、火炬松、加勒比松；南部沿海地区引种的木麻黄、马占相思；东南部地区引种的池杉、落羽杉（*Taxodium distichum*），以及华南地区引种的经济树种橡胶、咖啡（*Coffea arabica*）、可可（*Theobroma cacao*）等，对于丰富我国树种资源，增加木材产量和其他林产品及生态建设等起了重要作用。

据统计，我国先后引进木本植物1000多种，造林面积达$800×10^4 \ hm^2$，占人工林总面积1/4以上。其中，桉树、杨树、湿地松、火炬松、相思、刺槐、木麻黄、落叶松等30余种已成为我国主要造林树种。

桉树种类繁多，我国早在1907年以前就已引入桉树，先后引进的桉树有300多种，经引种试验在国内种植的有100余种，主要有蓝桉、柠檬桉、细叶桉（*E. tereticornis*）、赤桉、大叶桉（*E. robusta*）、巨桉、尾巨桉、窿缘桉（*E. exserta*）及杂种桉。目前，桉树是我国南方造林面积最大的外来树种。

欧美杨（以前称加拿大杨）在1949年前就引入山东、河北等地，作为城市行道树栽种。20世纪50年代起，从意大利、德国、罗马尼亚、前苏联、荷兰、法国、日本等国引入欧美杨、美洲黑杨和欧洲黑杨等无性系300多个，经引种和区域试验栽培，从中选出10多个无性系进行推广种植。在华北南部，多栽种沙兰杨、I-214、健杨等欧美杨；在长江中下游地区，多栽植I-63、I-69等美洲黑杨。20世纪90年代后，又从美国、欧洲等地大量引进美洲黑杨、欧美杨无性系，有些经引种试验后直接作为优良无性系进行推广种植，有些作为杂交亲本从其杂种后代中选育出优良无性系，目前，引进的黑杨派无性系已经作为我国中纬度地区最重要的造林树种，在工业用材林建设及农田防护等方面发挥了重要作用。

湿地松、火炬松原产美国东南部，我国于20世纪30年代引进，在南方大部分省份表现良好，与乡土树种马尾松相比，在同等立地条件下，湿地松与火炬松生长更快，干形更好。20世纪70年代开始在我国南方大面积推广种植，已成为我国南方丘陵山区重要造林树种，也是良好的工业用材林树种。加勒比松原产中北美洲，我国于1963—1973年间引进了加勒比松几个变种，20世纪80年代开始在华南地区的丘陵山地逐渐推广种植，目前也成为广东等省主要造林的外来针叶树种之一。

马占相思原产澳大利亚昆士兰、巴布亚新几内亚及印度尼西亚，1979年从澳大利亚引入广东、海南等地进行试验。马占相思在我国热带地区表现出较好的适应性，且生长快、材质佳、可固氮、改良土壤，目前已成为我国热带地区造林的主要造林树种之一。

刺槐原产美国中东部的阿巴拉契亚山脉、欧扎克高原以及密西西比河流域。我国于19世纪引进，现已成为华北、东北南部、西北南部等地的重要绿化造林树种。

木麻黄自然分布于东南亚、太平洋群岛和澳大利亚。1956年，我国首先在广东沿海引种种植，木麻黄是沿海防护林最合适的树种，随后在我国南部沿海地区逐渐推广种植。目前，木麻黄沿海防护林在南起广西北部湾，北至浙江省的温州湾的海岸线及沿海岛屿形成了绿色屏障，在防风固沙、保障农业生产与生活等方面发挥了重要作用。

此外，日本落叶松、朝鲜落叶松（*Larix olgensis*）也已成为我国东北主要造林树种。原产北美的落羽杉、池杉及墨西哥落羽杉，引种至我国后已成为南方河网地区的重要绿化树种。经济树种，如橡胶树、油棕、咖啡、金鸡纳等在我国南方引种也取得较大的成效。原产地中海地区的油橄榄，在甘肃陇南武都、文县等地表现较好。此外，薄壳山核桃（*Carya illinoensis*）在长江流域，黑荆树在长江以南地区引种，表现都较好。

以上概述了我国外来树种的引种情况。但实际上，国内不同地区间也经常开展引种工作。一些地域性的优良树种，如杉木、樟子松、泡桐、水杉、竹类（毛竹、刚竹、青皮竹）等，通过引种栽培使其得到了进一步的推广种植。

杉木是我国特有的优良用材树种，南方各省（自治区、直辖市）栽植广泛。20 世纪 50 年代，杉木南跨琼州海峡，在海南岛尖峰岭等地栽植 1000hm^2 以上，生长较正常；北越秦岭，在陕西长安县南五台安家落户，生长比当地油松快；在山东烟台昆嵛山造林约 70 hm^2，在背风坡生长超过赤松。

樟子松是我国大兴安岭及呼伦贝尔盟高原的乡土树种。1949 年以前，仅吉林长春净月潭有小片栽植，在黑龙江省带岭有少量育苗。1949 年后，樟子松得到迅速推广。黑龙江、吉林、辽宁、内蒙古、陕西等许多地区都引种樟子松作为固沙树种，且生长良好，成效显著。从目前樟子松的引种试验结果看，在我国东北、华北、西北等地区的年降水量在 400 mm 左右的半干旱地带，樟子松是良好的固沙造林和荒山造林树种。

泡桐是华中、华北平原地区的速生用材树种，有悠久的栽培历史。但中华人民共和国成立前，泡桐只在河南、山东一带少量零星栽植。1949 年后，河南、山东、甘肃一带广泛推行桐粮兼作，仅河南省间作面积超过 66.67×10^4 hm^2。

1949 年以后，水杉的引种推广普遍受到各地重视，目前水杉已遍布于我国 10 多个省（自治区、直辖市）。

毛竹原分布在长江以南，1966 年后不少省开展"南竹北移"试验，河南等省一些引种点已取得初步成功。

其他经济树种的引种也取得了较好的效果。如油桐已在陕西关中地区安家落户；杜仲北移也取得成功，在山东、河南、北京、辽宁南部均能正常生长。

5.1.3　引种的意义

（1）引种可丰富树种资源，拓宽育种亲本来源

引种可增加外来树种，丰富当地树种资源。且与其他育种方法相比，引种所需人力、物力、时间较少，是一种快速有效的途径。在有些情形下，引种还能实现其他育种措施不能实现的目标。尤其是当环境条件发生较大改变时，乡土树种不能完全适应，而某些外来树种可能比乡土树种更适应变化后的生境。例如，我国引种的落羽杉在华东地区地势低洼的湿地生长良好；刺槐在华北困难立地造林中发挥了重要作用；木麻黄已成为我国东南部沿海地区防护林建设的骨干树种。

外来树种不仅可直接应用于生产造林，而且，还可作为育种的亲本资源，为培育新品种提供育种材料。例如，我国引进的黑杨派杨树，除了有些无性系通过引种试验成功后直接推广之外，有些无性系作为杂交育种亲本，或者与乡土杨树杂交、或者引进的杨树无性系之间杂交，从杂交后代中选育出优良无性系进行推广种植。如南林895杨、南林95杨、欧美杨107、欧美杨108、中林46等。

(2)引种可快速提高林产品的产量与品质，保障木材供给，促进产业发展

首先，有些外来树种的生长可能优于乡土树种，在较短的轮伐期内获得乡土树种不能达到的木材产量，或能获取乡土树种不能提供的特殊目的产品，从而提高林地生产力。有些外来树种经历过长期的遗传改良，如杨树、南方松、桉树、柚木等树种，引种时可直接引进优良种源、优良家系或无性系。引种可以迅速引进外地优良品种推广种植，以提高木材产量和品质。例如，我国南方各省引进湿地松、火炬松、加勒比松比乡土树种马尾松生长快、干形好。又如，新西兰、澳大利亚、智利、阿根廷等国引进辐射松在长纤维造纸和速生性方面取得很好效果。

其次，引种还能较快地解决木材短缺问题。例如，我国是一个少林国家，20世纪中期我国木材短缺问题严重。通过引种的黑杨派杨树、桉树等速生型树种，大大缩短了轮伐期。引进的杨树、桉树已成为我国工业用材林建设的主要造林树种，为解决我国木材供需矛盾做出了突出贡献。

再次，外来树种还可满足不同材种的需求。如非洲和美洲引种柚木，欧洲引种美国白蜡和黑核桃满足了对家具、胶合板等用材的需要；柔毛金合欢引种至一些国家后成为重要的经济树种。

此外，引种也能大大促进产业的发展。新西兰引种中华猕猴桃与辐射松就是典型的例子。中华猕猴桃于1906年引入新西兰，经过数十年杂交育种，实现了品种化，已成为世界上猕猴桃产品出口最多的国家，并垄断了国际市场。19世纪末引进的辐射松，至20世纪80年代，辐射松已成为新西兰原木出口创汇最主要的树种。

(3)引进外来树种是拯救乡土树种免于自然灾害灭绝的重要手段之一

通过引种克服病虫害及自然危害的成功事例也不少。突出的例子是美国引入中国板栗并与美国板栗杂交，从而使美国板栗(C. dentata)从栗疫病造成的灭顶之灾中挽救出来。又如，美国东北部地区引进欧洲赤松和地中海区的黑松，以代替当地的美加红松和美国白松，因为欧洲赤松不受欧洲松梢螟和白松象甲之害，且在贫瘠地上的生产率较美加红松和美国白松高；而黑松在南部地区不受欧洲松梢螟危害。

(4)引种可使外来树种得到更好的发展

由于海洋、山川以及不同气候带的隔离，使一些珍稀孑遗树种被限制在一个狭小的范围内，如我国的水杉、银杏、美国的辐射松等。通过引种，人为地克服了树木在地理上的传播障碍，扩大了树种的栽培范围，才使其由稀有濒危树种变为普遍和常见树种。而且，有时候由于引进地区的生境更适合外来树种的生长发育，因此，在引进地区的生长表现大大优于其自然分布区。例如，新西兰引进的辐射松就比美国加州自然分布区的辐射松生长快。

5.2　引种原理

为什么有的引种能成功，而有些引种却失败？大量的生产实践证明，引种成功与否绝不是偶然现象，而是有其必然规律。也就是说，引种也必须遵循其内在的科学规律。引种理论不仅涉及遗传学原理，还与植物地理学、植物生态学、历史生态学等学科有关。

5.2.1　气候相似性原理

1906 年，德国林学家、慕尼黑大学麦尔（Mayr）教授提出气候相似原理（theory of climatic analogues）。该原理的提出对植物引种具有划时代的指导意义，使植物引种逐渐由盲目引种迈向科学引种。其基本要点是：原产地与引进地区之间，影响植物生产的主要气候因素，应尽可能相似，以保障植物引种成功。也就是说，引种时首先应该研究引入树种原产地的自然条件，引种成功的最大可能性是原产地与引进地区气候条件相似，尤其是温度条件的相似。

"气候相似论"对于选择引种对象和确定引种地区，有一定的指导作用，可以避免引种的盲目性。但该理论过分强调气候相似、过分强调树木的遗传保守性，忽视了其他环境因子的综合作用，也忽视了林木随气候的改变而变化的可能性，低估了树木自身的遗传潜力及变异性，也低估了林木被驯化的可能性和人类驯化林木的能力，从而限制了引种范围。例如，一些自然分布区较窄的树种（如水杉、辐射松）却具有较广的适生范围。

这里，还应指出，某一地区的气候条件并不是固定不变的。从大的时间尺度即地球地质历史角度，地球气候经历了多次周期性的冷—暖波动；从小的时间尺度，地球气候也会发生变化。如目前国际上普遍关注的温室效应与全球气候变化。毫无疑问，全球气候变化趋势对于植物引种也有借鉴意义。例如，对于"南树北移"，根据未来气候变化预测，可适当将引种区域向北推移。

5.2.2　生态因子和生态型相似性原理

植物的形态特征与生物学特性都是自然选择或人工选择的结果，因而都适应于一定的自然环境（或称生态条件），也就是说，任何植物正常的生长发育都需要相应的生态条件。因此，掌握所引的植物材料必需的生态条件对引种是非常重要的。一般地，生态条件相似的地区间引种容易成功。生态条件可分为若干类生态因子，如气候生态因子、土壤生态因子等。其中，气候生态因子是首要的，因此，分析由温度、光照、降水量、空气湿度等组成的气候生态因子对引种工作是至关重要的。

生态型是指在同一物种范围内，在生物学特性、形态特征等方面均与当地主要生态条件相适应，遗传结构也基本相似的植物类型。同一种植物处于不同的生态条件下，而分化成为不同的生态型，如气候生态型、土壤生态型和共栖生态型等。其中，气候生态型是最主要的生态型。同一物种往往有各种不同的生态型，每一类生态型都能适应一定的生态环境。一般地，地理分布广泛的植物种内变异较丰富，即种内生态型较多。

不同生态型之间相互引种有一定的困难，而相同生态型之间相互引种则较容易成功。

在引种时，如将一种植物的许多生态型同时引入一个地点，进行栽培和选择，从中选出适宜的生态型，那么这一植物在引种地区引种成功的可能性就会增大。一般地，地理距离较近，其生态条件的总体差异也就较小。据此，采用"近区引种"，即从离引种地区最近的分布边缘区采种较易成功。例如，苦楝是南方普遍栽植的树种，其自然分布的北界为河北邯郸及河南。从河北邯郸及河南引进的苦楝种子在北京种植生长最好，抗寒性较强，而从四川、广东等地引进的苦楝抗寒性最差。

5.2.3　历史生态条件相似性原理

仅仅分析引进树种的目前分布范围，并比较原产地和引入地区生态条件的差异，还不能完全确定该树种的潜在能力和可能的适应范围。因为树种的适应能力的大小不仅与现代分布区的生态条件有关，而且与该树种的历史生态条件有关。

1953 年，在对 3000 多种植物引种试验结果基础上，苏联植物学家库列奇亚索夫提出引种的"生态历史分析法"。该理论认为，一些植物的现代分布区是地质史上冰川运动时被迫形成的，并不一定是它们最适宜生长的区域，如果将它们引种到别处，有可能表现得更好。许多林木在漫长的进化过程中，都曾经历过复杂的历史生态条件，具有潜在的广泛适应性。当引种地区现实生态条件与引入树种的历史生态条件相同或相近，特别是与该树种曾经历过的较适宜的历史生态条件相同或相近时，尽管两地现实生态条件相差很大，仍有可能引种成功。例如，在过去地质年代中，水杉曾在中国、美国、日本、欧洲西部等地广泛分布，但由于新生代第四纪冰期的影响，水杉几乎全部灭绝了，人们只能从化石中找到它的标本。1945 年，我国科学工作者在重庆与湖北的交界处，发现幸存的水杉后，先后被引种到欧洲、亚洲、非洲、美洲 50 多个国家和地区，大都获得成功，成为所谓"活化石植物"，这可能与水杉在历史上曾有过广泛的生态适应性有关。

5.2.4　引种成败因素的分析

毋庸置疑，乡土树种对当地环境的适应性最好，但其经济性状不一定是最好的。实践证明，有些外来树种的经济性状有可能超过乡土树种。所以，必须全面分析和比较原产地和引种地的生态条件，了解植物本身的生物学特性和系统发育历史，分析影响引种成败的主要生态因子，有针对性地制订引种方案与驯育措施，以提高引种成功的概率。

5.2.4.1　原产地与引入地区主要生态条件的相似程度

树木不同于一年生作物，作物生长季短，虽然各地自然条件不同，但通过人为调整生长期，改进栽培措施，完全可能将热带、亚热带的作物引种到温带，甚至寒带栽培。而树木是多年生的，它不仅必须经受栽培区全年各种生态条件的考验，而且还要经受不同年份生态条件变化的考验，加上树木的生长条件不易人为控制和调整。因此，在引种不同气候带树种时，应详细研究外来树种在原产地与引入地主要生态条件的相似程度，生态条件越接近，引种成功的可能性越大。

例如，油橄榄在中国引种成功的难度很大，其主要原因是我国亚热带气候与原产地中海地区的亚热带气候不完全一致。油橄榄长期适应于地中海地区冬雨型气候，冬季适宜的低温和湿润条件能满足花芽分化的要求，夏季有充足的光照。此外，当地有富含钙质的微碱性土壤。而我国南方大部分地区的气候特点和地中海地区恰好相反，夏季高温湿润，光照不足，土壤板结，冬季干旱，这种条件不利于其花芽形成。

我国先后从北美引进大约 82 科 202 属 500 多种木本植物，不少树种引种成功，并成为我国重要人工林树种。其主要原因是北美的树种一般能在我国找到适应的环境。比如，阿巴拉契亚山以西的温带树种可能适合华北及西北地区，美国东南部为常湿性亚热带常绿阔叶林气候与中国亚热带东部的气候相似；北美东部、中美洲夏雨型或均雨型的树种所在地区的自然条件与我国东部的情况相似，在我国引种较成功的杨树、松树、刺槐、落羽杉等多来源于这一区域，其中有些引进树种，如刺槐、湿地松、火炬松、落羽杉等，其生长比在原产地更加旺盛。而北美西部太平洋沿岸属冬雨型地区的树种在我国的引种反应不良，仅在云贵高原的部分地区表现较好。

对火炬松和刺槐两个树种原产地和引种地区气候条件的分析表明，外来树种对引种地区的生态条件要求相似，但不要求严格一致。

还需指出，自然分布区相似的不同树种引种后的表现也不一定相似。如我国樟子松和兴安落叶松在大兴安岭都有分布，引种后表现差别较大。前者适应性强，能在许多地区栽种，而后者只适宜在少数地区引栽。

5.2.4.2　纬度、海拔的差异

纬度的差异往往表现在温度、日照等气候因子的差异。原产高纬度地区的植物引种至低纬度地区种植，由于低纬度地区秋冬季温度高于高纬度地区，而春季日照短于高纬度地区，因此，对于温敏与光敏感性强的树种可能表现出生长期延长，结实率低甚至不结实。

从温度变化看，海拔每升高 100 m，日平均气温约降低 0.6 ℃，近似于纬度增加 1°。同纬度的高海拔地区与平原地区之间的相互引种不容易成功，要注意温度差异。高海拔地区引种至低海拔地区，生长量增大、植株更高、童期变短。低海拔地区引种至高海拔地区，生长量降低、树体变矮、成熟期延迟，还有可能会遭受低温冻害。

5.2.4.3　主要生态因子剖析

各个树种都有适生的生态条件，其中影响较大的生态条件有温度、降水和湿度、光照、土壤、风、土壤微生物等。

（1）温度

温度是引种的限制因子之一，其中包括年平均气温，最高、最低气温及其持续时间，季节交替特点，无霜期、积温等。由于树木没有主动的温度调节机制，完全依靠自身对温度的忍耐来适应。在引种工作中，首先应考虑的生态因子就是原产地与引种地的年平均气温，若年平均气温相差大，则引种很难成功。其中，绝对最低气温往往是林木引种的限制因子。超过外来树种的最低临界温度就会造成树木的严重伤害甚至死亡。例如，1977 年的严寒，导致广西南宁的非洲桃花心木全部冻死；广西桂林的柠檬桉也几乎全部冻死。另外，低温持续时间也是需要考虑的生态因子。例如，蓝桉具有一定的抗寒能力，可忍受 -7.3 ℃的短暂低温，但不能忍受持续的低温。如 1975 年 12 月云南陆良持续低温 5 d，日平均气温 0.6~4 ℃，导致该地引种的蓝桉遭受了严重的冻害。

高温则是北方树种南移的主要限制因素。对于一般落叶树种，如生长期气温高达 30~35 ℃时，其生理过程将受到严重抑制，如气温高达 50~55 ℃，则易发生伤害。高温加上

水分供应不足易造成树皮灼伤；高温加上多雨高湿常造成某些病害蔓延，严重限制树种南移。如华北平原不适于冷杉、云杉、桦木生长，与高温和干燥有关。原产澳大利亚塔斯马尼亚的蓝桉，在我国昆明、成都生长较好，但在华南地区表现不佳，这与华南暑热漫长有关。尽管高温对树木的伤害不如低温明显，但若高温与干旱叠加就会加重对树木的危害。通常，冬季气温过低或夏季气温不足限制树种北移，而冬季或夏季气温过高则限制树种的南移。

霜冻对林木生长影响很大，尤其是晚霜。晚霜发生的季节正值树液萌动、芽苞开放、树木生长的初期，晚霜对树木生长的危害更为严重。

季节交替的速度也是引种的限制因子。中纬度地区的树种，通常具有较长的冬季休眠，这是对该地区的初春气温反复变化的一种特殊适应性，它不会因为初春气温的暂时转暖而提前萌动。而高纬度地区的树种，由于原产地初春没有"回春"天气，所以这些地区的树种，虽有对更低气温的适应性，但如果将其引入到中纬度地区，初春气候不稳定，天气转暖会导致冬眠中断而开始萌动，一旦寒流袭来则会造成冻害。例如，花旗松、云杉南引失败原因就在此。

（2）日照

日照是一切绿色植物光合作用的能源。日照时数（日照长度）、光照强度、海拔、光色成分（光谱）和质量、昼夜交替、光周期等对树木的发芽、生长、开花、结实均有直接影响。光周期就是光照的昼夜交替，它关系到营养物质的积累和转化，并影响树木进入休眠期的迟早和越冬的准备。

不同纬度光照长度不同。除赤道外，纬度越高，一年中昼夜长度差别越大，夏季白昼时间越长，冬季白昼时间越短；而在低纬度地区，夏季白昼的长度比冬季增加不多。不同树种对昼夜交替的光周期（photoperiod）有不同反应。赤道附近的树种多数是短日照树种，在北纬 60°以北的地区生长的树种多数是长日照树种。

当"南树北引"时，由于生长季节内的日照时间加长，造成生长期延长，影响枝条封顶和促进秋梢生长，无休眠准备，妨碍组织的木质化和越冬前准备，导致树木抗寒性降低，容易遭受秋天早霜的伤害。如江西的香樟（*Cinnamomum camphora*）引种到山东泰安，南方的苦楝、乌桕引种到北方易发生冻害。当"北树南引"时，由于生长季节的日照缩短，促使枝条提前封顶、落叶，缩短了生长期，影响光合产物积累，抑制了正常的生命活动；如北方的银白杨、山杨等引种至南京，表现出封顶早，生长缓慢，常遭病虫危害。

（3）降水量和湿度

降水量与湿度是决定植物分布的主要因子，也是决定引种成败的关键因素之一。空气湿度对外来树种能否正常生长影响很大。将较湿润地区的树种引种到较干旱地区，除非采取灌溉措施，一般很难成功。如黄河流域各省大量引种毛竹，在湿度比较大，又注意灌溉的地区获得成功。而在空气湿度小的地区都落叶枯死。又如柳杉、杉木的引种与大气湿度的关系也十分密切，往干燥地区引种，均不易成功。许多树木的死亡不是被冬季严寒冻死，而是被初春的干燥风导致生理脱水而死。

不同季节雨量分配模式称为雨型。雨型也是影响引种成败的一个限制因子。一般分为夏雨型与冬雨型两种类型。如我国华南及华东亚热带地区属夏雨型，从冬雨型的地中海和美国西海岸引种油橄榄、海岸松（*Pinus pinaster*）、辐射松难以成功，而引进夏雨型的加勒比松、湿地松则生长良好。辐射松在原产地病害并不严重，但引种到夏雨型地区，因夏季高温、高湿，却易遭受病害而死亡。

（4）风

风也是引种成败的关键因子之一。风加大蒸腾作用，降低空气相对湿度，大风影响传粉和结实。例如，橡胶树原产于赤道附近的高温、高湿、无风地区，与两广沿海一带温度和湿度条件相宜，但因台风侵袭，引种多不成功。引种到我国海南岛无风地区，以及广西西部和云南南部大陆深处，生长良好。

（5）土壤条件

土壤条件指土壤类型、土壤结构、土壤理化性质及土壤微生物等。土壤的含盐量、pH 值、土壤水分、透气性、土壤微生物都会影响树种的分布。其中，影响树种引种成败的主要因素是土壤酸碱度和盐类物质含量。如我国华北、西北地区有较多的碱性土，而华南的红壤山地则主要是酸性土。沿海低洼地带多含盐量高的盐碱土或盐渍土。

不同树种对土壤酸碱度的适应性有较大差异。胡杨等树种较为耐盐，可在表层土壤含盐量 0.20%～0.30%、pH 值为 9.0 的地方栽培。而欧美杨无性系只适宜在表层土壤含盐量 0.10%～0.15%、pH 值为 6.5～7.5 的土壤上栽培。榆、柳、刺槐、紫穗槐等对土壤酸碱度的适应范围较宽，而松、云杉、冷杉、落叶松等针叶树种则适宜在中性和酸性土上生长。土壤含水量、通气状况也会影响引种的成败，如日本落叶松种在黏重土壤上因排水不良，生长受抑制。鹅掌楸不耐水湿，短期水淹即可导致死亡。因此，引种时也要考虑引种地的土壤含水量及树种适应能力。

土壤中缺乏某种元素也会影响树木正常生长，油橄榄在南方某些土壤上因缺硼而也变黑；辐射松因缺锌和磷生长不良，向土壤中加施这些元素有助于缓解上述症状。

土壤的通气、排水性能和土壤结构有关。松树、泡桐等许多树种不适于在排水不良的立地上生长；雪松、毛白杨等要求土层深厚、排水良好；落羽杉、池杉、水杉、柳树等适宜于水湿地区，特别是池杉极耐水淹。

土壤微生物可为植物生长提供营养元素，微生物可通过分解作用为植物提供养分，固氮菌可为植物提供氮元素等。一些植物还与土壤微生物存在共生关系、互惠互利、共同进化。例如，有些树种（如松树）与菌类共生，形成菌根。土壤—微生物—植物三者之间相互依存，有些微生物特定于某类土壤（土壤酸碱性）。因此，在林木引种时，不能忽视土壤微生物的影响。

需要说明的是，尽管上述各种生态因子对林木引种成功均有影响，但并非作用同等，往往其中某一种生态因子起了关键作用，这就是主要生态因子，因此，在林木引种过程中，要对主导生态因子进行辨析，进而采取有针对性的措施。

5.2.4.4　树种历史生态条件分析

尽管原产地与引入地现在的生态条件相差很大，但引种仍有可能成功，这与原产地的历史生态条件有关。

植物的现代自然分布区只是在一定地质时期，特别是最近一次冰期形成的。在地球的地质历史变迁中，有些地区由于生态条件发生了重大变化，一些植物灭绝了，只有部分植物幸存至今。这些幸存下来的植物，在其系统发育过程中都经历过多种多样的生活条件，有着丰富、复杂的生态历史。而另外一些地区的植物，在其地质历史上可能变化不大，因而其历史分布与生态适应性较窄。

植物历史生态条件越复杂，则其适应的潜力和范围可能越大。据古生物学的研究，植物适应性大小不仅与现代分布区的生态条件有关，而且还与古代历史生态条件有关。因此，在林木引种时还应考察树种的历史分布。如我国"活化石"树种水杉、银杏，引种到北美后表现良好。与此相反，华北地区广泛分布的油松，因其历史分布范围狭窄，当引种到欧洲各国时却屡遭失败。

另外，一个树种的自然分布范围还与树种发生历史、适应能力和传播条件密切相关。有些树种是由于海洋、山脉、不同气候带等限制了其传播。当前树种的自然分布区局限于某一区域，但这并不意味着它们不能分布到其他地区。如原产美国太平洋沿岸的辐射松，虽然其自然分布区仅局限于美国西海岸南北长 200 km，东西宽 10 km 的狭窄地区，但现已成为新西兰、澳大利亚和智利的主要造林树种。而且，在新西兰与澳大利亚，其生长表现甚至比原产地还好。再如原产美国的黄松、花旗松、西加云杉已为大洋洲、拉丁美洲和欧洲温带广大地区引种栽培。

5.2.4.5 树种的适应性与种内遗传变异

不同树种因其地质历史及所处的生境不同，因而树种间适应性差异很大，在引种前应充分了解其适应性。必要时，可进行树种筛选试验。但要说明的是，树种在其自然分布区的表现，并不能完全反映其适应潜力。如刺槐自然分布于美国东部阿巴拉契山区，原产地雨量充沛，达 1016~1524 mm，7 月平均气温为 21~26.7℃，1 月平均气温 1.7~7.2℃。但由于刺槐适应性强，在我国西北地区，降水量 400~500 mm 的地方也能生长。所以，不能武断地认为，引进地与原产地的生态条件如存在差别，就不能引种。

此外，引种时还要充分注意种内变异性。尤其是自然分布区广的树种，种内常存在丰富的变异类型，形成许多地理小种。不同地理小种对生态条件的适应性及表现出来的经济性状是各不相同的。因此，不能根据某一批种子的表现判定整个树种的引种成功的可能性。过去引种中忽视种源的选择，往往达不到引种的最佳效果。现代林木引种工作已普遍认识到种内不同种源的差异，重视种源试验与选择。为了达到预期引种目的，在引种前需分析引进树种在原产地各个种源区的生态条件，充分了解其地理变异规律，摸清不同种源在生长、抗性等方面的表现，以此作为制订引种方案的依据，尤其要注意选择适应性较强的种源。"没有种源的选择，便不可能有效地引种"已成为林木引种的一条准则。

5.3 引种程序

5.3.1 外来树种选择

引种的目的是什么？引进什么树种？从哪里引？这是引种工作首要的几个问题。

林木引种要有明确的目的性。如果要选择建筑用材树种，应当考虑速生、树干通直度、材质等；选择纸浆材树种，应当考虑生长速率、纤维长度、木材密度、木质素含量等；选择木本饲料植物，应当考虑产量、营养价值、消化吸收状况等；选择城市绿化树种，主要考虑树形是否美观，是否耐污染，有无过敏源等。

树木种类繁多，经济性状各异，生态习性也各不相同，要想有效地挑选出适合当地生长、经济效益又高的树种，必须分析引进植物的经济性状、比较原产地与引进地的生态条件，同时，应了解当地或附近地区已引进外来树种的表现和引种的历史等，这些信息对引进树种的筛选很有帮助，同时，还有助于预估引种效果，减小盲目性。

首先，要分析引进树种的经济性状，这是筛选引进树种的重要依据。引种实践表明，引种植物在引进地区的经济性状往往与其原产地的表现相似。例如，湿地松、火炬松，在原产地生长快、干形通直，引进到我国后仍保持这些特性；水杉在中国耐湿，到美国也一样；同样，一些桉树木材纹理扭曲，材质较差，也都是在原产地就已存在的缺点。拟引进树种应具有某些特性，如观赏价值、经济价值、抗性等，或至少在某一方面胜过当地的乡土树种。

其次，要比较原产地与引进地的生态条件。分析原产地与引进地之间的生态环境差异，找出影响林木引种的主要限制因子。从生态条件相似的地区选择引种材料，综合分析地理生态因素与树种的生物学特性，确定引进树种。

此外，要特别注意外来树种潜在的危害。引种前，应进行充分论证及科学的风险评估，要深入分析引入物种与当地原有物种的依存和竞争关系，要充分评估其对当地环境的影响。

5.3.2　引种材料选择

引进树种确定后，接下来需确定引进哪些材料。首先，从外来树种的适应性及今后选育的角度，引进材料必须具有广泛的遗传基础。因此，应在了解引进树种在原产地的分布及种内变异，调查清楚树种的自然变异类型与现有品种，尽可能从多个种源地采种，引种与种源试验相结合，尽量引进优良种源。其次，对引种材料的采种林分也有要求，即群体较大，以保证其代表性并具有一定的选择强度。再次，在条件许可的情况下，引种工作应与优树选择相结合，每个种源至少选 30 株优树采种。

5.3.3　种苗检疫

有些外来树种在引进时由于植物检疫不严格，导致外来的病原菌或昆虫随着植物材料一并引进，这些有害生物由于缺乏天敌很快大面积传播，进而严重危害乡土树种，造成不可挽回的损失。国内外均不乏这方面的例子。如云杉卷叶蛾经云杉引种而传入美国，近年危害林分面积达 $5100 \times 10^4 \ hm^2$；美国白蛾已在我国辽东半岛、山东等地酿成灾害。因此，对引进的繁殖材料，特别是病虫害严重的树种，必须严格执行国家有关动植物检疫法规，依法依程序进行引种申报，引种的植物材料经检疫合格后方可引进。

5.3.4　登记编号

对引进的树种，一旦收到材料，就应详细登记。内容主要包括名称(俗名、学名)、来源、材料种类(插条、苗木、种子等)和数量、寄送单位和人员、收到日期及收到后采取的处理措施等。如系杂种，还应将其亲本名称也登记清楚。为便于日后查对，避免混乱，对收到的每种材料，只要地方不同或收到的时间不同，都要分别编号。

5.3.5 引种试验

一个新树种在生产中推广，是长期引种试验工作的结果。如果不经过试验，或经短期试验，就在生产中大面积推广，势必要冒很大风险，有时会遭受巨大损失。一个外来树种，不经过几个世代的长期考验，也难能说引种完全成功。但几个世代的时间太长，生产上往往等不及。所以，由引种试验到推广种植的时间间隔，只能根据外来树种在试验时的表现，并兼顾生产的需要来决定。

引种试验一般分为树种排除试验、产地精选试验、大规模产量试验等 3 个阶段进行。阶段 1 主要是了解外来树种的适应性，如对气候、土壤的适应情况，病虫害感染的情况，存活情况等等，并摸索栽培技术。因此，要选择有代表性的多种立地类型，对外来树种作小规模的栽培试验。针对阶段 1 试验中表现良好的树种和产地，进行阶段 2 的试验。这时主要了解高、径的生长进程、干形、保存率等。由于试验区面积小，一般不能得到木材产量的数据。在上两个阶段工作的基础上，选留少数最有希望的外来树种进行大规模的产量试验(阶段 3)，以下分别介绍。

(1)阶段 1：树种排除试验

该阶段试验的目的是排除哪些明显不能适应引种地区环境条件的树种，确定最适合的树种。一般进行多地点试验，在每个主要的土壤气候区内必须至少设置一个试验点。在每一试验点设置 3 次及以上重复，最好采用方形小区，5~25 株小区；每一小区栽植同一树种，试验的树种数目 20~40 个，也可多达 50 个。该阶段试验的目标是测定早期的适应性，试验期限较短，约为 1/4~1/2 轮伐期，因此，该阶段的田间试验设计并不很严格，通常采用随机完全区组设计，但也有采用较复杂的不完全区组设计。该试验阶段，由于来自不同类群的种子和植株数量有可能不相同，因此，难以采用平衡的试验设计。但这并不影响试验的目标，关键是应将所有参试的树种在各种土壤气候条件进行试验，以观察其表现。

该阶段测定的性状包括生长速率、成活率、抗虫性、抗逆性(如寒冷、高温、干旱、水涝)等适应性性状。通常，树种排除试验完成后，为造林区确定的适应性最好的树种或杂种数目不超过 5 个(在每一个树种内可能含几个种源)。

此外，需要说明的是，对于有些可能存在生物安全性隐患的植物，该阶段试验要求在隔离试种区进行，以降低生物安全性风险。

(2)阶段 2：产地精选试验

产地精选试验又称种源试验(provenance trails)。该阶段试验的目的是在前一阶段试验基础上，对少量(5~10 个)有前途的树种进行多地点的测定比较，重点测定各产地种子的表现，进而为引种地区选择最佳的种源，因此，产地精选试验与种源试验相似。通常，对于某一特定的土壤气候区选择 3~4 个地点进行试验。试验观察的重点为成活率、适应性以及生长量，试验期限为 1/2 轮伐期。在这种情况下，除了该树种自然分布区外的种子产地之外，其他种子来源，如地域小种以及其他国家引种后经改良的遗传材料均可作为试验的种源。该阶段试验可观察到几种不同层次的遗传变异：种或杂种间、种内不同产地间、同一种子产地内不同家系间。具体的种源试验方法与步骤将在第 6 章中介绍，在此不再赘述。

（3）阶段 3：大规模产量试验

大规模产量试验又称为生产性试验，其目的是在正常的人工林条件下，对早期试验阶段表现良好的少数树种作进一步测定，评价树种长期的适应性与生长量，同时，研发配套的栽培技术措施。该阶段试验的树种少，甚至仅有 1 个树种。试验材料可为无性系、家系、种源或种源与家系的组合。

为模拟生产性造林的林分状况，小区面积应足够大，以满足能评价整个轮伐期的生长量或其他性状的试验要求。如可采用 100 株方形小区（10×10）。同一类群材料栽植于同一小区内，小区四周设 1~2 行保护行，以排除边缘效应。由于小区面积较大，相应地一个重复所占的面积也大，如采用随机完全区组设计，则试验的类群就不可能太多；如采用不完全区组设计，试验的类群可多些。对照可采用当地广泛栽培的类群。试验林按常规的技术措施进行管理，以便决断是否推广。

此外，也可将产量试验与经营性造林相结合，将永久性的试验小区设置在经营性林分中，且试验数据还可作为经营性调查的一部分。

在整个引种试验工作中，需建立整套技术档案，包括种子产地、经纬度、海拔、编号、试验林定植图、营林措施、调查数据、记录人、时间等信息，要求清楚、准确，同时，保存相应的电子档案。

5.3.6　成果鉴定与推广应用

引种试验结束后，通过对试验数据进行分析，评价引种效果并进行项目总结。如有必要，可向上级科研主管部门申请成果鉴定。引种效果评价内容包括引进树种的适应性、生长量、材质、繁殖能力以及配套的关键栽培技术措施等。

评价引种成功的标准如下：①能适应当地环境条件。在常规栽培技术条件下，不需要特殊的保护措施能安全越冬度夏，生长发育正常。②不降低其原有的经济价值。③能按外来树种原有的繁殖方式进行繁殖。④无不良生态后果，不存在生物安全性问题。⑤形成地域品种。其中第⑤条不是必需的。

如拟将引种后形成的地域品种申报良种，还要经国家或省级林木品种审定委员会审定。引种成果经鉴定后，可由林业主管部门指定推广种植区域。

引种成果的应用可从以下几方面考虑：①根据引种试验结果，可选择适应性好、经济价值和产量高的树种/产地在引种地区推广造林。②根据试验结果，可对引种试验林进行去劣疏伐改造，淘汰表现不良的材料，将引种试验林改建成母树林或实生种子园，为推广造林提供种子。③对引种材料进行选择形成育种资源库（基因库），同时构建外来树种的育种基础群体。

图 5-1 总结了林木引种的规范流程。

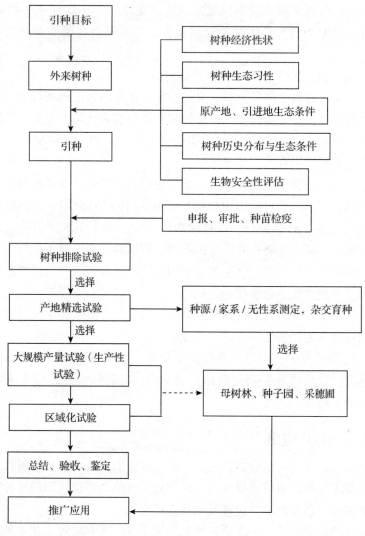

图 5-1　林木引种程序示意

5.4　引种驯化技术

5.4.1　林木引种驯化常用技术

（1）在多种立地类型进行引种试验

在同一个地区中，应尽可能选择不同立地条件进行试验。不同的坡向和地形等会造成温度、土壤湿度等方面的显著差别，对保证引种成功有重要作用。例如，杉木引种成功的最北界是山东牟平的昆嵛山，位于渤海沿岸，地处北纬 37.5°，年平均气温 12.2 ℃，比原产地低 4~5 ℃，生长期较短。选择温暖、湿润的山坞、山坡中下部和荫蔽的林间空地造林，杉木生长虽比原产地慢，但能超过引种地区的赤松。但在多风的北坡、西北坡或干燥瘠薄的山脊，杉木生长慢，甚至被冻死。

（2）通过杂交改变外来树种的种性

当引种地区的生态条件不适于外来树种生长时，可通过杂交改变其种性，增强该树种对引种地区生态环境条件的适应性。例如，银白杨是我国西北地区的高大乔木，但在南京、杭州、武汉等地，银白杨却为灌木状小乔木。1959 年，南京林学院以银白杨为母本，分别用南京毛白杨、民权毛白杨等的花粉授粉，获得了杂种，杂种的适应性提高了，由此扩大了银白杨杂种的栽种面积。又如，韩国引种火炬松后将其用作杂交亲本与刚松杂交，杂种松表现优于火炬松，因而大面积种植。

（3）采用播种育苗繁殖

由种子繁殖的苗木，阶段发育年龄较轻，可塑性较大。与无性繁殖植株相比，种子繁殖的苗木对新环境的适应能力更强，容易达到驯化的效果；而且，种子属于有性生殖，子代变异较大，可从中选出适宜的家系和个体。因而，引种时一般都采用种子繁殖。但有些情况下，播种育苗方法并不一定是最好的。如北京林业大学于 20 世纪 50 年代在盐碱地引种杨树，扦插苗比播种苗的耐盐力强。

（4）采用阶段驯化与多世代连续培育策略

当两地生态条件相差较大时，一次引种不易成功。此时，可采用分地区、分阶段逐步引种的方式，即阶段驯化。例如，杭州引种云南大叶茶，先引种到浙江南部，再从浙南采集种子到杭州种植，获得了成功。同理，南树北移时可在树种分布区的最北端采种；北树南移时可在分布区最南端采种。

有时候，植物的适应性往往不是短期内或在一两个世代中所能完成的，而是需要连续多世代培育。从实生苗后代中选出适应性最强的植株种子，再在当地播种、培育、选择，这样一代代的延续不断积累，促进该树种对当地环境的适应。

（5）采用适当的栽培技术措施

要根据引进树种的生物学特性，采取适宜的农业技术措施，如播种时间与水肥管理、越冬防寒、越夏遮阴等，使引进树种能安全越冬度夏。

例如，南方树种引种至北方，由于北方夏季光照时间长，生长量加大，昼夜温差大，夜间呼吸强度低，因而极易徒长，冬季易受冻甚至死亡。因此，南树北移，施肥宜早，生长后期也不宜浇水。采取越冬防寒措施，对 1~2 年生的南方树苗，可设置风障，或树干北方堆土。反之，北方树种引种至南方，由于南方夏季较北方光照时间短，体内干物质积累减少，夏季气温高，且昼夜温差小，呼吸强度大，干物质消耗多。因此，北树南移，夏季遮阴降温、减少消耗是关键。此外，对于有些与菌类共生的树种，引种后有必要接种菌根。

5.4.2　林木引种工作中应注意的问题

（1）引种应与良种选育相结合

首先，引种要重视种源、家系和无性系选择。一个树种在其自然分布区内往往因形成不同的地理小种，彼此之间在生长、适应性和产品质量上都常常存在遗传差异。在引种中要注意收集不同种源，将引种试验与种源试验结合起来同步进行，从中进行选择；同时，还要注意发现和选择优良变异类型、家系、单株、无性系。实践证明，引种与种内多层次选育相结合，可以大大提高引种效果。例如，福建南安县五台山国有林场从澳大利亚引进了 30 个种源 139 个家系的巨桉，在 5 年生时进行选择，从优良种源、优良家系中选择优良单株 39 株，平均材积遗传增益为 44.0%，胸径为 15.62%，树高为 13.38%，选择效果十分明显。

其次，引种要结合杂交育种。将外来树种与乡土树种进行杂交，从杂种后代中筛选出具有亲本优良性状的品系，有助于提高引种驯化的效果。例如，南京林业大学曾将银白杨从新疆引种到南京，生长不良，但银白杨×南京毛白杨却生长很好。鹅掌楸与北美鹅掌楸杂交育成的杂交鹅掌楸，较其亲本鹅掌楸和北美鹅掌楸适应性强，具有生长快，观赏性强等优良特性，是园林绿化与珍贵用材的良好树种。

(2) 重视外来树种繁育技术的研发

外来树种引种成功后，需研发相应的繁殖技术，扩大外来树种的繁殖材料规模，以满足生产上对外来树种用种、用苗的需要。不能每年依靠引进种子来满足生产上用种需求。引进种子不仅仅是价格昂贵、种子质量不能保证等问题，更重要的是没有充分利用引种试验的成果。因此，在引种过程中，应重视研究引进树种的繁殖技术，可针对不同树种的生物学特性，研发母树林、种子园、采穗圃等良种繁殖技术体系。繁育技术的研发可与引种试验同时进行，这样，一旦引种试验结果评价完成，就可立即建立良种繁育基地，从而加快引种成果的推广应用。

(3) 防止外来有害生物入侵

所谓外来有害生物是指由于人为或自然因素被引入新生态环境，并对新生态系统、物种及人类健康带来威胁的外来物种。林业是受外来有害生物入侵危害最严重的领域。例如，白松疱锈病于 1860 年在俄国松树上发现，1865 年侵入北美的五针松等树种，1890 年几乎毁灭了美国的全部白松。入侵我国且造成严重危害的森林有害生物有松材线虫、美国白蛾、红脂大小蠹等，其中最为突出的是松材线虫 (*Bursaphelenchus xylophilus*)。松材线虫原产北美，1982 年在南京中山陵首次发现，后在江苏、安徽、广东和浙江等地迅速蔓延，是我国危害较大的外来入侵物种之一。2013 年，国家林业局在《引进林木种子苗木检疫审批与监管规定》中明确规定从国外引进的林木种苗或花卉，必须经过隔离试种后，方可分散种植。对国内没有的新品种、携带危险性病虫风险大的品种，必须经有关专家论证后方可引进。

(4) 坚持先试验后推广原则

引种工作是一项科学性、系统性很强的工作，必须尊重客观规律，提倡科学性，避免盲目性，切忌急于求成。不能以少量植株的表现代表一个树种，以局部地区代表全区，将未经过科学试验、鉴定的树种进行大面积引种，盲目扩大。引种必须坚持先试验后推广的原则，按照"少量引种、多点试验、全面鉴定、逐步推广"的引种程序，循序渐进，切忌急功近利。

(5) 做好外来树种基因资源保存工作

外来树种的基因资源得来不易，引进的材料不仅是当地造林树种或其他类群选择的基础，也是该外来树种今后长期育种的基础群体。因此，从该外来树种长期的遗传改良角度考虑，必须做好基因资源保存工作。

本章提要

　　地球上森林树种分布不均，树种的自然分布区是树种演化与地球地质历史与气候变迁的结果，某一树种的自然分布区并不等同于其适生范围。引种就是将一个树种从其自然分布区内引至分布区外进行种植的过程。国内外林木引种工作历史较久，也取得了巨大的成就，蓝桉与辐射松是引种最成功的两个树种。引种对于丰富树种资源，拓宽育种亲本来源，提高林产品的产量与品质等方面有重要意义。引种也是最快速、最经济的育种手段。当然，引种并不是简单的"拿来主义"，引种工作需遵循科学规律，分析和比较原产地和引种地的生态条件，了解树种的生物学特性和地理分布与历史变迁，有针对性地制订引种方案与驯育措施。引种必须坚持先试验后推广的原则，按照"少量引种、多点试验、全面鉴定、逐步推广"的引种程序，切忌急功近利。采用多种技术手段逐渐提高外来树种对当地气候土壤条件的适应性。引种与良种选育相结合可提高引种效果。同时，引种还需注意生物安全性问题。

思考题

1. 名词解释

自然分布区　引种　驯化　乡土树种　外来树种　地域小种

2. 引种的作用与意义有哪些？

3. 分析与引种成败有关的重要生态因子。

4. 选择外来树种时应考虑哪些因素？

5. 南树北移或北树南移一般会产生哪些问题？应采取哪些措施？

6. 用哪些技术措施可以促使引种获得成功？

7. 引种成功的标准是什么？

推荐读物

1. 气候变化对植物及植被分布的影响研究进展 . 吕佳佳，吴建国 . 环境科学与技术，2009，32(6)：85-95.

2. 国外树种引种概论 . 吴中伦 . 科学出版社，1983.

第6章 林木选择育种

遗传、变异和选择是生物进化、物种形成和新品种选育的三大因素，选择包括自然选择和人工选择。人工选择是林木育种的重要手段，包括表现型选择和基因型选择两种形式，传统的人工选择一般是表现型选择，随着现代分子生物学技术的发展，林木选择方法已进入基因型和基因组选择的新时代。本章将重点介绍表现型选择的基本方法，有关基因型和基因组选择的内容将在其他章节介绍。选择育种是林木育种最基本和最有效的方法之一。选择育种的许多理论和方法同样适用于其他育种手段，如辐射育种、航天育种、倍性育种等。通过选择育种不仅可能直接获得林木新品种，而且所获得的遗传材料也可为其他林木育种方法和育种环节奠定基础，如育种资源、杂交育种、良种繁殖等。因此，学习和理解本章内容对于学好本门课程具有重要意义。

6.1 选择育种的概念与原理

6.1.1 选择与选择育种

6.1.1.1 生物进化与自然选择

物种(species)是生物存在的基本形式，任何生物在分类学上都属于一个物种。在人类认识自然的历史长河中，在相当长的时期内，把物种的稳定性绝对化了。18世纪瑞典博物学家林奈(C. Linné, 1707—1778)认为，物种是由形态相似的个体组成，同种个体间可以自由交配，并产生可育后代，而不同种间杂交则不育。他也曾认为物种是永恒不变的。在他一生中观察到种内存在大量变异的事实后，直到他晚年才在《自然系统》一书的最后一版中删去了物种不变的主张。

关于生物进化(evolution)的理论，最早是由法国的博物学家拉马克(Lamarck)提出的。他认为，物种是可变的；在自然界，生物存在着由简单到复杂、由低级向较高级发展的趋向；生物对环境有巨大的适应能力；环境的变化会引起生物的变化。但他还主张动物器官"用进废退"和后天获得的性状能够遗传，这些观点已被证明是错误的。

英国博物学家达尔文(C. R. Darwin, 1809—1882)于1859年出版了《物种起源》一书，系统地阐述了他的进化观点，奠定了生物进化学说。达尔文对动植物和地质现象作过大量观察和分析，他认为物种是由明显特征的个体类群组成，他肯定物种内个体间的亲缘关系，确认物种的可变性。同时，他认为生物都有繁殖过剩的倾向，而生存空间和食物是有限的，生物必须"为生存而斗争"。达尔文进化学说认为，决定生物进化的主要因素是遗传的变异和选择，变异的原因一般应从生物本身和环境的影响两个方面去探索，生物的变异往往是和环境条件相联系的。同一群体内的个体存在着变异，具有能适应环境的有利变异的个体，它们将存活并繁殖后代；也产生不利变异的个体，它们则被淘汰。如果自然条件的变化具有方向性，则在历史过程中，经过长期的自然选择，微小的变异就得到积累而成为显著的变异，由此可能导致亚种和新种的形成。他曾写道："分布很广的植物，通常都有变种。这是可以想象到的，因为分布在广大区域内的植物，常处于各种不同的物理条件下，并且会遇到各类生物而发生竞争。"生物发生的遗传变异一般是微小且不定的，如何能发展成显著的变异而超越出种的界限呢？达尔文认为，在自然界，适合于环境条件的生物被保存下来，而不适合的则被淘汰，这就是自然选择（natural selection）。达尔文对自然选择作过如下假释：自然选择这词并不确切，只是一种比喻，因为自然界并不存在有意识的选择，而只是起着选择的作用罢了。他写道："我所谓的自然，是指许多自然定律的综合作用；所谓定律，是指我们所能证实的各种事物的因果关系。"可见，达尔文没有将任何超自然的"选择者"的"目的"或"意识"引进到自然选择过程中。

达尔文的进化理论，以充分的科学事实为依据，从生物与环境相互作用的观点出发，阐明了生物的变异、遗传和自然选择作用能导致生物的适应性改变，在学术界产生了深远的影响。现代育种学认为，变异是选择的基础，没有变异就没有选择；遗传是选择的保证，没有遗传，选择的结果就得不到巩固；而选择本身，确定了遗传变异的方向。但是，达尔文在进化理论中阐述的变异积累、生物进化渐变性等观点，受到过质疑，批评，甚至反对。

20 世纪初，生物科学中出现了三大事件：一是奥地利植物学家孟德尔遗传规律的重新发现。孟德尔于 1865 年从豌豆的杂交实验中得出了颗粒遗传结论，证明遗传物质不融合，在繁殖传代的过程中可以发生分离和重新组合。摩尔根等进而建立了染色体遗传学说，全面揭示了遗传的基本规律；二是荷兰植物学家德弗里斯（Hugo Marie de Vries）根据月见草属（*Oenothera lamarckiana*）新类型突然产生的事实，提出"突变论"，反对渐变论；三是丹麦植物学家约翰生（Wilhelm Johannsen）用一种菜豆做了 12 年试验，分离出了 19 个纯系，提出了纯系学说，否定选择的创造性作用，认为环境引起的变异不遗传。

20 世纪 20~30 年代由一大批学者将生物统计学与孟德尔的颗粒遗传理论相结合，形成了群体遗传学，并根据染色体遗传学说、群体遗传学、物种概念以及古生物学和分子生物学等多学科知识，继承并发展了达尔文学说，创立了综合进化论（synthetic theory of evolution）。杜布赞斯基是这一学说的代表，他于 1937 年发表了《遗传学与物种起源》，1970年又出版了《进化过程的遗传学》。综合进化论否定获得性状的遗传，强调进化的渐进性，认为生物进化的单位是群体而不是个体，并重新肯定了自然选择的重要性。他论证了突变、基因重组、选择和隔离在生物进化中的作用。

1968 年，日本遗传学家木村资生根据大量分子突变都是中性的事实，提出了"中性突变—随机漂变假说"（简称中性学说）。认为在分子水平上，多数进化改变和种内大多数变异不是由自然选择引起的，而是通过选择中性或近乎中性的突变等位基因（allele）的随机漂变引起的，反对"综合进化论"的自然选择观点。这是对生物进化的另一种解释。

自达尔文的《物种起源》发表后的 100 多年来，对自然选择学说的争论一直没有中断过。"综合进化论"将自然选择学说建立在现代遗传学、生物统计学以及分子生物学等新的科学成就的基础上，使得自然选择学说为更多的人所承认和接受。但是，生物进化是如此复杂，以致现有的进化学说还不能解释所有的问题。因此，对进化的认识尚待深化。

6.1.1.2 人工选择与选择育种

自然选择是按"适者生存，不适者淘汰"的原则进行的，自然选择的结果使得物种越来越适应其所生存的自然环境，这种结果不一定能完全满足人类的需要，因此有必要开展人工选择。所谓人工选择（artificial selection）是指人们根据自己的需要（即育种目标或改良目标），从混杂的群体中选留一部分符合要求的个体或类型或淘汰一部分不符合要求的个体或类型，并由选留群体中采集种子、种条或其他繁殖材料，使群体向着满足人们需要的方向演化。这里所说的混杂群体可以是自然变异的产物，也可以是人工创造的变异。

人工选择与自然选择的异同和关系，可以从选择方向、选择强度和创造新品种的速度三个方面来考虑。首先，人工选择的目标往往是满足人们对生物产品品质或数量的需求，通常关心的是选择性状的改良和经济效益的提高，而对非选择性状考虑不多，选择的结果往往是改善了经济性状，但未必能提高非选择性状。因此，人工选择不仅建立于自然选择基础之上，人工选择的产物，还需经历自然条件的检验，只有能适应自然，才能顺利繁殖推广，换言之，人工选择如符合自然选择方向，便容易奏效；其次，人工选择通常选择强度高，局限于少数入选个体间的交配、繁殖，特别在经多个世代连续选择后，必然会导致选择群体的遗传基础变窄，因此，需要不断补充新的育种资源才能使育种工作持续发展，因此，必须重视育种资源工作；第三，由于人工选择多是高强度选择，往往能在短期内取得显著进展，而自然选择多要经历漫长的历史才能产生新的物种。

选择是一种手段，选择的对象可以是自然变异的产物，也可以是人工创造的变异。选择育种（selection breeding，简称选种）是指人们按照一定的育种目标，从发生自然变异的群体中选留一部分个体或类型或淘汰一部分个体或类型，并由选留群体中采集种子、种条或其他繁殖材料，经过比较、鉴定和繁殖，获得新品种的育种方法。因此，选择不等于选择育种，如果通过人工方法创造变异，并通过对变异的比较、鉴定和繁殖获得新品种则不属于选择育种的范畴，如杂交育种、诱变育种、基因工程育种等。从根本上来说，林木育种工作就是寻找和创造变异、选择和鉴定变异、繁殖和利用变异，林木育种的各种方法和各个环节都是围绕变异展开的，而人工选择则贯穿各种育种方法及其各个环节，如杂交育种的亲本及杂交后代选择，诱变育种和基因工程育种中人工创造变异后代的选择，根据遗传测定结果对测定对象的比较和选择，种子园的改建与重建等，所以说育种工作离不开选择。

6.1.2 选择效应

6.1.2.1 选择的表型效应

以群体为对象的选择，不论是自然选择，还是人工选择，从选择对群体表型变化的影响考虑，可将其分为3种类型（图6-1），其表型效应各不相同，选择强度越大表型效应越显著。

（1）稳定性选择

稳定性选择（stable selection）是有利于中间型的选择，数量性状的平均值不变，选择的

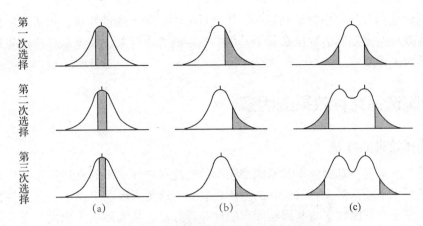

图6-1　选择的基本类型及其表型效应

（引自陈晓阳和沈熙环，2005，有改动）

（a）稳定性选择　（b）定向性选择　（c）分裂性选择

结果，淘汰了远离平均数的表现型个体。为了保持品种的一致性所进行的去杂去劣即属于稳定性选择。

（2）定向性选择

定向性选择（directional selection）与稳定性选择相反，是对表现型分布的某一极端个体进行的选择，选择的结果使数量性状的平均值向某一方向偏移。在绝大多数人工改良计划中，育种工作者采用的人工选择就是定向选择。例如，为培育工业用材林，选择生长快，材质好的个体；为了培育纸浆材，选择纤维长、木材密度大的个体。自然界中，生物群体通过自然选择对新环境逐渐适应，也属于定向选择。

（3）分裂性选择

分裂性选择（disruptive selection）也称为歧化选择（diversifying selection），是按两个、或两个以上方向的选择，是不利于中间型的选择。如果连续多个世代把中间型个体淘汰，在分布区两端的个体间分别交配，则多向性选择会引起变量增加，并使频率分布呈双峰曲线，最后形成分离的两个群体。

6.1.2.2　选择的遗传效应

根据选择对群体的遗传变异模式的影响，可将选择区分为定向选择、平衡选择、依频选择及歧化选择4种类型。从遗传学观点看，在自然选择作用下，一个林木群体的性状表现整体上来说都有稳定在某一水平的趋势，各种性状上下代之间都围绕着具有特定遗传的平均数而稳定下来，这就是稳定性选择的结果。林木选择育种是从一个遗传上异质群体开始对目标性状进行选择，使控制这些性状的基因达到新的适合度，基因频率达到一个新的水平。从本质上来说，人工选择的作用在于使群体中某些基因型较另一些基因型能够提供更多配子和繁殖后代，改变下一代群体的基因频率和基因型频率，从而提高目标性状的平均水平。由于控制目标性状基因的作用机理不同，如显性基因、隐性基因、加性基因等，选择遗传效应的大小也不同，一般来说淘汰显性基因（隐性基因顺选）的遗传效应最为明显，只要经过一代的选择作用，其基因频率就会为零。淘汰隐性基因（显性基因顺选）时，由于从显性个体中会不断分离出隐性基因，因而消除隐性基因的速度较慢，特别是当该基因频率较低时选择对其频率的影响甚微。如果目标性状属于数量性状，由多基因控制，则选择的遗传效应与多基因的数量及每个基因的效应值大小有关。关于选择所产生遗传效应的详细内容参见第 2 章。

6.2 影响选择育种效果的因素

6.2.1 选择效果的度量

从遗传角度来说，基因频率和基因型频率的变化是选择效果的直接体现，但就目前林木育种的发展水平看，对于多数性状的遗传机制尚不清楚，因而更谈不上对选择目标性状基因的直接鉴定和基因频率与基因型频率的计算与分析。从实际应用出发，受选群体表型效应的变化更为直观、更为有用。

由人工选择取得的改良效果，常用选择响应（response to selection，R）和遗传增益（genetic gain，G）表示。选择响应是指原始群体（被选群体）目标性状的平均值与入选群体子代该性状平均值的离差。遗传增益是指与原始群体相比，通过人工选择使目标性状提高的程度，常用百分数表示。

选择响应和遗传增益估算可通过下例说明：

【例 6-1】假设有一片 20 年生的油松人工林，调查统计胸径各径级株数，可以画出一条似正态分布胸径分布曲线（图 6-2）。经计算该林分胸径的平均值为 $\bar{X}_P$，从这个林分中选择胸径较大的植株，入选树木胸径平均值为 $\bar{X}_s$。则，入选树木平均值与原始林分平均值有一个差值，这个差值称为选择差（selection differential，S）。即

$$S = \bar{X}_s - \bar{X}_P \tag{6-1}$$

当入选树木的子代生长到 20 年生时，其胸径平均值（$\bar{X}_o$）与原始林分当年的平均值（$\bar{X}_P$）也有一个差值（R）。即

$$R = \bar{X}_o - \bar{X}_P \tag{6-2}$$

这个差值（R）就是选择响应。选择响应是一个有单位的绝对值，将选择响应除以原始群体的平均值，所得的百分率称为遗传增益。即

$$G = \frac{R}{\bar{X}_P} \tag{6-3}$$

我们希望 $R=S$，即子代完全继承亲本的优良性状。事实上，由于遗传因素、立地条件以及树木的竞争等影响，选择响应不可能与选择差完全相等，这就要对选择差打一个折扣。这个折扣，即为遗传力。即

$$R = h^2 S \tag{6-4}$$

标准差是有单位的。将选择差除以原始群体的标准差（σ_P），所得的值称为选择强度（selection intensity，i）。即

$$i = \frac{S}{\sigma_P} \tag{6-5}$$

于是，选择响应可以写成：$R = ih^2\sigma_P$，根据 $h^2 = \sigma_A^2/\sigma_P^2$，则有：$R = ih\sigma_A$

因为性状变异在群体中通常属正态分布，所以利用 $R = ih^2\sigma_P$ 来计算遗传增益极为方便。如图 6-2 所示，P 代表入选亲本所占的百分数，而 Z 为正态分布曲线在该百分数面积截点的纵轴高度。

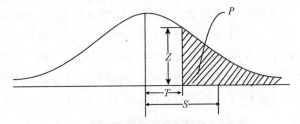

图 6-2　性状正态分布与入选个体分布图
（引自陈晓阳和沈熙环，2005）

根据概率论原理，则有：

$$Z = \frac{1}{\sqrt{2\pi}}e^{-\frac{t^2}{2}}$$

$$P = \frac{1}{\sqrt{2\pi}}\int_t^{+\infty}e^{-\frac{x^2}{2}}dx$$

$$\bar{X}_s = \frac{1}{\sqrt{2\pi}}\int_t^{+\infty}\frac{xe^{-\frac{x^2}{2}}}{P}dx$$

$$= \frac{1}{P\sqrt{2\pi}}\int_t^{+\infty}xe^{-\frac{x^2}{2}}dx$$

$$= \frac{-1}{P\sqrt{2\pi}}\int_t^{+\infty}e^{-\frac{x^2}{2}}d\left(-\frac{x^2}{2}\right)$$

$$= \frac{-1}{P\sqrt{2\pi}}e^{-\frac{x^2}{2}}\Big|_t^{+\infty}$$

$$= \frac{1}{P\sqrt{2\pi}}e^{-\frac{t^2}{2}} = \frac{Z}{P}$$

按标准正态分布，即 $\sigma_p = 1$，$\bar{X}_P = 0$

由式（6-1）、式（6-5），则有：

$$i = \frac{Z}{P} \tag{6-6}$$

例如，入选率 1%，由正态分布表 $P = 0.01$，可查出 $Z = 0.0264$，则 $i = 2.64$。不同原始群体大小及不同入选率情况下的选择强度可从表 6-1 中查出。

6.2.2　影响选择效果的因素

提高选择效果、获得更大的选择响应和遗传增益是选择育种所追求的。根据遗传增益和选择响应的计算公式，可从以下几方面着手：

（1）减少环境差异，提高遗传力

选择响应与遗传力大小有关，遗传力是遗传变量与表型变量的比值，表型变量由遗传变量和环境变量构成，在总的表型变量中如果环境变量占比减小，则遗传力相应增大，选择响应也增大，则选择效果提高。因此，如果在同龄人工纯林中选择优良单株，由于整地、株行距等基本一致，入选单株与林分平均值的差异在更大程度上反映了遗传差异。而在天然林中，由于生长性状受竞争等因素影响，树木彼此间的差异在很大程度上是由环境差异造成的。如按对人工林的选择差挑选优树，其效果自然会比人工林差。正是由于这个原因，在布置子代测定等试验时，必须做好试验设计，以降低环境因素的影响。

表6-1　选择强度与群体大小和入选率

入选率	群体大小				
	20	50	100	200	∞
0.01	—	—	2.51	2.58	2.66
0.05	1.80	1.99	2.02	2.04	2.06
0.10	1.64	1.70	1.73	1.74	1.76
0.20	1.33	1.37	1.39	1.39	1.40
0.30	1.11	1.14	1.15	1.15	1.16
0.40	0.93	0.95	0.96	0.96	0.97
0.50	0.77	0.79	0.79	0.79	0.80
0.60	0.62	0.63	0.64	0.64	0.64
0.70	0.48	0.49	0.49	0.50	0.50
0.80	0.33	0.34	0.35	0.35	0.35
0.90	0.18	0.19	0.19	0.19	0.20

注：引自陈晓阳和沈熙环，2005。

（2）降低入选率，加大选择差和选择强度

在原始群体大小及目标性状变异程度一定的情况下，通过降低入选率可以使选择差和选择强度增大，从而提高选择效果（表6-1）。选择差是入选株数与原始群体总株数的函数，表6-2反映了选择差与入选个体数量间的关系。入选株数与原始群体大小的比率越小，则选择差越大，但两者不是呈直线相关。从表6-2中可以看到，由4株中选择1株，选择差可达到1倍标准差的大小，但从42株中选出1株，选择差才能达到2倍标准差大小。为使选择差增加1倍标准差大小，原始群体数量增加到10倍。为达到3倍于标准差的选择差，则要从原始群体739株中才能选择1株。

表6-2　选择差大小与原始群体大小间的关系

选择差（以标准差倍数为单位）	从下列原始群体含量中选出1株	选择差（以标准差倍数为单位）	从下列原始群体含量中选出1株
1.0	4	3.5	4298
1.5	13	4.0	31 540
2.0	42	5.0	3 588 000
2.5	159	6.0	100 000 000
3.0	739		

注：引自陈晓阳和沈熙环，2005。

（3）扩大原始群体，增加变异幅度

在入选群体大小及目标性状变异程度一定的情况下，通过扩大原始群体可以达到降低入选率的目的，从而提高选择效果。在原始群体及入选群体大小一定的情况下，通过增大原始群体目标性状的变异程度同样可以达到提高选择效果的目的。由于性状的变异幅度与选择面大小有关，只有通过扩大选择面，才能充分揭示性状的变异幅度。因此，为选择优良种源，首先要进行全分布区种源试验，选择优良单株不能局限于一个林分，而应覆盖同一生态区内不同的林分，其依据即在于此。

6.3　林木选择育种方法

如前所述，我们说选择育种是指人们按照一定的育种目标，从发生自然变异的群体中选留一部分个体或类型，或淘汰一部分个体或类型，并由选留群体中采集种子、种条或其他繁殖材料，经过比较、鉴定和繁殖，获得新品种的育种方法。因此，选择育种实际上是一种育种体系，根据选留依据、目标性状数量、变异层次、繁殖材料种类、性状鉴定方法等方面的不同可以有不同的方式。

6.3.1　混合选择和单株选择

根据育种目标，从群体中按表现型挑选符合要求的一批个体，或淘汰不符合要求的一批个体，且对选择出来的个体不分单株，混合采集种子或穗条，混合繁殖、混合比较、混合利用。这种不考虑上下代及其他亲属关系的选择，称混合选择（mass selection）。混合选择是一种只依据表现型、不作遗传测定的选择，属表现型选择（phenotypic selection）。由于选择群体生长环境不可能完全一致，符合要求的表现型可能是由于优越的小环境造成的，而不是遗传因素作用的结果。因此，混合选择适用于遗传力较高的性状。采用混合选择，不能了解亲代—子代的谱系交配系统，不可能根据子代表现对亲本进行再选择。优良林分去劣疏伐改建母树林、种源选择等都属于混合选择。

单株选择（individual selection）是谱系清楚的选择，是根据入选标准，从群体中挑选优良个体，分别采种或采条，单独繁殖，单独鉴定的选择。由于谱系清楚，可通过遗传测定的结果对亲本进行再选择，即可以进行所谓的后向选择（backward selection）。单株选择是根据遗传测定林中子代或无性系的表现进行的选择，所以属遗传型选择（genotypic selection）。当选择性状遗传力低时，进行单株选择可以提高选择效果。由优树建立的初级种子园，经子代测定后，对建园无性系的去劣疏伐，即属这类选择（见第 10 章）。

当性状遗传力低时，采用单株选择可以显著地提高选择效果。图 6-3（a）表示性状遗传力低的情况，亲代与子代相关性小，各点分布松散。如按混合选择，将挑选 A、D、G、I、J 等 5 株优树，如根据子代测定结果，只有优树 A 的子代表现超过平均值，选择的正确率仅 1/5。这说明，在遗传力低的情况下，混合选择效果不好。图 6-3（b）表示遗传力高的情况，亲子相关密切，其表现型能反映遗传型。按混合选择，将选出优树 A、B、C、F、G，根据子代测定结果，其中，A、B、C 的子代都超过平均值，选择正确率达到 3/5。可见，性状遗传力较高时可采用混合选择。

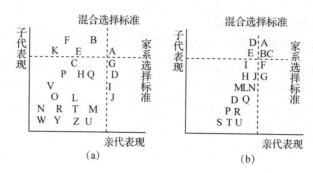

图 6-3 选择效果与遗传力大小和选择方式的关系
(引自陈晓阳和沈熙环，2005)

6.3.2 家系选择、家系内选择、配合选择和无性系选择

同一植株上产生的全部种子(子代)属同一个家系(family)。同一个家系的种子，如只有一个共同亲本，则为半同胞家系(half-sib family)；同一对父本和母本产生的子代，称为全同胞家系(full-sib family)。从同一优树上采集自由授粉的种子，母本无疑是相同的，但父本情况比较复杂，除少数自花授粉外，多数是由不同父本授粉产生的，还有部分是由共同父本产生的全同胞，但因不易区别，所以自由授粉家系(open pollinated family)不是真正意义上的半同胞家系。凡是从同一植株上采集营养器官材料，通过营养繁殖方法产生的群体，称为无性系(clone)。对繁殖成无性系的最初植株，称为无性系原株(ortet)；组成无性系的各个植株，称为无性系分株(ramet)。

家系选择(family selection)是把家系作为一个单位，依据家系内个体的观察值计算家系平均值，按家系平均值大小进行的选择。对于遗传力低的性状，由于个体的表现型不能充分反映遗传型，家系平均值以大量个体为基础，个体的环境方差在平均值中相互抵消，家系表现型平均值比较接近于遗传型平均值的估量，因此，家系选择适用于遗传力低的性状。家系选择要淘汰一部分家系，使群体遗传基础变窄。在林木遗传改良中，家系选择较少单独应用，因为结合采用家系内选择能取得更好的改良效果。

家系内选择(within family selection)是根据家系内个体表现型值距该家系平均表现型值的离差选择个体。家系内选择时不考虑其他家系的表现，即供试各家系的平均值的权重为零。家系内选择，只淘汰部分单株，家系还保留，在多世代改良中为延缓近交率发展过快而采用这种选择方式，一般情况下单独使用也不多。

配合选择(combined selection)是在优良家系中选择优良单株，是把各家系平均表现型值和所属家系内个体表现型值结合起来考虑的选择方法。配合选择要对供试家系的所有个体根据家系平均值以及个体表现型值作出评估。家系平均值和个体表现型值的权重，要根据性状遗传力的大小适当调节。性状遗传力低时，家系平均值给予较大的权重；性状遗传力高时，给予个体较高的权重。在林木遗传改良中，家系选择与家系内选择总是配合使用的，实生苗种子园去劣疏伐就是这类选择方式的具体应用。配合选择是多世代育种中的重要选择方法，从子代测定林中挑选优良家系内的优良个体作为下一代选育的亲本，这种选择方法称为前向选择(forward selection)。

无性系选择(clonal selection)是通过无性系对比试验,评选出优良无性系的过程。无性系选择充分利用了植株的加性效应、显性效应和上位效应,因此,无性系选择增益大,方法也简单。但是,由于遗传基础随着选择强度的提高而越来越窄,对适应性是不利的。另外,无性繁殖材料的成熟效应(maturation)和位置效应(topophysis),会妨碍无性系的遗传值的评估。所以,对成年优树的繁殖材料要进行复壮(rejuvenation)。无性系选择的具体方法将在第 12 章中详细介绍。

家系选择、家系内选择、配合选择以及无性系选择都属单株选择范畴。

6.3.3 单性状选择与多性状选择

大多数的树种改良计划都要求同时改良几个性状,因此属于多性状选择(multiple traits selection)。在个别情况下,也可针对单一性状进行改良,称为单性状选择(single trait selection),如抗病性、抗虫性等。由于芽变常常是单一性状的变异,所以从效果看也属于单性状选择。

选择性状的数目也会影响选择效果。一般来说,改良单个性状取得的效果要比多个性状好且快。假设林分中有 1000 株,需要选出 1 株优良个体,分别按 1~5 个性状选择,假设 5 个性状间均为独立遗传,各性状在林分中变异均遵从正态分布,单纯从概率推算,选择性状数量和选择强度之间的关系见表 6-3。

表 6-3 选择性状数目与入选率和选择强度的关系

选择性状数目	入选株数 / 观测株数	每个性状的选择强度
1	1/1000	3.37
2	1/31.6	2.23
3	1/10.0	1.75
4	1/5.62	1.46
5	1/3.98	1.27

注:引自陈晓阳和沈熙环,2005。

多性状选择主要有下列 3 种方法:

(1)顺序选择法(tandem selection)

先对一个最重要的性状进行选择,直到达到育种目标,再开始第二个性状的选择。由于一个性状的改良往往需要进行多个世代,如要连续改良几个性状,所需时间太长,一般很少采用。但在某个性状成为限制因素时,不满足基本要求,改良其他性状的就没有前提的情况下,仍需考虑采用。如越冬、耐旱等就属这类性状。

(2)独立淘汰法(independent culling)

对每个选择性状规定一个最低标准,如果候选个体各性状都符合标准,即可入选;如果其中某一个性状不能达到标准,尽管其他性状都超过标准,也不能入选(图 6-4)。这个方法简便易行,林木多性状选择中应用

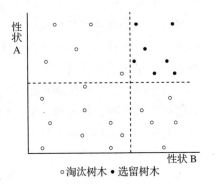

图 6-4 两个性状的独立淘汰法示意
(引自陈晓阳和沈熙环,2005)

较多，但是会因某个性状没有达到标准，而将其他性状均优秀的个体淘汰掉。

（3）选择指数法（selection index）

一种综合选择的指标。即把选择的目标性状扩大到与该主要性状有较密切关系的一些性状，对每个性状都按其相对经济重要性和不同性状间的表型相关与遗传相关，通过多元统计方法进行适当加权，形成以下的线性关系：

$$I = b_1x_1 + b_2x_2 + \cdots + b_nx_n \tag{6-7}$$

式中，x_1，x_2，$\cdots$，x_n 为各性状的表现型值；b_1，b_2，$\cdots$，b_n 为相应性状的加权系数；I 是选择指数。

选择时，计算每个供试单株的选择指数，按其数值大小作为去留标准。这样，根据多个性状进行综合选择，在理论上讲，多性状选择的选择指数法综合了多个性状的信息，有助于使目标性状获得最大的改进，选择效果好，但由于正确确定经济权重比较难，且如果选择指数中经济权重使用不当，就会导致性状选择无效。

6.3.4 直接选择与间接选择

直接选择（direct selection）就是直接根据改良性状进行的选择。如速生性选择，则在群体中选择高大、粗壮的个体；抗病性选择，则选择不受病害感染的树木。间接选择（indirect selection）是根据与改良性状相关性状或指标的选择，如根据树叶中酚类化合物的组成和含量挑选抗病虫害个体；按萌发晚，封顶早挑选耐寒类型等。近年利用分子生物学分析方法提出的辅助选择方法也是间接选择。只有当两个性状存在相关，且相关系数趋近于 1 时，间接选择的效果才能接近于直接选择，但多数情况下改良性状和选择性状或指标间的相关系数 $r \leqslant 0.5$，所以，间接选择的增益多数低于直接选择。

$$R_x = i_y h_y \sigma_{gx} r \tag{6-8}$$

式中，R_x 选择性状的选择响应；i_y 为间接选择性状的选择强度；h_y 为间接选择性状遗传力的平方根；σ_{gx} 为改良性状遗传方差的平方根；r 为改良性状与间接性状间的遗传相关。

但是，当改良性状不容易测定，或需要等待比较长的时期才能得到结果时，间接选择仍不失为重要的方法。由于树木寿命长、个体大，采用间接选择对于缩短育种世代，简化选择过程，提高选择效率和单位时间遗传增益是有意义的。性状的早期选择实际上也属间接选择。一般认为，生长速度、木材密度、纤维或管胞长度、树干通直度等性状受遗传控制较强，早期选择是可行的。

自 20 世纪 60 年代就开始研究林木生长性状早期选择的可能性，由于生长受环境、年龄等因素的影响，评价林木生长幼—成年相关及早期选择的可行性上曾存在较大分歧。至今，普遍认为采用逐步选择方法是可行的。提早选择是一种间接选择，林木生长表现从幼年（P_j）到成年（P_m）的通径系数如下：

$$P_j \overset{h_j}{\longrightarrow} G_j \overset{r_{gjm}}{\longleftrightarrow} G_m \overset{h_m}{\longrightarrow} P_m$$

式中，P_j 和 P_m 分别为幼龄和成龄时生长性状表现型值；G_j 和 G_m 分别为幼龄和成龄时生长性状基因型值；h_j 和 h_m 分别为幼龄和成龄时生长性状遗传力的平方根；r_{gjm} 为幼—成年遗传相关系数。从 P_j 到 P_m 的联系为 $h_j \cdot r_{gjm} \cdot h_m$，恰好到等于幼—成龄的相关遗传力 H_{jm}。因而提早选择效果取决于相关遗传力的大小。提早选择的相对效率为幼—成年相关选择响应 CR_{mj} 与成龄选择响应 R_m 的比值，即

$$E = \frac{CR_{mj}}{R_m} \tag{6-9}$$

其中

$$R_m = i_m h_m^2 \sigma_{Pm}; \quad CR_{mj} = i_j H_{jm} \sigma_{Pm}$$

如果，$i_m = i_j$，则

$$E = \frac{H_{jm}}{h_m^2} \tag{6-10}$$

由此可见，如果相关遗传力大于直接选择的遗传力，早期选择的效果才能高于直接选择。在正常情况下，幼—成龄生长性状的相关遗传力不可能大于成龄时的遗传力，因此，早期选择的遗传增益不会比直接选择高，但提高单位时间遗传增益是可能的。

6.3.5　种源选择、林分选择、单株选择和芽变选择

根据树种自然变异层次及选择利用形式不同，林木选择育种研究内容通常包括优良种源选择、优良林分选择、优良单株选择和芽变选择。其中优良种源选择和优良单株选择将在本章单独详细介绍。

优良林分选择（excellent stand selection）是指在天然林或人工林分中，依据林分的实际情况，比较各林分的优劣，将符合优良林分标准的林分筛选出来。《母树林营建技术》（GB/T 16621—1996）规定，对于我国主要造林树种而言，在同等立地下，与其他同龄林分相比，在速生、优质、抗性等方面居于前列，通过自然稀疏或疏伐，优良木可占绝对优势，能完全排除劣等木和大部分中等木的林分为优良林分；与同等立地、相同林龄的林分相比，生长、材性、抗性处于劣势，优良木和中等木林冠郁闭度在 0.2 以下的林分为劣等林分；介于优良林分和劣等林分之间的林分为中等林分。这里的优良木是指在林分内生长健壮、干形良好、结实正常，在同龄的林木中树高、直径明显大于林分平均值的树木；劣等木是指在林分内生长不良、品质低劣、感染病虫害较重，在同龄的林木中树高、直径明显小于林分平均值的树木；在林分中介于优良木和劣等木之间的树木为中等木。从天然（或人工）林分中选择优良林分，加以标记，留优去劣，加强管理，促进结实，以便生产出遗传品质得到某种程度改良的种子。这种选种方式适用于某个树种目前尚无优良品种可用，而生产上又急需遗传品质得到初步改良的遗传材料的情况。

芽变是体细胞变异的一种，当突变发生在芽的分生组织细胞中时，由芽萌发长成枝条在性状表现上就与原来类型不同，即为芽变。芽变包括由突变的芽发育成的枝条以及由其繁育而成的植株变异。芽变选择（bud mutation selection）是指通过对芽变的比较、鉴定和繁殖获得新品种的方法。由于基因突变的频率一般很低，所以芽变常常是单基因突变。因此，这种选种方法对于已有优良品种某个性状的进一步改良非常有效。

6.4　林木种源选择与种子区划

6.4.1　林木种源试验的概念与意义

6.4.1.1　种源试验的概念

种源(provenance)或称地理种源(geographic source)是指取得种子或繁殖材料的原产地。将地理起源不同的种子或其他繁殖材料放到一起所做的栽培对比试验称为种源试验(provenance trial)。通过种源试验，为某一造林生境选出最佳种源的过程称为种源选择(provenance selection)。种源和种子产地(seed source)的概念经常混称，但在有些情况下，应加以区别。例如，将陕西黄陵的油松引种到四川阿坝，再从阿坝采集油松种子，栽种到西藏林芝，这些种子就产地而言属四川阿坝，就种源而言属陕西黄陵。

对一个分布区广的树种，由于纬度、经度和海拔跨度大，可能造成分布区内雨型、日照长度、热量以及土壤等生态条件的不同。由于某一树种分布区广，种内不同群体(population)长期受不同环境条件的影响和基因交流的限制，在自然选择与生态适应过程中，群体间在各种性状上发生了遗传分化，由此产生的不同群体栽植到相同的环境条件下，会有不同的表现，这种现象称为地理变异(geographic variation)。发生了遗传变异的群体称为地理小种(geographic race)。

6.4.1.2　种源试验的历史

树木种内地理变异的观察和研究有着悠久的历史。早在1749年3月，瑞典皇家海军部报道了不同地方橡树在南部栽培试验结果，首次专门提到树木种内的地理变异以及产种地纬度与子代发育的关系，并提醒人们在造林实践中应用这种关系。与此同时，法国人蒙左(Monceu)为选择更好的军舰用木材，开展了欧洲赤松种源试验。1787年，瓦根海姆(Wangenheim)报道了北美三个树种自然驯化的结果，强调在德国高海拔或寒冷地区造林时，必须用北纬43°~45°地区的种子；若在低海拔或温暖地方造林，则必须用北纬41°~43°的种子。由此可见，树木地理变异的概念在18世纪已形成，并开始得到应用。

19世纪初，达尔文发表了《物种起源》著作，提出了自然选择为基础的进化论，阐明了物种的可变性和生物的适应性。达尔文认为，变异的原因一般应从生物体本身和环境的影响两个方面去探求，生物的变异往往是和环境条件相结合的。他认为，分布很广的植物，通常都有变种。一些动物学家格洛格尔(Gloger，1833)、伯格曼(Bergman，1847)、艾伦(Allen，1887)论述了动物种内气候变异的规律。这些研究成果，一方面促使分类学家开始描述变种，并以拉丁文命名；另一方面又促使奥地利、德国、瑞典等国开始进行小规模的树木种源试验。

1820年，法国人维尔莫林(Vilmorin)开始从俄国西部、德国、瑞典、苏格兰、法国等地收集了一批欧洲赤松种子做种源试验，并研究了它们后代在干形、冠形、分枝、树皮、针叶、芽、球果等方面的差异。1862年，他报道了试验结果，发现各性状在种源间差异很大，呈梯度变异，并认为这种变异是可遗传的，而在此之前，一直认为种源差异是受环境影响的，是不可遗传的。

19世纪末和20世纪初，开始了比较正规的种源研究。1887年，奥地利在维也纳建立了第一个欧洲赤松种源试验林；1913 年，波兰也开始了种源试验。此时期做出重要贡献的有德国的基恩茨（Kientz）、奥地利的西斯勒（Ciesler）、德国的肖特（Schott）和瑞典的恩格勒（Engler），其中，恩格勒（Engler）的试验规模最大，设计更合理，他从阿尔卑斯山脉不同海拔高度搜集欧洲赤松和欧洲云杉种子，分别在不同海拔地带（500~2000m）进行造林对比试验，调查了 20 多种性状，其结果与西斯勒和肖特的一致，即产地由南到北，由低海拔到高海拔，性状的变异是连续的，没有明显的界限。他还发现，低海拔的云杉在高海拔生长了 30~40 年后，仍然保持着低海拔云杉的某些特征，再次证明这种变异是可遗传的。

1922 年，瑞典植物学家特瑞松（Turreson）以草本植物为材料进行了与树木种源试验相似的栽培试验，揭示了种内遗传生态分化的存在，并提出了生态型（ecotype）的概念。他强调了不连续变异，并提出这是由于自然选择压力不同造成的。1936 年，瑞典学者朗格莱（Langlet）对欧洲赤松地理变异作了充分的试验，提出了连续梯度变异的概念。1938 年，哈克斯里（Haxley）创造了渐变群（cline）这个术语。他们的开拓性工作对森林生态遗传研究的发展及其在林业中的实践均起到很大的推动作用。

20 世纪以来，树木种源研究日益受到世界各国的重视，很多试验是以国际合作形式进行的。国际林业研究组织联合会（IUFRO）也设有种源研究专门委员会。1908 年第一次按照国际林联制订的国际种源试验计划组织了欧洲赤松种源试验，1938 进一步确定了松树及云杉的种源研究，1942 年确定了落叶松的种源研究，1965 年拟订了《产地试验研究方法标准化》（第二稿）。据初步统计，现在世界上所有从事人工林研究的国家，都开展了树木种源研究，其树种已超过 100 个，包括了世界各地的主要造林树种。瑞典、苏联、美国种源试验规模较大，如美国现已对 29 种针叶树和 15 种阔叶松进行了种源研究。欧洲各国除重视本国乡土树种的种源研究外，对引入树种如小干松（*Pinus contorta*）、花旗松、西加云杉、白松也做了大量研究。在非洲不少国家开展了桉、松类的种源研究；大洋洲各国对辐射松、火炬松开展了引种和种源研究；在亚洲，日本于第一次世界大战前夕就已开始了种源试验，后遭破坏，系统地进行种源试验是在第二次世界大战结束后。

回溯种源研究的历史，可以看出不同时期研究的重点不同。初期的种源研究集中于阐明种源变异的存在和它的重要性，20 世纪 30~40 年代以来，着重揭示地理变异的规律性，近来，则越来越强调地理变异与林木育种的结合。

我国于 1956 年、1957 年和 1961 年先后开展了杉木、马尾松、苦楝种源研究，但中途停止了。1978 年以来，种源研究得到了迅速发展，据统计，我国已开展了马尾松、云南松、黄山松（*Pinus taiwanensis*）、樟子松、红松、华北落叶松（*Larix principis-rupprechtii*）、长白落叶松（*L. olgensis*）、兴安落叶松、西伯利亚落叶松（*L. sibirica*）、日本落叶松、侧柏、柚木、桉树、榆树、鹅掌楸、栒木、苦楝、香椿（*Toona sinensis*）、臭椿、檫木、白桦、水曲柳、胡桃楸、柞木（*Xylosma racemosum*）等 30 多个树种的种源研究，揭示了主要性状地理变异及其规律，选择出一批优良种源，划分了种子区。

6.4.1.3　种源试验的意义

开展种源试验的主要目的是研究林木地理变异的规律性，阐明其变异模式，及其与生态环境和进化因素的关系；对各造林地区确定生产力高，稳定性好的种源，并为种子区划或种条的调拔范围提供科学依据；为今后进一步开展选择、杂交育种提供数据和原始材料。上述三个方面是相互联系的。通过种源试验可以对林业生产直接发挥作用。其主要作用概述如下：

（1）提高林分的生产力和木材品质

德国于 1925—1931 年对欧洲云杉、欧洲赤松、落叶松做了种源试验。32 年生时，各种源材积的变幅在 79~360 m³/hm²。在经济收入上，优、劣种源间相差 3 倍。瑞典南部用波兰及白俄罗斯西部的云杉种源，20 年生时，比当地种源增产约 20%。澳大利亚 1936—1969 年在昆士兰东南部莫比尔进行过南洋杉种源试验，外地种源在 13~18 年时平均材积增加 19.3%，其中 3 个外地种源增产 23.7%，且树干通直、材性好。

我国通过种源试验也看到种源间在生产力上存在很大的差异。如李书靖等对油松分布区 45 个种源在甘肃 18 年试验进行了总结，种源间生长和适应性状差异显著，黄陵、洛南、南召 3 个最优种源平均树高、胸径和材积的遗传增益分别为 65%、102% 和 264%，增产效益显著。福建南平对 8 个马尾松种源作了对比，20 年生时，广东、广西种源比当地增产 44.2%。徐金良等对浙江开化县林场 18 年生杉木种源试验林的观测分析，杉木种源间树高、胸径、材积存在显著的遗传变异，以速生丰产为目标，筛选出福建蒲城、建瓯、崇安、广西融水和贵州锦屏 5 个优良种源，与当地种源相比，材积现实增益 28.9%~60.1%。

种源间在木材品质上存在明显的遗传变异，国内外已有大量的报道。如姜笑梅等对浙江长乐林场的湿地松 18 个种源的木材性质进行测定与分析。结果表明，种源间木材气干密度、抗弯强度、抗弯弹性模量和顺纹抗压强度差异极显著；管胞长度与宽度、冲击韧性差异显著，在种源水平上，进行木材气干密度、力学强度和管胞形态的种源选择，可取得良好的效果。

（2）提高林分抗逆性

侧柏种源试验发现，在中部和南部各试验点苗木不需防寒措施都能安全越冬，在北部试验点苗木越冬后出现枯梢。据对北京黄垡试验点侧柏不同种源 3 年生苗越冬受害调查，总受害率变动于 59.1%~100.0%，冻死率为 0~93.9%。1993—1996 年，对不同种源进行冷冻处理，冷冻后的枝条在温室扦插，观察生长恢复情况。结果表明，不同种源能忍受的冷冻极限低温差别很大，内蒙古包头、辽宁北镇等北部区种源经过 -35 ℃低温冷冻，仍有80%~100% 的枝条具有生活力，而贵州黎平等南部区种源经过 -15 ℃冷冻后，只有 5% 的枝条没有冻死。侧柏种源间抗旱性差异也非常显著。对 2 年生苗木盆栽断水试验的结果表明：贵州黎平种源耐旱性最差，断水第 34 天，苗木全部死亡；而陕西志丹种源苗木死亡率不足 40%。

汪企明等于 1995 年 7 月对 13 年生马尾松种源试验林 39 个种源以及 6 种其他松树进行了松材线虫接种。结果表明，马尾松不同种源和不同松树对松材线虫的抗性变异很大。种源间抗虫指数变动幅度为 0~0.67。广东高州、信宜、英德，广西忻城和湖北远安 5 个种源抗性最强，抗虫指数为 0.67；陕西城固、南郑，河南新县及湖南益阳等种源抗性最差，抗虫指数仅 0~0.08。

（3）为合理制定种子区划提供依据

过去，在造林用种上，因忽视了种源的差异，常常导致造林失败。例如，新西兰由于应用美国洛基山西黄松（*Pinus ponderosa*）种源，形成大面积的小老头树；我国湖北太子山林场营造近十万亩马尾松林，由于种源不当，20 年后基本未成林成材。因此，到 20 世纪，不少国家开始制定《种苗法》，其中心目的是通过划分种子区规定种子调拨范围。例如，瑞典全国为欧洲赤松划分成 12 个区、欧洲云杉划分为 16 个区；挪威全国统一划分为 40 个区，区内又根据海拔划分成不同带。各国的种子区划大都依据自然条件的差异，实际上自然条件不同的生态区的群体间可能没有很大的遗传差异，而同一生态区的群体可能存在遗传差异。因此，种子区划应以地理变异为依据。20 世纪 80 年代中期，我国根据已开展的 21 个树种种源试验的早期结果，修订或重新提出了我国主要造林树种的种子调拨方案。

（4）提高树木改良效果

莱特（Wright）在比较各种选择方法时提出，对于分布区广的树种，种源间的差异比单株选育 1~2 个世代所能取得的改良效果要大好几倍。因此，国内外普遍的做法是，首先选择优良种源，在优良种源内选择优良单株。现在也有人提出将种源试验与优树子代测定同时进行，以便更早为生产提供良种。

6.4.2　地理变异的规律

6.4.2.1　地理变异趋势

根据许多树种地理变异研究结果，可归纳出如下几种变异倾向。

（1）冷—暖变异趋势

同一树种的南方种源与北方种源相比，一般生长较快，春季发叶和抽条较晚，受晚霜危害较轻，秋季落叶较晚，结束生长较迟，对冬季极端低温的抗性较差。

实际上，这些趋势是对南北温度条件的适应，特别是对低温的适应。例如，经种源试验证实，侧柏不同种源在北方试验点上越冬枯梢率和死亡率与采种点的纬度呈显著的负相关，与极端低温呈正相关，这说明南北种源耐寒性的差异是长期的自然选择与适应的结果。

树木枝条在春季开始生长主要受积温控制。北方种源因长期适应短生长季，抽条所需要的积温较低，从而表现出萌动和抽条比南部种源早的特征。若将高纬度种源移到中纬度地区，初春天气不稳定转暖，引起冬眠中断而萌动，一旦遇到"倒春寒"天气，就会造成冻害。例如，原产于朝鲜和我国东北的朝鲜杨引种到北京后，就因冬季冷暖无常而生长不良。

树木高生长停止，冬芽形成，叶子脱落在很大程度上受光周期的制约。同一树种在不同纬度带上，经受着不同的光周期的长期选择，也适应着不同温度和生长期，势必在遗传上分化成适应于不同纬度气候条件的种群。希尔文（Sylven，1940）用欧洲山杨作研究，首次报道了在高生长停止时间上光周期效应的种源变异。他把北纬 56°~66°范围内 8 个不同纬度的瑞典种源及其杂交子代栽培到北纬 56°、62°30′和 65°50′的 3 个地点，发现北方种源在最北点于 8~9 月停止生长；而南部种源一直生长到深秋，遭到早霜危害。在南方栽培点上，北方种源停止生长特别早，高度不超过 5 cm，呈莲花状。在北纬 56°和 62°30′两地，杂种的生长通常介于亲本种源的半同胞子代之间。关于不同种源对光周期不同反应的报道很多，结论基本上一致。

（2）干—湿变异趋势

由湿润地区调进种苗与干旱地区的种苗相比，一般具有生长快、根系浅、枝叶绿的特征。

这种倾向在许多树种的种源调运中表现很明显。中国林业科学研究院进行了白榆种源试验，一年生苗木高度从新疆乌鲁木齐、宁夏固原、河南到山东、江苏有渐增的趋势。

干、湿地区的种源在耐旱性上有很大的差异。佐贝尔等（Zobel，1955）、戈达德等（Goddard，1959）、范·布杰宁（Van Buijienen，1966）对火炬松地理小种抗旱性进行了研究，发现处于干旱地区种源的实生苗比降水量较多的东部种源的存活率高，显然，干旱地区的自然选择已产生了一个较为抗旱的火炬松种群。拉尔森（Larson，1978）对 10 个花旗松种源的抗旱性进行了研究，看到喀斯喀特山西部的 4 个海岸种源对干旱的敏感程度高于不列颠哥伦比亚的 4 个内陆种源。

在我国，干—湿的地理变化既表现于经向，又表现于纬向。根据我国各树种地理变异研究结果，发现纬向变异趋势比经向变异明显得多。例如，在苗高生长上，侧柏地理变异受纬度和经度双重控制，但以纬度变异为主，在抗寒性上，侧柏地理变异基本上是沿纬度呈梯度变异。显然，这是由于我国大陆的气候条件沿纬度变化比沿经度变化剧烈的缘故。此外，性状的遗传分化与产地的各项温度、水分因子相关分析表明，温度的自然选择作用比水分强。这可能也是造成纬向变异为主的渐变类型的原因之一。这种变异特点为制定我国各种树种的种子区划提供了有益指导。

（3）高—低海拔趋势

垂直高度相差 1 km，伴随的气候变化往往相当于水平距离相差几百千米所发生的变化。剧烈的气候差异，具有强烈的选择压力，足以使高、低海拔地段的树木间发生巨大变化。据杨传平等（1993）研究，长白落叶松地理变异是海拔垂直梯度渐变为主，纬向渐变为辅的连续型变异。但是分布在同一座山上不同垂直高度的树木间，若花期一致，其基因的交换频率要比水平距离相差几百千米的种群之间高得多。由于基因交流，阻止了群体分化，往往使高—低海拔树木间的变异缩小。

一般来说，由低海拔产地向高海拔地区调种，可能有某些程度的增产，但存在寒害的风险；把高海拔种子向低海拔调种，效果不良。康克尔（Conkle，1973）做过不同海拔的黄松对比试验。他从海拔 150 m 至 1980 m，每隔 300 m 左右采种，分别在 4720 m（高海拔）、830 m（中海拔）、290 m（低海拔）地段造林，29 年后发现，在中低海拔试验点上，高海拔种源明显比低海拔和中海拔种源生长慢；在高海拔试验点上，不同种源相关性不大。影响不同海拔群体的遗传分化的生态因子主要是温度、生长期和光周期。由于不同海拔地带的种源对当地光热因子长期适应，造成生长节律不同，因此，高海拔种源引入低海拔，通常生长不良。

6.4.2.2　地理变异模式

（1）连续变异

对于分布广泛且连续的树种，由于环境条件变化，如从温暖到寒冷，从干燥到湿润是连续递增和递减的，种源间性状变异常常也是连续的，随着环境条件的梯度变化而呈梯度变异。这种地理变异类型属于渐变群模式。根据我国种源试验研究结果，马尾松、华山松

（*Pinus armandii*）、兴安落叶松、侧柏、白榆、苦楝、香椿等树种，在生长和适应性方面表现出渐变群模式，而且与纬度的关系要比经度和海拔紧密得多，即树高生长与产地的纬度呈负相关，秋末封顶株数百分率、冻害指数与产地的纬度呈正相关。一般而言，抗旱、抗寒这类性状遵循渐变群模式。

（2）不连续变异

对于分布区比较小，气候因子变化不大，或分布不连续，气候因子变化不连续，或由于土壤特征的不连续性，性状地理变异呈不连续变异形式。地理变异表现为不连续变异时，据此可划分生态型。根据图雷松（Turesson）的定义，生态型（ecotype）是指因特定的环境的选择而形成的在某些性状上具有明显区别，并具有稳定遗传特性的同一植物种内的不同类群。该定义说明：第一，它是种内的分类单位，是根据遗传特性的不同划分的；第二，生态型的产生是与植物的生长环境密切相关的，是由自然选择压力不同产生的，是一个生态环境条件下基因型的反应；第三，生态型一般是由一个小的不连续的群体组成，在形态上区别往往不明显，主要表现在生理特征上差别，而这种差别常常与生存能力有关。根据生态型与环境因素的关系，可分为地理生态型（geographical ecotype）、气候生态型（climatic ecotype）、土壤生态型（edaphic ecotype）。其中，气候生态型是普遍的。例如，徐化成等（1986）通过种源试验，对油松地理变异进行了研究，根据不连续变异的特点，将油松划分为 7 个气候生态型。

（3）随机变异

南—北、东—西、高—低种源调运中表现出来的倾向，一般要在产地相距几百千米以上，且气候条件差别明显的情况下才会发生，在较小的范围内，通常看不到显著的地理差别。但是，有时在不大的范围内在其中一些林分生长的林木可能会比另一些林分生长的林木要快 10% ~ 15%。日本落叶松就是一例。该树种自然分布区方圆仅 220 km^2，从其中两座山上采收的种子，在生长、落叶和开花结实时间等方面与其他的明显不同。这些性状的遗传变异看不出与地理、气候条件间有什么关系。据杉木种源试验协作组的报道，南岭山地的东（武夷山区）、西（三江流域）两侧的生产力表现突出。对这种异常表现，可作如下解释：①试验中通常只注意冬季温度、生长季长短、夏季温度、降水量、土壤类型等对地理变异的影响，而真正产生变异的因素却没有被认识；②归因于遗传漂移，即由于群体内个体数目少，不能完全随机交配而造成的性状差异；③人为的干预。其中第三点在许多情况下是主要的。

许多树种的种源试验结果表明，不同树种，即使分布区重叠的树种，变异模式可能不同。如油松与侧柏的分布区大部分是重叠的，但前者的地理变异属生态型变异模式，后者遵从渐变群模式，以纬向变异为主；同一树种不同性状的变异形式也不同，如侧柏各种源的越冬枯梢与采种点纬度的相关系数达到 0.8 以上，纬向渐变很突出，而种子千粒重与纬度的相关系数仅 0.20，表现出非连续变异的形式；同一树种即使同一性状在不同地域内的变异形式也可能不同。例如，欧洲赤松的种子特征在欧洲区域，表现出明显的地理变异趋势；而在西伯利亚，则看不出地理倾向。综上所述，一个树种所有性状在整个分布区中的变异是很难用一个变异模式来概括的。

实际上，连续变异与不连续变异没有本质的区别，与树种的分布、环境条件等有密切关系。如果一个树种分布区广泛且连续，那么气候因子变化是连续的，性状变异也趋于连续；相反，分布区很小，气候因子变化不大，或分布区有大的断裂，两边的树木花粉不能交流，则性状地理变异呈不连续变异形式。

一般认为，连续性变异是由气候条件变化引起的。一些气候因子随经度、纬度以及海拔变化呈连续性变异，自然选择的结果使种群变异趋于连续性。然而，土壤特征以及小地形气候在整个分布区常常是不连续的，这些生境对树木生长和适应性也有一定的选择压力。因此，常常使树种的变异既包括连续的成分，又包括不连续的成分。土壤特性对种群变异的影响是很深刻的。施密德-沃格特（Schmide-Vogt，1971）发现欧洲桤木根系发育最旺盛的是来自土壤条件差的地区的种源。帕罗特（Parrot，1977）发现黑胡桃种群的生长发育对土壤特性有明显的依赖关系。布拉德肖（Braddshaw，1960）以及斯莱登（Snaydon）和布拉德肖（1961）发现，来自酸性土壤和钙质土壤的羊茅对酸碱土壤有不同的反映。因此，在分布区较小，土壤差异较大的情况下，不连续变异更为突出。

揭示一个树种的地理变异模式，在理论上和造林实践中都是重要的。对于连续变异树种和性状，可以根据已研究的两个产地的表现去推知其间任一点的表现，并加以应用。对于不连续变异的树种，则要分别弄清每个生态型的存在形式和范围，才能做出估计。

6.4.3 种源试验方法

6.4.3.1 全分布区试验和局部分布区试验

种源试验是一个长期的连续的过程。按照试验的阶段性，一般分为全分布区试验和局部分布区试验。尽管它们有共同的目标，但每一阶段各有特点，因而在采种点布局和试验设计上均有一定的差别。

全分布区试验是从全分布区采种，试验目的是确定种源之间变异的大小、地理变异规律和变异模式。在种源选择上，这个阶段的结果可以提出可能有发展前途的若干种源及其适宜的地区。对分布区较小的树种，可用20~30个种源作为试验对象；而对分布区广的树种，则用50~100个种源，甚至更多。试验期限一般为1/4~1/2轮伐期。

在全分布区试验的基础上，进行局部分布区试验，其目的是对前一阶段试验中表现较好的种源作进一步比较，并为各种不同的立地条件寻找最适宜的种源。参试的种源数目一般较少，但试验小区一般较大，试验期限为1/2轮伐期。有时将局部分布区的种源试验与子代测定结合起来进行。这时，就要对种源、林分和家系分别处理。

如果对于供试树种的地理变异规律事先已有所了解，在广泛采样的同时，可以对有希望的地区作密度较大的采种工作，这样就能将试验成果及时应用到生产中去。但对多数树种来说，很难在一次试验中弄清楚它们的地理变异规律，因此，对同一树种的种源试验往往要重复多次。

6.4.3.2 采种点的确定

采种点选择是否全面，是否有代表性，对能否达到预期试验目的关系重大。首先要求收集树种天然分布、地理变异的材料，并且最好能绘出该树种地理分布图。有关该树种的开花结实特性及其他生态学、生物学以及造林技术的材料也应广为收集。必要时，应在采种之前，对该树种的分布进行专门的考察。根据研究树种的地理分布和变异格局，以及社会、交通、人力、物力等条件，确定采种点的布局。

树种分布特点与采种点布局关系最大。如果是连续分布，全分布区试验中按某种环境因素(包括纬度、雨量、温度)的梯度来确定采种点，采种点要覆盖整个分布区。在大面积连续分布的情况下，可采用等距格子配置方式。

但是，有时还要考虑其他一些情况，如气候的格局变化，由于山脉、河谷的存在而造成的分布不连续性等。特别是我国的地形变化复杂，气候因素变化剧烈，加上树种通常呈不连续变异，按国外方法定点采样不一定适宜。20 世纪 80 年代杉木、油松种源试验中都采用了主分量分析法。在侧柏种源试验中，对侧柏自然分布区中 85 个产地的气候指标——年平均气温、7 月和 1 月平均气温、温暖指数(全年高于 10 ℃各月的月平均气温与 10 ℃之差的和)、年降水量、年平均相对湿度和春季干燥度(4、5、6 三个月的月平均气温的两倍值与同期降水量之差)7 个因子作了主分量分析。其中前 4 个指标代表了热量状况，后 3 个代表了水分状况。用各点的第一和第二主分量进行排序和分析，初步划分出了 5 个气候相似区。参考主分量分析结果，确定侧柏种源试验的采种点。

6.4.3.3　采种林分和采种母树的确定

(1)林分的选择

采种林分的起源要明确，应尽量在天然林中进行采种。如果在人工林采种，必须弄清造林种子的来源。林分组成和结构要比较一致，密度不能太低，以保证异花授粉。采种林分应达结实盛期，无严重病虫害，生产力较高，周围没有低劣林分或近缘树种。采种林分面积较大，能生产大量种子，以保证今后供应种子。避免在过熟林采种，因为这种林分种子产量少，生产力低。避免在上层已被间伐的林分中采种，因为优势木(dominant tree)已被伐除，林分遗传品质较差，没有代表性。

(2)采种母树的确定

在确定的林分中，采种母树一般应不少于 20 株，以多为好。采种母树之间的距离不得小于树高 5 倍。从理论上考虑，采种树应能代表采种林分状况，应当随机抽取植株采种，或在平均木上采种。但是，实际上不少试验单位愿意从优势木上采种，因优势木种子能够增加育种效果。在同一个试验中，必须统一规定从哪类树上采种。采种时间最好在种子年采种，以保证采种数量和品质。此外，不能从孤立木上采种。

6.4.3.4　苗圃试验

苗圃阶段试验的任务主要有：为造林试验提供所需苗木；研究不同种源苗期性状的差异；研究苗期和成年性状间的相关。种源试验可集中几个苗圃育苗，然后把苗木分别送往各试验点栽种，也可以在各试验点上分别育苗。

(1)育苗措施

为保证苗圃试验正常开展，在育苗过程中应注意以下几个方面的问题：

①所有参试种源播种应在短时间内完成，尤其是一个区组要同时完成。不同种源要严格分开，不能混杂。

②要求在种子处理、整地、施肥、灌水、防寒、防病虫害等方面，采取当地最有效的措施，对不同区组和种源要求采取相同措施。

③鉴于菌根对针叶树生长的重要意义，新育苗地最好施菌根土，以保证苗木的正常生长。

④要保证各种源苗木密度一致。

⑤播种后要求分区组、小区设置标志牌，并绘制平面图，标明各种源位置；应填写种源试验苗圃条件说明和苗圃管理记录表。

（2）苗圃阶段的调查观测

调查时采取随机取样的办法。如果采用容器育苗，由于容器排列整齐，而每个容器内幼苗株数也相等，则采用随机取样的办法易办到。如果在播种床或移植床，则按一定距离选测点。有些指标的测定，可采用固定小样方调查的方法。

因为试验在多点进行，要统一观测性状和观测方法，这样便于材料汇总。苗木培育过程中，测定的指标应有场圃发芽率、苗高、地径、物候与生长节律、苗木生长季末顶芽形成百分率、苗木过冬死亡率和受害率、生理指标，如光合速率、呼吸强度等。

6.4.3.5 林期试验

造林阶段的试验对于了解种源的生产力和抗逆性等地理变异更为重要。造林试验可分为短期、中期和长期试验。

（1）试验地的选择

根据对树种地理分布、生态环境及其对种源表型变异的了解，可将它的分布区划分为若干试验区。如果曾划分过种子区，可将这些种子区作为试验区。如果试验区垂直范围较大，可划分若干垂直带，按垂直带设置试验点。试验点的气候、土壤和地形等条件在试验区内有代表性，试验点内的地形、土壤、植被等条件应比较一致。

试验地选定以后，要对立地条件进行调查，调查内容包括试验点的位置、气候条件、地形条件、土壤条件等项，同时还要记载植被盖度及其主要种类。如果各区组立地条件差异较大，应分区组调查，并分别填表。

（2）试验地的试验设计

多采用随机完全区组设计，每个区组包括全部试验种源，每一种源为一个小区。20世纪50年代以前，多数种源试验小区较大，而重复较少。例如，一个小区包含100~200株树，设2~4个重复。50年代之后，趋向于采用小面积小区，设置多个重复。如一个小区包含1~10株树，设5~50个重复。

（3）制图和标志

试验地选定以后，即进行实地测量，绘制平面图。在图上进行区划，划定整个试验地的范围，区组边界和小区边界，注明符号，然后到现场落实，设置试验地标志牌，区组角桩和小区标志牌。图的比例尺为1/200或1/500。

（4）造林的实施

为保证造林试验正常开展，在造林过程中应注意以下几个方面的问题：

①根据当地造林经验，确定造林季节、苗龄以及整地、栽培、抚育、保护等措施。

②根据立地条件和树种生长速度等因素，确定造林株行距。

③起苗后，要去掉病苗、短头苗、细弱苗，在起苗和栽植过程中，要特别注意防止种源混淆。

④缺苗的补植工作应于第二年进行。为此，苗圃中应保留一部分苗子。

⑤造林工作结束后，应填写好种源试验造林情况记载表。表中除记载造林情况外，应

对栽植以后抚育管理情况、病虫害情况继续予以记载。

(5)造林阶段的观测

种源试验观测项目与子代测定相仿。主要观测指标包括存活率、保存率、生长量、生长发育物候期及生长节律、适应性及抗性、个体的竞争特性、木材性状以及其他生理生化指标等。

通过对种源试验结果的分析，不仅可以评选出当地最好的种源，同时也可以揭示各种源的特征特性和树种地理种源遗传变异模式，从而为育种资源收集保存提供依据。优良种源的供应，主要通过以下两个途径：一是利用原产地的优良林分改建成母树林；二是在原产地选择优树，建立优树无性系种子园。

6.4.4　种子区划

由于不同种源在成活率、保存率、生长和材质等方面都可能存在着遗传差异，有时，这种差异是极其显著的。因此，造林工作不仅要求做到"适地适树"，而且要求做到"适地适种源"。只有这样，才能营造成生产力高、稳定性好、材质优良的人工林。在造林工作中，如何做到适地适种源？各国普遍采取的办法是进行种子区划(seeds division)。即对某个树种各地所产种子的供应范围，根据生态条件、遗传性状以及行政区界等进行区划，提倡使用当地种子，限制使用外地种子。

我国自 1982 年开始由林业部主持，对 13 个主要造林树种种子区作了区划。于 1988 年颁布了中华人民共和国国家标准《中国林木种子区》(GB/T 8822.1~13—1988)，并于当年 8 月 1 日开始实施。

6.4.4.1　种子区划系统

区划系统包括有种子区、种子亚区。种子区是针对当前经营水平提出的控制用种的基本水平区划单位。种子亚区是控制种源的次级水平的区划单位，一般不做垂直区划。种子区和种子亚区有名称和序号。序号用两位数表示，前一个数字代表种子区，后一个数字代表种子亚区。为了便于实际应用，特别强调种子区或种子亚区边界的明确性。尽量利用行政界线(省界、县区等)、天然界线(山脊、河流等)、人工界线(铁路、公路等)，作为种子区或亚区界线。县作为重要的行政区划单位，一般不把一个县的范围分属于两个种子区和种子亚区。

6.4.4.2　区划依据

进行种子区划主要依据下列 3 个方面的研究：①分布区内生态条件的差异及其对林木生长和稳定性的影响。在生态条件中，首先要注意地貌。特别是在我国，地貌变化大，山地、高原、平原、盆地多交错分布，并因此对气候、土壤、植被有很大影响。其次要注意气候和植被条件。②对变种、亚种、类型及其地理边界的研究，以及亲本群表型变异和采种林分若干形态特征的差异的研究。一些研究表明，靠亲本群表型变异划分的地理群与根据种源试验划分的种源类群比较相近。③通过种源试验对地理变异的研究，以及生产上采用不同种源育苗造林的经验。与种子区划相近的名词是种源区划。一般认为，种子区划是造林学的概念，目的是对造林中的种子调拨进行限制。而种源区划是遗传学概念，是在对地理变异及其规律研究基础上对种源类群的划分，种源区是生态遗传学单元。显然，种源区划为种子区划提供了最可靠的依据。

6.4.4.3 造林用种原则

凡未进行过种源试验，或种源试验年限和规模尚不足以说明某地采用何地种子为宜时，应先遵循"就近用种"的原则。所谓就近用种，是指在某一种子区造林时，优先采用该种子区本身的种子，在某一亚区造林时，优先采用本亚区的种子，如果本亚区种子不能满足造林需要时，可使用本种子区其他亚区的种子。如果种源试验年限和规模足以说明某一种子区适宜种源时，除采用本区种子外，也可采用在本区表现良好的外区种子。

6.5 优树选择与利用

无论是天然林，还是实生苗人工林，林分内个体间都存在遗传变异，可能会存在优良的个体，优树选择与利用正是基于物种群体内个体间存在遗传变异而开展的。优树（plus tree）是指在相同立地条件下的同龄林分中，生长、干形、材性、抗逆性或适应性等性状特别优异的单株。我国称优树，在欧美国家称为"正号树"（plus tree），在日本称为"精英树"。优树是根据表现型选择的，需要通过遗传测定评价其基因型的优良程度。通过子代测定，证明遗传上优良的优树，称为"精选树"（elite tree）。国外于20世纪40年代开始优树选择工作，我国于20世纪60年代初开展了杉木、马尾松、油松等树种的选优工作，20世纪80年代初进展很快，现已扩大到几乎所有造林树种。各地优树子代测定结果表明，优树选择是有效的。

6.5.1 选优的林分条件

由于林分状况不同，会影响对候选优树的评价，从而影响选优的质量。确定选优林分时，应考虑以下条件：

（1）林分的起源

选优最好是在实生起源，特别是天然起源的林分中进行。因为，绝大多数树木是异花传粉植物，由于不同遗传型的配子结合，其后代遗传分化较大。所以，在实生起源的林分中选择优树，潜力较大，效果较好；相反，在插条特别是萌芽林中选择优树，效果较差。另外，如果在天然林分中选优，要注意优树之间亲缘关系。在一个单位林分中，最好只选择1~2株优树，不宜过多，而且优树之间距离要大。

（2）林分的立地条件

选优林分立地条件应当与优树供种地区或优良无性系推广地区的立地条件相适应。一般认为，优树的优良特性，只有在立地条件好的地段上，才能充分地表现出来，所以大多在Ⅰ、Ⅱ地位级林分中选择优树。但是，在中等或较差的立地条件上，如有较突出的优树，也不能漏选，因为它具有较强的适应性。

（3）林分的年龄

优树选择以中龄林较为理想，林龄过大或过小都不适宜。年龄过小，部分性状没有充分表现出来，选择可靠性差；但年龄过大，生长差异小，也影响评选。据北京林业大学对油松选优年龄的研究，油松生长较慢，3~9年生是林分内个体间分化最剧烈时期，15年后，各树龄间相关紧密，认为油松人工林选择年龄宜在 15 年后。选优年龄因树种生长速率而异。落叶松选优年龄最好在 15 年生以上，杨、柳、榆、槐、泡桐为 10 年左右，桉树在 3 年生时即可以选优。

（4）林分的密度和郁闭度

林分的郁闭度在 0.6~0.8 为宜，因为太密或太稀都影响树冠的发育，会给评选工作带来困难。选优林分的林相要求整齐，以避免不同的光照条件造成的差异。对于林缘木、林窗木、孤立木等一般不宜作为候选优树，除非特别出类拔萃的单株。

（5）林分结构

优树选择应尽可能在纯林中进行。由于树种间生长速度的差异，不同树种的竞争，影响对候选优树的评定。最好在同龄林中选优，以便比较。若在异龄林中选优，需要根据树种生长进程来评价候选优树。

（6）林分状况

一些林分经过"拔大毛"择伐后，表现优良的单株已被采伐，因此，应避免在经过"拔大毛"择伐林分中选优。

6.5.2　优树评定方法

在选定的林分内，按拟定的调查方法、标准，沿一定的线路调查，凡发现符合要求的单株作为候选树。优树的标准因树种、选种目的、资源状况等而定。用材树种的优树评价指标主要包括生长量、材质以及抗性等。对于其他用途的树种，如经济树种、生态树种和园林观赏树种优树的选择可采用不同的评价指标，但选优方法基本相同。

6.5.2.1　依据生长量指标的选择方法

（1）小标准地法

又称小样地法。以候选优树为中心，逐步向四周散开，在坡地可呈椭圆形，长轴平行水平方向，实测 30 株以上树木的胸径、树高，求出材积，计算各指标的标准地平均值，把候选优树与标准地平均值相比较，符合标准的，即可入选。

（2）优势木对比法

又称 3 株优势木对比法或 5 株优势木对比法。以候选优树为中心，在立地条件相对一致的 10~25 m 半径范围内，其中包括 30 株以上的树木，选出仅次于候选优树的 3~5 株优势木，实测并计算优势木的平均树高、胸径、材积，把候选优树与优势木平均值相比较，符合标准的，即可入选。

如在异龄林中选择优树，候选优树和优势木年龄常常不一致，相差的树龄必须校正后才能比较，校正可按生长过程表或按下式进行。

$$校正值 = 优树材积 - (年生长量 \times 相差树龄)$$

作为优势木对比法的演变形式，在防护林带和行道树中选优时可以采用"左右 3~5 株树木对比法"：以候选优树为中心，在其两侧各测 3~5 株树木的树高、胸径，计算平均值并与候选优树进行比较，达到标准的入选为优树。

（3）绝对值评选法

在异龄混交林中经常会碰到邻近没有该树种的同龄树木，候选树周围都是被压木，或都是大树，候选树生长的微生态条件显著不同于周围的树木。在这种情况下，可以采用绝对值评选法。

绝对值评选法可利用生长过程表。将生长过程表中各龄级的平均木的树高、胸径分别乘一个系数，所得的值作为该地位级条件下优树的最低标准。也可以采用树龄与生长量回归的方法评选优树。通过在某一特定立地条件下的林木随机抽50余株树木作为样木，对样木的生长性状进行测量，然后根据这些性状与年龄的关系绘成图。不同的立地条件需要建立不同的回归曲线。如果候选树性状值落在回归线上方，则入选；落在回归线的下方，则淘汰；恰好落在线上，则依据其他性状而定。

6.5.2.2 生长量指标的入选标准

优树的生长量指标没有统一的标准，一般根据选优树种资源状况（分布范围大小、调查范围大小、数量多少、变异程度等）以及希望选出优树的数量多少而定，即资源量大时标准可以提高，反之则降低；需要选出优树数量多时则降低，反之则提高。同时应考虑实现的可能性，一般不能超过同龄林分中的最大值。不同树种，优树标准可能差异较大，表6-4列出了部分树种优势木对比法和小标准地法优树选择的生长量指标标准，可供参考。

确定优树标准还需要考虑种源、立地条件等因素。例如，北京林业大学（1991）根据各地选择的3183株油松优树档案，按油松种子区划，计算了各种子区内优树生长量的平均

表6-4 部分树种优树生长量与对照的优势比 %

树 种	选优方法	指 标			资料来源
		胸径	树高	材积	
樟子松	3株优势木	110~120	105~110	130~150	王奉吉等，1999
刺槐	5株优势木	115	110	165	郭全建等，1998
楠木	小标准地	140	30	240	陈祖松，1999
华北落叶松	4株优势木	115	100	140	张源润等，2000
华北落叶松	小标准地	150	105	250	张源润等，2000
华山松	5株优势木	117	105	130	伍孝贤，1990
华山松	小标准地	20	60	160	伍孝贤，1990
火炬松	3株优势木	106~110	106~110	121~131	钟伟华，1990
杉木	5株优势木	122	100	150	卢天玲，1994
杉木	小标准地	160	120	150	卢天玲，1994
侧柏	5株优势木		110	160	董铁民，1990
侧柏	小标准地	180	120	300	董铁民，1990
马尾松	5株优势木	115	110	145	张义昌，1993
白榆	5株优势木	115		160	张敦伦等，1984
白榆	小标准地	150	110	250	张敦伦等，1984
油松	5株优势木	120		150	杨培华等，2000

注：引自陈晓阳和沈熙环，2005。

值，结果表明不同种子区、同一种子区的不同县间以及县内不同林分选出的优树生长量指标有较大的差异。由于各种子区的自然生态条件不同，树木生长速率有差异，在不同年龄阶段，树木生长速率也不相同。因此，优树生长量标准也应有所差异。

6.5.2.3　依据形质指标的选择方法

主要考虑对木材品质有影响的指标，或有利于提高单位面积产量和能反映树木生长势的形态特征。对于用材树种，一般有下列要求：

①树干通直、圆满。树干通直度根据树干有多少个弯，弯曲程度确定；圆满度可由胸高形率(中央直径与胸径之比)或高径比(树高与胸径之比)反映。

②树冠较窄。树冠指标为冠径比，即树冠直径与胸径之比。

③自然整枝良好。指标为自然整枝强度，即枝下高与树高之比。

④侧枝细。以树冠各轮枝中最粗枝的基径与胸径之比作为枝粗指数，反映树冠主枝粗细。

⑤树皮薄。可用树皮厚度与树干去皮胸径之比作为树皮指数。

⑥树干纹理通直，不扭曲。可用木材纹理扭曲偏差与胸围之比反映。

⑦树木健壮，无严重病虫害。

⑧木材比重大，管胞长。

此外，由于针叶树优树主要用于建立种子园，因此，应当考虑雌雄球花和球果的产量。

6.5.2.4　综合评定

优树选择属于多性状选择，一般情况下要有多个性状符合要求的候选优树才能入选。综合评定方法包括独立标准法、评分法、指数法等方法。此外，也可采用多元统计分析方法评选候选优树。

评分法是目前最常用的一种方法。按这一方法，对树木的各选择性状的表现型值划分为不同级别，并根据性状的重要性给予分值，累加各性状的评分，就可以对候选优树做出评定。评分法具有指数选择的含义，在考虑多性状综合评定时引进了权重，因而相对比较合理。

6.5.3　优树资源利用

优树选择是依据表现型的优劣进行的，为了进一步了解所选优树遗传品质的优良程度，及其在不同繁殖方式下子代(无性系后代)的表现，需要开展遗传测定工作，这部分内容将在第9章中介绍。优树是重要的育种资源，在林木育种中有多种用途，主要包括以下几个方面：

①作为种质资源收集保存的对象；

②作为杂交育种的亲本来源；

③作为种子园的建园材料；

④作为诱变育种、基因工程育种等新技术育种的操作对象。

本章提要

选择是林木育种的重要手段，选择育种是林木育种最基本和最有效的方法。本章首先介绍了选择和选择育种的有关概念，分析了人工选择在林木育种中的重要性。然后从表现型和基因型两个方面介绍了选择的效应，以说明选择的实际作用。其次，介绍了度量选择效果的常用指标，并依据度量指标的计算方法公式分析了影响选择效果的若干因素。接着介绍了林木选择育种的常用方法及其特点和应用范围。最后详细介绍了林木选择育种中最常用的两种方法：种源选择和优树选择。本章的许多内容与其他章节存在紧密联系，如育种资源、杂交育种、遗传测定、良种繁殖等，在学习过程中应注意思考和体会。

思考题

1. 简述生物进化的因素和趋势。

2. 分析自然选择与人工选择的区别和联系。

3. 以群体为对象的人工选择会产生哪些效应？

4. 人工选择效果如何度量？影响选择效果的因素有哪些？

5. 选择方法是如何分类的？各种选择方法的适用条件如何？

6. 试述种源试验的意义和对生产的作用。

7. 简述地理变异的一般趋势，并结合遗传与进化有关理论加以解释。

8. 根据一个树种的种源试验数据，如何判断该树种的地理变异模式以及影响地理变异的主要生态因子？

9. 种子区区划的意义是什么？应如何开展这项工作？

10. 简述适宜选优林分的条件。

11. 试述材积评定的三种方法和适用的情况。

12. 如何对候选优树进行多性状综合评定？

13. 联系林木育种的主要方法、内容和环节，说明选择在林木育种中的重要性。

推荐读物

1. 林木育种学 . 陈晓阳，沈熙环 . 高等教育出版社，2005.

2. 园林植物遗传育种学 . 陈金水 . 中国林业出版社，2000.

3. 林木遗传育种学 . 王明庥 . 中国林业出版社，2001.

第 7 章　林木杂交育种

通过树种间的杂交创造新的基因型，从中选育出优良杂交组合并应用到林业生产中，已经成为我国林木育种的重要途径，并取得了很大的成就。我国林木杂交育种事业获得成功，离不开对杂交亲本的正确选择、合适杂交技术的选用、对杂种的合理评价与充分利用。本章着重介绍杂交育种的原理与技术、杂交育种与杂种选育基本流程。

7.1　概述

7.1.1　相关概念

林木不同基因型个体间通过人工授粉获得杂种（hybrid），再从中选出优良个体的育种方法，就是林木杂交育种。广义的杂交（crossing 或 hybridization）指两个遗传组成不同的亲本间的交配，狭义的杂交则特指异种个体间的交配。林木杂交育种中，杂交一般指不同属间或亚种间的交配，即远缘杂交，又称种间杂交。此外，林木育种过程中，常采用不同的交配方式开展种内不同基因型间的杂交，即种内杂交，其主要目的是根据交配产生的子代的表现对亲本进行评估，从而选出优良的亲本用于良种生产。

根据杂交的方式，可以分为有性杂交（sexual hybridization）和无性杂交（asexual hybridization）。有性杂交就是通过母本和父本进行有性生殖获得杂交子代的过程。无性杂交指两个亲本的体细胞通过融合形成体细胞杂种。林木杂种大部分是通过有性杂交获得的，而体细胞融合是最常见的无性杂交。

7.1.2　杂交育种的意义

通过杂交可以把双亲的优良特性综合在一起，形成新的子代类型；也可将双亲中控制同一性状的不同基因积累在子代中，创造出性状表现优于双亲的子代类型。此外，由于双亲非等位基因间的相互作用，虽然子代没有表现出任何超越亲本的新性状，但有可能在生长、发育、生殖力、抗逆性等方面产生显著优于双亲的杂种优势。

林木通过杂交获得杂种优势并加以利用的例子非常多，杂交育种也是林木育种的重要途径。1912 年，英国亨利通过棱枝杨和青杨派的毛果杨杂交选育出了速生、适应性强的格氏杨。我国培育出了群众杨、三倍体毛白杨等一系列优良的无性系。文献记载较早的松树杂交是 1929 年开展的狭松×辐射松（*Pinus attenuate×P. radiata*）和 1949 年开始的欧洲落叶松×日本落叶松（*Larix deciduas×L. leptolepis*）杂交。我国华南地区广泛种植的湿加松（*P. elliottii × P. caribaea*）就是针叶树杂交育种的典型案例。湿加松兼具亲本湿地松干型通直圆满、分枝情况良好、抗风抗病虫害能力强、耐水渍、耐短期低温以及松脂产量高的特点和加勒比松早期生长迅速、生长量大的优势，在松树人工林生产中占据重要地位。阔叶树杂交育种在我国也有不少成功的案例，如中纬度地区的杨树种间杂交，长江流域的鹅掌楸种间杂交与杂种优势利用，以及华南地区的桉树种间杂交育种。其中，鹅掌楸与北美鹅掌楸杂交获得的杂交鹅掌楸(*Liriodendron sino-americanum*)表现出生长快、干形好、观赏性强、适应性广等特点，杂种优势明显，是珍贵用材与观赏兼用的树种，已在我国广大地区推广应用。

7.2 杂交育种原理

7.2.1 杂交与杂种优势

杂种优势(hybrid vigor，heterosis)是生物界普遍现象，指两个遗传组成不同的亲本杂交产生的杂种第一代(F_1)在生长势、生活力、繁殖力、抗逆性、产量和品质等方面比亲本优越的现象。

杂种优势的表现主要有3种类型：①营养体生长旺盛型，表现为植株生长势强、营养体增大；②生殖生长方面表现突出，结实器官增大、结实率高、种子质量与品质表现优越；③生理功能方面表现突出，适应性强、抗病虫害能力强、对环境适应性强等。

杂种优势所涉及的常为数量性状，主要有以下特点：①杂种优势在林木中普遍存在，但并非所有的杂交后代都表现出杂种优势，有些杂交组合甚至表现出劣势；②杂交子代表现出的杂种优势程度在不同的性状间呈现较大差异，并非所有的性状都具有杂种优势；③数量性状是林木杂种优势的主要来源，这类性状主要由微效多基因控制；④双亲的性状的互补程度和相对差异程度决定杂种优势的程度与变异幅度，亲本间的差异并非越大越好；⑤杂种优势呈逐代不同程度减弱的趋势；⑥杂种优势受环境影响显著。

杂种优势量度的指标主要有超中亲优势、超高亲优势、超标亲优势和离中亲优势。

(1)超中亲优势

杂种F_1某一性状的平均值与父母本性状平均值差数的比率。

$$超中亲优势 = \frac{F_1 - 1/2(P_1 + P_2)}{1/2(P_1 + P_2)} \times 100\%$$

式中，F_1为子代性状平均值；P_1为父本性状值；P_2为母本性状值。计算结果在0~1之间，当结果为0时，无杂种优势产生。

(2)超高亲优势

杂种F_1某一性状的平均值与亲本中该性状较优者的平均值差数的比率。

$$超高亲优势 = \frac{F_1 - P_h}{P_h} \times 100\%$$

式中，P_h指双亲中性状较优者平均值。

(3)超标亲优势

杂种F_1某一性状的平均值与当地推广品种该性状平均值(CK)差数的比率。

$$超标亲优势 = \frac{F_1 - CK}{CK} \times 100\%$$

式中，CK 为当地推广品种的平均值。

（4）离中亲优势

杂种 F_1 某一性状的平均值与中亲值之差占双亲离差值的一半的比率。

$$离中亲优势 = \frac{F_1 - 1/2(P_1 + P_2)}{1/2(P_1 - P_2)} \times 100\%$$

离中亲优势反映了杂种优势的遗传效应，又称为平均显性度，这可从以下推导中看出。假定基因的显性效应为 h，加性效应为 d，亲本 $P_1(AA)$、亲本 $P_2(aa)$、杂种 $F_1(Aa)$ 的基因型值分别为 $+d$，$-d$，h，则可从遗传效应角度估算离中亲优势，上式可推导为：

$$离中亲优势 = \frac{F_1 - 1/2(P_1 + P_2)}{1/2(P_1 - P_2)} = \frac{h}{d}$$

需要注意的是，杂种优势并非所有发育阶段都能表现出来，因此，在估算杂种优势时，需要根据性状的特点选取合适的时期。另外，杂种优势的表现受环境影响较大，在适宜的环境下才能表现。

7.2.2　杂种优势的遗传基础

关于杂种优势的遗传解释有多种理论假说，包括显性假说、超显性假说、上位性互作假说、基因表达调控、表观遗传调控、核质互作等。其中学者普遍认同的是显性假说和超显性假说。

（1）显性假说（dominance hypothesis）

显性假说是布鲁斯（Bruce）于 1910 年提出，也称连锁有利显性基因说或显性基因互补说。该假说认为，显性基因对生物有利，而隐性基因对生物不利。杂种优势是由 F_1 代综合了原来分别存在于双亲中有利的显性基因或部分显性基因，从而掩盖了不利的隐性基因。同时，在杂种子代中，由于双亲显性基因的互补作用，导致 F_1 代表现出明显的优势。显性假说很好地解释了亲本遗传差异越大，杂种优势越强的现象。同时，该假说也可解释自交衰退现象，即自交导致等位基因不断纯合，从而使自交子代在生活力、生长势、适应性等方面出现明显衰退。但在显性假说中，只考虑了等位基因的显性作用，而非等位基因之间的相互作用则未被考虑，因此，这个假说不能完全解释杂种优势产生的原因。

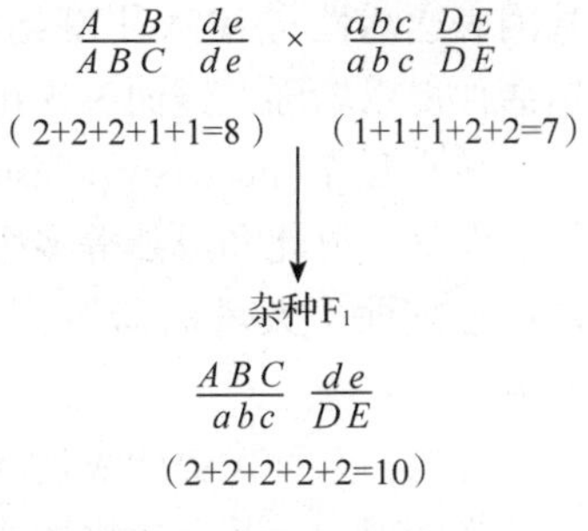

$$\frac{A\ B\ C}{A\ B\ C}\ \frac{de}{de} \times \frac{abc}{abc}\ \frac{DE}{DE}$$

$$(2+2+2+1+1=8) \qquad (1+1+1+2+2=7)$$

$$\downarrow$$

杂种F_1

$$\frac{A\ B\ C}{abc}\ \frac{de}{DE}$$

$$(2+2+2+2+2=10)$$

图 7-1　显性假说图例

显性假说对杂种优势的解释如图 7-1 所示。

（2）超显性假说（overdominance hypothesis）

超显性假说由沙尔（Shull）于 1908 年提出，又称等位基因异质结合假说，认为等位基因的杂合以及其他基因间的互补是产生杂种优势的根本原因。根据这个假说，杂合等位基因不论是显性的还是隐性的均表现出优势；杂合等位基因间的相互作用比纯合等位基因间的相互作用大，而且子代的杂种优势程度随基因杂合位点数量的增加和等位基因差异程度的增加而增大。由于这一假说可以解释杂种表现为超亲优势这一现象，故称为超显性假说。

超显性假说对杂种优势的解释如图 7-2 所示。

简言之，显性假说认为杂种优势源于双亲有利显性基因聚合；而超显性假说认为杂种优势源于双亲基因异质结合。两个假说都可以用来解释一些杂种优势现象，但同时又都存在一些缺陷，无法圆满解释杂种优势的遗传机理。

事实上，生物体是一个复杂的有机体，一个基因的作用往往受到其他基因的影响和制约。任何一个性状的表现

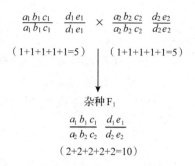

图 7-2 超显性假说图例

都是一系列基因综合作用的结果。这些基因既不是独立作用，也不是简单相加。基于此，有学者认为杂种优势可能与不同位点基因间互作有关，提出上位性互作假说。上位性（epistasis）即指非等位基因间的互作。上位性互作假说（epistasis interaction hypothesis）认为杂种优势来源于不同位点的有利等位基因间的交互作用。

显性、超显性和上位性假说是在经典数量遗传学和分子数量遗传学的基础上对杂种优势的解释。显性假说与超显性假说是基于单基因位点对杂种优势的解释，而上位性互作假说是基于多基因位点对杂种优势的解释。三个假说相互补充，又都具有一定的局限性。

随着功能基因组学的发展，国内外开始从基因水平上探索杂种优势的遗传机理，提出了基因表达调控假说（hypothesis on gene expression & regulation）。该假说认为，杂种优势产生的根本原因在于基因的差异表达与调控。基因差异表达指等位基因在杂种发育及与环境互作中起着不同的作用，基因差异表达可表现在不同尺度与不同发育阶段，如表达量、表达时间、持续期、对不同发育阶段和外界环境刺激的响应等，从而使杂种有别于亲本。

表观遗传调控（epigenetic regulation）指非基因序列改变所导致的基因表达水平发生变化，主要包括 DNA 甲基化、基因组印记和组蛋白的修饰与折叠，以及小分子 RNA（如 miRNA）调控等方面。DNA 甲基化是基因调控的一个重要组成部分。在玉米中研究发现，基因表达活性与 DNA 甲基化存在显著的负相关，杂交种的甲基化程度低于双亲，基因表达活性得以增强，进而表现出杂种优势。

核质互作（nucleocytoplasmic interaction）与杂种优势也有关系。由于杂种优势表现在生长、发育、分化和成熟等多个阶段，涉及基因之间、各种生理代谢之间及基因与环境交互作用等方面。大量的研究表明，叶绿体、线粒体和核基因组都参与了作物杂种优势的形成。

总之，杂种优势的表现涉及多个基因的效应、基因间互作、基因调控以及表观遗传修饰等诸多因素，其形成机理非常复杂。因此，虽然有多种理论或假说试图解释杂种优势形成原因，但迄今为止，确切的遗传基础仍不清楚，值得进一步探索。

林木杂种优势的形成机理同样受到了广泛关注，研究主要在形态学、生理学、生物化学、蛋白组学、基因表达调控以及表观遗传学方面。有研究表明，水分利用效率、较大的光合面积、较高的叶绿素含量和 RuBP 羧化酶活性等生理生化特性的差异是导致美洲黑杨生长量超亲优势的原因（高暝，2013）；而鹅掌楸生长性状的杂种优势表现与叶面积（叶金山，1998）、赤霉素（$GA_{1/3}$）含量（李周岐，2000）、叶绿素含量（杨秀艳，2002）、净光合

速率(季孔庶，2002)、硝酸还原酶、超氧化物歧化酶和过氧化物酶活性(杨秀艳，2002)、基因表达差异(李帅，2011)、基因杂合度(王晓阳，2009)以及亲本遗传距离(Yao 等，2016)等密切相关。此外，DNA 甲基化水平的高低与美洲黑杨(高暝，2013)、湿加松(李义良等，2017)的杂种优势紧密相关，高杂种优势组合甲基化水平明显高于亲本，而低杂种优势组合甲基化水平明显比亲本低。

7.3　亲本选择与杂交技术

7.3.1　杂交组合的选配

林木树种间的可交配性在不同的属、种之间存在明显的差异。一般而言，处于同一分类类群内(属、亚属，组、亚组)的物种，交配的成功率较高，当然，这也存在例外的情况。此外，同一对亲本，其正反交的交配性也有可能存在较大差异。

松树的分类较为复杂，属与种之间还有亚属(Subgen)、组(Sect.)和派(Ser.)等分类单位。一般认为同一派内和组内的树种间都能互相交配，结实率较高，但组间或亚属间的交配性相对较差或根本不能开展交配。广西林科院开展了多个松树树种间的杂交试验(孙明升，2020)，同一亚组内(火炬松、湿地松、加勒比松)的杂交子代在球果、种子与苗期的整体表现明显优于亚组间(马尾松与火炬松、马尾松与湿地松、马尾松与加勒比松)杂交子代，亲本间亲缘关系的远近影响亲本配合力，进而影响杂交子代的球果、种子与苗期的生长表现。李义良(2012)以 SSR 标记开展湿加松亲本遗传多样性的评价，发现湿加松树高、胸径、材积的杂种优势与亲本遗传距离相关性达显著或极显著水平。

我国在桉树杂交育种中获得较好的成果，桉树优良杂种无性系在华南地区推广种植面积大，生产效率高。对桉树双蒴盖亚属(*Symphyomyrtus*)横脉组(*Transversaria*)(粗皮桉 *Eucalyptus pellita*、巨桉、尾叶桉、韦塔桉 *E. wetarensis*)、隆缘桉组(*Exsertaria*)(赤桉、细叶桉、窿缘桉 *E. exserta*、布拉斯桉 *E. brassiana*)和蓝桉组(*Maidenaria*)(邓恩桉 *E. dunnii*、本沁桉 *E. benthamii*)开展杂交可配性研究，横脉组内杂交成功率较高，隆缘组内杂交成功率较低，窿缘组与横脉组之间杂交成功率较高，无论母本为哪方，均能保持一定的成功率，两组之间基本没有明显的生殖隔离(王楚彪，2020)。

杨树各派间杂交有很大的区别，比较容易开展的派间杂交是青杨派和黑杨派的派间杂交，取得的进展最大，最著名的有格氏杨、群众杨；其次是白杨派与黑杨派之间杂交，白杨派和胡杨派的派间杂交则比较难，黑杨派与青杨派间杂交容易产生具有显著杂种优势的天然杂种。派内种间杂交主要在白杨派和黑杨派内开展较多，其次是青杨派。

由于并非任意 2 个亲本的杂交都能交配成功，进而获得理想的杂种优势，因此，杂交组合选配的正确性，即选择合适的杂交亲本是林木杂交育种工作成败的关键。根据现有的杂交育种实践，亲本选配的原则主要有以下 5 个：

①根据改良的目标性状及性状互补性选择亲本。例如，湿加松培育目的就是获得生长速率快、适应性较广、材性优良的松树杂交种，这正是综合了湿地松和加勒比松的优点。

②根据亲本亲缘关系、遗传差异、地理变异规律进行选择。亲缘关系相近的树种间进行杂交获得成功的概率高，松树、杨树、桉树的杂交实践均支持这一结论。

③根据亲本的配合力选择。杨树的杂交育种策略包括在分析亲本遗传差异的基础上，选择一般配合力高的杂交亲本进行交配，利用特殊配合力最高的杂交组合进行杂交育种，从杂种后代选出优良无性系。

④根据亲本性状表现与性状的遗传规律。根据亲本生长表现，包括生长量、抗逆性、生理特性等进行选配，同时考虑各种性状的遗传力、遗传变异规律。

⑤根据杂种优势的遗传机理，利用现代分子生物学和基因工程技术，对亲本可交配性进行评估，选择具有杂种优势潜能的亲本组合。

7.3.2 杂交母树的选择

确定杂交组合后，就需要在亲本内选择优良的植株作为杂交的亲本。在已经开展遗传改良的树种中选择杂交母树，一般情况下选择种子园建园无性系或基因库中的优树。杂交父本要求干形好、生长量大、无病虫害、长势旺盛且雄花数量较多；杂交母本要求冠幅宽、枝低、雌花数量较多，有利于授粉作业。此外，不能选取种子园或基因库中存在嫁接不亲和性的植株，否则会由于植株的生长异常造成杂交失败。

对于尚未开展遗传改良的树种，杂交母树的选择需注意以下问题：

①植株须生长健康、拟利用的性状表现优良。对于用材树种，还需要树干通直、圆满，尖削度小，树冠完整、枝繁叶茂，自然整枝良好。

②无病虫害与适应性问题。

③植株能正常开花结实。

④对于拟通过无性繁殖进行杂种推广利用的亲本，需要选择无性繁殖易成功的基因型。

7.3.3 杂交方式的选择

为了将各种亲本的优良性状整合到杂种中去，达到最佳育种效果，在选定杂交组合及确定杂交母树后，需要根据育种目标和亲本特点及有关条件，确定相应的杂交方式（pattern of crossing），即参与杂交的亲本数目以及各亲本杂交的先后次序。杂交方式是影响杂交育种成败的重要因素之一，由育种目标和亲本的特点确定。最常见的是选配两个亲本进行单交，当只进行一次杂交不能达到育种目标时，可以进行回交以及复式杂交。

（1）单交（single cross）

单交是指两个不同的树种或品种进行一次杂交，所得的杂种称为单交种。湿加松就是湿地松×加勒松杂交培育出来的。单交具有操作简便、耗时短、见效快，便于遗传分析，杂交及后代选择规模不需要很大的特点。此外，单交有正反交（reciprocal cross）之分，例如开展尾叶桉和巨桉间的杂交，第一次杂交以尾叶桉为母本，巨桉为父本，得到的杂种尾巨桉的杂交为正交。进行第二次杂交，此时以巨桉为母本，尾叶桉为父本，得到的杂种巨尾桉的杂交则为反交。正反交并非绝对的，可以根据杂交开展的实际情况进行定义。

在细胞质不参与遗传的情况下，正反交产生的代代是一致的。但在实际情况中，母本往往具有较强的遗传优势，使得正交和反交的结果存在差异，杂种性状更倾向于母本。因此，在选定杂交组合后，还需要根据育种目标、杂种拟推广应用的范围、正反交的难易程度确定母本和父本。例如，进行湿地松和加勒比松杂交育种时，育种目标是综合湿地松材性佳、产脂量高与加勒比松作为热带松树所具有的全年均可抽梢生长的特性，杂交后代拟推广应用范围为亚热带地区，且加勒比松花期早于湿地松，以湿地松作为母本便于开展杂交，因此采用湿地松作为母本，加勒比松作为父本，得到杂种湿加松。

（2）回交（back cross）

回交指两个亲本产生的杂种一代（F_1）再与其亲本之一进行的杂交。只参加一次杂交的亲本为非轮回亲本（non-recurrent parent），也称作供体亲本。参加多次回交的亲本为轮回亲本（recurrent parent），也称作受体亲本。

通常把具有目标性状的优良亲本作为轮回亲本，进行连续多代回交使后代中轮回亲本的性状逐渐加强。回交亲本选择的原则如下：①选择综合性状优良的亲本；②非轮回亲本（供体亲本）的目标性状要突出，否则在不断回交过程中可能被逐渐削弱甚至消失；③为了保持轮回亲本优良性状在杂种中的强度，可选择同类型的其他品种替代原亲本作为轮回亲本。此外，回交的次数一般以 3~5 次为宜。

在刚松×火炬松的杂交育种中，火炬松生长速率快，刚松则具有抗寒性较强、耐瘠薄的特性，杂种 F_1 代继承了火炬松生长快速的优点，但抗寒性不如母本刚松，通过 F_1 与母本刚松的回交，使得 F_2 代抗寒性得到了提高。北京林业大学进行的毛白杨和新疆杨（*Populus alba* var. *pyramidalis*）的杂交，用毛白杨作为回交亲本，F_2 代结实率和发芽率均得到提高。

（3）复式杂交（multiple cross）

复式杂交是指用两个以上亲本进行两次或两次以上的杂交。采用复式杂交可以将分散于各个亲本上的优良性状综合于杂种之中，有可能育成综合性状优良、适应性广、用途广泛的优良品种。

常见的复式杂交有三交、双交和多父本混合授粉。

①三交（triple cross） 三交是指单交所得 F_1 再与第三个亲本进行杂交，即（A×B）×C。例如，北京林业大学进行了白杨派内的三交，如图 7-3 所示。

②双交（double cross） 双交是指参与杂交 4 个亲本先两两进行杂交，然后用两个不同的单交种再次进行杂交，即（A×B）×（C×D）。

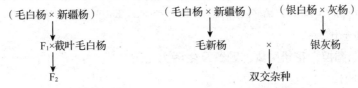

图 7-3 白杨派内三交图示　　　　图 7-4 杨树双交图示

杨树双交实例如图 7-4 所示。

③多父本混合授粉（multiple parental pollination，polycross，polymix） 多父本混合授粉是指选择两个以上的父本，将它们的花粉混合起来，对一个母本进行授粉，即 A×（B+C+D+…）。林木杂交中利用经选择的混合花粉进行授粉，可以减少杂交工作量，还可以改变授粉过程中的生理环境，提高杂交的可孕性，从而提高选择效率。

7.3.4 林木杂交技术

7.3.4.1 树木的生殖生物学

开展杂交前需要对杂交亲本的生殖生物学特性进行调查，包括开花生物学、授粉受精过程以及种实发育过程等内容。

(1) 树种性别分化与花部结构

首先需要了解树种是单性花还是两性花，是雌雄同株还是雌雄异株植物。针叶树属于雌雄同株但雌雄异花的植物，因此进行杂交时并不需要去雄，工作难度大大降低。桉树、油茶、泡桐、刺槐等阔叶树是两性花植物，因此套袋授粉前需要进行去雄。杨树、柳树等树种则是雌雄异株植物。

(2) 开花物候及花部发育进程

杂交组合亲本的花期是否可遇对杂交的开展有重要影响。在湿地松与加勒比松的杂交中，加勒比松花期早于湿地松，开展湿加松杂交制种时，只需要提前收集加勒比松花粉并短时间贮藏即可。但进行反交时，由于湿地松花期晚于加勒比松，则需要提前一年收集湿地松花粉并贮藏起来，这增加了杂交的工作量。桉树、木荷等阔叶树需要根据雄蕊的发育程度开展去雄工作。花的各部分发育未成熟，花蕾仍很小时进行去雄，难度增大。因此，需要根据花蕾的大小、出现的时间及颜色变化判断雌雄蕊的发育阶段，在花蕾足够大而雄蕊仍未成熟时进行去雄。

(3) 授粉受精过程

不同树种从授粉至受精的时间不同。松树的授粉与受精相隔时间较长。以火炬松为例，第一年的3月火炬松雌花开放并接受花粉完成授粉过程，但花粉在大孢子叶内并未释放出精核完成受精，而是在第二年的春季完成受精，合子胚在受精后才开始发育。桉树则在授粉完成后随即受精。

(4) 种实发育过程

杨树、柳树等雌雄异株树种从授粉受精到种子成熟只需要1~2个月。而松树授粉后经历1年左右时间才完成受精，再经过6个月种子才发育成熟。根据松树种子胚发育进程采集合适的未成熟胚，通过体胚发生与植株再生技术可实现湿加松规模化扩繁。对于杂交后杂种胚易败育的树种，可在合子胚发育仍正常的时期开展幼胚培养(胚拯救)，获得能正常发育的杂种子代。

7.3.4.2 花期调控、花粉采集、贮藏及生活力测定

(1) 花期调控

还需要考虑父本与母本的花期一致性。如果花期不一致，在其他性状优良的前提下，在配合力高的亲本中可以选择父本开花比母本早的亲本，将花粉储存，待母本开花时进行人工辅助授粉。也可以考虑纬度和海拔的因素，从低纬度或低海拔地域开花较早的父本中收集花粉，储存和运输到高纬度或高海拔地域，对开花较晚的雌花进行人工授粉。

(2) 花粉采集与贮藏

当杂交亲本存在花期不遇的情况时，需要提前采集父本的花粉并贮藏起来，等候母本开花时再开展杂交。根据树种授粉方式可分为风媒花和虫媒花。风媒花花粉量大、质轻，

可以从树上直接采集。如松树花粉的收集，常在雄花接近散粉期时采摘回室内，低温干燥后过筛收集花粉。风媒花花粉收集后可放进干燥器内避光保存，但须注意防止容器内花粉因叠压造成缺氧而失活。虫媒花树种花粉量少，花粉黏性大，一般在开花前数日采集花枝回室内培养，待花开后收集成熟开裂的花药贮藏备用。

具体的花粉采集方法主要有以下 3 种。一是树上采集。在雄球花散粉前，及时套上塑料袋或透明纸袋，使花粉散落在袋中，如松、杉等针叶树种常用此法。二是摘下花序采集。将撒粉的花序摊于纸上阴干，待花粉散出后即收集，但必须严格防止花粉的相互污染，如杨树、榆树、核桃以及松树、杉树等都可采用此法。三是培养花枝收集。在雄花开花前剪下花枝水培，下铺干净的白纸，当雄花开放，花药破裂时，花粉即散落纸上，如杨树、榆树、水杉等树种常用此法。

花粉应尽可能在采集后短时间内使用，授粉效果较好。但在有些情况下需要将花粉保存起来，供后续杂交授粉使用。为了保持花粉活力，即使短期保存，也必须对花粉进行干燥处理，以降低花粉粒的呼吸作用。常用的花粉干燥方法有：①花粉用硫酸纸包裹，置于干燥皿上层，下置干燥剂（硅胶），将干燥皿置于 0~5 ℃的冰箱或冷库中。②用气密容器，置于-20 ℃或更低温度的冰箱里。③花粉经冷冻干燥或真空干燥，密封保存于针剂瓶中。花粉贮藏最简单的方法是将花粉装在棉塞容器中，放在 0~5 ℃的冰箱或冷库。这种保存条件常常用于在一个授粉季节内的短期贮存。

（3）花粉生活力测定

为了保证杂交效果，授粉前需测定花粉活力，尤其是对于经过贮藏的花粉。经测定符合要求的花粉才能用于授粉。花粉生活力的测定方法分为直接测定和间接测定两种。

直接测定法就是将花粉直接授在处于可授期的柱头上，观察雌花及果实的发育情况。间接测定法有化学试剂测定和培养基法测定两类。化学试剂测定通常采用过氧化物酶法、脱氢酶法或四唑染色法，化学测定简单快速，但比较粗放，有时不能真实反映花粉生活力的实际情况。培养基法应用较多，一般采用琼脂胶培养基法测定花粉活力。最常用的琼脂浓度为 0.5%~1.0%，在 28~30 ℃培养条件下效果较好。在培养基中添加 5%~15%的蔗糖、0.001%~0.015%的硼酸可促进花粉萌发和花粉管的生长。

7.3.4.3　杂交方法

（1）树上杂交

松树、木荷、油茶等树种从开花到果实成熟需要的时间比较长，特别是松树，需要 2 个年度才能获得杂种种子，因此这些树种都必须在树上杂交。杂交的流程包括去雄、套袋隔离、授粉、拆除隔离袋以及种实采集等步骤。

①去雄　对于雌雄异株或雌雄异花的树种不需要去雄，直接套袋即可。例如，火炬松在雌花顶部露白时套袋即可，过早套袋由于袋内闷湿会造成雌花发育不良或死亡脱落。对于两性花，授粉之前需将母本的花去雄，去雄一般在花粉成熟之前进行，可直接用镊子或尖头剪刀剔除雄蕊。去雄时要仔细、彻底，但不要损伤雌蕊，更不能刺破花药，否则会引起自花授粉。去雄前，工具要用酒精擦拭，以杀死黏附的花粉。例如，木荷是两性花，花瓣一旦开始打开，花药就已成熟准备开裂，因此需在花瓣松开但仍未打开的时候进行去雄，去雄后须马上套袋。

鉴于人工去雄费时费力，且有些植物花朵小，人工去雄难度较大。而化学去雄又存在去雄不彻底，影响雌蕊发育及污染环境等缺点。因此，雄性不育系的开发与应用在植物杂交育种与杂种优势利用过程中较广泛。雄性不育性（male sterility）是指植株雄蕊发育不正常，表现为花粉败育、无花粉、花药退化或不开裂等现象，不能产生有功能的花粉，但其雌蕊发育正常，能够接受正常花粉而受精结实。雄性不育在植物界较为普遍，迄今在18个科的110多种植物中已报道存在雄性不育性的。目前，白榆、文冠果、湿地松等树种开始探索利用雄性不育性进行杂交制种。利用雄性不育系作为亲本进行杂交制种，可以免去人工去雄，节约人力物力。同时，也为难于进行人工去雄的林木开辟了商业化的杂种优势利用途径。因此，雄性不育系的开发与应用对于促进林木规模化杂交制种有现实意义，尤其对于花小、难以人工去雄的树种。

②套袋隔离　为防止其他花粉污染柱头，在人工授粉前需要通过对雌花套袋隔离外源花粉。松树在套袋后枝条仍会继续伸长生长，因此隔离袋需要留有枝条伸长的空间。木荷的花枝套袋后基本不存在快速生长的情况，因此袋子不需预留太大的空间。隔离袋一般需要在枝条上保留2~3周时间，因此需要选用透光性好，具有防水透气性能的材料。美国北卡罗来纳州立大学火炬松协作组选用带透明薄膜观察窗的硫酸纸袋来隔离外源花粉，可以在花期观测火炬松雌花的发育情况，把握雌花的可授期。

③授粉　在进行人工授粉前，需要掌握雌花的可授期（被子植物的柱头分泌黏液时，裸子植物大孢子叶球轴稍微伸长、苞鳞及珠鳞略微张开时）。可授期的长短因树种而异，白蜡、栎树、桑树等树种的可授期为2~8 d，松树为4~5 d，杨树、柳树约3~5 d，冷杉、云杉为2~5 d，鹅掌楸0.5~1 d。同时，可授期的长短也受外部环境条件的影响，干燥和高温促使雌花提前萎缩，而适当的低温可延长可授期。例如，火炬松雌花的珠鳞打开时处于可授期，珠鳞展开时间为3~5 d。木荷雌花柱头顶部呈梅花状展开，分泌花蜜时为可授期，待柱头顶部颜色变褐则可授期结束。授粉最好在无风的早晨进行，可用喷粉器或用毛笔、棉花球等将花粉涂抹在柱头上。如火炬松人工授粉在可授期可间隔一天喷粉一次，待珠鳞闭合后停止授粉。授粉后在授粉枝上做好标识（注明杂交组合及授粉日期），进行登记。

④去除隔离袋　人工授粉结束后且雌花的可授期已结束即可去除隔离袋。隔离袋应及时去除，否则易由于长时间套袋使得袋内温度、湿度过高，导致雌花脱落或霉变，造成杂交失败。

⑤杂种种子采集　果实膨大发育期间需要注意病虫害的防治。果实成熟后要及时采集，以免杂种种子散落丢失。

（2）切枝杂交

杨树、柳树等树种从授粉受精到种子成熟只需要1~2个月，因此可以采用切枝杂交（cutting cross）。切枝杂交可以在室内完成，相较于树上杂交，切枝水培不受授粉期间天气变化的影响，工作难度较小，便于实施与管理。杨树的切枝水培技术成熟，具体操作可参考相关的实验指导与文献。

7.3.5　远缘杂交障碍及其克服措施

远缘杂交是拓宽种内遗传资源、扩大基因库的重要手段，也是近缘杂交局限性的一种弥补。由于植物种间生殖隔离的存在，远缘杂育种容易出现杂交不亲和(cross incompatibility)、杂种不育的现象。例如，杨树黑杨派和白杨派之间的杂交存在着严重的杂交障碍，松树不同组间的杂交也存在着一定的杂交障碍。了解远缘杂交障碍产生的原因，并采取相应的方法克服杂交障碍，对于林木杂交育种具有重要意义。

7.3.5.1 远缘杂交障碍的表现

植物远缘杂交障碍(distant hybridization barriers)源于种间生殖隔离。与生殖隔离的两种类型，即合子前隔离与合子后隔离(见第 2 章)相对应，远缘杂交障碍也分为受精前障碍和受精后障碍 2 种类型。

(1)受精前障碍(pro-zygotic barriers)

受精前障碍指两个可育的物种进行授粉后，不能完成受精过程，即存在不亲和现象，主要有 2 种表现：①远缘种的花粉在母本柱头上不能正常萌发；②花粉虽然能萌发，但花粉管生长异常不能到达子房。美洲山杨×毛果杨即白杨派树种与青杨派树种杂交时花粉管在柱头出现延伸或扭曲而不能进入柱头，表现出高度不亲合(Stettler *et al.*, 1980)。

(2)受精后障碍(post-zygotic barriers)

受精后障碍指杂种胚败育，远缘杂交能够完成受精过程，但不能正常发育，主要有 2 种表现：①受精后染色体配对障碍，即受精过程虽然完成，但由于受精卵出现染色体消除或染色体消减的现象，在以后的分裂过程中亲本的染色体会逐渐丢失或部分丢失，形成单倍体或者形成一个亲本的单倍体与另一个亲本 1 至多条染色体共存的杂种子代，从而常造成育性降低或高度的不育；②受精后杂种胚败育及不育，即出现受精不完全、胚胎不发育、发育不正常、中途停止或后代植株不能正常结实等现象。

7.3.5.2 克服远缘杂交障碍的措施

要克服远缘杂交障碍，必须针对障碍产生的原因寻找解决的方法与途径。

(1)受精前障碍克服的措施

受精前障碍克服措施包括花蕾期授粉、延迟授粉、花柱嫁接、花柱截短、混合及蒙导花粉授粉、重复授粉、媒介法以及试管离体受精等。例如，将白榆花粉与银白杨死花粉1:1混合，用花粉蒙导法克服白杨和白榆的杂交障碍，得到银榆杨(杨超成等，2006)。

(2)受精后障碍克服的措施

克服远缘杂交受精后障碍的有效手段主要有幼胚离体培养(胚挽救)、杂种染色体加倍和反复回交。北京林业大学进行的毛白杨和新疆杨的杂交，用毛白杨作为回交亲本，F_2 代结实率和发芽率均得到提高。

此外，选择合适的杂交方式也能一定程度上克服远缘杂交障碍。北京林业大学在黑白杨派间的杂交试验中发现，黑杨作母本受精前障碍较小，杂种黑杨基因型作父本进行杂交较易成功；从杂交方式来看，以双杂交效果最好，通过杂交方式的选择，能有效地克服杂交障碍(张金凤等，1999)。

7.4 林木杂种优势评价与利用

杂交后所得到的杂种并非全部都具有杂种优势，因此，需要对杂种进行评价，即开展杂种子代的遗传测定，并根据子代测定结果选出具有杂种优势的杂种组合与子代，进而推广应用。例如，南京林业大学通过 60 多年来的鹅掌楸种间杂交试验结果表明，鹅掌楸种间杂交子代存在杂种优势，但并非都呈现正向杂种优势。表 7-1 列出了鹅掌楸某一批次部分杂交组合子代苗期生长（苗高）表现，超高亲优势变幅为 -45.2%~117.4%，杂种优势最大的组合为 H×L；超中亲优势变幅为 -41.3%~85.8%，杂种优势最大的组合为 J×L。杂交组合间杂种优势变异较大，且多个杂交组合表现出较强的负向杂种优势，这说明在林木杂交育种过程中，开展亲本选择是完全必要的（王晓阳，2009）。

湿加松是目前我国南方地区重要的人工林树种，推广面积累计达 $5×10^4 hm^2$。广东省林业科学研究院与台山市红岭种子园等单位在 20 世纪 90 年代开始联合进行湿加松选育。分别建立湿地松与加勒比松的育种群体，进行种内交配与子代测定，从中选用优良亲本开展控制授粉，累计已配制了 500 个以上杂交组合；对杂种 F_1 代开展多地点、多立地测定，在南方各省份营建了 50 多片家系和无性系测定林，从中选择出了一批优良家系和无性系。通过建立松树采穗圃并采用标准化的松树良种扦插繁育技术，湿加松规模化扦插生根率 90% 以上，扦插苗年生产能力 2300 万株以上，规模居世界前列。

表 7-1　鹅掌楸杂交子代家系苗高性状杂种优势表现

杂交组合	杂种子代苗高/cm	母本半同胞子代苗高/cm	父本半同胞子代苗高/cm	超高亲优势/%	超中亲优势/%
Z×WYS	116. 611	52. 625	97. 722	19. 3	54. 3
BK1×H	119. 705	87. 839	—	36. 3	—
H×L	135. 579	—	62. 355	117. 4	—
BK1×S	87. 875	87. 839	68. 308	0	12. 6
S×BK1	97. 188	68. 308	87. 839	10. 6	24. 5
M×S	57. 182	78. 841	68. 308	-16. 3	-22. 3
S×M	43. 2	68. 308	78. 841	-45. 2	-41. 3
BM×C5	55. 593	56. 667	—	-1. 9	—
BM×S	65. 375	56. 667	68. 308	-4. 3	4. 6
S×BM	45. 966	68. 308	56. 667	-32. 7	-26. 4
L×J1	86. 813	62. 355	66. 526	30. 5	34. 7
J×L	101. 515	46. 9	62. 355	62. 8	85. 8

注："—"表示数据缺失，因 H 和 C5 两个亲本的半同胞数据缺失。引自王晓阳，2009。

7.4.1　杂种优势评价

7.4.1.1　杂种遗传变异规律及遗传参数估算

对杂种遗传变异规律及遗传参数进行估算，可以了解杂种生长性状的遗传规律，确定开展选择的最佳时期，指导制定杂种遗传改良的育种策略。

对树高、胸径和材积等主要生长性质进行遗传分析，湿加松 EH（湿地松×洪都拉斯加勒比松）父本效应、母本效应以及父母本的互作效应都可能起作用；湿加松 EC（湿地松×古巴加勒比松)母本效应是主要的遗传因素、父母本的互作效应有一定的作用；湿加松 EB (湿地松×巴哈马加勒比松)杂种生长受较强烈的遗传控制，父本效应是主要的遗传因素、母本效应和父母本互作效应较弱。

在选择出优良杂交亲本之后，通过广泛的交配可以选育出杂种优势突出的杂交组合。杂种的生长性状受一定程度的基因加性效应控制，通过轮回选择可以积累目的基因，提高子代的生长量。因此，在具有丰富遗传基础的前提下，湿加松杂种可以作为一个树种来开展多世代遗传改良。针对单株材积的优良个体选择，最佳选择年龄为 45 年生，优良家系最佳选择年龄为 3~4 年生。

7.4.1.2　亲本遗传距离与杂种优势的相关性

育种学家们很早就注意到亲本遗传距离与 F₁ 杂种优势表现存在相关性，因而，利用亲本遗传距离预测杂种优势自然成为首选。在鹅掌楸中，Yao 等(2016)利用 30 个 SSR 分子标记分析了鹅掌楸 16 个杂交组合亲本间的遗传距离。分析发现，当亲本间遗传距离<1.068 时，随着遗传距离增加，子代杂种优势逐渐增加。在亲本遗传距离为 1.068 左右时，子代杂种优势达最大值。当遗传距离>1.068 时，随着遗传距离增大，杂种优势反而下降(图 7-5)。

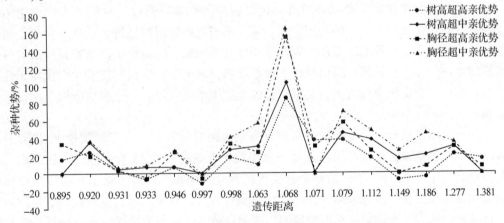

图 7-5　鹅掌楸杂种优势随亲本间遗传距离变化趋势(引自 Yao *et al*., 2016)

注：纵坐标为 7 年生长量杂种优势，横坐标为杂交亲本间遗传距离

为了验证上述结论，用同一批 SSR 分子标记对另一批鹅掌楸杂交组合材料进行分析，所得结论与此相似。两个试验点子代杂种优势均在亲本遗传距离为 1.068 左右时表现为最大值，说明可将亲本遗传距离 1.068 作为鹅掌楸杂交育种亲本选配的依据。

在湿加松中，利用 14 个 SSR 标记检测亲本群体，共检测到 57 个等位基因，据此计算亲本遗传距离，并与子代杂种优势进行相关性分析，得出树高、胸径、材积的杂种优势与亲本遗传距离相关系数为 0.5420~0.6393，相关性达显著或极显著水平。

7.4.1.3　杂种基因型与环境的交互作用

为了解杂种基因型与环境间的交互作用，选出各地适宜栽培推广的家系，对 21 个湿加松家系在 7 个试点的生长表现进行分析，有 15 个家系的回归系数未达到显著性，这些家系在 7 个试验点表现较稳定。有 5 个家系的稳定性参数大于 1.5，其他家系的稳定性参数介于 0.59~1.25 之间。稳定性参数(b)和家系的平均胸径之间存在稳定的负相关,即家系的胸径越大,基因与环境的互作越明显。因此,当湿加松优良家系在栽培区推广时,应充分考虑其家系与地点的环境互作效应,因地制宜推广栽培。

7.4.1.4 杂种无性系表型多样性研究

湿加松无性系的 8 个表型性状进行多样性分析,发现这些表型性状的平均遗传多样性指数较高。影响湿加松变异的有遗传与非遗传两大因素,各占一半,家系对遗传影响最强,其次是无性系。聚类分析结果显示无性系表现型上的差异,与无性系的来源没有必然的联系。因此,在育种时可依据表型性状的聚类结果,同时结合分子标记分析结果合理分配种质,可有效避免近交,减少控制授粉的工作,大大缩短育种周期,提高湿加松无性系的改良效率。

综合以上对杂种遗传变异规律、亲本遗传距离与杂种优势相关性以及杂种基因型与环境的互作的研究成果,可以制定湿加松的良种选育策略,通过广泛的交配选育出杂种优势突出的杂交组合。此外,还可以将杂种视为一个树种开展多世代遗传改良。

7.4.2 优良杂交组合利用

林木杂交育种常存在杂种制种困难,优良杂种组合难以通过大量制种推广应用的问题。因此,对于优良杂交组合的利用方式,需要根据树种繁殖特性进行选择。对于松树杂交组合,大规模重复制种难以实现,因此采用建立采穗圃、规模化生产杂种扦插苗的方式进行应用推广。桉树、杨树组织培养技术体系成熟,常采用组培快繁技术生产优良无性系用于生产推广。杂交鹅掌楸的体胚发生与植株再生体系成熟完备,已成功应用于优良无性系的推广。

湿加松采用家系无性系化的策略实现优良杂交组合的利用。由于湿加松 F_1 代种子是由人工控制授粉获得,产量有限,且每个球果仅含有效种子约 15 粒。因此,仅依靠人工控制授粉大量生产 F_1 代种子,培育杂种实生苗营建大面积丰产林,这个目标是难以实现的。以优良家系的实生苗为采穗母株,培育"矮桩平台式"株型,通过高强度和有规律的修剪保持采穗母株的长期幼化;选取健康的半木质化枝条或嫩条为插穗,在扦插圃进行控温保湿管理;生根的扦插苗木移到炼苗圃培育后再定植,可实现湿加松良种规模化扦插扩繁。

7.4.3 优良杂交子代的选择与利用

林木杂种子代的选择与利用有 2 种形式:一是把杂种作为一个树种,遵循常规育种理论与方法,开展子代测定与选择,营建杂种种子园生产 F_2^* 种子,在测定基础上对 F_2 种子进行推广应用。湿加松遗传改良即是采用此策略。二是不断进行亲本间杂交,开展杂交子代测定,选择优良个体单株,通过无性繁殖方式获得无性系,开展无性系测定评选出优良无性系,推广运用于生产。桉树的杂交育种及无性系选育即是采用此策略。采用何种形式进行杂交子代的选择与利用,必须依据杂种繁殖特性。杂交子代可以采用无性快繁方式规模化繁殖,则选用无性系方式推广利用可获得最大效益。如果无性快繁技术存在技术瓶颈,无性系生产成本高,则可考虑采用杂种种子园生产 F_2 代种子,虽然会损失部分增益,但制种成本大大降低。

广东省林业科学研究院对湿加松开展大量的子代测定，根据杂种遗传变异规律及遗传参数估算结果，选出了一批优良子代单株，营建了我国第一个湿加松无性系种子园。该种子园建于 2000—2003 年，共包含 53 个无性系，2015—2020 年累计已生产湿加松种子 510 kg，在华南地区开展了 F_2 子代测定，并利用 F_2 营建了人工林。根据澳大利亚对湿加松 F_2 代测定结果，F_2 代生长性状的变异略大于 F_1 代，生长量略低于 F_1，木材基本密度的变异差别不明显，但考虑到 F_2 代生产成本远高于 F_1，则利用 F_2 能获得令人满意的效益。

广西东门林场开展了大量的桉树杂交（张磊等，2015），在种间杂交、种内杂交、天然杂交 3 种育种方式的比较中，蓄积量从大到小的排序为：种间杂交>种内杂交>天然杂交。选育出的桉树杂种优良无性系 146 个，生产造林中广泛应用的无性系 4 个。

7.4.4　林木杂种命名

林木杂种的命名方式主要有 4 种。

①自然杂种在属名后加"×"，如欧美杨 *Populus × canadensis*（加拿大杨）。

②人工杂种写出杂交组合，母本在前，父本在后，中间用"×"连接，如湿加松 *Pinus elliottii × P. caribaea*（湿地松×加勒比松）。

③用栽培品种名称，如 *Populus×euramerica* 'Zhonghuahongye'（中红杨）或 *P. ×euramerica* cv. Zhonghuahongye。

④用无性系编号，如林业生产上广泛应用的尾巨桉无性系 DH32-29，是广西东门林场选育的优良无性系，并通过国家林木良种审定。

本章提要

通过树种间的杂交创造新的基因型，从中选育出优良杂交组合并应用到林业生产中，已经成为我国林木育种的重要途径。本章首先介绍了关于杂交和杂种的相关概念以及国内外在林木杂交育种中取得的成绩。接着介绍杂种优势的表现及主要的遗传理论。然后重点介绍杂交技术，包括亲本选配原则、杂交方式的选择、杂交技术以及如何克服远缘杂交障碍等。最后以湿加松选育为例，阐述林木杂交育种的基本流程。林木杂交育种的基本理论与实践操作源于农作物的杂交育种，但又与其有一定的区别，在学习过程中可通过比较二者的异同加深对林木杂交育种的理解。

思考题

1. 杂种优势的表现类型有哪些？如何进行杂种优势的评价？
2. 杂交组合亲本选配的原则是什么？
3. 林木远缘杂交障碍产生的原因有哪些？如何克服？
4. 什么情况下可以把杂种作为一个树种进行遗传改良？

推荐读物

1. 鹅掌楸属树种杂交育种与利用（第 2 版）. 王章荣. 北京：中国林业出版社，2016.
2. 白杨杂交育种. 赵曦阳，邬荣领. 北京：中国林业出版社，2013.

第8章 林木分子育种及其他技术育种

第 5~7 章介绍了林木育种的常规方法,即引种、选择育种与杂交育种。毋庸置疑,林木常规育种目前仍然是林木育种的主要方法,但也应看到,以基因工程育种、分子标记辅助育种、基因编辑以及基因组选择为代表的生物技术育种呈现出快速发展的势头,虽然有些技术刚开始应用于林木改良,但其潜力巨大,应是未来林木育种的发展方向。而且,林木生长周期长,采用常规育种技术进行新品种选育所需时间长、见效慢,且大多仍停留在表现型选择阶段;而分子标记辅助育种、基因编辑及全基因组选择等方法可弥补传统育种方法的不足,可提高育种效率,缩短育种周期,最终实现从传统的表现型选择向基因型选择转变。随着林木基因组测序、功能基因挖掘、基因编辑,以及遗传转化体系的不断发展与完善,林木分子设计育种将成为可能。

此外,林木多倍体育种、单倍体育种、诱变育种,以及体细胞融合等技术在林木育种中也占有一定的地位,培育出的一些品种在林业生产中发挥了重要作用。鉴于此,本章将详细介绍林木 QTL 与 MAS,林木基因工程育种、分子标记辅助育种等分子育种方法,同时,也简要介绍倍性育种、诱变育种、体细胞融合等其他育种技术。

8.1 林木 QTL 与 MAS

8.1.1 林木遗传图谱构建

8.1.1.1 遗传标记、遗传图谱与物理图谱

遗传图谱(geneticmap)又称连锁图谱(linkagemap),是指遗传标记在染色体上的相对位置,或称遗传距离。遗传图谱提供了基因组的组织框架,是基因组学的核心内容,同时又是基因图位克隆、QTLs 定位以及标记辅助选择的基础。

遗传标记(genetic markers)是指任何表型性状或者可以鉴定的特征,且控制该表型或特征的等位基因遵循孟德尔分离规律。遗传标记具有可遗传、可鉴别两个基本属性,因此,任何符合上述基本属性的生物学特征均可作为遗传标记。植物遗传标记包括形态学标记、细胞学标记、生化标记和分子标记 4 种类型。形态学标记(morphological marker)指符合孟德尔分离的任何表型性状(如豌豆的花色);细胞学标记(cytological marker)指染色体核型、带型以及染色体数目与结构变异等细胞学信息;生化标记(biochemical marker)指生物体内某些生化性状差异,如血型、等位酶、单萜等;分子标记(molecular marker)是以个体间 DNA 序列变异信息为基础开发的一类遗传标记,分子标记直接反映了 DNA 水平的遗传变异。其中,前三种标记数量少,易受环境的影响,且这些标记都无法直接反映遗传物

质的特征，因而具有较大的局限性。20 世纪 80 年代以来，随着分子生物学理论与技术的迅速发展，开发出多达几十种 DNA 分子标记。与前几种遗传标记相比，DNA 分子标记具有数量极多、可靠性高、不易受环境影响、能稳定遗传、能直接反映 DNA 水平的遗传变异等优点，因而广泛应用于遗传图谱构建、基因定位、基因克隆及标记辅助选择与育种等领域。

遗传标记可用于构建两种基因图谱，即物理图谱(physical maps)与遗传图谱。物理图谱描绘了基因或遗传标记在染色体上的确切位置。一般采用放射性标记或荧光原位杂交等技术构建物理图谱。林木中，已构建了核糖体 RNA 基因和一些高度重复 DNA 序列的物理图谱。物理图谱是图位克隆(map-based cloning)早期研究必要的技术平台之一，这是由于染色体步移(chromosome walking)是经典图位克隆的重要环节。林木首张物理图谱(杨树物理图谱)就是基于该策略构建的。但随着高通量测序技术和芯片杂交技术的快速发展，物理图谱目前已不再是图位克隆所必须。与物理图谱不同，遗传图谱展示了遗传标记在染色体上的相对位置，其构图策略是基于标记分离与连锁分析。具体而言，是通过分析标记间的重组率来确定两个标记的相对距离。物理图谱以基因彼此间的碱基对距离进行定位，而遗传图谱通过重组率来描述基因的相对位置。遗传图谱和物理图谱两者之间并不能直接对应，这是因为在基因组上物理距离相同的标记间在重组率上可能存在很大差异。

8.1.1.2 遗传图谱构建原理

遗传图谱构建的理论基础是染色体重组与交换。从孟德尔豌豆杂交实验开始，遗传学家们就对基因的本质进行了不断的探索。1903 年，萨顿(Sutton)和博韦里(Boveri)分别指出染色体是基因的物理载体，同源染色体分离和非同源染色体独立分配则是基因分离的物质基础。1905 年，贝特森(Bateson)和帕尼特(Punnet)在香豌豆中首次发现了基因的连锁遗传现象，随后的 1911 年，摩尔根在果蝇中也发现了该现象，并提出连锁的强度依赖于染色体上连锁基因的位置假说，进而创立了基因在染色体上呈线性排列的理论。1913 年，斯特蒂文特(Sturtevant)报道了果蝇 X 染色体上 6 个基因的排列顺序，这是生物领域的第一张连锁遗传图谱，该图谱奠定了利用遗传重组值进行基因定位的理论基础。

两点测验及三点测验是早期构建遗传连锁图谱的基本方法。两点测验较为简单，可以确定两个基因位点的连锁关系和连锁图距，但在确定三个位点的连锁关系时需要进行三次测交试验，因此构图过程比较烦琐。两点测验由于有极大似然法(ML)和 MAPMAKER 作图程序的支持，在农作物和林木中得到普遍应用。三点测验中三点测交是以重组为基础的连锁分析方法。三点测交能直接提供合子在减数分裂过程中基因所发生的重组以及由此产生的重组类型及数目，能提供双交换类型及其频率和染色体交叉干涉等作图信息。一次试验可以确定三个基因的排列顺序和连锁距离，因此，三点测交法一直是连锁分析中最有效的基因作图方法。

8.1.1.3 林木遗传图谱发展历程

生物第一张遗传图谱为 1913 年斯特蒂文特发表的果蝇 X 染色体 6 个基因的图谱，随后其他物种的基因图谱也相继报道。早期采用的遗传标记为形态标记，因其数量少且易受环境影响，限制了遗传图谱的研究进展。20 世纪 70 年代等位酶技术的出现为遗传图谱构建增加了新的遗传标记，但由于可用的酶系统数量仍然有限，因而构建的图谱其遗传标记数均很少。20 世纪 80 年代，随着 DNA 标记技术的开发与应用，大量的遗传图谱构建的报道不断涌现。1980 年，伯斯坦（Bostein）首先提出了利用 RFLP 标记构建遗传图谱的设想，1987 年，多尼斯·凯勒（Donis-Keller）等发表了第一张人类的 RFLP 连锁图，其饱和度远远超过了经典的图谱。之后 10 年，遗传图谱研究飞速发展，许多生物的 RFLP 图谱相继问世。随着更新的 DNA 标记技术的发展，越来越多的物种构建了遗传图谱，且标记的密度不断提高。

林木遗传图谱构建始于 1981 年，康克尔采用 43 个同工酶标记对 6 种针叶树种进行遗传图谱研究。1992 年，洛尔斯等首次采用 RAPD 标记构建了欧洲云杉的遗传图谱。1994 年，格拉特帕戈丽亚（Grattapaglia）等提出林木作图的"拟测交"策略，随后被广泛应用于林木作图。近 30 年来，随着 DNA 分子标记的广泛应用，已有近 200 个树种构建了遗传图谱，涉及火炬松、湿地松、欧洲赤松、海岸松、欧洲云杉、日本落叶松、杉木、马尾松等主要针叶用材树种，巨尾桉、蓝桉、美洲黑杨、毛果杨、欧洲山杨、马占相思、鹅掌楸等主要阔叶用材树种，以及银杏、板栗、美洲山核桃、油橄榄、油棕等经济树种。

早期构建的林木遗传图谱主要是以 RAPD 等随机标记为主，由于随机标记在家系间通用性差，因而无法对不同家系的图谱进行比较、验证和整合。而且，随机标记绝大多为显性标记，难以将扩增反应失败与哑等位（null allele）两者区分开来，也无法鉴别林木杂交组合中普遍存在的非整倍体，因此，基于随机标记扩增结果的基因型分型通常会出现系统性错误，进而大大降低图谱质量。另外，林木是异交物种，大多数位点可能为复等位基因，且基因位点间的连锁相未知，利用显性标记只能通过"拟测交"策略采用适合于近等基因系的统计软件进行分析，这也大大降低了 QTL 分析的精度与检测效率。因此，虽然在很多树种中构建了遗传图谱，也进行了 QTL 分析，但距实现林木图位克隆仍有相当长的一段距离。

进入 21 世纪，大量的共显性标记如 SSR、ESTP、SNP 应用于林木遗传图谱构建研究。由于这些共显性标记在家系间通用，因而可以对种内不同家系以及属内不同种间的遗传图谱进行比较、验证，从而为实现林木图位克隆奠定技术基础。2004 年，美国能源部橡树岭国家实验室发表了林木第一张与染色单体数相对应的、覆盖全基因组的毛果杨遗传图谱。该图谱将近千个遗传标记全部定位在不同的染色体上。该高精度遗传图谱的建成，为林木 QTL 的准确定位创造了条件。2016 年，童春发等采用 RAD 简化基因组策略构建了美洲黑杨×小叶杨 F_1 群体的高密度遗传图谱，母本美洲黑杨图谱包含 1601 个 SNP 标记，父本小叶杨图谱包含 940 个 SNP 标记。

8.1.1.4 遗传图谱构建方法

一般地，遗传图谱构建包含以下 3 个主要步骤：

（1）遗传作图群体

遗传图谱是基于作图群体进行的基因分离与连锁分析。一个合适的作图群体是构建遗传图谱的前提条件，也是影响图谱质量的重要因素。DNA 序列差异是遗传作图的分子基础。理论上应该选择亲本遗传差异大的杂交组合，然而若亲本间差异过大，则可能导致子代不育；且即使子代可育，其染色体间的配对和重组也会受到抑制，使连锁基因间的重组率偏低，导致严重的偏分离，从而降低图谱的可信度和适用范围；而如果双亲间遗传差异太小，可检测出的差异位点较少，则很难获得相对饱和的连锁图谱。因此，选择合适的亲本和适当的杂交类型是关键。

作图群体一定是分离群体（segregation population）。依其遗传稳定性分为两大类：一类为暂时性分离群体，包括 F_2 群体、F_3 群体、F_4 群体、BC 群体、三交群体等；另一类为永久性分离群体，包括重组近交系（recombinant inbred line，RIL）群体、加倍单倍体（doubled haploid，DH）群体和近等基因系（near isogenic lines，NIL）等。RIL 群体是由 F_2 群体的个体经多代自交产生；DH 群体是配子基因型经染色体加倍形成；NIL 群体一般通过多次回交转育获得，个体间除了少数几个基因不同外，其他基因都相同，NIL 群体适合应用于QTL 精细定位与图位克隆。

大多数农作物世代周期短，自交率高，容易获得上述分离群体。而林木长期异交，杂合度高，世代周期长，且存在自交不亲和与近交衰退等现象，因而，在林木中要获得 F_3、F_4、RIL、DH、NIL 等分离群体显然是不现实的。幸运的是，林木中存在一类自然分离群体，即针叶树单倍体大配子体（megagametophyte），或称胚乳。针叶树的胚乳由单倍体的未受精配子发育而来，属配子体器官。每一粒种子的胚乳来自母树减数分裂形成的配子，因此，可利用同一母树种子的胚乳作为分离群体，构建单株树的遗传图谱。裸子植物中，采用单倍体大配子体，构建了刚松、马尾松、湿地松、火炬松、海岸松、日本黑松、欧洲赤松、白云杉、欧洲云杉、银杏等树种的遗传图谱。

而对于被子植物阔叶树种，没有如针叶树种的大配子体的自然分离群体，只能人工创制分离群体，通常是通过交配设计获得全同胞或半同胞家系（当然，针叶树种也可采用人工作图群体）。目前，林木的人工作图群体主要有以下几种：①F_1 群体。是阔叶树较常用的作图群体。由于林木长期异交，导致高度杂合，大多基因在 F_1 代就发生分离，因而林木 F_1 群体就可视为分离群体。可采用"拟测交"策略进行林木图谱构建。其原理为：由于林木基因高度杂合，许多位点在 F_1 代即发生分离，出现"拟测交"情形，即在一个亲本中为杂合，而在另一亲本中为纯合。选取在亲本中多态而在 F_1 代中呈现 1∶1 分离的位点来模拟近交系中的测交位点作图，从而得到父本和母本的两张图谱。这一策略非常适用于显性标记，不要求研究材料有详细的遗传信息，只需杂交双亲遗传差异较大并能获得足够多的子代群体，其作图效率取决于亲本间的杂合度和遗传差异。"拟测交"作图策略具有作图群体容易建立、连锁分析相对简单等优点，因而在多年生异交物种尤其是林木中得到广泛应用。但由于该作图策略仅能利用 1∶1 分离位点信息，其他分离类型的位点信息不能充分利用，导致该方法构建的图谱密度较低，作图效率不高。②F_2 群体。F_2 群体也是林木中常用的作图群体之一。F_2 群体内包含亲本的所有基因型，适合于估算基因效应和检测不同类型的互作。目前一些速生树种已经采用 F_2 代群体进行图谱构建，如杨树、桉树等。③回交群体。BC_1、BC_2 群体均可，如柑橘采用 BC_1 群体，板栗利用 BC_2 群体。④半同胞子代群体。半同胞子代家系建立比较简单，大多为自由授粉子代，无须人工杂交。广义地，自由授粉子代也是一类自然分离群体，但与针叶树单倍体大配子体不同，半同胞家系为二倍体。例如，1996 年，格拉特帕戈丽亚利用 300 个半同胞子代群体构建了巨桉遗传连锁图谱。

此外，作图群体大小也是影响图谱质量的重要因素。因为一定的作图群体大小只能建成一定饱和度的图谱。图谱中标记顺序的精确性直接影响图谱的质量，而标记之间重组事件的发生决定了标记的排列顺序，可靠的标记位置的确定需要检测一定数量的减数分裂事件，因此，一个足够大的作图群体有助于提高染色体上距离相近标记之间的位置估计精度。比奈利等（Binelli *et al.*，1992）通过模拟发现，群体数目超过 110 时才能降低取样误差，获得较精确的重组值。但作图群体太大，必然增加实验工作量与实验成本，同时，也会对作图软件及运算平台有更高的要求。

此外，作图群体大小也与构建图谱的目的有关。如果所构建的图谱要进一步用于 QTL 定位或比较基因组学研究，则需要密度大、质量高的图谱，也就需要较大的作图群体。因为作图群体越大，可检测的重组事件越多，从而保证更高的定位精度以及对微效 QTL 的检测效率。一般认为群体大小 500 是临界值。当群体大小低于 500 时，由于比维斯（Beavis）效应，微效 QTL 无法检测，而主效 QTL 的效应则被高估。当然，如果研究目标仅为主效 QLT 的初步定位，也可以采用较小的群体，如 100~200 个体。目前报道的林木遗传连锁图谱其作图群体大小大多在 200 以下，因而至多可检测主效 QTL。而如果构建图谱是为了基因组组装，其目的是辅助 scaffolds 排序。对于一个质量较好的基因组，scaffolds N50 应达 1 Mb，这就要求图谱中的标记分辨率应能达到几百 kb 水平，对应的遗传距离大约为 1 cM。而规模在 100~300 个体的作图群体就足以满足上述图谱分辨率的要求，其对应的图谱分辨率在 0.3~1 cM 之间。

（2）基因分型

该阶段较为简单，就是采用各种遗传标记技术或其他分子生物学技术测定作图群体每一个体的标记基因型（marker genotype），基因分型（genotyping）又称为基因型检测（genotypic assay）。目前主要采用分子标记技术，应用的主流分子标记有 SRAP、AFLP、SSR、SNP 等，其他分子生物学技术包括核酸杂交、基因芯片和核酸测序等。

需要注意的是，由于基因分型结果直接影响到连锁相的判定及重组值的计算，如果基因分型结果与实际结果出入较大，则直接导致后续的连锁群分群错误，或者标记间相对距离误差较大。因此，需做到专人负责，统一标准，认真判读。

（3）连锁分析和图谱构建

当作图群体的基因分型完成后，获得了大量的标记分离数据。根据分离数据估计不同标记位点间的重组率。将重组率（单位:%）转换成遗传距离（单位：cM）是通过图距函数来实现的。常用的图距函数有 2 种，即 Haldane 函数与 Kosambi 函数（具体的原理与方法可参阅相关文献）。接下来，就可以对这些标记进行连锁分析并构建遗传图谱。

连锁分析通常采用两点分析与多位点分析法。通过两点分析可以得到任意两个标记位点之间的连锁关系，依此可将所有标记位点分成若干个连锁群，然后对每个连锁群的标记位点进行排序和多位点连锁分析。根据位点间的重组率与 LOD 值（Log of Odds，似然比值）划分连锁群。一般分为两个步骤：①以两两标记位点间的重组率为基础将大量分子标记分成若干个连锁群；②对每个连锁群的标记位点进行排序，并确定相邻位点间的距离。上述两个步骤都涉及复杂的数学计算，尤其是第二步。目前对于数目较多位点，还很难得到最优的排序结果，因此，仅为统计意义上的图谱。

对于同一连锁群内不同位点之间的排序是一个非常复杂的计算过程，其目标是在所有可能的排序中找出最优的排序。如果某一连锁群有 n 个标记位点，那么，理论上共有 $n!/2$ 种可能的排序。当 n 较小时，可以采用穷举法找出最佳的排序；但当 n 较大时，所需的计算时间将呈几何级数增长，枚举法是不可能完成的。多位点排序本质上属于运筹学中著名的 NP(nondeterministic polynomial-time)问题，目前尚未有多项式算法，只能采用近似的算法，目标是获得局部最优的排序。一般先定义一个目标函数(如似然函数)，然后采用多位点排序计算方法(如排列法、模拟退火算法、启发式搜索算法)获得最优排序。

目前，已开发出了多个遗传排图软件，如 Mapmaker、JoinMap、QTL IciMapping、FsLinkageMap 以及 HighMap 等。其中，前两个软件应用较广。不同排序软件采用的统计方法不同，适用的作图群体也不太一致。如兰德尔(Lander)等(1987)开发的 MapMaker(最新为 3.0 版)，适用的群体类型包括针叶树单倍大配子体、BC、F_2、RIL 等全同胞家系；范·奥金等(VanOoijen *et al.*，2001)开发的 JoinMap(最新为 4.1 版)，支持二倍体物种各类实验群体，具有界面友好、使用简单等特点；由中国农业科学院作物科学研究所王建康课题组(2007)研制的 QTL IciMapping(最新版 4.1)同时具备图谱构建与 QTL 作图两方面功能，适用于多种作图群体，能够考虑 QTL 的加性、显性效应，也能考虑 2 对 QTL 位点间的互作，还能应用于染色体片断置换系群体中的 QTL 定位等；南京林业大学童春发等(2010)开发的 FsLinkageMap(最新为 2.0 版)采用了隐马尔可夫链模型的方法并考虑了位点间连锁相信息进行多位点连锁分析，可应用于多种作图群体，尤其适用于多年生异交物种如林木的全同胞 F_1 代群体；HighMap 是百迈客生物科技有限公司(2014)基于 Linux 系统开发的一款作图软件，主要针对二代数据，适用于 F_1、F_2、BC_1、RIL、DH、CP 等作图群体。

由于林木长期异交，杂合度高，在二倍体的全同胞家系中，两个亲本的分子标记位点可能有多达 4 个不同的等位基因，且由于存在哑等位(null allele)，因而可用于连锁分析的分离类型有 $ab×aa$、$aa×ab$、$ab×ab$、$ab×cd$、$a0×a0$、$ab×a0$ 和 $a0×ab$ 7 种，当进行两位点连锁分析时，可配成 17 种分离类型对。由此可见，林木全同胞家系群体的遗传图谱构建更加复杂。考虑到子代的标记基因型是由于父母双亲独立分离形成的，在这种情况下，可以采用两种作图策略：①为杂交双亲分别构建遗传图谱，获得两张图。例如，童春发等(2016)利用 FsLinkageMap 软件分别构建了杨树全同胞家系两个亲本美洲黑杨、小叶杨的连锁图谱。②应用双亲的数据构建一个单一的性别平均(sex-averaged)连锁图谱，获得一张图。例如，德维等(Devey *et al.*，1996)采用 JoinMap 软件构建了辐射松的性别平均图谱；采用同样的方法也构建了亮果桉等(Byrne *et al.*，1995)与花旗松等(Jermstad *et al.*，1998)的性别平均图谱。休厄尔等(Sewell *et al.*，1999)以火炬松两个全同胞家系群体为材料，采用 Mapmaker 和 JoinMap 构建了 4 个没有亲缘关系亲本的单亲图谱，并利用 JoinMap 将这 4 个图谱整合成一张一致性图谱(consensus map)。

理论上，一个连锁群相当于一个染色体，但连锁群的数目常常会超过染色体的数目，这是由于标记覆盖度不够，或存在大片段的重组抑制区域(如倒位)导致同一染色体不同区域之间连锁关系无法检测到。图 8-1 展示的是美洲黑杨连锁遗传图中的 3 个连锁群。

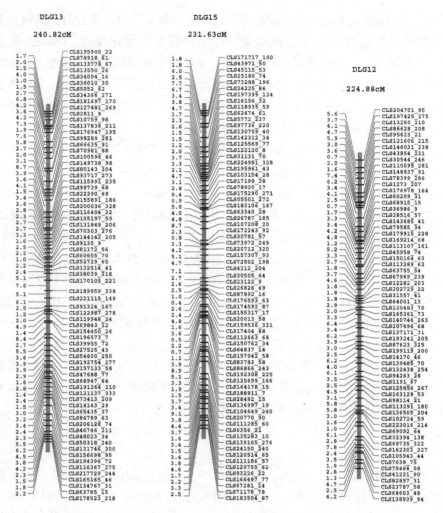

图 8-1　美洲黑杨（I-69）连锁遗传图中的第 12、13、15 连锁群

（基于 Tong 等，2020）

8.1.2　林木 QTL 定位

构建遗传连锁图谱主要有两个目的：一是辅助基因组组装；二是用于 QTL 定位分析。鉴于基因组组装不是本章关注的重点，这里，主要介绍林木 QTL 定位的原理与方法。

8.1.2.1　QTL 定位的概念与原理

QTL(quantitative trait loci)指数量性状位点。第 2 章已介绍，数量性状受多个基因控制，因而，对于同一个数量性状(如树高)，可能受多个位点影响，因此，一般用 QTLs 表示。自然，对于某一数量性状，我们希望知道影响该数量性状的基因数目以及基因所在的位置，这正是 QTL 定位的出发点。

利用上一节介绍的遗传图谱，可以将影响同一数量性状的多个基因分离开来，并将它们定位到基因组上的确切位置，这一过程就称为 QTL 定位或 QTL 作图(QTL mapping)。QTL 定位的目的是鉴定一个或多个影响数量性状的基因及其所在的染色体区域。实际上，

QTL 定位所确定的染色体区域很少仅包含单个与该性状有关的基因，而是还包含了一些与该性状无关的其他基因，因此，QTL 不能等同于功能基因，但它位于功能基因附近。

QTL 定位的原理：一般采用连锁分析策略，即利用功能基因（QTL）与分子标记间的连锁与重组关系来实现对功能基因的定位。

为解释该原理，现举例说明（图 8-2）。

树木个体	基因型				表型
	QTL				
个体 1	A　　$B\ Q\ c$		d	E	高
个体 1	a　　$B\ Q\ c$		d	E	高
个体 1	A　　$B\ Q\ c$		D	e	高
个体 1	A　　$b\ q\ C$		D	E	矮
个体 1	a　　$b\ q\ C$		D	E	矮
个体 1	A　　$b\ q\ C$		D	e	矮
个体 1	A　　$b\ q\ C$		d	E	矮

图 8-2　与功能基因（QTL）连锁的标记

假定 Q 基因促进树高生长，q 基因抑制树高生长。从图 8-2 中可以看出，基因座 Bb 与 Qq 基因座相邻，且 B 总是与 Q 连锁，导致含有 B 基因的树木总是较高；对应地，b 总是与 q 连锁，导致含有 b 基因的树木总是较矮。另一相邻基因座 Cc，c 总是与 Q 连锁，含有 c 基因的树木较高；C 与 q 连锁，含有 C 基因的树木较矮。而远离 Qq 基因座的 Ee 基因座则没有这种现象。由于 Ee 基因座与 Qq 基因座相距较远，彼此间没有必然的连锁关系（重组率较高），因此，可以看到，E 基因对应的树木既有高的个体，也有矮的个体，e 基因也是如此。

在实际研究中，上述 Aa、Bb、Cc、Dd、Ee 等基因座一般为分子标记位点，它们在图谱上的位置是已知的，而 Qq 基因座的位置是未知的。假如通过统计分析发现 Bb、Cc 基因座与树高性状紧密相关，而其他基因座与树高性状关联性不强，那么我们就可以推论出功能基因座 Qq 位于 Bb 与 Cc 基因座之间。

这里，关键是在全基因组范围内搜寻与功能基因（QTL）紧密连锁的分子标记，这需要借助于统计分析方法。近 40 年来，统计遗传学家基于不同的研究思路及统计分析方法发展了多种 QTL 定位方法，但从本质上看都属于统计推断的结果，因此，都可能会存在偏差，这也就是为什么每一个 QTL 定位结果都需提供相应的置信概率的原因。

8.1.2.2　QTL 定位的统计分析方法

早在 1923 年，萨克斯（Sax）运用孟德尔遗传定律将数量性状（菜豆种子大小）与单基因性状（种皮颜色）之间的遗传关联进行了研究，这是利用连锁分析进行 QTL 定位的原始模型。1961 年，索迪（Thoday）首次提出利用两个单基因标记对控制数量性状的多基因进行系统定位的构想。但是，由于当时缺乏足够多的遗传标记来将数量性状分开，筛选两个连锁的标记是非常困难的，因而限制了它的应用。20 世纪 80 年代以后，随着分子标记技术的发展及高密度分子标记连锁图谱的获得，基于单标记分析方法的 QTL 定位研究报道也逐渐增多。与此同时，单标记分析方法的缺陷也逐渐显露出来。针对于此，1989 年，兰德尔和博特斯坦提出了基于两个相邻标记的区间作图法。由于缺乏对遗传背景的控制，导致当一条染色体上存在多个 QTL 时，区间作图定位结果是有偏的。为此，1993—1994 年，曾昭邦提出了将多元线性回归与区间作图结合起来的复合区间作图方法，用检测区间之外的标记来控制遗传背景，从而提高了 QTL 定位的精度。然而，对于具有上位性和基因型×环境互作效应的 QTL，复合区间作图方法难以有效地定位，这囿于多元线性回归模型的局限性。因此，1998 年，朱军等提出了基于混合线性模型的复合区间作图方法，该方法可有效弥补区间作图方法的不足。

严格意义上说，以上各种作图方法都属单 QTL 模型。1997—2002 年，高振宏和曾昭邦等提出了多区间作图法，其模型中同时包含了多个 QTL 及其两两互作。这是真正意义上的多 QTL 遗传模型，为 QTL 定位开辟了新视野。目前，多 QTL 定位的方法主要有极大似然法和贝叶斯(Bayesian)方法两大类。前者包括多区间作图法和惩罚最大似然法，其运算速度较快；后者则主要有可逆跳跃 MCMC(Markov chain Monte Carlo)方法、易能君等提出新的 Bayesian 方法和压缩估计方法。

上述方法均是针对某一时间点数量性状观测值的 QTL 定位，即静态 QTL 定位。然而，生物性状的表达是一个动态过程。动态性状也称为发育性状，是生物体在生长发育过程中随时间变化的数量性状。因此，开展动态性状 QTL 的定位也是很有必要的。动态性状 QTL 定位方法一般分 3 类：①将不同时间点表型观测值(或时间间隔表型观测值增量)视为相同性状的重复测定值，在重复观测值框架下依次分析该性状；②将不同时间点观测值视为不同性状，由多变量方法分析该性状；③拟合时间点与表型观测值的数学模型，用多变量方法分析模型参数。其中，第 3 类方法具有表型数据量少、可处理非平衡数据、模型参数具有生物学意义，从而便于了解性状发育的遗传学基础等优点。邬荣领和林敏(2006)认为，基于模型选择的 QTL 定位方法和贝叶斯压缩估计方法均可用于动态性状的功能定位。此外，还有 eQTL 定位策略，将来自分离群体的各基因型的表达数据作为一个数量性状，利用传统的 QTL 分析方法进行定位。

总之，迄今 QTL 定位方法有了长足的发展，已经发展了适合各种情形的 QTL 定位方法。限于篇幅，这里对上述各种方法的统计学原理与具体过程不再赘述，有兴趣的同学可参阅相关文献。以下简要介绍几种经典 QTL 定位方法的原理与特点。

(1)单标记分析

单标记分析法(single-marker mapping，SMM)检测某一标记位点是否与目标 QTL 之间存在连锁关系。一般采用方差分析、回归分析或似然比检验，比较不同标记基因型数量性状均值的差异。如存在显著差异，则说明控制该数量性状的 QTL 与标记有连锁。由于单标记分析法不需要完整的分子标记连锁图谱，因而早期的 QTL 定位研究多采用该方法。但单标记分析方法存在以下不足：①不能确定与标记连锁的 QTL 数目；②无法确切估计 QTL 的位置；③由于遗传效应与重组率混合在一起，导致 QTL 遗传效应被低估；④易出现假阳性；⑤检测效率不高，所需个体数较多。

（2）区间作图法

1989 年，兰德尔和博特斯坦首次提出了基于两个相邻标记的区间作图法（interval mapping，IM），建立了 QTL 定位的基本框架，首次实现了在全基因组水平上搜索 QTL，并估计其效应与位置。该方法原理为：通过建立正态混合分布的似然函数，用以计算基因组的任一相邻标记之间的任一位置上所对应的似然函数比值的对数（LOD 值）。根据整个染色体上各点处的 LOD 值可以描绘出一个 QTL 在该染色体上存在与否的似然图谱。当 LOD 值超过某一给定的临界值时，就认为该区间中存在 QTL，且其位置也被确定下来。

与传统的单标记分析法相比，区间作图法有其明显的优点：①能推断 QTL 在区间中的可能位置；②如果一条染色体上仅有一个 QTL，则 QTL 的位置和效应估计渐近无偏；③能使 QTL 检测所需的个体数减少。因而，区间作图法一度成为 QTL 作图的标准方法。但是，区间作图法仍存在一些问题：①与检验区间连锁的 QTL 会影响检验结果，或者导致假阳性，或者使 QTL 的位置和效应估计出现偏差；②每次检验仅用两个标记，其他标记的信息未加以利用。

（3）复合区间作图法

为了解决区间作图法存在的问题，1993 年，鲁道夫（Rodolphe）和勒福尔（Lefort）提出了一种利用整个基因组上的标记进行全局检测的多标记模型，建立了利用多个标记同时检测多个 QTL 的线性模型。该方法能够检测同一连锁群中的一组 QTL，但是它们的模型不能提供 QTL 数目、位置和效应的准确估计，尤其是当多个 QTL 之间不连锁时，该方法估计的精度和效率会降低。

1993 年，曾昭邦系统研究了多元线性回归方法进行 QTL 作图的理论基础，进而提出将多元线性回归与区间作图结合起来的复合区间作图法（composite interval mapping，CIM）。该方法的要点是：对某一特定标记区间进行检测时，将与其他 QTL 连锁的标记也拟合在模型中以控制背景遗传效应。假定不存在上位性效应和基因型×环境互作效应，用类似于区间作图的方法获得各参数的最大似然估计值，计算似然比，绘制各染色体的似然图谱，根据似然比统计量的显著性，获得 QTL 可能位置的标记区间。

复合区间作图法的主要优点是：①仍采用 QTL 似然图来显示 QTL 的可能位置及显著程度，从而保留了区间作图法的优点；②一次只检验一个区间，将对多个 QTL 的多维搜索降低为一维搜索；③假如不存在上位性和 QTL 与环境互作，QTL 的位置和效应的估计是渐近无偏的；④充分利用了整个基因组的标记信息；⑤以所选择的多个标记为条件，在较大程度上控制了背景遗传效应，提高了作图的精度和效率。但复合区间作图法仍然存在一些问题，主要有：①不能分析上位性效应及 QTL 与环境互作效应；②标记筛选时采用的显著性水平以及筛选的方法均会对定位结果产生影响。

（4）基于混合线性模型的复合区间作图法

1998 年，朱军提出用随机效应的预测方法获得基因型效应及基因型×环境互作效应的预测值，然后再用区间作图法或复合区间作图法分别进行遗传主效应及基因型×环境互作效应的 QTL 定位分析，并给出了发育性状的条件 QTL 定位分析方法。Yan 等用该法对水稻分蘖数和株高进行了发育 QTL 定位研究。朱军等进而提出了包括加性效应、显性效应及其与环境互作效应的混合线性模型复合区间作图法（mixed composite interval mapping，

MCIM），最后提出了可以分析包括上位性的各项遗传主效应及其与环境互作效应的 QTL 作图方法。该方法将群体均值、QTL 的各项遗传主效应（包括加性效应、显性效应和上位性效应）作为固定效应，而将环境效应、QTL 与环境互作效应、分子标记效应及其与环境的互作效应，以及残差作为随机效应，将效应估计和定位分析结合起来，进行多环境下的联合 QTL 定位分析，提高了作图的精度和效率。

与基于多元回归分析的复合区间作图方法相比，用混合线性模型方法进行 QTL 定位，可避免所选的标记对 QTL 效应分析的影响，还能无偏地分析 QTL 与环境的互作效应，具有很大的灵活性，模型扩展非常方便；将标记效应作为随机效应，可以用 BLUP 法进行标记筛选，克服了将标记效应作为固定效应时用回归方法进行标记筛选可能出现的问题。

目前用于 QTL 定位的主要软件有 Mapmaker/QTL、QTL IciMapping、HighMap、Win-QTLCart、R/qtl 以及 MapQTL 6 种，前 3 种软件已在 8.1.1.4 中介绍。这里补充介绍后 3 种。Win-QTLCart 由美国北卡罗来纳州立大学发布，可在 Windows 下运行，目前最新版本为 V2.5_ 011，适合的群体类型为 F_2 群体、BC_1 群体、RIL 群体、DH 群体；R/qtl 是基于 R 语言的软件包，目前最新版本为 1.58，适合的群体类型为 F_2 群体、BC_1 群体、RIL 群体、DH 群体及 CP 群体等；R/qtl 对标记数目无任何限制，可用区间作图（IM），复合区间作图（CIM），多 QTL 作图（MQM）等多种作图方法；MapQTL（6.0 版）由 VanOoijen 等（2001）开发，可选用区间作图及非参数法等 2 种方法进行 QTL 作图。

8.1.2.3 林木 QTL 定位方法与进展

由于林木中许多经济性状（生长量、材性和抗逆性等）都是由多基因控制的数量性状，且易受环境条件的影响，传统的数量遗传学方法通常将控制一个性状的多个基因作为整体来研究，因此，不能揭示控制数量性状的基因数目，也不清楚数量性状基因位点在染色体上的位置、效应大小以及基因间的相互关系。这正是 QTL 定位研究所要解决的。

（1）林木 QTL 定位步骤

林木 QTL 定位包括 4 个基本步骤：①作图群体的建立；②数量性状表现型测定；③标记基因型获得及遗传图谱构建；④QTLs 定位分析与效应估测。其中，后 2 个步骤前文已介绍，以下介绍前 2 个步骤。

步骤 1：林木 QTL 作图群体的建立（construction of experimental population for QTLs mapping）

农作物等近交物种容易获得 F_2、BC 及 DH 等近交群体，其中的 BC 与 DH 群体，因其亲本连锁相已知，且位点间连锁不平衡程度较高，因而是 QTLs 定位的理想群体。前已述及，由于林木自身的生物学特性决定了其难以获得 BC 与 DH 等近交群体。而且，林木群体的连锁不平衡程度远远低于近交物种，这些因素限制了林木 QTL 定位研究进展。

由于林木世代周期长，新建作图群体需要很长时间，实际工作中往往等不及，因此可以充分利用现有的育种群体材料。种内或种间杂交；异交或近交；全同胞、半同胞或自由授粉家系；单代或多代谱系等育种群体均可作为作图群体，但要符合作图群体选择的一般性原则，即亲本遗传差异大、子代发生基因分离的位点尽可能多。

目前，常用的林木 QTL 定位作图群体类型有：F_1 群体、四交群体（four-way cross population）和自由授粉家系。

　　F_1 全同胞家系是目前林木遗传图谱构建及 QTL 定位最常用的群体，因其容易获得，因而已在很多林木 QTL 定位中应用。前文已介绍，利用 F_1 群体进行遗传作图是基于"拟测交"策略，仅能利用 1：1 的分离类型信息，只能检测每个亲本中分离的 QTLs，不能检测双亲中同时分离的 QTLs，因而总体检测效率低。2018 年，童春发课题组利用美洲黑杨和小叶杨杂种 F_1 代为作图群体，通过建立林木多元性状数据 QTL 定位统计分析模型，对影响树高性状的 QTL 进行了定位分析，分别有 4 个、6 个 QTL 定位在母本美洲黑杨、父本小叶杨的遗传连锁图谱上（刘粉香等，2018）。桉树生长、材性等性状的 QTLs 定位也是采用 F_1 群体（于晓丽，2015）。

　　四交群体是先选择 4 个亲本，让其两两杂交，然后从两个杂交 F_1 代中各选择 1 个亲本再次杂交，得到的杂交 F_2 代就构成四交群体。因其包含 3 个世代的材料，因而又称为 3 代异交谱系（three-generation outbred pedigree）。林木中，存在大量的杂交组合，可以利用现有的杂交 F_1 群体，从中选择亲本进行杂交获得四交群体，这样可省一个世代的时间。

　　四交群体的 QTL 定位思路：假定某一四交群体，其谱系如图 8-3 所示，

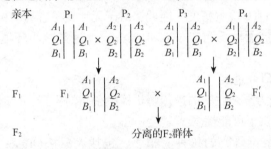

图 8-3　用于林木 QTL 定位的四交群体谱系（引自 White 等，2007）

　　当考察的 2 个标记（或基因）位点（A 和 B）及 QTL（Q）基因座碰巧在树木个体中均为纯合，如图 8-3 中的亲本 P_1、P_2，由 P_1、P_2 杂交获得的 F_1 群体在该三个位点上是完全杂合的，且标记和 QTL 等位基因的连锁相是已知的。但在林木中更多的亲本对可能并非如此，因为在任一基因座上均可能有两个以上的等位基因，且亲本个体在所有的标记基因座不一定都是纯合，如图 8-3 所示的亲本 P_3 和 P_4，由 P_3、P_4 杂交获得的 F_1' 群体会产生各种分离类型，且 F_1' 群体中标记和 QTL 等位基因的连锁相是未知的。从数量遗传学原理中可获悉，所有基因位点均为杂合的个体，其基因型值为群体平均值，据此，我们可以从 F_1、F_1' 群体中各选择一个具有平均表现型值的个体作为亲本进行杂交，其杂交后代构成 F_2 代分离群体。假定选择的 F_1' 亲本与 F_1 亲本的基因型完全相同（3 个位点均为杂合且相同），此时，该 F_2 代分离群体类似于农作物的 F_2 代群体，我们就可采用农作物 F_2 代群体的作图方法进行 QTL 定位。格鲁弗等（Groover *et al.*，1994）首次利用四交群体对火炬松木材比重的 QTLs 进行了初步定位。此外，弗雷文等（Frewen *et al.*，2000）在杨树中也尝试性地利用四交群体进行 QTL 定位。当然，也可以人工建立林木 F_2 群体来进行作图，但需要 2 个世代。而且，即使时间上允许，由于林木的杂交亲本不可能在所有位点数都是纯合的，因此，获得的杂交 F_1 代就是分离群体，每一个体的基因型均有可能不同。林木 F_1 代个体间杂交获得的 F_2 群体与农作物的 F_2 群体也是完全不同的，还需采取上述四交群体的策略进行 QTL 作图。所以，从长远看，应开发适合林木 F_2 群体遗传分析的统计模型及相应的作图软件。

林木 QTL 作图的第三类群体是自由授粉家系或半同胞家系。该类群体主要在针叶树种中应用，利用单株树大配子体作为作图群体进行 QTL 定位，其原理前文已交代，在此不再重复。利用该类群体进行 QTL 作图时，表型数据来自自由授粉或半同胞家系的二倍体子代群体，而遗传标记数据来自单倍体的大配子体。大配子体仅代表母本的遗传信息，没有父本的遗传信息，因此不能检测父本的 QTL。显然，这种方法的 QTLs 检测效率不足，但优点是无须杂交，省钱省时。

步骤 2：数量性状的表型测定（phenotypic measurements on quantitative traits）

理论上，任何表型性状均可以进行 QTL 定位。林木的材积生长量、木材品质、干形、抗病性等性状是重要的经济性状，也很容易测定。毫无疑问，开展这些性状的 QTL 定位研究对于林木分子育种具有重要的意义，但前提是 QTL 定位需准确可靠。

影响 QTL 检测的效率与精度的因素有很多，大多与数量性状遗传参数估算时的影响因素相似。控制环境变异会增大遗传参数估算精度，同样也会增加 QTL 检测效率及精度。因此，在表型测定时，如果用某一基因型多个拷贝（如无性系分株）的平均值来代表该个体的表现型值，必定会增大 QTL 检测精度。因此，对于无性繁殖容易的树种，可对作图群体的子代进行无性系化，开展无性系测定（clonal testing），这是减小环境变异，获得更准确表现型值的最有效方法。

（2）林木 QTL 定位研究进展

林木 QTL 定位研究为复杂性状的遗传解析提供了新的视野，同时，也为分子标记辅助选择与育种在技术上提供了可能性。

迄今，开展 QTLs 定位研究的树种有很多，包括火炬松（Tauer *et al.*，1991）、桉树（Grattapaglia *et al.*，1995；于晓丽，2015）、杨树（李博，2009；刘粉香等，2018），以及杜仲（王大玮，2011）等，涉及的性状包括生长特性、材质、无性繁殖特性、物候、叶片性状、化学成分及抗病、抗干旱、抗霜冻等性状。总体上，检测到的 QTLs 数量及相对效应大小在不同性状间差异很小。但也有少数例外，对于生长和发育、材性、适应性和繁殖等性状，单个 QTL 解释的表型变异在 5%~10% 之间，甚至更低；且每个性状检测到的 QTLs 数目一般少于 10 个。

数量性状在不同的环境及树木不同发育阶段有不同的表现，类似地，QTLs 的表达也会随树木生长环境与林龄的不同而发生变化。从标记辅助育种角度，在时间和空间上能稳定表达的 QTLs 更有应用价值。研究发现，海岸松的生长性状，桉树、火炬松中的材质性状检测出稳定表达的 QTL，但对于火炬松、杨树的生长性状，其 QTL 表达不稳定。显然，林木 QTL 表达模式很复杂，可能还存在显著的 QTLs 与环境的交互作用。因此，开展林木动态性状 QTL 定位很有必要。总之，林木 QTL 研究仍有待于进一步的发展。

8.1.2.4 林木质量性状基因定位方法——混合分群分析法

当然，上述基于遗传图谱的数量性状基因（QTLs）定位方法也可应用于质量性状基因的定位，但由于有些呈质量性状分离的林木群体尚未构建遗传图谱，因而基于图谱的基因定位方法无法开展。此时，可采用混合分群分析法（bulked segregant analysis，BSA）来定位质量性状基因。

该方法由米歇尔摩尔（Michelmore）等于 1991 年提出，并成功在莴苣（*Lactuca sativa*）中筛选出了与霜霉病抗性基因连锁的分子标记。BSA 分析一般应用于质量性状基因或主效基因的初步定位，但现在也有将其应用于微效基因或 QTL 定位的报道。BSA 方法也是建立在质量性状基因与遗传标记间存在紧密连锁关系的基础上。其原理为：依据研究的目标性状将分离群体中具有极端表现型的个体（如抗病、感病）分成两组，在每一组群中将各个体 DNA 等量混合，形成两个 DNA 混合池（如抗病池与感病池）。由于分组时仅对目标性状进行选择，因此理论上两个 DNA 混合池之间在目标基因区段就应该存在差异。通过比较两个 DNA 混合池之间的分子标记多态性并结合表现型信息就可对目标基因进行定位。

例如，假定某植物的抗/感病基因由一对等位基因 R、r 控制，R 为抗病基因，r 为感病基因。在回交（$Rr×rr$）子代群体中，分离的两个基因型为 Rr（抗病）和 rr（感病）。分别将抗病（Rr）、感病（rr）个体各取 20~30 个单株制备成两个 DNA 混合样品池，然后，用大量的分子标记（如 RAPDs、AFLPs）分别对这两个 DNA 混合样品池进行分析。与抗病基因紧紧连锁的显性标记会在其中一个 DNA 池中出现，而另一个 DNA 池不出现，从而将抗/感病基因鉴定出来。

BSA 法的分析效率主要取决于两个因素，即极端表现型个体鉴定的准确性与 DNA 混池的个体数目。对于一些易受环境影响的表型性状，更应严格控制环境因素的影响，并尽可能提高表现型鉴定的准确性；另外，混样个体数不能太少。一般地，对于质量性状，两个极端池应包含 30~50 个单株，最少不得低于 20 个单株，总的群体大小可以控制在 200~500；对于效应值较大的 QTL 来说，每个极端池至少要包含 20 个单株，效应值居中的 QTL 每个极端池至少要包含 50 个单株，相应的群体大小应该控制在 500~1000，效应值较小的 QTL 每个极端池应该包含至少 100 个单株，对应的群体大小在 3000~5000。

BSA 法中，检测 DNA 混样池多态性的手段也是多样的，可从 DNA 水平、RNA 水平以及蛋白质水平进行检测。DNA 水平的检测可以是分子标记、基因芯片、GBS（genotyping by sequencing）或全基因组/外显子组测序等；RNA 水平主要为 RNA-Seq，但当目标位点没有表达或者没有检测到表达时，最终的分析结果可能存在偏差；蛋白水平的分析主要是指蛋白芯片检测，由于蛋白芯片对微环境非常敏感，因此存在检测结果不稳定等问题。

BSA 法也应用于林木质量性状（主要为抗病性）的基因定位。德维等（1995，1996）首次利用 BSA 法对糖松（*Pinus lambertiana*）抗白松疱锈病（*Cronartium ribicola*）基因进行作图，获得与抗松疱锈病的 6 个 RAPD 标记。目前，BSA 法已应用于椰榆黑斑病（*Stegophora ulmea*）、杨树叶锈病（*Melampsora larici-populina*）抗性基因以及火炬松松瘤锈病（*Cronartium quercuum*）等抗性基因的定位。此外，还用于欧洲云杉窄冠型基因的定位。

随着分子育种技术的不断发展，BSA 技术不仅可以应用在双亲群体的基因定位中，也可以在多亲群体、自然群体或者一些特殊组配的群体中应用，甚至可应用于全基因组关联分析。无论哪一类群体，只要目标性状分离明显且容易分组，则都可以用于 BSA 分析。此外，随着核酸测序技术的快速发展，BSA 分析方法也不断升级，如 MutMap 或 MutMap+ 等基因定位新方法，就是基于 BSA 分析的基本原理结合高通量测序与分析技术而发展而来的。

8.1.3　分子标记辅助选择（MAS）

林木育种的目标就是不断提高育种群体及生产群体目标性状的平均基因型值。虽然，该目标可通过常规育种途径来实现，事实上，在目前取得的林木育种成就中，绝大多数仍然是通过常规育种手段获得的。也就是说，常规育种仍然是目前最主要的育种方法。但也不能忽视常规育种方法存在的不足。如常规育种主要依据表现型进行选择，无法对控制目标性状的基因型进行直接选择，因而选择效率和准确性较低。而利用分子标记辅助选择（marker-assisted selection，MAS）可从 DNA 水平上直接鉴定个体的基因型，避免了表现型推测基因型不准确等缺点，可显著提高选择效率和准确性。而且，MAS 可在林木早期进行选择，无须经济性状成熟时再作选择，可大大缩短选择年龄，加快林木育种进程。因此，MAS 是常规育种技术的有益补充。

MAS 是根据分子标记基因型来选择具有优良性状的个体。依其选择依据将 MAS 分为两类：基于标记与 QTL 连锁的间接选择和基于目标性状编码基因的直接选择。以下分别介绍。

8.1.3.1　基于标记与 QTL 连锁的间接选择

基于标记与 QTL 连锁的间接选择是林木标记辅助选择的主要方式。该方法原理是利用谱系清楚的作图群体来确定分子标记与 QTLs 之间的关联性，随后，通过对该标记位点特定等位基因的选择，从而提高入选群体该 QTL 位点上有利等位基因的频率。

应用 MAS 需满足以下 4 个条件：①分子标记与目标基因共分离或紧密连锁，标记与目标基因的遗传距离越小越好，最好达 1 cM 或更小；②选用的分子标记重复性好，效果稳定；③分析手段高效、高速，适用于大群体分析，且检测费用低；④有相应的统计分析方法和数据处理软件。

为详细介绍该选择方法，以下例说明（图 8-4）。假定一个影响树高性状的 QTL 基因位点，在群体中有两个等位基因 Q_1、Q_2，Q_1 为生长慢（树体矮）基因，Q_2 为生长快（树体高）基因。本例中，Q_2 为选择的目标基因。利用分子标记检测分离群体所有个体的标记基因型，分析标记基因型与目标 QTL 基因的连锁关系，依此进行选择。考察分离群体中 2 个树高中等的个体（1 号树与 2 号树），其 QTL 基因型均为 Q_1Q_2。从 1 号树中可以看出，A_2、B_2 标记等位基因与目标 QTL 等位基因（Q_2）组成一个连锁相。假如 A_2、B_2 标记与 Q_2 等位基因紧密连锁，那么 1 号树子代中只要携带有 A_2、B_2 标记的个体就能入选。但是，从 2 号树中得知，A_2、B_2 标记等位基因也与不利的 QTL 等位基因（Q_1）组成一个连锁相，若采用 1 号树同样的标准对 2 号树的子代进行选择将得到与选择目标相反的结果（树体矮小）。为什么会出现这样的情形呢？对比 1 号树、2 号树的标记基因型发现，2 号树在图示的位点发生了双交换（基因重组）。基因重组导致 A、B 标记位点与 QTL 位点间的连锁强度较低。一般地，位点间距离越远，连锁强度越低。而如果与 QTL 位点连锁的标记从来不发生或者很少发生重组事件，也就是说，QTL 位点与标记之间连锁非常紧密，在这种情形下，进行标记辅助家系选择是完全可行的。单核苷酸多态性（SNPs）就是一类紧密连锁的遗传标记。如图 8-4 所示，不管松散连锁的 QTL 与标记（A，B）位点间是否发生交换，SNP 标记中，单倍型 TC 永远与 Q_2 连锁，单倍型 AG 永远与 Q_1 连锁，这样的 SNP 标记（单倍型 TC）就可应用于 1 号树、2 号树子代群体的选择。因此，由于林木群体中存在连锁不平衡，利用与目标基因松散连锁的侧翼标记开展家系选择不易成功，但采用紧密连锁的 SNP 标记进行家系选择却是可行的。

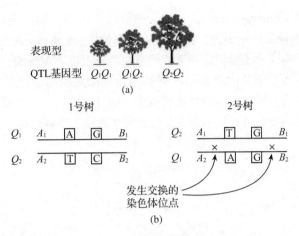

图 8-4　基于标记与 QTL 连锁的间接选择示意图（引自 White 等，2007）

由于林木群体中标记与 QTL 之间的连锁不平衡较弱，因此，多数人认为，基于标记与 QTL 连锁的间接选择方法仅适用于家系内选择（前向选择），而不适合应用于家系选择或亲本选择（后向选择）。如图 8-4 所示，在 2 号树的子代中，选择 A_1，B_1 标记等位基因并不能获得期望的结果（树体高）。

如果育种群体所有家系中，标记与 QTL 连锁相的关系均已知，那么，就可克服上述缺点。但是，在林木育种项目中，由于家系与家系内个体数均非常多，检测所有连锁相的费用巨大，因而不太现实。再者，有观点认为，由于林木的家系遗传率通常较高，因此，在后向选择中，与单纯的表现型选择获得的增益相比，利用标记辅助选择获得的额外遗传增益并不高，但也有人持不同的观点。

林木中，MAS 已成功应用在巨桉抗锈病（*Puccinia psidii*）及日本柳杉雄性不育基因的选择。荣汉斯等（Junghans *et al.*，2003）从巨桉杂交子代中发现了一个抗病植株特有 RAPD 标记，并将该标记定位到遗传图谱上，为巨桉抗锈病无性系的早期筛选提供了参考。日本学者森口等（Moriguchi *et al.*，2014）鉴定了 1 个与日本柳杉雄性不育的 SNP 标记，可依据该标记对育性进行辅助选择。

8.1.3.2　基于编码目标性状特定等位基因的直接选择

MAS 的第二种方法是直接对影响数量性状的特定等位基因进行选择，又称为候选基因法（candidate gene approach）。该方法是通过对上一代群体目标性状与标记基因的连锁分析，筛选特定基因，利用这些标记基因在后代群体中进行选择。该方法一般应用于某一特定群体的标记辅助选择。

基于分子标记的间接选择建立在 QTL 作图方法基础上，而对控制目标性状基因的直接选择建立在关联遗传学方法基础上。因此，候选基因法需要一定的前提条件，如已获得影响该目标性状所有候选基因的核酸序列信息，以便筛选出直接影响目标性状表达的多态性标记，如数量性状核苷酸（quantitative trait nucleotides，QTN）或插入/缺失（Ins/Del，Indel）。虽然该方法目前尚在发展中，但在控制数量性状的基因位点的选择，以及缩小标记区间等方面，候选基因法无疑比基于分子标记的间接选择更有优势。

利用关联遗传学方法可将影响复杂数量性状的多个基因一个一个剖析。一般采用两条途径：基因组扫描法(genome scan approach)和候选基因法。而后者在林木中更有应用前景，尤其对于针叶树种。这是因为，在林木自然群体中，连锁不平衡程度非常低；针叶树种的基因组普遍巨大，构建分子标记饱和遗传图谱在经济上也不太现实；且林木基因组中绝大部分是非编码区，因而基于基因组扫描法寻找与表现型关联的遗传标记难以获得理想的结果。相比较而言，候选基因法更有效且花费较少。而且，候选基因法筛选的标记有可能位于编码基因附近，其序列突变将直接引起表型性状发生改变。下面以图8-5为例详细说明。

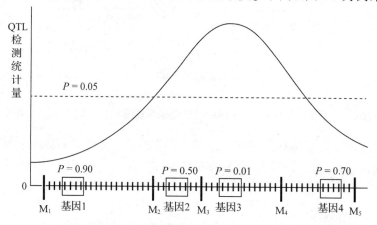

图8-5　候选基因法与QTL作图法的比较(引自White等，2007)

注：纵坐标为QTL检测的统计量，一般为似然比的对数(LOD值)，用来确定是否存在与表现型有关的QTL；横坐标为染色体(或连锁群)上遗传标记的位置。图中，P为QTL检测的显著性水平。P值越小，表明存在QTL的可能性越大。一般，将$P=0.05$作为临界值，小于该临界值的区段就可认为存在一个显著的QTL。M_1、M_2、M_3、M_4、M_5为连锁群上的5个遗传标记。

　　我们先看QTL作图法。似然曲线上，位于$P=0.05$截距上方的区段可认为存在一个显著的QTL，这与LOD值大于3.0的区段类似。因此，可初步确定在标记M_2与M_4之间的染色体区段存在一个与目标数量性状相关的QTL。该区段包含了基因2与基因3(图8-5)。

　　接下来再看候选基因法。通过关联分析鉴定出4个与目标数量性状相关的候选基因(基因1~4)，分别对这4个候选基因进行序列分析(测序)，获得SNPs位点(图8-5中，横坐标上细短纵线)。对这些SNPs位点再与目标性状的表现型进行关联分析，发现仅基因3内的SNPs显著与目标性状表现型关联(其他3个基因内的SNPs的P值均大于0.05)，从而确定基因3与目标性状表现型关联，而将基因2排除。对比一下，上述的QTL作图法不能确定与目标性状表现型关联的究竟是基因2还是基因3。这样，就可以利用基因3内的有利SNPs进行直接的标记辅助选择；而且，不管对于家系内选择还是家系间选择，该方法均有效，因为在同一基因内的SNP间不太可能发生重组。

　　在实际工作中，为了降低试验总体规模与花费，可仅对4个候选基因进行测序与表现型关联检测，不在候选基因内的染色体区段则完全可以忽略。

　　一个完整而成功的基于候选基因的关联遗传学研究可获得以下7方面的信息：①估计控制数量性状的基因位点数目；②估计每一个基因位点解释总表型变异的比率；③推定每一基因位点的功能；④估计候选基因内每一个等位变异(SNPs)对表现型的效应；⑤估计群体中SNPs等位基因频率和单倍型频率；⑥推定每个位点基因作用机制(加性、显性)，估计候选基因内等位基因替换对复杂性状表现型的效应大小；⑦获得 SNPs 遗传标记。其中，①~②项信息在 QTL 作图法中也能获得，但第③~⑦项信息只有候选基因法才有可能获得。

8.1.3.3　影响 MAS 选择效率的因素

影响 MAS 选择效率的因素非常多，主要有标记与基因(QTL)之间的连锁强度、目标性状的遗传率、群体大小与连锁不平衡水平、控制性状的基因数目以及分子标记数目与类型等因素。以下分别说明。

(1)标记与基因(QTL)间的连锁强度

标记与基因(QTL)间连锁愈紧密，依据标记进行选择的可靠性就愈高。若只用一个标记对目标基因进行选择(单标记分析)，则标记与目标基因连锁必须非常紧密，才能达到较高的准确率。理论上，在 F_2 代通过标记基因型 MM 选择目标基因型 QQ 的准确概率 p 和标记与基因间重组率 r 有如下关系：$p=(1-r)^2$，若要求 p 达到 95% 以上，则 r 不能超过 2.5%，当 r 超过 10% 时，p 值将降至 81% 以下。如果用侧翼标记对目标基因进行选择(区间作图)，就可大大提高选择正确率。在单交换间无干扰的情况下，在 F_2 代通过标记基因型 M_1M_1 和 M_2M_2 选择目标基因型 QQ 的 p 值和 r 有如下关系：$p=(1-r_1)^2(1-r_2)^2/[(1-r_1)(1-r_2)+r_1r_2]^2$。即使 r_1、r_2 均达 20% 时，使用双标记选择的 p 值仍然可达 88.5%。潘海军等(2003)在水稻研究中发现，用单标记 RpdH5 和 RpdS1184 的 MAS 准确率分别为 91.10% 和 87.13%，同时使用这两个标记 MAS 的准确率则达 99.0%，可见，双标记的选择效率高于单标记选择。

(2)目标性状的遗传率

目标性状的遗传率对 MAS 选择效率影响也很大。遗传率较高的性状，根据表现型就能有把握地对其实施选择，此时分子标记提供信息量较少，MAS 效率随性状遗传率增加而显著降低。当群体大小有限时，低遗传率的性状 MAS 相对效率较高，但也不能太低。太低(低于 0.1~0.2)则导致 QTL 检测能力下降。因此，可能存在一个最适遗传率值。一般地，对于目标性状的 MAS 选择，中度的遗传率(0.3~0.4)可能效果最好。

(3)群体大小及连锁不平衡水平

群体大小也是影响 MAS 选择效率的因素之一。选择效率随着群体增加而加大，尤其在较低世代，遗传率较低的情况下。一般地，用于 MAS 的群体大小不应小于 200。同时，群体大小也与检测的 QTL 数目有关。随着 QTL 数目的增加，所需的群体大小呈指数级数增长。此外，群体中基因连锁不平衡程度越强，MAS 效率也越高。例如，由两个自交系杂交产生的 F_2 群体，其基因连锁不平衡水平较高，相应地，MAS 效率也较高。

(4)控制性状的基因数目

质量性状由单基因或少数主效基因控制，质量性状的 MAS 一般效果较好。数量性状由多基因控制，相应地，其 MAS 效率相对要低些。

模拟研究发现，随着 QTLs 数目增加，MAS 效率降低。当目标性状由少数(1~3 个)基因控制时，采用 MAS 效果非常好。然而，当目标性状由多个基因控制时，由于需要选择世代较多，增加了标记与 QTLs 位点的重组概率，从而降低标记辅助选择效果。因此，在少数的 QTLs 可解释大部分变异的情况下，MAS 效率可能要好些。

（5）分子标记数目与类型

理论上标记数越多，从中筛选出对目标性状有显著效应标记的概率就越大，因而应有利于 MAS。但实际上，MAS 效率主要取决于对目标性状有显著效应的标记，因而选择时所用标记数并非越多越好。当标记数目达到一定水平后，随着标记数增加，MAS 效率反而会降低，因此，MAS 效率呈现出随标记数增加先增后减的趋势。

沈新莲等（2001）用 2 个 RAPD 标记和 1 个 SSR 标记进行纤维强度 QTL 辅助选择，比较显性标记和共显性标记之间纯合基因型和杂合基因型之间选择差异后，认为共显性 SSR 标记对以加性/隐性为主要遗传方式的 QTL 进行 MAS 效果更好些。

8.1.3.4　MAS 的优点与局限性

（1）分子标记辅助选择（MAS）的优点

分子标记辅助选择（MAS）具有许多优点。主要表现在以下 4 个方面：①早期选择，可大大缩短育种周期；②降低费用，减少昂贵的子代测定各环节（建立、管理与性状测量）的工作量；③提高选择强度，因为在实验室利用分子标记分析的个体数目比田间试验分析的个体数多；④提高选择效率，尤其对于遗传率低的性状。

（2）分子标记辅助选择（MAS）的局限性

虽然 MAS 有许多优点，但同时也存在一些局限性，极大地限制了 MAS 的有效应用。而且，MAS 的局限性在所有生物中普遍存在，无论是动物还是植物，也不管是农作物还是林木。

①不同性状的选择效果差异很大　MAS 应用于质量性状（如抗病基因）时效果较好，但应用于多基因控制的数量性状时效果较差。然而，林木大多数经济性状受许多基因控制，单个基因对目标性状的效应是微小的，要对所有这些基因进行检测，并确定与其相关联的标记就非常困难。

②不同遗传背景材料的选择效果不同　例如，在某一家系中可能检测出某一 QTL，但在另外一个家系中则检测不出来，检测的 QTL 依赖于所采用的作图群体，这归因于 QTL 与遗传背景间的互作。而且，由于不同材料（家系）的遗传背景不同，最主要是由于迥异的历史基因重组事件导致不同的连锁不平衡强度，因而，基于某一家系材料得出的关联分析结果并不一定适用于另一个家系。图 8-4 中，在某一家系中，某一特定的标记可能与有利的 QTL 连锁，而在其他家系中，该标记可能与不利的 QTL 等位基因连锁。由此，有观点认为，林木 MAS 只能局限于家系内选择，如应用于家系间选择则效果较差。

③存在 QTL 与环境的互作　多变的 QTL 检测环境将引起 QTL 与环境的互作，导致不同环境下的选择发生偏差。例如，在一种土壤或气候条件下能检测到某一 QTL，但在另一土壤或气候条件下则检测不到，这就是 QTL 与环境交互作用；林木中，虽然有关不同环境中 QTL 检测的报道很少，但在少量的报道中都发现存在明显的 QTL 与环境交互作用。因此，在进行林木 MAS 时必须引起重视。利用在多种环境下检测到的 QTL 进行选择可能是一种较好的 MAS 方法。

④QTL 定位和效应估算结果的有偏性　比维斯（Beavis, 1995）通过模拟研究发现，在采用适度的子代群体大小（如 100）进行 QTL 分析时，检测出的 QTLs 数目通常偏低，而估算的 QTL 效应大小（定义为 QTL 方差占表型方差的比率，或者解释的表型变异比率）总是

偏高。这就是在林木中检测的 QTLs 数目及效应大小常常变动很大的原因。

⑤QTL 筛选群体与 MAS 应用群体不一致　为了成功筛选效应值大的 QTL，一般选择目标性状差异大的亲本建立作图群体，待 QTL 筛选后，再在育种群体中进行标记辅助选择。该育种策略不仅增加了品种选育的时间，而且基因重组或上位性效应使标记与 QTL 连锁关系在不同亲本材料间有可能不同。例如，育种群体中的连锁不平衡衰减比 QTL 检测群体要快得多，导致标记与性状间关联程度在两个群体中明显不同，进而降低了 MAS 在育种群体中的选择效率，甚至无法开展选择。

8.1.3.5　MAS 在林木育种中的应用前景

MAS 主要有两种方法，即基于 QTL 连锁标记的间接选择(QTL 作图法)与基于控制表现型特定等位基因的直接选择(候选基因法)，这里，分别就这两种方法在林木育种中的应用前景展开讨论。

QTL 作图法对于质量性状的辅助选择效果比数量性状要好得多。林木中有些性状表现为质量性状遗传特点，如抗病性与抗虫性，通过筛选与质量性状基因紧密连锁的分子标记进而开展 MAS，应是林木质量性状选择的有效途径之一。事实上，在桉树的抗病育种中，通过筛选与抗病性紧密相关的分子标记，已取得了不错的效果。而对于林木大多数由多基因控制的数量性状，由于数量性状易受环境影响，需要多个地点的测定才能获得准确的表现型数据，但目前大多数林木遗传测定仅有少数试验点的数据，而且，QTL 作图时涉及多个数量性状位点 QTLs，而 QTL 与 QTL，以及 QTL 与环境之间又存在互作，这些不利因素严重影响了林木数量性状的 MAS 的精度及有效性。所以，迄今也未见有效果较好的林木数量性状 MAS 的报道，甚至，基于 MAS 所获得的育种效果可能还不如传统的表现型选择方法。随着林木高密度分子标记连锁图谱的构建、QTL 作图统计方法的进一步完善、QTLs 的准确定位，以及多地点试验林的规范布置与表现型数据的准确度量，基于 QTL 作图方式的 MAS 效果必将大大提高。

对于候选基因法在林木改良中的应用前景，目前尚无一致的观点。尼尔和萨沃莱宁(Neale and Savolainen，2004)认为，与农作物相比，在林木中进行候选基因的直接选择更具有优势，因为林木杂合度高，候选基因的等位变异及其与表现型的关联均很容易检测到。但也有观点认为，由于林木群体中，连锁不平衡的迅速衰减阻碍了其关联遗传学研究进展；标记与目标基因的关联通常在不同的遗传背景和环境中有差异；林木表型测定时参与试验的家系数及试验点都较少。因此，尽管林木 SNP 与性状的关联研究越来越多，但基于候选基因的 MAS 在林木育种中的应用仍很有限。随着高通量测序技术的发展及成本的降低，林木基因组信息将越来越多，基于候选基因法的 MAS 将在林木育种中发挥重要作用。

此外，需要补充说明的是，上述两种 MAS 方法都可以应用于任一育种群体(选择群体、育种群体以及生产群体，而且，两者既可以单独开展，也可以与常规育种(如混合选择、家系选择、家系内选择以及联合指数选择)相结合。目前，MAS 与常规育种相结合的选择方法有两种：即两阶段选择法及联合指数选择法。

在两阶段选择法中，第一轮选择在幼林期进行，对所有候选个体依其标记基因型进行选择，挑选含有目标基因的个体，并对其进行子代测定。随后在中龄期或成熟期，依据个体的表现型进行第二轮选择。两阶段选择的目标性状可以相同，也可以不同(如第一轮为抗病性分子标记选择，第二轮为生长与木材密度的表现型选择）。

联合指数选择法是将标记位点信息融合于指数选择模型中，即兼顾表现型及遗传标记两方面信息来评价个体的遗传值（综合育种值），依据个体的遗传值进行选择。例如，在某一树种中，假如有两个 SNP 位点控制树干材积生长，那么，对于遗传测定林中所有个体，可同时获得其材积生长数据以及两个 SNP 位点的基因型信息。理论上，可结合所有这些数据来预估个体的综合育种值。

8.1.4　基因组时代的林木育种

2006 年，第一张林木基因组（毛果杨基因组）草图完成，标志着林木遗传学研究迈入基因组时代。但由于第一代核酸测序技术通量低，费用昂贵，而且林木基因组（尤其是针叶树种）非常庞大，非编码的重复序列比例高，因此，林木基因组的测序费用巨大。近年来，随着二代、三代高通量测序技术的快速发展，以及测序费用的大幅下降，为林木基因组研究创造了有利条件，越来越多的林木着手开展基因组研究。至今，已完成全基因组测序的林木覆盖了裸子植物的 2 个属和被子植物的 22 个属共 30 余种。毫无疑问，不断增长的林木基因组信息为林木功能基因的挖掘、基因组选择及分子设计育种奠定了良好的信息与理论基础。

8.1.4.1　林木功能基因发掘

功能基因发掘有从表现型到基因的正向遗传学与从基因到表现型的反向遗传学两种方法（图 8-6）。

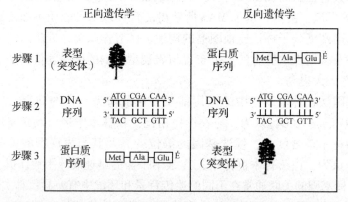

图 8-6　基因功能研究的两种策略——正向遗传学与反向遗传学
（引自 White *et al.*，2007）

正向遗传学中，代表性的方法有两种：一是基于目标基因在染色体上的位置的图位克隆方法，如我国水稻中克隆的很多控制重要性状基因都是通过图位克隆法获得的；二是基于连锁不平衡（linkage disequilibrium，LD）的关联分析方法，将标记或候选基因的等位变异与目标性状表现型进行关联。关联分析法又分为基于全基因组扫描的关联分析（如水稻的全基因组扫描）和基于候选基因的关联分析两种（如小麦光周期反应基因 Ppd-D1 的关联分析）（参考图 8-5）。

反向遗传学手段是通过遗传转化、突变诱导、插入或删除、转座子标签（transposontagging)或 RNA 干涉(RNA interference，RNAi)等方法产生表型变异来研究基因的功能。同源基因克隆是最具代表性的反向遗传学方法。许多重要基因的分离就是通过反向遗传学方法实现的。然而，通过随机突变或基因修饰产生的表型变化是随机的，其表型不一定是我们感兴趣的。对育种工作者而言，更感兴趣的是如何针对一些重要的经济性状或抗逆性状，鉴定并克隆相应的主效基因。

与水稻等农作物相比较，林木功能基因研究相对滞后。在已经报道的林木功能基因研究中，大多采用的是同源克隆策略，即利用基因的同源性在林木中克隆其他物种中已知的基因。然后对其进行功能分析。而林木中对于未知基因的克隆与功能研究则较少，或者说进展缓慢。斯特林等(Stirling *et al.*，2001)与 Yin 等(2004)分别对抗杨树锈病的 *MXC3* 基因进行克隆，是林木基因克隆中比较接近成功的两例。对林木而言，急需克隆与鉴定的是控制重要经济性状和抗逆性状的主效基因，从而为开展林木分子育种创造条件。

虽然迄今仍无林木利用正向遗传手段成功克隆未知基因的实例，但随着越来越多的林木参照基因组的破译，以及超高通量的测序技术使基因组中 SNP 的快速检测成为可能，将为林木未知基因的精细定位与图位克隆创造有利条件。而且，由于大多数林木基本处于半野生状态，自然群体丰富，是采用连锁不平衡关联分析进行精细作图的理想材料。同时林木可以自由配制杂交组合，这些为实现林木未知基因的精细定位与功能鉴定奠定了材料基础。因此，林木 QTLs 的精细定位与图位克隆有可能成为林木未知基因发掘的主要方法，此外，目前林木功能基因的分离与鉴定多采用基于转录组测序的差异表达基因鉴定的反向遗传学策略，以下就这两种方法分别介绍。

(1)林木 QTLs 的精细定位与图位克隆

图位克隆技术是定位与分离功能基因最经典的遗传学方法。图位克隆一般包括连锁作图、精细作图、基因组测序及功能验证 4 个步骤，详细介绍如下：

①连锁作图　通过构建连锁遗传图谱，采用连锁分析方法对感兴趣的性状进行 QTL 作图，确定 QTL 在遗传图谱上的位置。连锁分析是基于标记与目的基因在有性杂交过程中子代基因分离时存在的连锁关系。用于连锁分析的作图群体一般是人工杂交群体(林木中以杂交 F₁ 群体居多)，利用的是最近一代或几代的重组事件，由于世代数较少，可利用的重组事件相对也较少。如杨树基因组遗传图距总长约为 4000 cM，这说明在杨树亲本的 1 次交配事件中，其性母细胞在产生单倍体配子的减数分裂过程中平均发生了约 40 次的染色体片段互换。因而在较大的染色体区段内，基因间都存在较强的连锁关系。因此，连锁分析只能对 QTL 进行初步的定位，仅找到该数量性状位点 QTL 可能所在的染色体区域(或位置)，距精确定位基因还有很长的一段距离。事实上，林木 QTL 定位精度一般都较低，在95% 置信概率下，其定位区间通常在 10~30 cM。对于基因组较小且具有密度较高遗传图谱的树种，如杨树，其 QTL 定位区间也仅能达 5~10 cM。对杨树而言，这样的染色体区间对应 100 万~200 万个碱基，而对于基因组巨大的松树，该染色体区间范围对应约 1 亿~2 亿个碱基。在这样大的染色体片段内进行基因的定位与克隆，无疑是非常困难的。以杨树为例，1 cM 的图距大致相当于 125 kb 的长度，因此，即使将一个 QTL 定位到 1 cM 左右的间距内，该位点也可能包含有数十至上百个基因。而实际上，林木 QTL 初步定位的距离往往都在 10 cM 以上。因此，需要进一步缩小 QTL 定位的染色体区间范围，减少候选基因

数量，这就需要组建分辨率更高的群体，对目的区域进行精细作图，这就是 QTL 的精细作图的初衷。

②精细作图　QTL 的精细作图的标准是在 95% 置信概率下 QTL 定位区间为 $1 \sim 5$ cM，当然，小于 1 cM 最好。目前，可采用 3 种途径开展 QTL 精细作图，即增加基因重组机会、利用次级分离群体(如 DH，RILs 群体)以及发展新的统计模型与作图方法。

首先，林木很难获得 DH、RILs 等次级分离群体；其次，统计模型与作图方法也在不断发展中，但目前尚未成功应用；因此，仅剩增加基因重组机会这条途径。增加世代数可增加重组机会，但林木世代周期太长，在时间上可能等不及。增大作图群体大小可增加检出的分离位点数目，进而增加图谱密度，这是林木中是切实可行途径。理论上，对于 QTL 定位区间小于 1 cM 的精细作图目标，作图群体规模至少为 1000；而对于林木复杂的数量性状，一般只能将 QTL 精确定位在 $5 \sim 10$ cM 的区间之内，单纯通过增加作图群体的数量所起的作用(即缩小的区间范围)仍然是有限的。

林木中存在大量的自然群体，是利用连锁不平衡信息进行关联遗传作图的理想材料，这有可能是林木精细作图唯一有效的途径。理由如下：关联分析是基于自然群体中基因位点间的连锁不平衡(linkage disequilibrium，LD)信息。与连锁分析不同，连锁不平衡分析可利用自然种群历史上发生的重组事件。历史上发生的重组使连锁的标记渐渐分布到不同的同源染色体上，这样就只有相隔很近的标记才能不被重组掉而紧紧连锁在一起，从而形成大小不同的单倍型片段(haplotype block)。这样经过很多世代的重组，只有相距很近的基因，才能仍处在相同的原始单倍型片段上，基因间的连锁不平衡才能依然存在。所以基于连锁不平衡分析，可以实现目的基因的精细定位。

林木大多为自由授粉的异交物种，所以连锁不平衡程度很低，林木基因组中的 LD 可能会仅局限于非常小的区域，这就为目的基因的精细定位提供了可能，结合 SNP 检测技术，科学家甚至可以将效应位点直接与单个的核苷酸突变关联起来，进行数量性状寡核苷酸(quantitative trait nucleotide，QTN)作图。当然，除了相隔很近的基因，某些相隔较远的基因，由于受相同的选择压力，也可能产生连锁不平衡。但通过家系分析，可以进行目的基因的粗略定位，首先将目的基因限定到一个较小的区域，只针对该区域内的 SNP 进行相关性分析，从而消除非由连锁引起的连锁不平衡干扰。对于有参照基因组序列的物种，还可以通过生物信息学手段筛选目标区域内的候选基因，并利用候选基因进行相关分析。

③基因组测序　当 QTL 被定位在足够小的图距内时，我们便可以对标记间的基因组序列进行全面测序，然后再对序列进行分析，获得相应的候选基因。例如，北京林业大学张德强课题组采用连锁分析与连锁不平衡分析相结合的方法开展毛白杨幼龄生长性状的遗传分析，利用 1200 个全同胞家系大群体进行遗传作图，从自然群体中收集了 435 个体开展全基因组重测序与 SNP 分型以及关联作图，鉴定了一批与毛白杨幼龄林期茎生长显着相关的 SNP 位点(Du *et al*.，2018)。

④功能验证　获得相应的候选基因后，接下来对候选基因进行功能分析。通常采用转基因或互补测验(complementation test)的方法进行功能分析，也可从不同的维度(表型组、转录组、蛋白组、代谢组等)进行分析与验证。一旦该基因的功能(或控制的表现型)已确定并验证，则表明已成功分离出该数量性状基因。

目前，已成功实现基因图位克隆的物种主要为一些基因组小的模式植物，如拟南芥和水稻。林木基因组一般较大，尤其是针叶树种，图位克隆要困难得多。但对于基因组相对较小、遗传基础较清楚的杨树，应积极尝试该策略。随着林木全基因组测序的发展，基于遗传图谱的连锁分析与基于 LD 的关联分析相结合将是林木未知基因克隆的最有效方法。

（2）基于转录组测序的目标基因分离与鉴定

转录组是某个物种或者特定组织或细胞类型产生的所有转录本的集合，包括编码 RNA 和非编码 RNA 等。转录组测序又称为 RNA-Seq，即利用高通量测序技术对 mRNA，小 RNA 及多种形式的非编码 RNA，如小干扰 RNA（siRNA）、microRNA（miRNA）、核仁小 RNA（snoRNA）及转运 RNA（tRNA）进行检测并测序。RNA-Seq 的一般技术流程为：提取组织或细胞中 RNA；将提取的 RNA 反转录为 cDNA，构建 cDNA 文库并利用 NGS 高通量测序平台进行测序；将测序获得的数据通过与参考基因组比对或者利用生物信息学软件进行从头（de nevo）组装，构建转录组；转录组数据的生物信息学分析，包括 RNA 表达水平分析、未知转录本检测、miRNA、siRNA 等非编码功能区域研究，以及识别剪切位点及 cSNP（编码序列单核甘酸多态性）等。

RNA-Seq 可用来检测不同组织或不同处理材料的差异表达基因（differential expression genes，DEGs），而且，与传统的基因芯片方法相比，RNA-Seq 具有如下优点：①不需要预先设计的探针，因此检测结果更准确；②检测差异表达基因比例的灵敏度更高，尤其对于低丰度表达的基因；③还能鉴定选择性剪接异构体、剪接位点和特异表达的等位基因。

差异基因检测是获取基因功能的重要途径。分析不同组织或不同处理材料的基因表达信息，筛选差异表达水平显著变化的基因进行进一步的功能验证，是无参考基因组物种中鉴定功能基因的有效方法。目前，大多数林木尚缺乏参考基因组信息，在此情况下，可采用反向遗传学研究策略，通过转录组比较筛选差异表达基因，然后再进行基因功能分析，以确定该基因的的功能。该方法一般的技术流程为：利用二代高通量测序平台对林木不同组织或不同处理（如干旱、盐碱胁迫处理）材料进行转录组测序；通过实验组和对照组基因表达量比较，筛选差异表达的基因（DEGs）；接下来，对差异表达基因（DEGs）通过 GO、Pathway 等功能分析进一步缩小范围；随机选取部分基因，利用 qPCR、Northern 杂交、FISH 等实验方法进行技术验证，确定这些基因存在并且确为差异表达，以验证测序结果的可靠性；选取差异表达基因进行通过建过过表达载体进行遗传转化观察转基因植株的表现型，或通过基因敲除或者敲减（如 siRNA 干扰、T-DNA 插入、CRISPR/Cas9 等）观察敲除或敲减后的表现型变化，以验证该基因的功能。若功能验证的结果与期望的表现型相符，则说明已成功克隆并鉴定该功能基因。该方法也是目前林木中开展基因功能分析的最常用的方法。2010 年以来，利用该方法在林木非生物胁迫相关基因的鉴定方面开展了大量工作，已初步筛选出一批适应性相关的基因，如蒙古柳抗旱相关基因、中山杉耐水相关基因、小桐子抗冷相关基因、鹅掌楸叶形发育相关基因等。其中有些基因的功能已通过转基因方法进行了验证，另有一些基因正在开展功能分析与验证。

8.1.4.2　全基因组选择

选择是动植物育种中最重要的环节，传统的选择育种是凭经验依据表现型来选择优良后代，进而达到改良目标性状的目的。20 世纪 70 年代，亨德森提出利用最佳线性无偏预测 BLUP 来评估亲本的育种值，较大地提高了育种值估计的精度，因而被广泛采用。20 世纪 90 年代以来，随着分子标记技术的发展，基因组上大量等位变异的发现，使标记辅助选择（MAS）逐渐成为动植物分子育种的常用手段。但 MAS 仅适用于由较少主效基因控制的性状，如植物的抗病性状。而对于由大量微效基因决定的主要经济性状–数量性状，MAS 效果不佳。由于 MAS 的局限性，对整个基因组的标记进行研究就成为一种必然。

全基因组选择（genomic selection，GS）是一种全基因组范围内的标记辅助选择方法。该方法能够在全基因组范围内同时估计所有标记的效应，根据已知群体的标记信息和表现型信息，建立标记与表现型之间的关联，进而对表现型未知的群体做出合理的预测，实现更全面、更可靠的选择。例如，可结合表现型与遗传标记两方面信息对个体进行遗传评估，使个体基因组育种值（GEBV）估算更加准确。全基因组选择方法不是直接检测 QTL，而是基于一个训练群体（training population），构建表型性状与全基因组标记的预测模型，通过模型预测其他群体的遗传效应值，这样就避免因显著性检验而遗漏部分效应微小的标记。即使单个标记的效应非常微小，全基因组的大量标记信息仍有可能解释所有的遗传方差。因此，要开展全基因组的预测工作，就必须对大量的位点进行基因分型。近年来，DNA 分子标记技术得到了快速发展，为全基因组选择在动植物育种中的应用奠定了良好的基础。研究表明，全基因组选择在玉米中的育种效率高于标记辅助选择，更优于只利用系谱信息的传统育种方法。由于选择的性状不再局限于少数主效基因所决定的质量性状，是进行分子标记辅助数量性状选择的有效策略，因而具有十分广阔的应用前景，目前已成为分子育种研究的热点之一。

（1）全基因组选择的方法

可分为两大类：一类是根据等位基因的效应值来预测 GEBV，包括最小二乘法（OLS）、基因组最佳线性无偏估计（GBLUP）、RR–BLUP、贝叶斯的 5 种方法（Bayes A，B，C，R，LASSO）等；另一类是基于遗传关系矩阵的基因组育种值（GEBV）预测，通过采用高通量标记构建个体间的遗传关系矩阵，然后用线性混合模型来预测基因组育种值。GBLUP 是一种利用全基因组标记预测目标群体基因型值和表现型值的高效方法。其通过构建基因组关系矩阵，代替传统 BLUP 中基于系谱关系建立的亲缘关系矩阵。

（2）全基因组选择的优势

与传统选择策略相比，全基因组选择具有明显优势。不仅可以使育种值的估计更加准确，进而提高选择的准确性，尤其对于一些遗传力较低的性状，同时，也可以通过扩大检测群体规模以提高选择强度；而且还可以进行早期预测，从而缩短世代间隔，大大提高遗传进度。

（3）影响全基因组选择准确性的主要因素

影响基因组选择准确性的因素有很多，如训练群体大小、亲缘关系、标记密度、遗传率以及标记和 QTL 间 LD 的大小。①遗传力越高，GEBV 的准确性越高。低遗传力性状需要更多数量的基因型和表现型数据才能获得较高的准确性。②SNP 的密度增加标记的密度能增加标记和 QTL 之间的 LD 程度，从而可能获得更准确的育种值估计值。但当密度达到一定程度后基因预测的准确性难以显著提高。因此，利用适当数量的标记是基因组选择研究中相对合理的策略。③训练群体规模训练群体的大小直接影响全基因组育种值的准确性。训练群体越大，具有表现型和基因型信息的样本就越多，可供利用的信息就越丰富，从而能够提高等位基因效应估计的准确性，全基因组选择的准确性也相应会提高。一般要求训练群体在 1000 以上。④亲缘关系训练群体和测试群体的遗传关系对全基因组选择的准确性也有一定影响。两者亲缘关系越近，预测准确性越高。⑤标记和 QTL 间 LD 的大小标记和 QTL 间的 LD 程度也会影响全基因组选择的准确性。随着世代的增加，标记和 QTL 间的 LD 会逐渐降低，全基因组选择的准确性也随之降低。

全基因组选择方法在动物遗传评估与育种中应用较广，尤其是家畜育种。例如，在一些奶业发达国家，基因组选择方法正逐渐取代传统奶牛遗传评估方法，成为奶牛遗传评估的"标准"方法。林木全基因组选择(GS)最早在火炬松及几种桉树中进行了尝试。在火炬松 9 个性状中，基于 GS 预测育种值的准确率波动较大(17%~74%)(Resende 等，2012)。

夫特雷斯-乌特里拉等(Fuentes-Utrilla *et al.*，2017)利用全基因组 SNPs 信息对北美云杉(*Pieea sitchensis*)开展全基因组(GS)选择，基于 GS 预测的表型性状育种值的准确率可高达 59%~62%。新西兰的辐射松育种公司(The Radiata Pine Breeding Company，RPBC)已经启动了全基因组选择项目，其目标是加速辐射松的遗传改良，并期望在 2022 年前将全基因组选择策略应用于辐射松的种质评价与筛选保存(Li *et al.*，2018)。

林木世代周期长，有些性状的评估一定要等到中龄林或成熟林时才能实施，如辐射松的心材比率要到 14 年后才能测定，如果能在苗期就能开展心材比率的全基因组选择，就会大大缩小世代间隔，增加单位时间内的遗传增益。因此，对于世代周期长的林木，特别是对于遗传率较低(生长性状)、测定费用昂贵(抗病性)、晚期才表现(木材品质)的性状，全基因组选择的效果尤其明显，具有较好的应用前景。

8.1.4.3　分子设计育种

分子设计育种(molecular design breeding)以生物信息学为平台，以基因组学和蛋白质组学等数据库为基础，通过多种技术的集成与整合，对育种程序中的诸多因素进行模拟、筛选和优化，提出最佳的符合育种目标的基因型以及实现目标基因型的亲本选配和后代选择策略，以提高生物育种中的预见性和育种效率，实现从传统的经验育种到定向、高效的精确育种的转化。

佩勒曼(Peleman)和范德沃特(van derVoort)于 2003 提出设计育种(breeding by design)的概念，万建民(2006)明确分子设计育种的步骤：①定位/挖掘相关农艺性状的基因，明确不同等位基因的表型效应，明确不同位点基因间以及基因与环境间的相互关系；②利用已经鉴定的各种重要基因的信息，模拟预测各种可能基因型的表现型，从中选择符合特定育种目标的基因型；③设计有效的育种方案、利用设计育种方案开展育种工作，培育优良品种。

开展分子设计育种的 4 个基本条件：①高密度分子遗传图谱和高效的分子标记检测技术；②大规模定位重要基因/QTLs 并明确其功能，掌握重要基因/QTLs 等位变异及其对表现型的效应，已充分了解基因与基因的互作和基因与环境互作；③建立并完善可供分子设计育种利用的遗传信息数据库；④构建可用于分子设计育种的种质资源与育种中间材料。

2007 年，国家 863 计划启动了"动植物品种设计"专题，2008 年，国家 973 计划设立了"主要作物高产、优质品种设计和选育的基础研究"项目。目前，分子设计育种已成功在水稻中实施，已选育出一批高产优质高抗水稻新品种或新材料。例如，2017年，我国科学家运用分子模块设计育种的理念和技术成功育成了具有超高产、早熟和抗稻瘟病的"嘉优中科系列"水稻新品种。新品种聚合了高产、外观品质、蒸煮品质、口感和风味品质等性状的基因，标志着我国水稻育种从传统育种向高效、精准、定向的分子设计育种转变。

虽然目前在林木中开展分子设计育种的条件还不成熟，但可以开展分子设计育种的前期基础研究，如广泛收集与评价林木各类变异材料、构建高密度遗传图谱、定位重要性状的 QTLs 定位并分析其效应、了解 QTL 之间互作及 QTL 与环境互作、构建林木基因组数据资源库等。在此基础上，有望通过开展分子育种设计培育出"超级"林木新品种。

8.1.4.4　基因组编辑育种

基因组编辑（gonome editing）技术是对特定基因进行精准定点诱变，从而改变其调控的特定性状。目前，在植物中应用的基因组编辑技术主要有 ZFNs、TALENs 和 CRISPR/Cas 3 类系统。其中 CRISPR/Cas 系统包括 CRISPR/Cas9、CRISPR/Cpf1、CRISPR/C2c1 和 CRISPR/C2c2 等亚类型，但应用最多的是 CRISPR/Cas9 系统。上述 3 类基因组编辑技术均能对植物基因组进行精准的定点敲除、插入和替换，因此，基因组编辑技术对于控制植物重要性状基因的功能鉴定、重要性状的遗传改良具有巨大的应用潜力。相比传统的常规育种技术，基因组编辑技术能直接对目标性状基因进行精准修饰与定向改良，同时还能大大加快育种进程。而与转基因育种技术相比，利用基因组编辑技术培育的新品种不含外源基因，从而消除转基因安全顾虑。因此，自基因组编辑技术成功应用于植物以来，迅速成为作物遗传改良领域研究的热点。

当前，基因组编辑技术应用于植物遗传改良主要有两种方式：一是通过靶向敲除目标性状负调控基因，造成该基因功能缺失，以改良目标性状。例如，水稻抗稻瘟病、水稻温敏核雄性不育系的培育。二是通过对目标性状控制基因进行定点替换，导致该基因功能发生改变，从而获得新的目标性状。例如，抗除草剂水稻、玉米等的培育。目前，基因编辑技术主要应用于改良作物的产量与品质、提高作物抗病、抗逆性、创造水稻雄性不育系等方面，应用的植物有玉米、水稻、大豆、马铃薯、番茄、柑橘等。2014年，中国科学院高彩霞研究组利用 TALENs 和 CRISPR/Cas9 技术获得了抗白粉病的小麦。2015年，美国通过 CRISPR/Cas9 技术获得的抗除草剂油菜 SU Canola™ 种植了 4000 hm²，加拿大也批准了 SU Canola™ 的种植。2016年，美国杜邦公司对 CRISP 技术获得的玉米和小麦进行田间试验，2020年进行商业化种植。

目前，基因组编辑技术对基因单碱基替换、片段定点插入和替换等编辑的效率还很低。如目前已报道的植物单碱基定点替换技术在水稻、小麦和玉米中的编辑效率为 0.39%~20%（大都低于 10%），且只能是 C→T（G→A）碱基替换；而已报道的植物基因组定点插入和替换技术在水稻、玉米和拟南芥中的编辑效率也极低，片段定点替换效率普遍低于 1%。因此，对大部分控制重要农艺性状的正调控基因目前还无法高效、精准地进行编辑，从而极大地限制了基因编辑技术大规模应用于作物遗传改良的步伐。事实上，科学家们已对 CRISPR/Cas 技术进行了多次优化。例如，利用 Cas9 变体将脱靶率降低到极低水平；通过对 Cas9 和 Cpf1 蛋白进行定点突变扩大了 PAM 位点的选择范围；开发出基于 CRISPR/Cas9 的植物基因组单碱基编辑系统、基于 CRISPR/Cas9 的植物基因组定点插入和替换系统，以及 DNA-free 植物基因组编辑系统等。

虽然基因组编辑技术仍有待完善，但不可否认，基因组编辑技术在基因功能研究及遗传改良上所呈现出其他技术无法比拟的巨大优势。2021 年，"林木基因组编辑技术"已列入"十四五"国家重点研发计划"林木种质资源培育与质量提升"重点专项。展望未来，随着林木全基因组测序的完成和越来越多功能基因的发现，定点替换/插入的基因组编辑技术的进一步优化，基因组编辑技术必将在林木遗传育种中发挥重要作用。

8.2　林木基因工程育种

基因工程（genetic engineering）也称基因操作、重组 DNA 技术。它是在分子生物学的理论指导下采用类似工程设计的方法预先设计蓝图，通过基因克隆、遗传转化以及细胞与组织培养技术，将外源基因转移并整合至受体植物的基因组中，并使其在后代植株中得以正确表达和稳定遗传，从而使受体植物获得新性状的技术体系。

1983 年，第一例转基因植物（烟草）诞生。1987 年，第一例转基因植物（转基因抗虫番茄）田间试验在美国进行。1994 年，延迟成熟的转基因番茄上市。1996 年，全球转基因农作物种植面积为 1700×10^4 hm^2，至 2017 年，种植面积达 1.898×10^8 hm^2，增加了 112 倍。累计种植面积为 $23 \times 10^8 hm^2$，累计经济效益达 1861 亿美元。迄今为止，全世界共批准了 33 种植物的转基因品种进行商业化生产，其中，大豆、玉米、棉花和油菜是种植面积最大的四大转基因作物。美国、巴西、阿根廷、加拿大和印度为五大转基因作物种植国，2017 年，五国的转基因作物种植面积占全球的 91.3%。

不同于农作物，转基因林木大多仍处于研究阶段，尚未进入大规模应用阶段。2002 年，我国抗虫转基因欧洲黑杨获得了商品化许可，2003 年通过良种审定，是全球第一例进入商业化应用的转基因林木。2015 年，高产转基因桉树在巴西获商业化批准。

基因工程可以实现远缘物种间的基因转移，这在传统的杂交育种中是难以实现的。因此，利用基因工程进行林木育种，可以克服常规育种的局限性。通过将从其他物种中克隆获得的目的基因遗传转化至目标树种中，从而定向改良林木的某一性状。

8.2.1　植物基因工程的基本步骤

植物基因工程基本步骤为：目的基因分离与鉴定、植物表达载体的构建、植物细胞的遗传转化、转化植物细胞的筛选，以及转基因植株的鉴定与检测等。

8.2.1.1　目的基因分离与鉴定

开展植物基因工程的工作，首先必须获得目的基因。获取目的基因的途径有直接分离与人工合成两种。直接分离是利用的 DNA 限制性内切酶将供体细胞中含目的基因的 DNA 片段切割分离出来。植物的大部分目的基因是从植物细胞中分离出来的，例如，从豆科植物的种子中分离得到多种种子贮藏蛋白基因；有些来自微生物，如抗除草剂基因（aroA 基因）分离自鼠伤寒沙门氏杆菌；抗虫基因（Bt 基因）是从苏云金芽孢杆菌中分离得到的。还有些来自动物，如抗冻蛋白基因（afp）分离自深海鱼中。

目前人工合成基因的方法主要有 3 种：①以基因转录 mRNA 为模板，反转录成互补的单链 DNA(cDNA)，然后在酶的催化下合成双链 DNA。②根据已知的蛋白质的氨基酸序列，推测出相应的基因序列，再通过化学方法以 4 种脱氧核苷酸为底物合成目的基因。③依据已知其他物种的目的基因进行核苷酸同源序列分析，设计引物，采用 PCR 技术，快速、简便地扩增目的基因的 DNA 片段。

8.2.1.2 植物表达载体的构建

（1）载体(vector)的功能

载体的功能有 3 个方面：①运送外源基因高效转入受体细胞；②为外源基因提供复制能力或整合能力；③为外源基因的扩增或表达提供必要的条件。

（2）载体具备的特征

载体具有以下特征：①具有针对受体细胞的亲缘性或亲和性(可转移性)；②具有与特定受体细胞相适应的复制位点或整合位点；③具有较高的外源 DNA 的载装能力；④具有多种单一的核酸内切酶识别切割位点；⑤具有合适的筛选标记。

（3）载体的构建

构建植物表达载体的方法是在目的基因的 5′端加上启动子，有时还加上增强子，在 3′端加上终止子。常用的启动子：花椰菜花叶病毒(CaMV)的 35S 启动子；胭脂碱合成酶基因的 Nos 启动子；章鱼碱合成酶基因的 Ocs 启动子。常用的终止子：胭脂碱合成酶基因的 Nos 终止子和 Rubisco(核酮糖 1-5 二磷酸羧化酶)小亚基基因的 3′端区域。

8.2.1.3 植物细胞的遗传转化

目前，植物遗传转化方法有三类，即载体介导法、直接导入法以及花粉管通道法。

（1）载体介导的基因转化系统

将外源基因重组进入适合的载体系统，通过载体携带将外源基因导入植物细胞并整合在核染色体组中随着核染色体组一起复制和表达。最常用的为根癌农杆菌介导的遗传转化系统。农杆菌 Ti 质粒是一种天然的植物遗传转化体系，Ti 质粒上有一段 T-DNA，农杆菌通过侵染植物伤口将 T-DNA 插入到植物基因组中。我们可将目的基因插入到经过改造的 T-DNA 区，通过农杆菌侵染受体植物伤口，实现目的基因的遗传转化。该方法简单、快速、高效，是目前双子叶植物(单子叶植物对农杆菌侵染不敏感)转基因最主要的方法。根据受体材料不同，又可进一步细分为以下 3 种：①整株浸染法用农杆菌浸染创伤部位，然后通过无菌培养获得愈伤组织，进一步诱导分化成再生植株。②叶盘法。用打孔器得到叶圆片或用解剖刀将叶片切成小块，然后浸入农杆菌液 3~5 s，在培养基上培养 2~3 d，然后转移到选择培养基上，使转化细胞通过组织培养途径获得再生植株。③共培养法。将原生质体与农杆菌一起培养 40 h 左右，离心去菌后，在选择培养基上得到转化的细胞系，通过原生质体培养途径获得再生植株。

（2）外源基因直接导入法

该类方法是利用物理或化学措施将外源 DNA 或基因直接导入受体细胞，无须借助载体介导。主要方法有：基因枪(particle gun)法、电穿孔法、显微注射法、超声波介导法、脉冲场电泳法、离子束介导法以及聚乙二醇(PEG)法等。但该类方法转化效率低、周期长，且需要专门设备。

（3）花粉管通道法

该方法是利用植物授粉后柱头内形成的花粉管通道将外源 DNA 或基因导入胚囊，并进一步整合至受体细胞的基因组中，随受精卵及随后的种子发育而获得转基因植株。该方法的最大优点是克服了载体介导与直接导入转化方法对组织培养的以来，技术简单，应用范围广。

8.2.1.4　转化植物细胞的筛选

无论采用哪一种遗传转化方法，与非转化细胞相比，转化细胞都只占少数，且作为异种细胞，其竞争力也大大弱于非转化细胞。因此，必须对转化细胞进行筛选。

目前，一般利用选择标记基因筛选转化细胞。在载体改造时，可将选择标记基因加工至载体中。选择标记基因有两类：一类为抗性基因；另一类为报告基因。在选择压力下，利用抗性基因在转化体内的表达，就可从大量的非转化细胞中筛选出转化克隆；根据报告基因的表达产物也可筛选转化细胞。以下分别介绍。

（1）抗性基因

抗性基因有两类，即抗生素抗性基因及抗除草剂基因。

①抗生素抗性基因　新霉素磷酸转移酶基因（npt），对卡那霉素、G418、巴龙霉素及新霉素等具有抗性；潮霉素磷酸转移酶基因（$aphIV$），对潮霉素具有抗性；链霉素磷酸转移酶基因（spt），对链霉素具有抗性；氯霉素乙酰转移酶基因（cat），使氯霉素丧失抗菌素活性；庆大霉素 3-N-乙酰转移酶基因（$aacc3$、$aacc4$），对庆大霉素有抗性；博来霉素抗性基因（ble），对博来霉素有抗性。

②抗除草剂基因　选择基因的编码产物通常是分解除草剂或抗生素的酶，转化细胞对除草剂或抗生素产生抗性，从而使转化细胞在含有一定浓度除草剂或抗生素的筛选培养基上生长，非转化细胞在筛选培养基上被除草剂或抗生素杀死。该类基因主要有编码膦化麦黄酮乙酰转移酶（PAT）的基因 bar，草甘膦抗性标记基因 epsps，绿黄隆抗性标记基因 als。

鉴于抗生素与除草剂抗性基因可能会对环境造成不利影响，如抗生素抗性基因转移到微生物中，使病原菌获得抗性从而使临床使用的抗生素失效；抗除草剂基因传播到野生亲缘种中，使杂草获得抗性而变成"超级杂草"。近年来，在转化细胞筛选中新出现了一种选择系统——甘露糖阳性选择系统。该选择系统属于非抗生素筛选系统，其原理为：甘露糖不能维持各种外植体的生长。当培养植物细胞添加甘露糖时，它只被转化为 6-磷酸甘露糖，不能进一步参与代谢而积累至毒性水平。以编码 6-磷酸甘露糖异构酶的基因（pmi）作为选择基因，构建表达载体遗传转化植物细胞，用甘露糖作选择剂，选择基因编码的 6-磷酸甘露糖异构酶则可将 6-磷酸甘露糖转化为易于糖酵解的 6-磷酸果糖，从而使转基因细胞能正常生长，而非转基因组织因饥饿而死亡。类似的基因还有木糖异构酶基因 $xylA$，核糖醇操纵子 rtl，谷氨酸-1-半醛转氨酶基因 $hemL$，异戊烯基转移酶基因 ipt，吲哚 3-乙酰胺水解酶基因 $iaaH$ 等。

（2）报告基因

主要有 GUS 基因、荧光素酶基因、GFP 基因等。

①GUS 基因　即 β-葡萄糖苷酶基因。该基因应用较广泛，能催化裂解一系列的葡萄糖苷，产生一系列具有发色基团或发荧光的物质，可用分光光度计、荧光计或组织化学法

对 GUS 活性进行定量和空间定位分析，检测方法简单灵敏。

②荧光素酶基因　荧光素酶催化的底物使 6-羟基喹啉类似物，在镁离子、ATP 及氧的作用下酶使底物脱羧，生成激活态的氧化荧光素，发射光子后，转变成常态的氧化荧光素。

③*GFP* 基因　即绿色荧光蛋白基因。GFP 产生绿色荧光蛋白，在 395 nm 和 490 nm 的波长下发出独特的绿色荧光。

8.2.1.5　转基因植株的鉴定与检测

为了验证外源基因是否整合至受体植株的染色体，采用 PCR 技术、Southern 杂交、Northern 杂交、Western 杂交和表现型检测等。

①PCR 技术　根据外源基因两端序列设计特异引物，利用该特异引物特定扩增目的基因片段，依此判断外源基因是否整合至受体植株的染色体。这是转基因植物鉴定的最简单、最常用的方法。缺点是假阳性较高。

②Southern 杂交　根据外源基因的碱基序列，与含有标记的探针发生同源配对，杂交后能产生杂交信号的转化植株为转基因植株，未产生杂交信号的为非转基因植株，或是转入基因失活或者沉默的转基因植株。这是检测外源基因在植物基因组上整合的最可靠方法。

为了验证外源基因是否表达，采用 Northern 杂交和 Western 杂交技术，直接检测外源基因转录及其翻译产物的多少，这是目前最有说服力的检测方法。也可将目的基因与标记基因或报告基因整合，通过活性检测以判断外源基因的表达水平。

③Northern 杂交　检测外源基因是否转录。与 Southern 杂交不同的是，其固体膜上转移固定的是总 RNA 或 mRNA。探针为 DNA，探针与膜上 RNA 形成的 RNA-DNA 杂交双链，通过杂交信号的强度可以判断外源基因的表达水平。

④Western 杂交　检测外源基因是否翻译。与 Northern 不同，探针为抗体，通过蛋白—抗体的杂交信号强弱判断外源基因的表达水平。

⑤表现型检测　如抗虫基因工程中的抗虫试验等。这是最直接的检测方法，是某种植物基因工程成功与否的最后判断标准。

8.2.2　基因工程技术在林木育种中的应用

林木基因工程始于 20 世纪 80 年代中期，帕森等（Parson *et al.*，1986）首次将外源基因导入杨树并证实能在杨树细胞中表达。迄今已在 10 科 22 属 35 种林木中开展了遗传转化研究，获得转基因植株有杨树、松树、柳树、核桃等 10 余种；桉树抗虫抗除草剂、杨树抗除草剂，以及白桦抗病等的转基因林木已进入大田试验阶段。我国抗鳞翅目昆虫的转 *Bt* 基因杨树已获批进入商业化应用。林木基因工程育种的目标主要在于降低木质素含量、提高林木抗逆性以及提早开花等方面。

（1）木质素改性

木质素是木材的重要成分，其含量约占木材总量的 25%。木质素是细胞次生壁主要成分，提供木材的结构支撑，具有抗压作用，但在制浆造纸工艺中，需将木质素从纤微素中分离去除。该过程花费高，污染重。为了使制浆过程花费少、更环保，我们当然希望能减少林木中木质素的含量，或者改变木质素的化学特性使其更容易被去除。

木质素生物合成受很多基因调控，其代谢通路目前已经非常清楚。在一系列酶的作用下，由苯丙氨酸脱氨、加羟基、加氧甲基形成不同类型的木质醇类（木质素单体），再经多种形式的聚合作用形成木质素。

木质素改性的转基因研究主要集中于杨属中，已经分离鉴定了参与木质素生物合成的几个关键酶基因。其中，阿魏酸-5-羟化酶（ferulate 5-hydroxylase，F5H）、咖啡酸氧甲基转移酶（caffeic acid-O-methyltransferase，COMT）、咖啡酰辅酶 A 氧甲基转移酶（caffeoyl-CoA 3-O-methyltransferase，CCoAOMT）、4-香豆酸：辅酶 A 连接酶（4-coumarate CoA：ligase，4CL），以及肉桂酰乙醇脱氢酶（cinnamyl alcohol dehydrogenase，CAD）等基因与木质素生物合成密切相关。例如，在 4CL 基因的反义表达的转基因美洲山杨中，其木质素含量显著降低，而纤维素含量明显增加。同样，通过 CAD 基因的反义表达，也降低了转基因杨树木质素含量。

（2）抗病虫

林木抗虫目标基因主要有两种：一种是来自苏云金杆菌（Bacillus thuringiensis）中的 Bt 基因；另一种为胰蛋白酶抑制剂基因（pin2）。

Bt 基因编码晶体（cry）毒素，有不同的类型，如 cry1Aa，cry1Ab 和 cry1Ac。Bt 毒素对鳞翅目、双翅目与鞘翅目的昆虫均有效，其作用机制是损害昆虫的消化系统，最终导致昆虫停止取食而死亡。在许多树种中开展了转 Bt 基因研究，包括杨树、桉树、落叶松、花旗松、云杉、辐射松和火炬松等，且转基因林木表现出较明显的抗虫性。其中，杨树转 Bt 基因研究最多。美国威斯康星大学将 Bt 基因和蛋白酶抑制剂基因转入白云杉，有效防治云杉卷叶蛾。中国林业科学研究院和中国科学院微生物研究所将 Bt 基因转入欧洲黑杨、欧美杨和美洲黑杨，获得对舞毒蛾等具有毒杀作用的转基因植株。河北农业大学将 Bt 基因和慈姑蛋白酶抑制剂基因转入 741 杨，获得了对杨扇舟蛾、舞毒蛾、美国白蛾等鳞翅目害虫具有高抗性的植株，幼虫死亡率达到 80% 以上。

胰蛋白酶抑制剂 II 基因（pin2）是从茄科植物（马铃薯、西红柿）中创伤诱导分离出来的。pin2 基因受创伤胁迫诱导，其作用机理是抑制草食动物（包括昆虫）消化系统的胰蛋白酶和胰凝乳蛋白酶的水解活性。将 pin2 基因转化杨树，发现转基因杨树对食叶害虫的耐受能力明显提高。喂食转基因杨树叶片的幼虫体重变轻，发育周期延长。此外，两个来自其他植物的基因，即编码半胱氨酸蛋白酶抑制剂基因（ocl）和编码胱氨酸抑制剂基因（cys），将其转入杨树后也能增强杨树对叶甲害虫的耐受能力。

林木抗病转基因研究起步较晚，报道较少。林木抗病毒基因有杨树花叶病毒外壳蛋白（PMV-CP）基因、洋李痘病毒外壳蛋白（PPV-CP）基因以及黄瓜花叶病毒外壳蛋白（CMV-CP）基因等。Cooper 等克隆了杨树花叶病毒外壳蛋白基因，转化杨树成功；番木瓜环斑病毒（PRSV）是番木瓜主要病原物，该病害在夏威夷是毁灭性的。将番木瓜环斑病毒外壳蛋白（PRV）基因导入欧洲李与番木瓜中，转基因植株的抗病性明显提高。

（3）抗除草剂

除草剂无选择性，使用抗除草剂转基因植物可以提高除草效率，降低成本。1987 年，Fillatti 等将从沙门氏菌分离的 aroA 基因通过农杆菌介导法转入杨树无性系 NC-5339 中，获得了抗草甘膦的转基因植株。1997年，斯特劳斯(Strauss)等也获得了抗草甘膦转基因杨树，并大面积种植，取得了很好的效果。

将 bar 基因转入到杂种杨和赤桉、将 crsl-1、CP4 基因转入到杨树，均取得了较好的除草剂耐受能力。在针叶树中，aroA 基因被导入到欧洲落叶松中，转基因植株对草甘膦有明显的耐受性。此外，转 bar 基因的辐射松和欧洲云杉在温室条件下表现出对除草剂 Buster 的高度忍受。

(4)抗旱、耐盐碱

植物抗渗透胁迫受多基因控制，与许多生理生化过程有关。能否找到限速代谢步骤以及克隆出限速酶基因是关键。已克隆获得调节渗透胁迫的多个关键基因，如吡咯啉 5 羧酸合成酶基因(P5CS)、甜菜碱醛脱氢酶基因(BADH)、磷酸甘露醇脱氢酶基因(mtlD)、磷酸山梨醇脱氢酶基因(gutD)。转 mtlD 和 gutD 基因的烟草中甘露醇和山梨醇含量明显增加，增强了耐盐性；转 mtlD 基因的八里庄杨的耐盐性得到提高。

(5)生殖调控

林木世代周期长，极大地限制了林木育种进程。如能使林木提早开花，可大大加速育种进程。此外，转基因植物所含的外源基因还存在基因漂移的风险。若转基因植物本身是不育的，则从根本上杜绝了基因漂移现象的发生。

①提早开花　有许多基因参与开花过程，目前已从杨树、辐射松、黑云杉、欧洲云杉、苹果中鉴定并克隆了一批成花决定同源基因，大部分开花基因在高等植物中是保守的。控制开花的基因有 3 类：即花序分生组织特异性基因(TFL)、花分生组织特异基因(LFY、API)、花器官特异性基因(API、DEF、AG)。采用同源克隆策略从木本植物中分离克隆的开花调节基因(LFY-like、API-like)，并在拟南芥或烟草中进行异源表达，发现能明显促进开花。将拟南芥 LFY 基因转化杨树，诱导了杨树花的提早发育。

②雄性不育　可采用以下两种途径：一是利用反义 RNA 抑制花粉发育相关基因的表达；二是通过花药或花药特异表达启动子，驱动细胞毒素基因在花药或花粉中表达，促使绒毡层细胞消融或花粉自融，实现雄性不育。在杨树上已分离了多个花芽形成过程中的特异表达基因(如 PTLF、PTAG、PTD 等)，利用其启动子控制毒素基因，获得了花粉败育的杨树转基因系。在杨属中，用一个烟草绒毡层特异性启动子 TA29，驱动细菌细胞毒素芽胞杆菌 RNA 酶基因的表达，使生殖组织脱落，从而有效诱导了雄性不育。

8.2.3　林木基因工程研究中存在的问题

尽管已在许多树种中开展遗传转化研究，也在一些树种中获得了转基因植株，但与农作物转基因相比，林木转基因研究仍存在许多不足，总结如下：

(1)缺乏稳定、高效的遗传转化系统

建立稳定、高效的遗传转化系统是开展林木基因工程的前提。目前林木上仅有杨树、桉树、欧洲落叶松、欧洲云杉等少数树种搭建了遗传转化技术平台，但也不太稳定。大多数树种未见有成功获得转基因植株的报道，许多树种(尤其是针叶树种)尚缺乏有效的组培再生系统。一些树种即便是已获得了转化细胞，在分化再生成植株的过程中也还存在困难。即使已建立遗传转化系统的少数树种，也存在转化率低等问题。

（2）外源基因的表达缺乏稳定性

目前的林木转基因植株中，外源基因的表达仍缺乏稳定性。外源基因表达的稳定性可能受多种因素影响，包括转化方法、外源基因特性、启动子类型、构建的基因重组类型、转基因植株生长条件等因素。

首先，基因转化方法对于外源基因的表达影响很大。例如，与基因枪法相比，农杆菌介导法得到的基因整合模式（一个位点或多个位点）更为简单、外源基因的拷贝数也更少。由于整合模式及拷贝数的不同，即使同一物种采用相同的转化方法，不同批次获得的转化植株都可能出现非常大的外源基因表达差异。这是因为，整合的外源基因如涉及多个位点，则更有可能导致内源基因的失活，或者引起基因表达的改变。因此，外源基因的单拷贝、单位点整合模式是进一步优化基因转化方法的主要目标。

其次，启动子类型也是影响外源基因表达稳定性的主要因素之一。例如，花椰菜花叶病毒（CaMV）35S 启动子在大多数转基因林木中表现出高水平的基因表达。有研究表明，在重组基因的两侧装载上核基质结合区（matrix attachment regions，MARs）可以增加外源基因表达的稳定性。

再次，外源基因的表达还与目的基因发挥功能具有时空性有关。例如，抗除草剂基因希望在幼龄林期表达，因为幼龄林期需要除草，之后由于不需施用除草剂，该基因表达与否我们并不清楚。同样地，不育基因要求在性成熟时表达，在性成熟之前的童期，不育基因是否失活也不清楚。而对于木质素改性基因，或者抗病虫害基因，则希望在林木整个生长周期都能表达，从这个角度看，这两类外源基因的稳定表达对林木培育的意义更大。

（3）外源基因数量有限、来源单一

目前可导入林木的外源基因数量不多，且多数来源于微生物或草本植物。从生物安全性考虑，迫切需要从林木中克隆鉴定新的功能基因作为林木转基因的目的基因，定向改良某一性状，且能避免引起公众对生物安全的担忧。

8.2.4　转基因林木安全性评价

随着转基因植物商业化应用的不断增加，公众对转基因生物安全性的关注度也越来越高，尤其对于作为食品来源的转基因农作物。虽然目前尚没有直接的实验证据表明转基因食品对人体有害，而且经监管部门批准上市的转基因作物一般是安全的。但由于公众对转基因科学知识的匮乏，不了解转基因技术的原理和转基因作物安全评价过程，因而表现出对转基因作物安全性的极大担忧，这需要政府主管部门向社会公开监管程序、专业人士做好科普工作。

国际上将所有经过遗传修饰（包括基因工程）获得的生物统称为遗传修饰生物（genetic modified organism，GMO），对于 GMO 的监管各国政策不一。总体看，欧盟各国对 GMO 的监管是最严格的，而美国、加拿大、巴西、阿根廷、印度、日本等国则较为宽松。中国政府对待转基因作物一向较为严谨，迄今仅发放了棉花、番木瓜、番茄、水稻、玉米、矮牵牛、辣椒 7 种转基因植物的安全证书，批准商业化种植的有棉花、番茄、甜椒、番木瓜和杨树 5 种转基因植物。我国批准了棉花、大豆、玉米、油菜 4 种转基因作物的进口安全证书，但仅限用于加工原料，所有进口的转基因作物种子从未批准在中国境内种植。

转基因作物的安全性主要从分子特征、遗传稳定性、环境安全与食品安全4个方面进行评价。分子特征指外源 DNA 信息、整合情况、表达部位、表达量及对受体植物基因组的影响，还包括目的基因来源、基因功能、致毒性、载体安全性、操作安全性等；遗传稳定性指代际间的稳定性，需提供多代的外源基因整合与表达情况；环境安全包括外源基因漂移、生存竞争以及对其他非靶标生物的影响；食品安全即食用安全性，需进行营养学、毒理学、标记基因及对人类长期非预期效应等方面的检测与分析。

与农作物大多作为食品不同，林木培育的目的主要是为社会提供木材或林产品加工原料，而不是食品原料，因此，对于转基因林木的安全性评价主要考虑其环境安全性。例如，转基因林木中的外源基因可能会随花粉、种子等形式的基因流进入林木天然种群的基因库中，从而对天然群体产生负面影响；或者通过基因渐渗飘移至近缘物种中，进而改变近缘物种的遗传结构。为了尽量避免发生外源基因漂移，可采取措施使转基因林木不育，比如，转入雄性不育基因从而不产生花粉，或者控制其开花结实。又如，高抗性林木的大规模推广应用也有可能催生新的有害生物。

此外，由于林木生长周期长，一旦在田间释放，转基因林木对环境的影响将是长期的。从该角度看，对转基因林木的监管似乎应更加严格。但目前，国内外对转基因林木安全性管理的相关法律法规尚不健全，有待于进一步规范与完善。

基因组编辑技术的出现为作物分子育种提供了新的机遇。与转基因相比，利用基因组编辑技术培育的新品种（genome edited crop，GEC）不含外源基因，这与常规育种技术获得的品种实质等同，因此，很多国家不将基因编辑作物（GEC）纳入转基因监管范围。可以预期，利用基因组编辑技术培育改良品种将有可能完全替代目前的转基因育种技术。

8.3 DNA 分子标记在林木育种中的应用

8.3.1 林木常用的 DNA 分子标记

DNA 分子标记类型非常多，依其检测方法大致可分为三类：第一类是基于分子杂交技术开发的标记，包括限制性片段长度多态性标记（restriction fragment length polymorphism，RFLP）、DNA 指纹技术（DNA fingerprinting）等；第二类是基于 PCR 扩增技术开发的标记，包括随机扩增多态性 DNA 标记（random amplification polymorphism DNA，RAPD）、简单序列重复标记（simple sequence repeat，SSR）或简单序列长度多态性标记（simple sequence length polymorphism，SSLP）、扩增片段长度多态性标记（amplified fragment length polymorphism，AFLP）、序列标签位点（sequence tagged sites，STS）、序列特征化扩增区域（sequence charactered amplified region，SCAR）等；第三类是基于序列信息开发的标记，包括单核苷酸多态性标记（single nucleotide polymorphism，SNP）、表达序列标签（expressed sequence tags，EST）等。不同类型分子标记各有其特定，但理想的分子标记一般具有以下特点：①具有较高的多态性；②共显性遗传，可区分杂合子与纯合子；③均匀分布于整个基因组；④检测手段方便、快速；⑤重复性好、稳定性高；⑥开发及应用成本低廉。

早期林木中应用的主要为 RAPD、RFLP 标记，但由于 RAPD 标记重复性较差，而 RFLP 操作过于繁琐，随后逐渐被 AFLP、SSR、SNP 等替代。表 8-1 列出了林木中常用的几种标记的特点。

表 8-1　林木常用的 5 种 DNA 分子标记特点比较

标记类型	RAPD	RFLP	AFLP	SSR	SNP
DNA 质量要求	低	较高	高	中等	高
遗传特征	显性	共显性	共显性/显性	共显性	共显性
技术难度	易	难	中等	易	中等
多态性水平	高	较低	高	中等	高
基因组分布	整个基因组	低拷贝区	整个基因组	整个基因组	整个基因组
重复性	差	好	好	好	好
引物/探针类型	随机引物	DNA 探针	特异性引物	特异性引物	特异性引物
所需时间	少	多	中等	少	多
所需费用	低	高	较高	较高	高

目前，分子标记已广泛应用于林木育种的诸多领域，包括①构建连锁遗传图谱；②QTL 定位；③标记辅助选择 MAS；④监测林木育种群体的遗传多样性；⑤种子园交配系统分析与花粉污染检测；⑥指纹图谱构建与品种鉴别；⑦亲本分析与谱系重构等。其中，①~③已在 8.1 节中详细阐述，本节简要介绍④~⑦项内容。

8.3.2　监测林木育种群体的遗传多样性

对于异交物种的育种亲本材料，高水平的遗传多样性是获得遗传增益的保障。育种群体的遗传变异信息是林木育种的基础，同时也决定了生产群体遗传多样性的高低。DNA 分子标记能提供检测对象所蕴含的遗传变异信息，是研究群体遗传多样性和亲本亲缘关系的理想工具。利用 DNA 分子标记对林木育种群体的遗传多样性进行检测，不仅可据此预测每一轮选择可能获得的遗传增益，而且可以定量评估遗传多样性损失、亲本间亲缘关系及群体近交水平，从而为林木改良策略制定提供科学依据。

例如，在长期的林木改良中，经过多轮选择，选择群体中目标性状基因频率越来越高，目标性状改良的增益逐轮增加，其代价是遗传多样性逐渐降低。遗传增益与遗传多样性两者犹如"鱼与熊掌"不可兼得，因而需在两者之间寻找一个平衡点。如果希望了解多轮选择后育种群体遗传多样性丧失的程度，此时就需对育种群体的遗传多样性进行检测。例如，我国广西区马尾松资源丰富，经过近半个世纪的遗传改良工作，广西马尾松育种即将进入第三轮。为了解广西马尾松育种群体在不同选择轮次遗传多样性变化，冯源恒等（2014）利用 SSR 标记对此进行了较系统的研究。研究结果表明，广西马尾松第一代育种群体的遗传多样性较高，第一轮选择获得了约 32% 材积增益，但损失了约 14% 的稀有等位基因；第二代育种群体的遗传多样性比第一代育种群体下降了 20%~25%。

此外，在林木种质资源收集与保存中，为了剔除种质资源库中冗余的材料，以减少种质保存所需的土地与管理费用，构建核心种质是必然的选择。利用 DNA 分子标记提供的遗传变异信息辅助筛选核心种质，是当前大多数植物常用的方法。目前，多种分子标记技术都已用于林木核心种质构建中，如 RFLP 标记应用于亮果桉和马占相思种质筛选，SSR 标记用于杨树核心种质的构建研究等。

8.3.3 种子园交配系统分析与花粉污染检测

种子园是林木良种繁育的主要方式。种子园交配系统类型与外源花粉污染率是直接影响种子园种子遗传品质的两类关键因素。因此，通过对种子园交配系统与花粉污染两方面进行监控就能了解种子园种子品质，而 DNA 分子标记是分析交配系统与花粉污染最有效的工具。可利用多态性高的 DNA 分子标记检测种子园异交率，监控花粉流，评估花粉污染率，分析无性系繁殖适合度，以及种子园近交水平等。

种子园交配系统受多种因素影响，如树种生物学特性、撒粉器风向、花粉有效传播距离、雌雄繁殖适合度、外源花粉污染等。例如，亲本在配子贡献率上的差异往往使部分亲本交配机会降低，直接导致子代遗传多样性的减少。以往的研究发现，在一个由 15 个无性系组成的火炬松种子园中，一半以上的种子来自 4 个无性系。在湿地松种子园中 20% 的无性系生产了近 56% 的种子。欧洲赤松种子园中 25% 的无性系生产了 46% 的花粉和 35% 的球果。冯源恒等（2014）利用 SSR 分子标记结合亲本分析，对马尾松种子园交配系统的时空变异进行了研究，发现马尾松种子园种子的遗传多样性沿传粉风向递增；风力、无性系配置以及雄性繁殖适合度是影响种子园异交率的主要因素；马尾松丰产期参与繁殖的父本数量最多，近交水平较低；而衰老期种子遗传多样性下降明显，表明种子园的老化不仅影响种子产量，而且影响种子遗传品质。金等（Kim *et al.*，2012）利用 nSSR 与 cpSSR 标记分析赤松（*Pinus densiflora*）种子园的交配系统，发现种子园异交率达 95.3%~97.7%。

种子园内花粉有效传播距离对交配系统也有显著影响，相邻个体间交配概率较高。尤其是当风向和开花物候有利时，往往某个无性系 1/3 以上种子由来自邻居的花粉受精。而当种子园相同无性系配置过近时，就会造成过多自交，降低遗传多样性。

种子园内各无性系的雌雄繁殖适合度也存在差异，出现花粉败育、胚珠败育及种子败育的比例各不相同。繁殖适合度较差的亲本将自己的遗传型传递给下一代的概率就大大减少。施纳贝尔等（Schnabel *et al.*，1995）对美国皂荚进行亲本分析后发现，绝大多数子代仅由少数几个母树产生。尽管群体中存在大量花粉，但如果雌雄配子不亲和或雄配子和大多数的雌配子亲和性较低，甚至不亲和，这些都会在很大程度上降低雌雄配子繁殖适合度，从而降低母树所产种子产量和质量。

外源花粉污染对林木种子园种子遗传品质的影响不能忽视。罗伊等（Roy *et al.*，1992）用 RAPD 标记检测到加拿大黄桦（*Betula alleghaniensis*）杂交时的花粉污染。Moriguchi（2011）对日本柳杉种子园进行研究发现花粉污染率可达 58.47%。花粉污染将显著减少种子园种子的遗传增益。当 50% 的花粉来自种子园以外时，通过选择获得的 8% 的遗传增益便会降低到 6%，这是使种子园子代遗传品质下降的最主要的原因之一。

8.3.4 林木指纹图谱构建与品种鉴别

DNA 指纹（DNA finger printing）最早由英国人类遗传学家杰弗里斯（Jefferys）等于 1984 年发现，随后广泛应用于动植物的品种鉴定。指纹图谱是指利用分子标记技术对所检测个体/品种显示的特异 DNA 片段信息。依据高变异性的分子标记在个体间表现出的多态性，建立每一品种的标准图谱（类似于人的指纹，因而称为指纹图谱），从而将个体/品种一一鉴别。

在林木良种选育、良种生产及推广过程中，均有可能发生差错或出现问题，如控制授粉时的花粉污染、良种生产时的品种混淆、良种推广过程中以假乱真，以及在一些品种中存在的"同物异名"现象等，建立品种标准指纹图谱是解决上述问题的最有效方法。总之，DNA 指纹图谱是林木育种质量的控制，以及林木种苗质量检测的强有力工具。

多位点性、高变异性、简单而稳定的遗传性是 DNA 指纹技术的三个特点。DNA 指纹图谱已广泛应用于林木育种的质量控制、林木种苗质量检测以及品种鉴别等方面。国内外的一些树种，如我国的马尾松、杨树、鹅掌楸、银杏、杜仲、南方红豆杉和国外的山杨、欧美杨、桉树、花旗松等均先后建立了 DNA 指纹图谱。

近年来，我国一些地方政府在林木良种申报及良种生产管理上均重视品种的指纹图谱构建工作，如湖南省于 2017 年启动了林木良种 DNA 指纹图谱构建工作，2018 年河北省明文规定，在申请林木品种审定时，申请人应提交品种基因指纹图谱的鉴定报告。可以预见，今后每一份品种均有相应的 DNA 指纹以供鉴别。

8.3.5　亲本分析与谱系重构

亲本分析(parentage analysis)是指利用遗传标记信息来推定子代(progeny)或后裔(offspring)的亲本，如医学中的亲子鉴定。亲本分析可分为单亲分析与双亲分析两类。例如，林木中，对于同一母树上采集的自由授粉种子及随后获得的半同胞家系苗木，其子代亲本分析就为单亲分析(父本分析，paternity analysis)，因其母本(maternity)是已知的。单亲分析相对比较简单，亲本推定的结果准确性较高；而对于自然更新的林下幼苗，由于父、母本均未知，其亲本分析就属于双亲分析。双亲分析比单亲分析更复杂，且双亲分析结果的准确性低于单亲分析。

亲本分析已广泛应用于遗传谱系、交配系统与繁育、群体空间遗传结构，以及种群生态等领域的研究中。在林木育种中，亲本分析可具体应用于以下几方面：①谱系重构(pedigree reconstruction)。对于谱系不清的子代材料，如自由授粉与混合授粉交配设计子代，可通过亲本分析进行谱系重构，进而开展后向选择。②指导交配设计。如新西兰的辐射松育种计划，利用父本分析结果结合表现型数据指导下一轮的交配设计，优先设计优良基因型间的相互交配，使遗传增益最大化。③种子园花粉污染检测。根据种子园种子父本分析结果估算外源花粉污染比率。④杂交亲和性与性选择分析。通过对涉及多个亲本的杂交子代进行父本分析，揭示不同亲本间的杂交可配性、繁殖适合度与配子选择趋向，为种子园无性系配置提供科学依据。⑤育种策略的拓展。将亲本分析应用于林木育种周期的某一环节，以便对传统的林木育种策略进行拓展或提出可选择的策略，如 BWB。以下对 BWB 稍作详细介绍。

2001 年，兰贝斯等从经济与时间成本角度，提出以多父本混合授粉结合亲本分析(polymix breeding with paternity analysis，PMX/WPA)的方法以替代传统的全同胞交配设计及子代测定方法。该方法已应用于桉树(Grattapaglia *et al.*，2004)、杨树(Wheeler *et al.*，2006)、日本柳杉(Hiroyoshi *et al.*，2011)、火炬松(Grattapaglia *et al.*，2014)等树种的混合授粉子代群体中，均取得了较理想的效果。2007 年，埃尔卡萨比和林德戈伦将该方法推广至自由授粉子代中，并提出 BWB(breeding without breeding)设想，随后，埃尔卡萨比和勒斯季布雷于 2009 年将其完善，正式提出 BWB 策略。BWB 是一种低成本林木育种策略。该策略利用自由授粉的半同胞子代作为育种材料，利用分子标记技术对自由授粉子代进行父本分析与谱系重建，再结合子代表现型对亲本或交配组合进行后向选择，从而省略了林木传统育种周期中的交配设计与人工控制授粉环节，也只需对子代进行简单的测定，无须大规模的子代田间试验，从而大大节约了时间，降低了经济成本。

埃尔卡萨比和勒斯季布雷(2009)将 BWB 策略应用于花旗松育种实践中，发现 BWB 能够获得传统育种方法的 75%~85% 的遗传响应，但无须控制授粉，也无须大规模的遗传测定，对比分析可知，BWB 策略的育种效率还是非常可观的。林德格伦等(2009)、王晓茹等(2009)通过模拟研究，探讨了 BWB 在欧洲云杉与欧洲赤松中的应用前景，与传统育种策略相比，BWB 所取得遗传增益稍低，但育种周期大大缩短。鹅掌楸种间杂种优势明显，种间杂交与杂种优势利用是鹅掌楸属树种最有效的育种策略。但人工杂交成本高、子代测定周期长，为探讨鹅掌楸 BWB 育种可行性，叶靖(2014)利用 SSR 标记对鹅掌楸属自由授粉子代进行父本分析与谱系重构，生长良好的自由授粉子代中天然杂种子代比例达45%，表明鹅掌楸 BWB 育种有一定的可行性。

尽管 BWB 存在父本选择强度较低、遗传增益不高等缺点，因而目前在林木育种界仍存在争论。但考虑到其经济成本与时间上的优势，在生产单位急需用种而对遗传增益要求不是太高的情形下，应可作为备选的育种策略之一，尤其对于一些控制授粉难度较大的树种。

8.4 多倍体育种

多倍体指植物体细胞中含有 3 个或 3 个以上染色体组的个体。自然条件下，温度骤变、射线辐射、机械损伤以及一些化学因素的刺激，都可以诱发植物染色体加倍，形成多倍体。因此，自然界中，植物多倍体较为普遍。据格兰特(Grant，1971)估计，被子植物中多倍体约占 47%，裸子植物中多倍体约占 38%，且绝大部分为异源多倍体。林木中，迄今已发现存在自然多倍体的树种有欧洲云杉、日本柳杉、落叶松、桤木、白桦、椴树、合欢、漆树、柳树、欧洲山杨、香脂杨、银白杨、毛白杨等 20 余个。在已发现的林木自然多倍体中，大多数多倍体的表现不如二倍体，但有些林木的多倍体优于二倍体，如漆树天然三倍体具有生长快、产漆量高等特点；又如，欧洲山杨、美洲山杨的天然三倍体与相同立地条件下的同龄二倍体相比，在生长及材质方面均显示出较强的优势；再如，我国鉴定的 5 个毛白杨天然三倍体(如易县毛白杨雌株)，其生长表现优于二倍体。从遗传学角度究其原因，可能是染色体加倍后，由于基因的剂量效应，使多倍体发生形态与生理上的变化，从而表现出异于正常二倍体的巨大性、不孕性以及抗逆性等。因此，多倍体育种也可作为林木育种的手段之一。

林木多倍体育种有两种途径，即自然多倍体的发掘与人工多倍体的诱导。事实上，生产上应用的一些林木多倍体就是来源于自然多倍体，如第一个在林业生产上应用的三倍体欧洲山杨就是瑞典尼尔森-埃尔于 1935 年从天然群体中发现的。但由于自然多倍体发生的概率较低，数量有限，难以获得多倍体育种中所需要的大量变异材料，因此，多倍体育种大多采用人工诱导多倍体的途径。

8.4.1　林木多倍体诱导方法

多倍体中，增加的染色体组有两种途径：一种为体细胞染色体加倍；另一种是性细胞（配子）染色体未减数，即产生 $2n$ 配子。

染色体加倍是指由于植物细胞内的理化环境发生改变，而使细胞核或细胞质不分裂，导致细胞内染色体数目倍增的过程。各种因素（物理、化学和生物）均会导致染色体加倍。其细胞学机制在于，采用各种因素对处于有丝分裂或减数分裂时期的细胞、组织进行处理，使微管蛋白组装成纺锤丝的功能受到抑制，影响纺锤丝形成与收缩，或使细胞极性丧失，此时，就会使正处于分裂阶段的细胞停留在分裂中期，而不能进入分裂后期，从而形成染色体数加倍的核；或者由于细胞板及细胞壁的组建功能受到抑制，此时，虽然染色体能正常分裂并移向两极，但细胞质不能完成正常分裂，从而导致细胞内染色体数目加倍。

人工诱导多倍体的方法很多，包括体细胞染色体加倍、不同倍性个体间杂交、胚乳培养、理化因素诱导 $2n$ 配子，然后进行杂交等。以下分别加以介绍。

8.4.1.1　体细胞染色体加倍

这是人工诱导植物多倍体最早采用的方法。研究表明，高温和低温、辐射、机械损伤、化学试剂等理化因素处理均可使体细胞染色体加倍。但该方法获得的突变材料大多为混倍体或嵌合体，主要用作育种的研究材料，真正采用该方法获得的林木多倍体很少，四倍体刺槐是采用该方法获得并成功应用于生产的唯一案例。

8.4.1.2　不同倍性个体间杂交

如果同一树种中存在不同倍性个体且均可育，此时，获得多倍体最简捷有效的方法就是将不同倍性个体进行杂交。尼尔森-埃尔（1938）最早用三倍体和二倍体欧洲山杨杂交，获得了一些三倍体、四倍体和混倍体植株。艾因斯帕尔等（Einspahr et al., 1984）、维斯戈贝尔等（Weisgerber et al., 1980）利用四倍体欧洲山杨与二倍体美洲山杨杂交获得了异源三倍体杂种山杨。采用该方法成功获得多倍体的树种还有三倍体杨树、桑树、桦木、刺槐、枸杞等。

目前，该方法也并非多倍体诱导的主要方法，这主要是由于该方法要求不同倍性个体间具有较高的杂交可配性，否则，很难获得多倍体。而且，即使能获得多倍体，由于林木世代周期长，需等待树木开花结实，时间较长。

8.4.1.3　胚乳培养

二倍体被子植物中，胚乳是由 2 个极核（$1n$）与 1 个精细胞（$1n$）受精结合后的产物，因而胚乳是三倍体（$3n$）。通过胚乳培养（endosperm culture）可以获得三倍体植株。1971年，印度学者斯里瓦斯塔瓦（Srivastava）首次通过大戟科琴叶麻疯树成熟胚乳培养获得了三倍体再生植株。以胚乳为外植体通过组织培养途径培育三倍体植株，其果实是无籽的，因此胚乳组织培养已成为培育无籽果实的重要途径。林木胚乳培养主要集中在苹果、柚、橙、檀香、猕猴桃、枸杞、核桃等经济树种或果树上，均获得了三倍体植株，但只有猕猴桃、枸杞两种木本植物成功从试管苗走向大田生产。

胚乳培养中发生染色体倍性混乱现象非常普遍，再生植株中多为非整倍体与混倍体，真正的三倍体植株却很少，这是目前胚乳培养的主要问题。

8.4.1.4 体细胞融合

体细胞融合又称体细胞杂交。体细胞融合可以获得同源多倍体、异源多倍体以及双二倍体，是克服植物远缘杂交障碍、创造多倍体的途径之一。1960 年，科金（Cocking）发明了用酶去除植物细胞壁获得原生质体的方法，为植物体细胞杂交奠定了基础。此后，随着原生质体化学融合与电融合技术的发展，已有许多植物通过原生质体融合获得了体细胞杂种再生植株。柑橘的体细胞融合取得了重要进展，已获得 20 多个体细胞杂种。如奥布加瓦拉等（Obgawara *et al.*，1985）首次报道了柑橘与枳属的属间体细胞杂种；邓秀新等（1991，1995）获得了金柑属与柑橘属的体细胞杂种。但该方法在技术上仍存在一定难度，大部分树种原生质体再生植株的技术体系仍未建立。

8.4.1.5 利用未减数配子进行杂交

这是目前人工诱导多倍体的主要方法。根据未减数配子的来源可分为以下两种情形：

（1）利用天然 $2n$ 花粉培育多倍体

在白杨派杨树中普遍存在天然的 $2n$ 花粉，如欧洲山杨、美洲山杨、毛白杨、灰杨、香脂杨，在黑杨杂种中也发现有天然 $2n$ 花粉。利用 $2n$ 花粉与正常二倍体杨树雌株杂交可获得三倍体。例如，朱之悌等（1995）利用毛白杨天然 $2n$ 花粉与毛新杨、银腺杨杂交，获得了 26 株生长、材质俱佳的异源三倍体，已大面积推广应用。但在自然情况下，林木 $2n$ 花粉的产生具有偶然性、多变性，且比例较低，不容易获得。

（2）人工诱导 $2n$ 配子，然后再进行杂交

这是林木多倍体诱导最常用的方法，也是最快捷的方法。约翰逊（Johnsson，1940）最早采用秋水仙素处理欧洲山杨、美洲山杨雄花枝，取得了一些 $2n$ 花粉，并与正常雌配子杂交，得到了三倍体植株。该方法已在欧洲山杨、美洲山杨、美洲黑杨、香脂杨、银白杨、毛新杨、银腺杨等树种的多倍体诱导中获得成功。但在该方法中，$2n$ 花粉较正常花粉发育迟缓，花粉竞争力差，导致即使采用比例较高的 $2n$ 花粉授粉，三倍体的诱导率也极低，难以获得足够数量的育种群体。为了降低正常（$1n$）花粉的授粉比例，可对 $2n$ 花粉进行纯化。由于 $2n$ 花粉粒比正常花粉粒大，可利用 600 目筛子对混合花粉进行筛选，但要对 $2n$ 花粉进行 100% 纯化是很难的，尤其当 $2n$ 花粉比例低时。此时，可利用不同倍性花粉对辐射敏感性差异进一步筛选，如用一定剂量的 ^{60}Co γ 射线辐射处理混合花粉，以刺激 $2n$ 花粉萌发，同时可抑制或杀死部分单倍性花粉，可在一定程度上提高 $2n$ 花粉的萌发率与萌发速率，增强 $2n$ 花粉的受精竞争力，从而大幅度提高三倍体诱导率。

8.4.2 林木染色体加倍的诱导方法

林木染色体加倍的诱导方法主要有物理诱导法与化学诱导法两大类。物理诱导包括辐射、高温低温以及机械损伤等处理。化学诱导包括采用各种植物碱、麻醉剂、植物生长激素等处理。以下分别加以介绍。

8.4.2.1 物理诱导

物理诱导法是指利用温度、射线、机械损伤等物理因素处理植物材料诱导细胞染色体

加倍。具有操作简单、费用低、一次可处理大批材料等特点，但诱导率一般较低。物理诱导处理的材料一般为萌动的种子、幼苗、雌雄花芽等。

(1)温度骤变

将培养至一定时期的种子、花芽等置于恒温箱内，在一定的温度、湿度条件下处理一定的时间后，取出继续培养或杂交而获得多倍体的方法。可采用连续高温、连续低温或高低温交替处理。高温处理范围为 38～45 ℃，低温处理范围为 2～4 ℃。处理时间因材料而异，一般高温处理在 4～8 h，低温处理在 12～72 h。例如，马什金纳(Mashkina，1989)通过高温处理诱导杨树花粉染色体加倍，获得了高达 94.4%的 $2n$ 花粉，并用 $2n$ 花粉杂交得到了三倍体杨树。李云等(2000)分别在高温(40～44 ℃)和低温(4 ℃)条件下处理正处于减数分裂时期的白杨雌花芽 3～48 h，均获得加倍的雌配子，再与未加倍的雄花杂交，获得三倍体植株。北京林业大学康向阳研究团队发现，高温诱导杨树 $2n$ 花粉以花粉母细胞减数分裂终变期至中期 I 时处理的效果最好。39 ℃、42 ℃的处理温度和 2 h、4 h 的处理持续时间均适宜于毛白杨胚囊染色体加倍，三倍体得率可达 57.97%～70.83%。高温诱导银白杨 $2n$ 花粉的最佳处理条件为 36 ℃持续 4 h，平均 $2n$ 花粉百分率达 32.75%。

(2)辐射处理

利用一定剂量的电离射线(如 α、β、γ 等)或非电离射线(如紫外线等)处理培养至一定时期的种子、幼苗、花芽等材料，进而获得多倍体。辐射处理因材料而异，以长时间、低剂量为宜。例如，海南农垦橡胶研究所用 ^{60}Co 的不同辐射剂量照射橡胶树 4 个无性系，平均芽变率达 77.8%，再从变异的植株筛选出多倍体。又如，中国热带农业科学院橡胶研究所用 3500R 的 γ 射线照射橡胶无性系的种子，选出 11 个高产个体，并芽接成无性系定植于大田，再从中选出 1 个高产品系，经形态与细胞学鉴定为多倍体。由于辐射处理后突变的方向性是不定的，因此，需要处理大量的材料才有可能获得期望的材料。

8.4.2.2　化学诱导

化学诱导法是指利用秋水仙碱、富民隆、异生长素、氧化亚氮、萘肼乙烷、萘嵌戊烷等化学药剂处理正在分裂的植物器官、组织或细胞，从而诱导细胞染色体加倍。在林木多倍体诱导中主要应用的是秋水仙碱。处理的植物材料包括萌动的花芽、幼苗、茎尖、愈伤组织、合子、幼胚、种子等。其中，以合子、幼胚和种子为材料处理，不易出现嵌合体。而处于减数分裂期的雌雄花芽是获得 $2n$ 配子的唯一处理材料。

秋水仙碱是从百合科秋水仙(*Colchicum autumnale*)的器官中提炼出的一种生物碱，极毒，具有麻痹作用，能使中枢神经系统麻醉而引起呼吸困难。其作用机理为：秋水仙碱能特异性地与细胞中的微管蛋白分子结合，从而使正在分裂的细胞中的纺锤丝合成受阻，导致复制后的染色体无法移向两极，形成染色体加倍的核。在一定浓度范围内，秋水仙碱对染色体结构无破坏作用，在遗传上很少造成其他不利变异；同时，处理一定时间的细胞可在药剂去除后恢复正常分裂，形成染色体加倍的多倍体细胞。由于以上特点，因此，秋水仙素是迄今应用最广泛的植物染色体加倍诱导剂，大部分的林木多倍体也都是利用秋水仙素诱导获得的。

(1)化学诱导处理方法

处理方法主要有浸渍法、涂抹法、滴液法、注射法、药剂培养基法等多种，可依据不同情况选择不同的处理方法。

①浸渍法　用一定浓度的秋水仙碱等化学试剂浸渍萌发的种子、幼苗、茎尖、花芽、新梢、插条、接穗等。

②涂抹法　将秋水仙碱等化学试剂按一定浓度配成乳剂或混于羊毛脂膏内，涂抹在幼苗或枝条的顶端及花芽。

③滴液法　常用的溶液浓度为 0.1%~1.0%，常用脱脂棉包裹幼芽或花芽，每日滴 1 至数次，反复处理数日，使溶液透过表皮渗入组织内起作用。

④注射法　用注射器将一定浓度的秋水仙碱直接注射到植株的芽或生长点。

⑤药剂培养基法　在林木离体培养基中加入一定浓度的秋水仙碱溶液，将外植体共培养一段时间后再转到不含有秋水仙碱的新鲜培养基中。

（2）化学诱导处理技术

化学诱导过程中，掌握好关键技术环节可以显著提高多倍体诱导效果。关键技术环节包括处理时期、试剂浓度、处理时间、处理温度等方面。

①处理时期　秋水仙碱等试剂仅影响正在分裂的细胞，了解细胞分裂周期，在细胞分裂有效作用时期前处理，可取得较好的效果。例如，杨树花粉染色体加倍最佳处理时期为减数分裂粗线期，此时用 0.5% 的秋水仙碱处理，最高可得到 85% 以上的 $2n$ 花粉（康向阳，1999）。秋水仙碱处理诱导青杨大孢子染色体加倍的最佳处理时期为大孢子母细胞减数分裂粗线期至双线期（Wang 等，2010）。对杨树授粉后 24~36 h 的雌花序施加秋水仙碱处理，三倍体获得率最高可达 57.1%（康向阳等，2004）。

②试剂的最适浓度　因处理材料、处理方法、持续时间、环境温度等而异。敏感材料（如根）采用直接浸泡或注射，处理时间长、环境温度高时，浓度以较低；材料不敏感，采取涂布、喷雾等方法，处理时间短、环境温度低时，浓度宜较高。秋水仙素使用的浓度一般为 0.01%~0.5%，处理时间在 12~72 h。溶液浓度一般为 0.05%~1.0%，为避免蒸发应加盖并在暗条件下处理。发芽的种子一般处理数小时至 3 d，插条、接穗、幼苗一般处理几天。如李云等（2001）采用浓度为 0.5% 的秋水仙碱溶液采用瓶浸法处理毛新杨、银腺杨、银毛杨水培雌花枝 1~5 d，均能成功诱导杨树雌配子染色体加倍。

③处理持续时间　因处理材料、方法、环境温度而异，一般在 12~48 h 之间。时间太短，只有少数细胞加倍，竞争不过未加倍细胞，处理无效；时间过长，如超过一个细胞分裂周期，引起染色体多次加倍，会形成不同倍数的细胞，或者细胞受化学试剂毒害死亡，甚至组织或整株植物个体死亡。

④处理最适温度　与试剂的浓度、处理时间相关。温度低时浓度可稍大、处理时间可较长；温度高时需降低浓度、缩短处理时间。一般以 15~20 ℃ 为宜。低于 10 ℃，因低温抑制细胞分裂，影响试剂的作用效果；高于 25 ℃，试剂对细胞的毒害作用加强，导致细胞活力降低、甚至发生细胞裂解。

8.4.3　林木多倍体的鉴定

8.4.3.1　直接鉴定

通过体细胞或花粉母细胞染色体压片，直接检查施加处理材料的染色体数目的方法，如染色体数目倍增，则可以判定获得了多倍体植株。此方法可靠但费时、费力。目前，大多采用流式细胞仪来鉴定染色体倍数，因该方法简单易行。

8.4.3.2　间接鉴定

是指利用多倍体的巨大性特点，从形态和生理特性上进行判别。如果处理材料叶片大而厚、色深、花大、气孔或花粉增大等，则可初步判定是多倍性植株。

8.4.4　林木多倍体的利用

8.4.4.1　林木多倍体的特性

（1）器官巨大性

多倍体植株含有 3 个或以上的染色体组，由于基因的剂量效应，多倍体植株在体型上多表现为根、茎、叶等营养器官的巨大性，次生代谢物含量增加。如人工四倍体的桑树与其亲本二倍体相比，叶片增厚，叶肉增粗，叶片重与单位叶面积重增加，叶色浓绿，叶质优，产量高，同时还具有芽大节密，花穗、花药、花粉粒较粗大等特征。

（2）可孕性低

多倍体植株在细胞减数分裂过程中会发生紊乱，产生的配子大多不育，导致植株不孕或可孕性较低。这对于以收获种子产量为栽培目标的作物来说是极为不利的，但对于以收获木材为目标的林木来说反而是有利的。因为植株不孕可减少生殖生长过程中的营养消耗，有利于营养生长。例如，三倍体毛白杨树无性系 B301 表现为不孕，而其单株材积是同样栽培条件下普通二倍体毛白杨的 2~3 倍。

（3）抗逆性和适应性增强

大多数多倍体植株对环境适应性强，抗寒、抗旱以及抗病虫害等优势明显。例如，欧洲山杨四倍体与美洲山杨二倍体杂交，培育人工三倍体 'Astria'，其抗逆性和适应性明显增强，比直接从山杨天然群体中选择出来的优树生长快，且抗锈病，适合在土壤瘠薄的山地条件下栽种，已在生产上广泛应用，收益显著。

8.4.4.2　多倍体在林业生产上的应用

（1）速生型林木品种培育

由于基因的剂量效应，多数林木多倍体表现出生长快的特点，这在杨树多倍体中尤为突出。例如，欧洲山杨与美洲山杨杂种三倍体 'Astria' 与二倍体相比，在树高和胸径生长方面分别增长 22% 和 25%。又如，我国培育的三倍体毛白杨的材积生长量超过普通毛白杨 2~3 倍，三倍体毛白杨能够做到当年出圃、一年成树、三年成林、五年成材，使培育周期大大缩短。再如，20 世纪 60~90 年代我国广泛栽培的 'I-214''沙兰杨''中林 46''辽河杨''廊坊 3 号杨''银中杨'等杨树品种都是三倍体，其生长性状均表现突出，其中一些品种目前仍在林业生产中应用。

（2）特用经济型林木品种培育

基因的剂量效应还会导致植株新陈代谢旺盛，使植物体内次生代谢产物含量增加。例如，杨树多倍体的巨大性一般会伴随木材纤维细胞增大，导致单位材积的纤维细胞数减少以及细胞表面积减小，从而使分布于细胞壁的木质素等含量降低，而纤维素含量则相应增加。研究表明，美洲山杨与欧洲山杨的杂种三倍体与同龄二倍体相比，纤维长度长 18%，比重高20%。又如，四倍体橡胶树的产胶量比二倍体亲本提高34%，三倍体漆树的产漆量比二倍体高出1~2倍。

(3)抗逆型林木品种培育

研究表明，多倍体植物更易适应严酷的生长条件，在生活力、环境适应性、抗逆性等方面往往具有明显优势。林木多倍体也表现出抗逆性增强等特性，通过多倍体育种，可提高林木抗逆性。例如，四倍体柳杉耐寒性增强；三倍体桦木对锈病的抗性增强；三倍体欧洲山杨比较耐干旱瘠薄，更适宜于立地条件较差的山地栽植，而且还表现出较强的抗病能力。

8.5　其他育种技术

本节介绍的其他育种技术，包括单倍体育种、辐射育种(含航天育种)以及体细胞融合等，这些技术是林木常规育种技术的有益补充。

8.5.1　单倍体育种

单倍体(haploid)是指具有配子体染色体数目的个体。从二倍体植物中获得的单倍体仅含有一个染色体组，即每对同源染色体仅有一条，每个基因位点也只有一个等位基因，由于不存在显隐性效应，每个基因所决定的表现型都能在单倍体植株中得以表达，因而是遗传学研究的良好材料。但是，也由于单倍体植株同源染色体仅有一条，减数分裂过程中无法进行联会，导致配子高度不育，几乎不产生种子，且单倍体植株一般比正常二倍体植株矮小、生长势弱，因此，单倍体的生产应用价值不大。基于此，育种上通常将不同类型的单倍体植株进行染色体加倍获得纯合二倍体，再从中选育新品种或作为育种亲本材料，这就是单倍体育种的缘由。

单倍体加倍后获得的纯合二倍体，又称为加倍单倍体或双单倍体。纯合二倍体中每对同源染色体有两条，其减数分裂正常，产生的配子可育，而且其自交后代遗传稳定，不发生分离，是育种亲本的理想材料。尤其对于林木而言，纯合二倍体是弥足珍贵的育种材料。因为林木基因高度杂合、且世代周期长，如采用农作物的多代近交的方法来培育纯合二倍体，在林木中几乎是不可能实现的。而将林木单倍体进行染色体加倍或许可快速获得纯合二倍体，这也是目前获得林木纯合二倍体唯一的可能途径。但由于在林木染色体加倍环节还存在一些技术问题，因此，虽然已获得了一些林木单倍体，但迄今仍未见有林木纯合二倍体的报道。

8.5.1.1　单倍体获得途径

单倍体既可以自然产生，也可以人工培育。单倍体植株最早由伯格纳(Bergner)于1921年在曼陀罗自然群体中发现。自然界单倍体是单性生殖的结果，多来源于孤雌生殖，即由胚囊中的卵细胞与极核不经受精单性发育而成，少数由孤雄生殖或无配子生殖产生。然而，由于自然单倍体发生频率极低，仅为0.001%~0.01%，难以满足育种实践的要求，因此，大多数单倍体来自人工诱导。目前，人工诱导单倍体的方法主要有杂交技术、诱变处理及离体培养3种方法。其中，前两种方法诱导的单倍体具有偶发性，诱导频率低等缺点，而离体培养法可获得大量的单倍体，是目前人工获得单倍体最主要的手段。

（1）孤雌生殖

在杂交过程中通过远缘花粉刺激、延迟授粉或利用生活力弱的花粉授粉等方式来刺激孤雌生殖。具体措施为：①远缘花粉刺激。利用异属花粉授粉刺激柱头，使胚囊中卵细胞发育成胚，诱发孤雌生殖。②延迟授粉。去雄后延迟授粉，能提高孤雌生殖发生频率。③弱化花粉授粉。将花粉人工贮藏一段时期后再进行授粉，由于花粉萌发能力弱，不能完成正常的受精作用，但可刺激卵细胞发育成种子。

（2）诱变处理

利用物理与化学的因素处理花、花粉、柱头或子房，诱发单性生殖。具体措施有：①射线照射。从开花前到受精的过程中，用射线照射花可以影响受精过程，或将父本花粉经射线处理后再授粉，或者使花粉的生殖核丧失活力，仅能刺激卵细胞分裂发育，而不能起到受精作用；或者影响花粉管萌发和花粉管的生长，延迟受精，从而诱导单性生殖。②化学处理。利用化学药剂如 2,4-D、赤霉素、秋水仙碱等处理柱头，诱发孤雌生殖。③温度与机械处理。利用异常温度或机械刺激子房，诱发单性生殖。

（3）离体培养

离体培养主要有两种方式，即子房或胚珠培养与花药或花粉培养。

①子房或胚珠离体培养　将未受精的子房或胚珠进行离体培养，从而诱发卵细胞单性发育成植物体，该过程称为植物的孤雌生殖。第一个孤雌生殖的单倍体植株大麦是诺伊姆（Noeum）于 1976 年通过子房培养获得的。先后有 7 科近 20 种植物通过孤雌生殖获得单倍体植株，包括大麦、水稻等作物以及小黑杨、橡胶、刺槐等林木。此外，我国学者曾用酶解法游离金鱼草（*Antirrhinum majus*）新鲜胚囊获得成功，从胚囊直接诱导出单倍体。但基于离体培养的孤雌生殖离育种实践应用尚有一定的距离，主要原因在于诱导系统不稳定，诱导频率较低。目前应用较多的为花药和花粉离体培养。

②花药和花粉离体培养　将花药或花粉进行离体培养获得单倍体植物，该过程称为植物的孤雄生殖。花药培养和花粉培养是目前人工诱导植物孤雄生殖产生单倍体的 2 个主要途径。花粉（小孢子）培养属于细胞培养，再生植株全部由花粉雄核发育而来，但操作复杂且较难成功。花药培养属于器官培养，再生植株可能源于花粉（小孢子）或体细胞组织。因其操作容易、成功率较高，因而是目前应用最广、最有效的单倍体诱导方法。第一例花药离体培养诱导单倍体植株是印度学者古哈（Guha）和马赫舒阿里（Maheshuari）于 1964 年在毛曼陀罗（*Datura innoxia*）中获得的，随后在烟草、水稻等农作物以及大白菜、草莓等园艺作物中也成功获得花药单倍体植株。

研究发现，花药培养主要受基因型、花药的发育阶段、预处理与培养条件的影响。花药中的花粉发育时期是决定花粉能否形成单倍体植株的主要因素。在接种花药前需镜检花粉的发育时期，中央期或靠边期的单核期是花药离体培养的最佳时期，该时期的花药培养较易成功。虽然花药离体培养技术是迄今为止创造纯合基因型的最有效手段，但在实践过程中仍然存在单倍体诱导频率低，单倍体自发加倍形成的二倍体与体细胞组织形成的二倍体很难区分等技术难题。

8.5.1.2　林木花药培养及其育种应用

花药培养是林木单倍体诱导的主要方式。林木花药培养始于 1974 年，佐藤亨对杨树进行了花药离体培养获得了再生植株，但未获得单倍体。1975 年，王敬驹等通过花药培养最先获得了黑杨的单倍体植株。随后，在七叶树、橡胶树等植物中获得花药单倍体植株。此外，通过花药培养获得单倍体植株的林木还有辽杨、阔荚合欢（*Albizia lebbeck*）、双翼豆（*Peltophorum pterocarpum*）、印楝（*Azadirachta indica*）、茶树等。

目前，林木花药培养仍存在基因型依赖性较强、花药愈伤组织诱导分化难、后代植株倍性混乱、多倍体植株来源不清，以及花药培养机理研究滞后等问题，因此，与农作物相比，林木单倍体育种进展缓慢。但鉴于林木单倍体是林木遗传学及基因功能研究的理想材料，因此，基于花药培养的单倍体育种技术在林木遗传育种中具有较广的应用前景。

8.5.2 辐射育种

辐射育种，又称辐射诱变育种（breeding by radiation induction），是指利用各种射线照射，在诱变后代中筛选具有育种目标性状的新材料，进而培育新品种或创造新种质的过程。从主要诱变因素角度看，航天育种或太空育种也属于辐射育种范畴。

辐射诱变技术应用于植物育种已有 80 余年的历史，1934 年，托勒纳（Tolleners）等利用 X 射线诱变培育了烟草品种 'Chlorino'，这是人工培育获得的第一个辐射诱变植物品种。20 世纪 60 年代后，植物辐射诱变育种技术在国际上广泛应用。期间，国际原子能机构（IAEA）与联合国粮食及农业组织（FAO）合作成立的核技术农业应用联合司在推动核辐射诱变技术的农业应用方面发挥了重要作用，迄今国内外利用辐射诱变技术已育成了一大批植物新品种并广泛应用于生产。我国的辐射育种始于 1956 年，虽然起步较晚，但进展较快，我国培育的作物诱变品种数量与种植面积都处于国际前列。林木辐射育种仍处于起步阶段，开展了林木辐射育种探索，1975 年，华南农业大学利用快中子辐射培育了板栗新品种 '农大 1 号'，具有矮化、早熟、高产的特点，1991 年通过广东省科委组织的鉴定并进行推广。

8.5.2.1 辐射源种类

用于诱变育种的辐射源种类较多，主要有 X 射线、γ 射线、中子、离子束、太空辐射源等，其中，^{60}Co γ 射线是目前应用最广的辐射诱变源。

（1）X 射线

X 射线是最早发现对谷类作物具有诱变效应的射线，早期育成的作物突变品种多数是 X 射线诱变处理育成的。X 射线波长范围 0.01 ~ 0.001 nm，是一种中性射线，穿透力较强。

（2）γ 射线

γ 射线波长为 0.001 ~ 0.0001nm，比 X 射线穿透力更强。γ 射线的辐射源一般有 ^{60}Co 和 ^{137}Cs 两种。因 ^{60}Co γ 射线诱变具有辐照条件易于控制、重演性好的特点，因而是目前应用最广、育种成效最为显著的辐射源。

（3）中子

中子不带电荷，中子通过与原子核作用，激发原子核放出 β 射线、γ 射线，通过次级辐射诱发植物发生突变。与 X 射线、γ 射线相比，中子诱发突变的效率更高，但该方法需要特定的设备，费用较高，而且辐射剂量也不易控制，因而应用不多。但随着加速器中子源的应用，也获得了一批诱变品种。

（4）离子束

离子束由于具有高激发性、剂量集中和可控性，近年来已成为诱变育种重要的辐射源。重离子是指原子序数比氦大、被剥离或部分剥离轨道电子的原子核，如碳、氮、氖及氩离子等。通常将能量在 10~100 keV 之间的粒子称为低能重离子，而将能量大于 1 MeV 的粒子称为高能重离子。低能离子束应用于诱变育种始于我国，1989 年，余增亮首次将其应用于水稻突变体的筛选。由于低能离子束具有生理损伤小、突变率高、突变谱广等特点，因而在植物诱变育种中广泛应用。近年来，日本理化学研究所等机构将高能重离子用作新型诱变源，并在水稻、蔬菜、花卉等植物的诱变育种中获得了较好的效果。

（5）太空辐射源

太空环境中的诱变因素众多，包括了太空辐射（电子、质子、粒子、低能重离子和高能重离子等）、微重力、超真空及其他未知因素等。

8.5.2.2　辐照方法

辐射诱变处理包括外照射和内照射两种。

（1）外照射

外照射是指应用某种辐射源发出的射线，对植物材料进行体外照射。外照射处理过的植物材料不含辐射源，对环境无放射性污染，是辐射育种首选的方法。

（2）内照射

内照射是指把某种放射性同位素（如 ^{32}P、^{35}S 等）引入被处理的植物体内进行内部照射。内部照射具有剂量低、持续时间长、多数植物可在生育阶段进行处理等优点。但内照射需要一定的防护条件，且经处理的材料和用过的废弃溶液，都带有放射性，需妥善处理，否则容易造成污染。

8.5.2.3　辐照处理材料

辐照处理材料主要包括种子、花粉、幼胚或幼胚愈伤组织以及活体植株等。

（1）种子

种子是应用最多的诱变材料，可用于各种辐射诱变因素处理，包括风干种子、湿种子和萌动种子。由于风干种子便于运输和贮藏，因而应用最为普遍。研究表明，含水量是影响辐射敏感性的重要因素之一，种子含水量调整到 13%~15% 可以避免氧的增效作用。

（2）花粉

直接对收集的花粉进行辐照，辐照处理后可直接用于杂交授粉。对于一些存活时间较短的花粉，应选用能快速诱变处理的辐射源，如 γ 射线。

（3）幼胚或幼胚愈伤组织

对幼胚或幼胚脱分化产生的愈伤组织进行辐照处理，其中愈伤组织的辐射敏感性强于幼胚。

（4）活体植株

将整株植株或局部置于辐照室内进行辐照处理，一般采用慢照射。

8.5.2.4　辐射剂量

适宜的辐射剂量选择是辐射育种成功与否的关键因素之一。若照射剂量过低，达不到诱变效果；剂量过高，又易导致被照射材料严重损伤甚至死亡。一般情况下，可根据"活、变、优"原则进行剂量选择，灵活运用。活——指辐射后代要有一定的成活植株；变——在成活植株中，有较明显的诱变效果；优——能产生较多的有利突变。通常，处理种子或枝条时，应采用临界剂量，即辐射后成活率为40%，或采用半致死剂量，即辐射后成活率为50%。

照射剂量应根据植物材料而定。不同组织、器官及其所处的发育状态对辐射敏感性均有所不同。一般情况下，分生组织较其他组织敏感，性细胞较体细胞敏感，卵细胞较花粉敏感，未成熟种子较成熟种子敏感，萌动种子较休眠种子敏感，幼苗较成年植株敏感，二倍体较多倍体敏感。若处理材料为整株苗木，可选半致矮剂量，即辐射后生长量减少至对照的50%左右。有研究表明，对接穗进行辐射处理，采用中等剂量照射果树效果较好，即辐射后存活率为60%~75%。在辐射处理前，必须进行预备实验。

另外，照射剂量相同，而剂量率不同，其效果也不一样。若处理材料在单位时间内所照射的剂量过大，则可显著影响幼苗成活率或生长速率。因此，在选择剂量的同时，应注意剂量率的影响，剂量率（dose rate）指单位时间内所吸收的剂量，剂量率不宜超过160 R/min，通常干种子的剂量率为60~100 R/min，而花粉剂量率以10 R/min为宜。

8.5.2.5　常用的突变体筛选技术

突变体的鉴定与筛选在植物辐射诱变中是关键技术环节，目前采用的突变体鉴定筛选方法主要有以下4种：

（1）形态学鉴定

通过与未经辐射处理的对照植株（野生型）的表型性状进行比较来鉴定和筛选突变体。该方法简便、直观、花费少，但由于表型性状易受环境条件影响，因而对诱变后代选择准确性不高、效率较低。

（2）细胞学鉴定

利用普通显微镜、电镜或荧光原位杂交（FISH）等技术对诱变后代的染色体水平变异进行鉴定，如染色体易位、缺失等。

（3）性状鉴定法

对辐射诱变后代的抗逆性、产量、品质等性状进行测定分析，如对诱变后代进行盐、旱等逆境胁迫进而筛选抗性突变体。

（4）DNA分子鉴定

利用DNA分子标记技术筛选突变体，如利用靶向基因突变鉴定技术（targeting induced local lesions in genomes，TILLING）可快速检测目的基因区域点突变，TILLING技术已开始应用于小麦、水稻等作物的突变体筛选。

8.5.2.6　辐射育种在农林生产中的应用

作物的诱变育种工作历史较久，成效显著。据联合国粮食及农业组织和国际原子能机构（FAO/IAEA）统计，截至2016年5月，全世界60多个国家开展了植物诱变育种，在214种植物中共培育了3200多个品种。我国农作物的诱变育种也取得了突出的成就，据统计，我国育成的农作物突变品种占国际突变品种总数的四分之一以上。例如，江苏里下河地区农科所利用核辐射诱变与杂交相结合育成的高产抗病小麦品种（'扬麦158'），是长江中下游地区历史上种植面积和覆盖率最大的小麦品种之一。

　　林木诱变育种起步较晚，开展了一些探索性的研究，主要采用 γ 射线、离子束、太空辐射源等处理杨树、银杏、杉木、榆树、茶树、华山松、白皮松、悬铃木、白桦等树种的种子与花粉，观察诱变后代的形态变化，但鲜见有诱变品种生产应用的报道。

　　胡惠露等（1994，1998）的研究结果表明，低能 N^+ 离子注入银杏后能引起银杏形态特征的明显变化，如芽萌动时间提前、叶片增加、成活率改善、开花数和开花枝增多，以及其有效成分黄酮含量的明显变化。经离子注入后的银杏 M_1 代染色体发生了畸变，出现多核、染色体桥、游离染色体和落后染色体现象。江昌俊等（1995，2000）将茶树种子经 N^+ 离子注入诱变，发现 M_1 代个别单株在叶面积、叶型、叶色、叶面隆起性及萌芽期、抗寒性等重要农艺性状上发生了明显变异。林惠斌等（1988）用 γ 射线和中子射线处理毛白杨及毛新杨×毛白杨的杂种种子与花粉，发现辐射处理可提高花粉受精率，促进苗木生长。王孜昌等（2000）发现，用 $^{60}Co-γ$ 射线对杉木种子进行辐射处理可诱变突变，且杉木干种子与湿种子的辐射承受能力差别可达 10 倍。康向阳等（2000）利用不同倍性花粉对 $^{60}Co-γ$ 射线辐射的敏感性不同，提高二倍性花粉受精比率。张兴等（2003）利用 $^{60}Co-γ$ 射线照射榆树种子，获得了 5 种不同类型的突变体及一株白化叶片和正常叶片的嵌合体。许奕华等（2005）发现，对华山松催芽后的种子用 $^{60}Co-γ$ 射线辐照后，种子萌芽期和萌芽高峰期出现延缓，萌芽率和幼苗的生活力明显降低。李志能等（2006）利用 $^{60}Co-γ$ 射线照射悬铃木的种子或芽，在诱变后代中初步选出了少毛和无毛的单株。

　　我国林木太空育种试验始于 2003 年，第 18 颗返回式科学与实验卫星首次搭载了林木种子。到目前为止，我国利用返回式航天器先后搭载了红松、落叶松、红皮云杉、大青杨、红毛柳、油松、银杏、杉木、白桦、华山松、白皮松、构树和沙棘等 20 多个树种的种子，以及部分杨树、红栌试管苗。但后续报道较少，目前仅有两例。姜静等（2006）对航天搭载后的 4 个白桦家系种子的活力及 1 年生白桦苗木分析表明，太空环境对苗高生长有显著影响，处理后均表现矮化现象。而马建伟等（2007）发现经太空诱变的华山松及白皮松在苗期具有明显的生长优势。

　　物理辐射可诱发植物产生新的突变，是常规育种方法无法实现的，因此，辐射诱变育种可作为常规育种方法的重要补充，是林木育种的手段之一。

8.5.3　林木原生质体培养与体细胞融合

　　植物细胞都有细胞壁。原生质体指细胞通过质壁分离，能够和细胞壁分开的那部分细胞物质，包括细胞膜、细胞质和细胞核，换言之，原生质体就是除去细胞壁后的"裸露细胞"。原生质体由于失去细胞壁，可直接摄取外源 DNA、细胞器、质粒，也容易进行不同细胞间融合，因此，是基因工程及体细胞融合的理想受体材料，但前提是需要建立稳定的原生质体组培再生系统。原生质体培养就是对植物的原生质体进行分离与离体培养，最终获得再生植株的细胞工程技术。

　　杂交育种是植物常用的育种手段，但当杂交亲本间亲缘关系较远时，由于杂交不亲和导致得不到杂种后代。如能采取体细胞融合途径获得体细胞杂种就可克服远缘杂交不亲和障碍，这正是通过原生质体培养途径获得体细胞杂种的初衷。体细胞融合技术为打破物种间的生殖隔离，创制远缘杂种，拓宽变异基础等方面开辟了一条有效的途径。

　　植物体细胞融合是先将2种异源植物细胞制备成完整而有活力的原生质体，然后通过各种手段使异源细胞(原生质体)融合为杂种细胞，进而通过组织培养途径获得体细胞杂种植株。植物体细胞杂交一般包括以下步骤：原生质体的制备、原生质体的融合、杂种细胞的筛选、杂种细胞组织培养再生植株以及杂种植株的鉴定等。

8.5.3.1　植物原生质体的分离与活性检测

　　分离原生质体的起始材料有两类：一类是愈伤组织和悬浮细胞；另一类为无菌苗的叶片。来源于胚性愈伤组织和悬浮细胞的原生质体，可避免植物生长环境影响，易于控制新生细胞的生理年龄；无菌苗的叶片来源方便，可省去表面灭菌环节。此外，不同基因型对于能否最终获得原生质体再生植株影响很大，研究表明，选择易再生的基因型是原生质体培养成功的关键。分离前的预质壁分离对保持原生质体完整性、提高原生质体产量有促进作用。

　　植物原生质体的分离有机械和酶解2种方法。机械法是切割或磨碎质壁分离的细胞从而释放出原生质体的方法，一般适用于含有高度液泡化的大细胞的植物组织，如洋葱的鳞片与黄瓜的中皮层等。酶解法是利用酶降解植物细胞壁从而获得原生质体的方法。其特点是可在短时间内分离出大量的有生活力的原生质体，并且适用于几乎所有的植物，也是目前主要采用的方法。由于酶制剂中含有核酸酶、蛋白酶、过氧化物酶以及酚类物质，因此可能会对分离的原生质体活力有一定影响。

　　酶解使用的酶类大多为纤维素酶与果胶酶，有些植物需辅以半纤维素酶。一般地，纤维素酶的浓度范围为1%~2%，果胶酶浓度范围为0.5%~1.0%，酶解时间一般为6~16 h，以不超过24 h为宜。酶解时间过短，原生质体产量低；酶解时间过长，对原生质体产生毒害，会降低其活性。酶溶液pH值对原生质体活力与产量也有影响，pH值一般为5.5~5.8，加入2-吗啉乙基磺酸(MES)作为pH缓冲剂；在酶溶液里添加浓度为0.35~0.80 mol/L的甘露醇、山梨醇等物质可作为渗透压稳定剂，可保持细胞原生质体的稳定与活力；氯化钙、葡聚糖硫酸钾或聚乙烯吡咯烷酮(PVP)等作为质膜稳定剂，在一定程度上可提高原生质体的产量与活力。吴栩佳(2021)以鹅掌楸实生幼苗嫩叶为起始材料，通过施加浓度为2%的纤维素酶、0.8%的果胶酶，酶解时间为1 h，能获得稳定、高产的鹅掌楸原生质体，产量达$2.5×10^7$ g^{-1}FW，且24 h后原生质体活力仍保持在80%以上。

　　原生质体活性一般通过染色法进行检测，常用的染色法有荧光素双醋酸酯(fluorescein diacetate，FDA)染色法、台盼兰染色法(trypan blue，TB)、四噻唑蓝(methylthiazoletrazolium，MTT)染色法、酚藏花红染色法和荧光增白剂(calcofluor white，CFW)染色法。其中，FDA染色法使用最为广泛。其原理为：FDA本身无荧光，可自由扩散进入细胞膜。FDA进入活细胞后受分解会形成荧光素，该物质不能自由透过活体细胞膜而累积在细胞膜内，因此有活力的细胞发出亮绿色荧光，但FDA在失活细胞内不分解，因此失活细胞无法发出绿色荧光。

8.5.3.2　原生质体的融合

　　原生质体融合最早采用的是离子诱导融合，以$NaNO_3$为融合剂，植物第一个体细胞杂种就是1972年美国学者卡尔森(Carlson)利用$NaNO_3$作为融合剂将两种不同烟草原生质体融合获得的。但离子诱导融合法融合率不高。1974年，Kao等采用聚乙二醇(PEG)的融合技术，使原生质体融合率明显提高。但 PEG 对原生质体损害大，易形成多元原生质体融合体。后来又将 PEG 融合法与高 pH 高 Ca²⁺ 融合法结合起来使用，融合率达到 10% ~ 35%。邓秀新等(1995)在柑橘中采用 PEG 融合法获得了体细胞杂种。赵小强(2009)利用 PEG-高 Ca²⁺-高 pH 融合法得到草地早熟禾种间体细胞杂种，融合率为 9.8%。

　　电融合法是由齐默尔曼(Zimerman)等于 1981 年首创的一种物理融合方法。与化学融合法相比，电融合法具有对原生质体损害小、融合率高、重复性强、操作简便等特点，是目前主要的细胞融合方法。汪晶(2009)通过使用电融合法创制了二倍体马铃薯抗青枯病的新种质。奥利瓦雷斯-鲁斯特等(Olivares-ruster *et al.*，2005)将电融合法与 PEG 融合法结合起来发展为电气化学法，并采用该法成功得到柑橘的体细胞杂种及再生植株。武恒(2010)将 PEG 融合与微流控芯片技术相结合首次实现了小白菜、烟草的原生质体融合。

8.5.3.3　杂种细胞的筛选

　　原生质体经刺激融合后会产生各种类型的杂种细胞，需要对这些杂种细胞进行筛选，从中选出预期的杂种细胞。目前常用的选择方式主要有选择培养基、代谢性抑制剂、互补选择法、利用物理性差异辨别和挑选杂种细胞。如使用活性荧光染料荧光素双醋酸酯、羟基荧光素等对不同亲本进行染色或荧光标记，可明显区分出杂种细胞。作为一种标记物，绿色荧光蛋白(GFP)具有检测方便、荧光稳定、通用性强、相对分子质量小、对细胞无毒害、可进行活细胞实时定位观察等优点，已逐渐应用于杂种细胞的筛选。

8.5.3.4　杂种细胞的组织培养再生植株

　　MS、WPM、KM8P 是 3 种常用的原生质体培养基。原生质体没有细胞壁，在培养初期，需保持高渗透。以葡萄糖作为培养基中的碳源和渗透剂可有效提高原生质体分裂频率和植板率。在培养基中添加椰乳和水解酪蛋白能提高原生质体的成活率。培养基中激素以生长素和细胞分裂素为主，且在培养前期，生长素比细胞分裂素更重要。

　　培养方法主要有固体平板培养、液体培养、固液双层培养和共培养。对于林木原生质体的培养来说，利用液体浅层培养的方法较易取得成功，如悬铃木、泡桐、杨树等。

　　原生质体培养过程中，首先形成细胞壁，进而进行分裂形成多细胞团和愈伤组织，在分化条件下生根出芽，形成完整的植株。

　　在小叶杨原生质体培养中，在 KM8P 培养基上培养 48 h，形成细胞壁。培养 80 d 可形成愈伤组织。再转至增殖培养基对愈伤进行增殖，然后再转至分化培养基上诱导分化。分化培养基中，细胞分裂素(主要为 BA)的浓度是关键，一般是生长素(主要为 NAA)浓度的 5~10 倍。当芽伸长至 3~5 cm 时，将其从基部切下转移至生根培养基上诱导生根。生根培养基一般为无激素或激素含量较低的固体培养基，通常经 2~3 周的培养，即可获得根系发达且生长健壮的再生植株。

8.5.3.5　体细胞融合杂种植株的鉴定

　　杂种植株的鉴定早期采用形态学方法，之后采用细胞学和同工酶技术，目前大多采用 DNA 分子鉴定。常用的鉴定技术有 GISH(基因组原位杂交)、McGISH(多色基因组原位杂交)、RFLP、AFLP、SSR、cpSSR 等。此外，流式细胞仪鉴定效率高，目前在杂种鉴定中的应用也较多。一般采用多种方法结合来进行杂种植株的鉴定。如付春华等(2005)研究表明，利用流式细胞仪和 DNA 分子标记相结合的方法可快速有效地鉴定体细胞杂种。廉玉姬等(2011)通过 GISH 和 AFLP 分析证实了大白菜、青花菜、叶用芥菜种间体细胞杂交种的真实性。

林木中获得体细胞杂种非常少，目前报道的仅有柑橘属、猕猴桃属等属树种获得体细胞杂种植株。杨树仅获得了杂种细胞的愈伤组织，未获得杂种植株。虽然现阶段林木原生质体培养和体细胞融合在技术上并不很成熟，但鉴于该技术具有可打破物种间的生殖隔离，创制远缘杂种，拓宽变异基础等优势，同时也是林木基因功能研究良好的技术平台，相信在未来的林木遗传学研究及种质创制、品种改良中会占有一席之地。

本章提要

现代生物学新技术的发展缩小了不同物种遗传学研究基础的差异，以基因组研究为代表的林木分子生物学研究近年来取得了突飞猛进的发展。很多树种已建立了分子标记连锁遗传图谱，一些生长、材质、生根及抗病性状的 QTLs 也已初步定位，通过转录组测序技术鉴定筛选并克隆出一批功能基因，开发出一大批分子遗传标记并应用于林木育种程序的多个环节。

分子标记辅助选择可缩短林木育种周期，提高选择强度。在分离群体中寻找与 QTL 连锁的侧翼标记，或应用关联遗传学方法寻找目标性状与候选基因中的单核苷酸多态性(QTN)，是目前开展林木分子标记辅助选择的两条有效途径。大多数林木具有较为理想的自然群体，通过关联遗传学方法可望对控制林木重要性状的主效基因进行精细定位与克隆，挖掘功能基因，为开展林木分子育种创造条件。

基因工程育种是分子育种的重要组成部分，林木遗传转化已取得较大进展，已在多种树木中获得转基因植株。我国抗虫转基因杨树是目前唯一进入生产应用的转基因林木。

自然界中，植物多倍体常见，且一些林木多倍体的生长量优于二倍体，因而多倍体育种是林木育种的手段之一。单倍体育种、诱变育种、体细胞融合等是林木常规育种技术的有益补充。

思考题

1. 名词解释

遗传标记　遗传图谱　分离群体　QTL　分子标记辅助选择(MAS)　图位克隆　正向遗传学　反向遗传学　关联遗传学　载体　基因工程　多倍体　单倍体　花粉培养　辐射育种　细胞工程　原生质体　细胞融合　体细胞胚胎

2. 理想的分子标记需具备哪些条件？

3. 概述 DNA 分子标记技术在林木育种中的应用。

4. 简述基因工程步骤，举例基因工程在林木育种中的具体应用。

5. 你对转基因林木的安全性有何理解？

6. 林木单倍体有何意义？

7. 组织培养繁殖苗木包含哪些技术环节？

推荐读物

1. 植物 QTL 定位方法的研究进展. 高用明，朱军. 遗传，2000，22(3)：175-179.

2. 中国作物分子设计育种. 王建康，李慧慧，张学才等. 作物学报，2011，372(2)：191-201

3. 中国林木良种培育的遗传基础研究概览. 张守攻，齐力旺，李来庚等. 中国基础科学·植物科学专刊，2016，2：61-66.

第9章 林木遗传测定

表现型优良的个体并不一定产生优良的子代或无性系，没有遗传测定，就无法评定选择材料的遗传品质。因此，遗传测定是林木良种选育中的关键环节，是林木育种的核心工作。遗传测定分为无性系测定、子代测定和种源试验三类，而遗传测定的试验设计则包括交配设计和环境设计(田间设计)。交配设计规定亲本间如何相互交配，分为完全谱系和不完全谱系两大类。具体的交配设计类型繁多，每一类各有其优缺点和应用场合，应根据实际情况进行选择。环境设计对于提高遗传测定的准确性非常重要，应遵循"重复、随机、局部控制"三个原则。遗传型与环境往往存在着交互作用，因此，在品系推广前应进行多地点遗传测定，了解各个品系的生产力和稳定性。本章还着重介绍了试验数据的处理方法、主要交配设计的统计分析方法以及遗传力、重复力、配合力等参数估算方法。

9.1 遗传测定目的与类型

9.1.1 遗传测定目的

根据表现型选择出来的优树其遗传品质是否优良，亲本的优良性状能否传递给子代，通过营养繁殖获得的无性系是否能保持其优良特性，要回答这些问题必须开展遗传测定(genetic test)，即根据子代家系或无性系的表现来评价优树。

遗传测定解决的主要问题可归纳如下：

①提供评价亲本的依据　通过遗传测定估算亲本的育种值，可以对亲本遗传品质的优良程度进行评定。选出的优良无性系可以用于生产推广，在初级种子园中可开展去劣疏伐或选出优良亲本新建种子园(1.5代种子园)。

②估算各种遗传参数　在林木遗传改良中，必须了解选育性状的遗传力、遗传增益等参数，在此基础上，才能确定有效的良种选育方法。

③通过田间对比试验，估算入选群体的遗传增益。

④为多世代育种提供没有亲缘关系的繁殖材料。

遗传测定有多种目的，但没有任何一种设计能最大程度地满足所有要求，所以，需要设计合适的试验，并采取相应的统计分析方法对试验数据进行处理。

9.1.2 遗传测定类型

由于林木的繁殖方式不同，既有通过无性繁殖方式，如扦插、嫁接、组织培养等获得植株以进行生产利用，又有通过收获种子获得实生苗木用于生产造林，因此，根据用于遗传测定材料的不同，可以分为无性系测定(clonal test)、子代测定(progeny test)和种源试验(provenance trails)三大类。其中，种源试验已在第 3 章阐述，本章重点介绍无性系测定和子代测定，前者是通过无性繁殖产生植株进行测定；后者是通过交配设计产生子代进行测定。一般而言，无性系测定不能确切地反映该材料在有性繁殖下的遗传表现。

9.2 子代测定

子代测定的目标是通过采用合适的交配设计获取特定亲本的子代，并将这些子代按照田间试验的原则营建测定林，根据子代生长表现估计亲本的相对遗传值，从而实现对亲本的排序及选择。遗传测定的试验设计包含两个部分：交配设计和环境设计。

9.2.1 交配设计

为了解被测亲本的遗传品质，根据试验具体要求和工作条件，明确亲本如何交配产生子代称为交配设计。交配设计有许多种，各有其优点和特定的用途。通常将交配设计分成两类：即不完全谱系设计和完全谱系设计。

9.2.1.1 不完全谱系设计

（1）自由授粉交配(open pollination，OP)

直接从林分优树上或种子园的无性系植株上采种、育苗、造林，并对各种性状进行测定。由于子代只知母本，不知父本，因此自由授粉属于谱系不完全清楚的交配设计，通常将其称为半同胞子代测定或单亲子代测定。半同胞(half sib)应指仅具有一个共同亲本的子代，而在自由授粉子代中，除了半同胞子代外还含自交子代和全同胞(full sib)子代，即有共同的双亲子代，因此自由授粉子代并非严格意义上的半同胞。当自由授粉家系非常近似于半同胞家系时，可以用来预测亲本的育种值，估算含有加性方差和协方差的多个遗传参数(如遗传力和各类遗传相关)。

由于这种设计可以从优树或种子园无性系植株上直接采种，不需要进行人工控制授粉，因此操作简单、快捷、成本低。当种子采自林分优树时，由于采种林分花粉遗传品质不可控，即使是同一林分不同批次的种子其遗传差异也可能有较大差别，因此根据子代估算的亲本一般配合力会存在偏差。而且花粉的组成受气候环境、林分密度及树体营养等因素影响，为了更准确估算亲本一般配合力，宜在时间、空间上多次重复。除此以外，由于父本来源不确定，估算母本方差或协方差分量时，有学者认为采用 1/3 系数比采用传统的 1/4 系数更符合实际情况。

（2）多系混合花粉授粉交配

多系混合花粉授粉交配，就是用多个父本的混合花粉对每个母本进行授粉。采用这种方式得到的家系更接近于半同胞，而且，当使用大量(25~50 个)与母本彼此间没有亲缘关系的父本的混合花粉时，发生自交的概率极低，也使得只有少数父本参与的差异性受精概率降至最低。

过去一直认为多系混合授粉产生的子代，由于父本来源不清只能估算母本的一般配合力，不能估算特殊配合力，但随着分子标记技术的发展及测序成本的下降，可利用分子标记技术推定每一子代的父本，重构子代的谱系，即可依赖谱系信息来估算特殊配合力等遗传参数。

9.2.1.2　完全谱系设计

（1）单对交配（single pair mating）

单对交配就是在一个育种群体中，每个亲本仅参与交配一次，单对交配获得的子代为全同胞家系，且家系间不存在亲缘关系。这种设计的优点是用最少数量的交配组合，产生最大数量的没有亲缘关系的子代家系，因此比较适合用于小型的树木改良项目中，用以创建基本群体。由于单对交配设计中一个亲本只交配一次，因此不能估算一般配合力和狭义遗传力。

（2）全双列杂交（full diallel mating）

全双列杂交中，每个亲本既作父本又作母本，包括了所有可能的交配组合（正交、反交和自交）[图 9-1(a)]。由于获得的是全同胞家系，子代谱系清晰，因此能获得最全面的遗传信息，并可估算各种遗传参数。但如果有 N 个亲本，则需要实施 N^2 次控制授粉，而且自交子代得率低，因此，这种交配设计存在工作量大、难度高的缺点，当亲本数量多时难以实施。

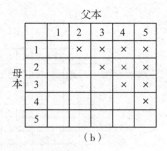

图 9-1　完全双列杂交与半双列杂交设计图式

（引自陈晓阳和沈熙环，2005）

（a）完全双列杂交　（b）半双列杂交

（3）半双列杂交（half diallel mating）

半双列杂交是完全双列的一种改进方式，只进行正交，去除反交和自交[图 9-1(b)]，实施这一交配的前提是假设一个亲本的子代不受其作为母本或父本的影响。半双列杂交的工作量减少了一半多，但是杂交工作量仍然很大。例如，对 100 个亲本开展半双列杂交，杂交组合数量为：$n(n-1)/2 = 4950$。

（4）部分双列杂交（partial diallel mating）

为了改进完全双列杂交和半双列杂交工作量大的缺点，可采用部分双列杂交（图 9-2）。这种设计可以估算一般配合力和特殊配合力，提供没有亲缘关系的子代。部分双列杂交有多种变化形式，可根据实际情况进行选择，获得更多或更少的交配组合。

（5）不连续双列杂交（disconnected diallel mating）

不连续双列杂交也是一种部分双列杂交，是将所有亲本进行分组，杂交仅在同一组亲本间进行，不同组的亲本间不进行杂交（图 9-3）。这种设计既保留了所有亲本，又使杂交工作量大大减少，同时还能提供大量没有亲缘关系的子代。但这一交配设计仅能得到同一

父本

母本＼父本	1	2	3	4	5	6	7	8	9	10	11	12	13	14	15	16	17	18
1		×	×					×	×	×							×	×
2			×	×					×	×	×							×
3				×	×					×	×	×						
4					×	×					×	×	×					
5						×	×						×	×	×			
6							×	×						×	×	×		
7								×	×						×	×	×	
8									×	×						×	×	×
9										×	×						×	×
10	×									×	×							×
11	×	×										×	×					×
12	×	×	×										×	×				
13		×	×	×										×	×			
14			×	×										×	×			
15				×	×	×										×	×	
16					×	×	×										×	×
17						×	×	×										
18								×	×	×								

图 9-2　部分双列杂交图式

（引自 Zobel *et al.*，1984）

父本

母本＼父本	1	2	3	4	5	6	7	8	9	10	11	12	13	14	15	16	17	18
1		×	×	×	×	×												
2			×	×	×	×												
3				×	×	×												
4					×	×												
5						×												
6																		
7								×	×	×	×	×						
8									×	×	×	×						
9										×	×	×						
10											×	×						
11												×						
12																		
13														×	×	×	×	×
14															×	×	×	×
15																×	×	×
16																	×	×
17																		×
18																		

图 9-3　不连续双列杂交图式

（引自陈晓阳和沈熙环，2005）

个组内各亲本的排序，不能比较不同组间亲本的优劣，因此无法对参试的所有亲本进行统一评估。不连续双列杂交是美国北卡罗来纳州立大学树木改良协作组推荐应用于改良代育种的交配方案，曾经在林木育种中应用较多。

（6）测交系设计（tester design，factorial design，NC state design Ⅱ）

测交系设计又称析因设计、北卡Ⅱ设计。测交系是指用来与待测亲本交配的少量无性

父本

母本	A	B	C	D	E
1	×	×	×	×	×
2	×	×	×	×	×
3	×	×	×	×	×
4	×	×	×	×	×
5	×	×	×	×	×

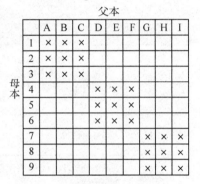

图 9-4　测交系设计图式

(引自陈晓阳和沈熙环，2005)

系(图 9-4)，一般作为父本。由于林木世代周期较长，因此测交系的选择一般随机选取而非经由遗传评估后获得，由此可能造成测定结果不确定性，即如果入选测交系的育种值低于平均水平，则测定结果偏低；反之则偏高。根据火炬松测交系的研究结果，测交系为 4~6 个比较合适。测交系设计的统计分析简单，可以提供加性和非加性方差的估量，但获得没有亲缘关系的杂交子代数量受限，即获得的组成基本群体个体的数量有限，而且，当参与测定的无性系较多时，工作量也较大。

不连续测交是将待测无性系划分成几组，只在组内进行测交(图 9-5)，其优点是能够产生最大量的没有亲缘关系的家系，同时又保证获得足够的杂交组合。

(7)巢式设计(nested design，hierarchical mating design，NC state design Ⅰ)

巢式设计又称分组群状交配设计、北卡Ⅰ(NCⅠ)设计，该设计是规定每个母本只能交配 1 次，而父本可以同若干个母本进行交配(图 9-6)。这种交配设计能够估算父本的一般配合力，但由于母本只参加一次交配，而无法估算母本的一般配合力及特殊配合力。此外，这种设计所获得的子代中，无亲缘关系个体的数目受较小性别组(父、母本)成员数量的限制。在林木中，巢式设计应用较多，如在国际造纸公司等与美国北卡罗来纳州立大学合作开展的火炬松遗传改良项目中，利用巢式设计获得的子代确定了一个未经改良的火炬松群体的遗传方式，是林木上应用巢式设计最典型的例子。

父本

母本	A	B	C	D	E	F	G	H	I
1	×	×	×						
2	×	×	×						
3	×	×	×						
4				×	×	×			
5				×	×	×			
6				×	×	×			
7							×	×	×
8							×	×	×
9							×	×	×

图 9-5　不连续测交系设计图式

(引自陈晓阳和沈熙环，2005)

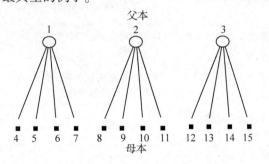

图 9-6　巢式设计图式

(引自陈晓阳和沈熙环，2005)

(8)正向同型交配(positive assortative mating)

正向同型交配是按亲本育种值大小安排不等的交配次数，育种值越大，交配次数越多。图 9-7(a)为分组的正向同型交配示例，图 9-7(b)为育种群体整体统一设计的正向同型交配。正向同型交配的设计思想是让育种值高的亲本有更多的交配机会，以便产生更多优良的子代，其优点是可以在一个育种周期内获得更高的遗传增益。美国北卡罗来纳州立大学-工业合作树木改良计划从火炬松第三轮回育种开始采用这种交配设计，并将其称为智慧设计（smart design）。

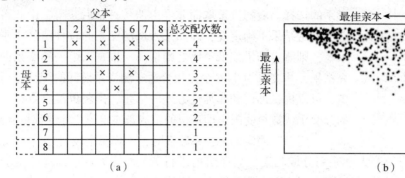

图 9-7 正向同型交配图式

表 9-1 林木育种常用交配设计比较

交配设计名称	优 点	缺 点	应用情况
自由授粉	简便易行，成本较低，能够在选优同时立即开展子代测定。	不能提供 SCA 估量。由于子代有亲缘关系，子代不适宜供下一代选择	选择育种初期一般采用这种设计，测定结果用于种子园去劣疏，和 1.5 代种子园入园亲本选择
多系授粉	同自由授粉	不能提供 GCA 估量，需要催花和贮藏花粉	同自由授粉
单对交配	工作量较小，能提供无亲缘关系的子代	不能提供 GCA 和 SCA 的估量。可能会淘汰一般配合力高的亲本	特别有利于改良代育种
全双列杂交	提供信息量最大，能估算各种遗传参数。提供大量无亲缘关系的个体	当测定亲本数量较多时，工作量大，成本高，难于采用	用于遗传参数估算，为下一世代改良提供无亲缘关系的繁殖材料
半双列杂交	较全面地估算遗传参数，生产大量无亲缘关系的子代	同全双列杂交，只是工作量减少了一半多	同全双列杂交
部分双列杂交	可提供 GCA 和 SCA 估算和没有亲缘关系的子代	无性系交配次数不等，有的交配次数少，工作量也较大	同全双列杂交
不连续交配设计	保持了双列杂交的多数优点，但可显著减少交配组合数量	工作量仍比较大	用于多世代育种
测交系设计	能估算待测群体所有亲本的育种值，能合理地估算方差分量和遗传力、以及 GCA 和 SCA 估算	可用作下一世代亲本无亲缘关系的子代数目受测交系数目的限制	用于遗传参数估算
巢式设计	能估算父本一般配合力	不能估算母本一般配合力；提供无亲缘关系的子代受性别组成员数量的限制	用于遗传参数估算
正向同型交配	能提供大量无亲缘关系的个体，估算广义、狭义遗传力和特殊配合力，单个育种轮回的遗传增益高	需要先通过半同胞子代测定了解亲本的一般配合力，或通过遗传分析软件预测亲本单株育种值	用于高世代育种

注：引自陈晓阳和沈熙环，2005，有补充。

　　表 9-1 总结了各种交配设计的特点与适用范围。林木遗传改良是循序渐进的过程，由最开始亲缘关系不明的表现型选择，逐渐发展为综合考虑亲缘关系与遗传型所开展的亲本选择与交配设计。由最开始的单亲本自由授粉过渡到采用双亲本控制授粉，进而设计出更复杂的交配方式。

　　实际工作中选择哪种交配设计，应从以下几方面考虑：①工作量大小；②亲本能否立即开展子代测定，即亲本是否已具备成花能力；③能否提供数量较大且无亲缘关系的基本群体；④能否提供一般配合力和特殊配合力等遗传参数信息等。

9.2.2　环境设计与测定实施

　　遗传测定工作除了上述交配设计外，还包括环境设计、排布田间试验、观察和收集子代的表现型数据、利用测定数据估算遗传参数，以及评选出优良的遗传材料等一系列的工作。

9.2.2.1　环境设计

　　田间试验是林业科研活动的重要内容，科学合理的环境设计是获得有价值的数据，进而取得正确研究结果与结论的基础。林业试验用地面积大、地形复杂、立地条件变化大，因此科学地控制环境非常重要。此外，林木生长周期长，不合理的试验设计将浪费宝贵的时间，造成无可挽回的损失。

　　适当的重复、随机排列及局部控制是环境设计的主要原则。此外，还需注意选点的代表性、环境条件一致性及地块完整性。遗传测定工作具有长期性和连续性的特点，选点应当考虑地块是否能满足试验林长期保存的需求，是否容易保护和便于观测。

　　(1)常用的试验设计

　　①随机完全区组设计(randomized complete block design，RCB)　随机完全区组设计是林木遗传测定中最常用的田间试验设计。每一重复(replicate)组成一个区组(block)，重复与区组同义，每个区组包括所有处理，是谓完全区组(complete block)，每个处理在一个区组内只占有一个小区，各区组以及每个区组内各小区均随机排列。RCB 设计操作简单，能提供无偏、精确的遗传参数和育种值估算，因此广受欢迎。

　　②平衡不完全区组设计(balanced incomplete block design，BIB)　在随机区组设计中，当处理数较多时常常会出现一个区组不能容纳全部处理的情形，这时可以采用平衡不完全区组(BIB)设计。BIB 设计各区组内的小区数小于试验的处理数，即每个区组不能包含所有的处理(不完全区组，incomplete block)，每种处理在同一区组内最多只出现一次，而且在整个试验中有相同的被测次数。此外，任意一对处理都有在同一区组内相遇的机会，而且在整个试验中，相遇的次数相等(平衡)。

　　③拉丁方设计(latin square design)　利用拉丁方安排试验的试验设计。拉丁方设计也是完全区组设计，是对随机区组设计的一种改进。在一个拉丁方中，将处理从两个方向排列成区组，k 个处理排成 k 行 k 列，每个处理在各行各列中只出现一次。

　　拉丁方设计的特点是处理数、重复数、横行数和直行数都相同，即直行、横行都可构成一个区组，可以实行两个方向的条件控制。优点：对土壤差异实行双重控制，准确性较高。缺点：横、直区组小区数必须相等，伸缩性较小；缺乏随机区组设计的灵活性，且要求条件一致；只应用于试验规模较小，试验地条件较一致的场合。

（2）小区的形状与区组数量

小区(plot)是田间试验的最小试验单位，其形式主要有 4 种：①单株小区(single-tree plot)：每株树就是一个小区；②单行小区(row plot)：来自同一个家系(无性系)的两株或多株树栽植成一行；③矩形小区(rectangular plot)：来自同一个家系(无性系)种植多行呈正方形或矩形；④非邻接小区(noncontiguous plot)：来自同一家系(无性系)的多个单株在同一个区组内随机排列而非成行或矩形排列。在进行田间试验的环境设计时，需要综合考虑试验目的、参试材料性质与数量，以及试验地状况以确定小区的形状。

一般而言，小区越小，区组越小，区组内立地条件的变异越小，因此，区组多而小区小的试验林统计精确性大于区组少而小区大的试验林。采用单株小区设计，栽植相同数目的树木得到的重复数更多，在估算遗传参数时更精确。但单株小区对地形与后期栽培管护的要求比较高，花费也更多。单行小区在遗传测定中并非最优选择，但考虑到林地环境的复杂性及由于树木死亡造成的缺失数据分析问题，目前仍较多采用。在使用单行小区设计时，为了尽可能减小区组的大小并增加区组数量，可以将每个小区的个体数量减到最少(2~4 株)。矩形小区适用于测定家系(无性系)的现实增益，或进行优良材料的推广造林。当被测对象是种源或树种时，宜采用大块式小区。因为不同的种源或树种生长速率可能差异很大，小区面积大，不同处理间相隔距离较大，可以降低竞争效应，从而能充分表现出它们的遗传潜力。采用大块小区设计时，每小区四周的树木通常作为边行，调查时，仅测量小区中间部位的树木。

小区的重复次数主要由试验地的环境条件(如土壤、坡面积)与参试材料的数量决定。试验地的环境差异大，需要设置较多的重复(8~10 次重复)，试验地环境差异小，则可以采用4~6 次重复。参试家系(无性系)数量多，为了保证同一区组环境条件的相似性，可以采用单株小区以尽可能减少区组面积，同时增加区组的数量。

（3）小区和区组的方向

为了使每个区组内立地条件尽可能地一致，区组的短轴和小区的长轴应与环境变化梯度平行。如图 9-8 所示，在坡地上布置试验时，小区采用顺坡方向而区组采用平行于等高

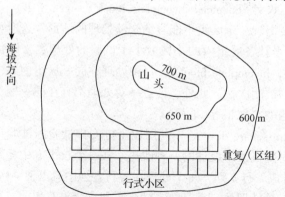

图 9-8 在山坡布置区组和小区示意

（引自王明庥，1998，有改动）

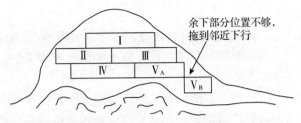

图 9-9　试验区内有地形突变情况下区组布置示意

（引自王明庥，1998，有改动）

线的设置方式。试验地如果出现地形剧烈变化，则可以采用拆开或增加填充行的办法来设置区组，但分割的小区要尽可能地靠近(图 9-9)。

9.2.2.2　测定林的建立

（1）苗木培育

苗圃地的条件应满足苗木健壮生长的要求，并应尽可能地保持一致。实生苗育苗过程中应该将明显生长不良的苗木淘汰掉，保证测定苗木的生长状态稳定、一致。无性系苗木在培育过程中需要注意位置效应和年龄效应，避免因位置效应和年龄效应造成苗木生长不良或出现异常。

（2）对照的设置

对照的选取是否合理对于遗传测定参试材料的评价非常重要，利用对照可以鉴定选育材料的遗传品质、多地点试验时估计试验地的差异，因此必须科学、合理地选择对照。子代测定应选用当地造林普遍使用的种子作为对照。需要测定改良代种子园种子的遗传品质时，可采用初级种子园种子作对照。在无性系测定中，应采用当地常用的无性系作对照。下列种子不适合作为对照：①不适宜该地生长的种源；②从生长不良树木上采集的种子；③从经过"拔大毛"林分中采集的种子；④孤立木上的种子，或其他可能来源于自花授粉的种子。

（3）保护带的设置

为了减少试验林分的边际效应、防止人畜践踏，应在试验林周围栽植一定宽度的保护林带(保护行)，并采取与试验林相同的管理措施。保护林带最好采用与试验林相同的树种(图 9-10)。

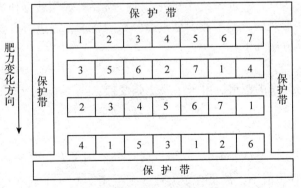

图 9-10　完全随机区组试验设计图式

（引自陈晓阳和沈熙环，2005）

（4）林分管护与档案建立

林木遗传测定周期长，因此试验林的管护尤为重要。为了保证测定的准确性，造林后要加强幼林的抚育管理，并及时除掉杂灌，防止病虫害及火灾的发生，及时对死亡的植株进行补植。

试验林定植后，应及时绘制定植图，在试验林四周设立保护带和明显的标桩，在固定间隔的树木上采用永久性标签进行标记，并周期性检查和更换标签。建立试验林档案，记录造林信息、抚育措施及生长调查数据等。档案内容应包括下列各项：①试验材料来源，如子代测定林，应说明亲本、制种方式、种子处理过程等；对无性系测定，应说明穗条来源，采集方法。②育苗过程。③造林地立地条件。④试验设计。⑤对照来源。⑥调查时间、内容及数据等。

（5）试验观测

根据树种改良目标确定观测性状和指标。主要观测性状有：①生长性状，包括树高、胸径（地径）、材积、根系等；②形质性状，主要有树干通直度、尖削度、树皮厚度、分枝角度、侧枝粗度、节疤大小、自然整枝状况等；③抗逆性，包括抗病虫害、抗旱、抗寒、抗盐碱等；④材性性状，主要有木材比重和密度、纹理通直度、早材和晚材比例、纤维和管胞长度等；⑤次生代谢产物，如树胶、树脂等的产量和品质。

在试验林营建后第 1 年进行首次评价，初次测定后可定期对试验林进行观测。试验观测年限以能正确评定性状为度。例如，用材树种生长性状最终评定的年限一般为 1/4～1/3 轮伐期。在试验期间，每隔 3~5 年要作阶段总结。

9.2.3 数据分析与遗传参数估算

遗传测定的关键在于对试验结果进行合理分析和解释。遗传测定基本的统计分析方法包括方差分析、多重比较等，对于复杂的交配设计和田间试验设计的遗传分析方法，可参阅有关数理统计、数量遗传学等书籍。

9.2.3.1 数据处理

在进行数据分析前，必须对数据进行彻底的整理和编辑，清理掉异常数据——异常值，即明显超出正常范围的数据。方差分析（analysis of variance，ANOVA）要求数据满足独立、正态、等方差的要求，在进行统计分析之前，需要对观测数据作必要的处理，使其满足统计的要求。某些形式的数据不能满足正态分布的要求，需进行必要的数据转换。

常用的数据转换方法如下：

（1）反正弦变换

如原始数据为百分率的情形，可采用反正弦变换：

$$X'_{ij} = \arcsin \sqrt{X_{ij}}$$

（2）平方根变换

计数形式的数据往往遵从 Poisson 分布，这时可采用平方根变换。一般将原观测值 X_{ij} 转换为 $\sqrt{X_{ij}}$，如果观测值小，甚至有零出现，则可用 $\sqrt{X_{ij} + 1}$ 转换。

（3）对数转换

对于百分率数据和计数形式数据有时也可以用对数变换。甚至这种转换比平方根转换更有效。一般将 X_{ij} 转换为 $\log X_{ij}$，如果数据有零，且数据均不大于 10，则可用 $\log(X_{ij}+1)$ 转换。

9.2.3.2　遗传参数估算

子代测定是根据子代的表现估计亲本的相对遗传值，利用子代测定得到亲本排序，选择最佳亲本入选繁殖群体(种子园)可提高遗传增益。遗传参数主要有遗传力、重复力和配合力等。根据授粉方式不同，可分为半同胞子代测定和全同胞子代测定两类。

(1)半同胞子代测定

设有 f 个家系的子代测定，采用 RCB 设计，s 个地点，每地点 b 个重复，n 株小区，统计模型为：

$$y_{ijkl} = \mu + S_i + B_{j(i)} + F_k + SF_{ik} + BF_{j(i)k} + E_{ijkl} \tag{9-1}$$

式中，y_{ijkl} 为 i 地点 j 区组 k 家系 l 单株的观测值($i=1, 2, \cdots, s$; $j=1, 2, \cdots, b$; $k=1, 2, \cdots, c$; $l=1, 2, \cdots, n$)；μ 为总体平均值；S_i 为 i 地点固定效应值；$B_{j(i)}$ 为 i 地点内 j 区组的固定效应值；F_k 为 k 家系的随机效应；SF_{ik} 为 i 地点与 k 家系的互作效应值；$BF_{j(i)k}$ 为 i 地点内 j 区组与 k 家系的互作效应值；E_{ijkl} 为误差。各随机效应的数学期望 $=0$，方差分量以 σ^2 表示。方差分析表如下(表 9-2)：

表 9-2　多地点半同胞子代测定的方差分析表

变异来源	自由度	平方和	均方	F 值	期望均方(随机模型)
地点	$s-1$	SS_S	MS_S	MS_S/MS_E	
地点内区组	$s(b-1)$	SS_B	MS_B	MS_B/MS_E	
家系	$c-1$	SS_F	MS_F	MS_F/MS_{SF}	$\sigma_E^2 + n\sigma_{BF}^2 + nb\sigma_{SF}^2 + nbs\sigma_F^2$
地点 家系	$(s-1)(c-1)$	SS_{SF}	MS_{SF}	MS_{SF}/MS_{BF}	$\sigma_E^2 + n\sigma_{BF}^2 + nb\sigma_{SF}^2$
区组 家系	$s(b-1)(c-1)$	SS_{BF}	MS_{BF}	MS_{BF}/MS_E	$\sigma_E^2 + n\sigma_{BF}^2$
误差	$sbc(n-1)$	SS_E	MS_E		σ_E^2
总和	$sbcn-1$				

方差分量的遗传学解释：

$$\sigma_F^2 = \frac{1}{4}V_A \qquad \sigma_F^2 + \sigma_{SF}^2 + \sigma_{BF}^2 + \sigma_E^2 = V_P$$

式中，σ_F^2 为家系方差；V_A 为加性遗传方差；V_P 为表型方差。

单株遗传力：$h_i^2 = \dfrac{V_A}{V_P} = \dfrac{4\sigma_F^2}{\sigma_F^2 + \sigma_{SF}^2 + \sigma_{BF}^2 + \sigma_E^2}$

家系遗传力：$h_f^2 = \dfrac{\sigma_F^2}{\sigma_F^2 + \sigma_{SF}^2/s + \sigma_{BF}^2/bs + \sigma_E^2/nbs}$

当试验为单株小区或者采用小区平均值为统计单元时，对线性模型(9-1)进行简化，$n=1$，删去效应 BF；当试验为单地点时，$s=1$，删去效应 S 和 SC。简化后的模型分别如下。

多地点、单株小区或以小区均值为统计单元：

$$y_{ijk} = \mu + S_i + B_{j(i)} + F_k + SF_{ik} + E_{ijk} \tag{9-2}$$

单地点、多株小区，以单株观测值为统计单元：

$$y_{ijk} = \mu + B_i + F_j + BF_{ij} + E_{ijk} \qquad (9\text{-}3)$$

单地点、单株小区或以小区均值为统计单元：

$$y_{ij} = \mu + B_i + F_j + E_{ij} \qquad (9\text{-}4)$$

相应地对期望均方表达式和遗传力计算公式进行简化即可。

【例 9-1】 火炬松半同胞子代测定，4 个家系，3 个地点，每地点 3 个区组，2 株小区。胸径观测数据见表 9-3。

表 9-3　火炬松半同胞子代测定胸径观测值

地点	1			2			3		
区组	Ⅰ	Ⅱ	Ⅲ	Ⅰ	Ⅱ	Ⅲ	Ⅰ	Ⅱ	Ⅲ
家系 024	7.0	9.1	9.3	5.6	6.8	7.2	6.5	6.1	6.0
	9.6	9.2	10.0	4.3	5.2	5.0	5.3	6.2	5.6
287	11.4	11.0	11.2	5.5	5.5	5.5	4.8	6.8	7.0
	9.8	10.8	10.0	5.3	7.2	6.3	6.4	4.4	6.1
P040	9.2	8.2	8.8	5.4	5.8	6.4	5.7	4.1	4.8
	8.9	9.6	9.2	5.9	6.7	6.9	4.6	5.7	6.4
W14	9.4	10.7	10.0	4.9	7.4	8.7	6.5	6.1	5.2
	9.8	8.9	8.9	6.5	6.8	7.0	3.6	7.7	6.8

方差分析见表 9-4。

表 9-4　火炬松半同胞子代测定方差分析表

变异来源	自由度	平方和	均方	F 值	P 值	期望均方（随机模型）
地点	2	212.1402	106.0701	110.94	<.0001	
地点内区组	6	8.3771	1.3962	1.46	0.2195	
家系	3	7.8528	2.6176	1.41	0.3291	$\sigma_E^2 + 2\sigma_{BF}^2 + 6\sigma_{SF}^2 + 18\sigma_F^2$
地点 家系	6	11.1501	1.8584	4.65	0.0051	$\sigma_E^2 + 2\sigma_{BF}^2 + 6\sigma_{SF}^2$
区组 家系	18	7.1989	0.3999	0.42	0.9743	$\sigma_E^2 + 2\sigma_{BF}^2$
误差	36	34.4211	0.9561			σ_E^2
总和	71	281.1402				

各方差分量：

$$\sigma_F^2 = \frac{MS_F - MS_{SF}}{nbs} = \frac{2.6176 - 1.8584}{2 \times 3 \times 3} = 0.042\,18$$

$$\sigma_{SF}^2 = \frac{MS_{SF} - MS_{BF}}{nb} = \frac{1.8584 - 0.3999}{2 \times 3} = 0.2431$$

$$\sigma_{BF}^2 = \frac{MS_{BF} - MS_E}{n} = \frac{0.3999 - 0.9561}{2} = -0.2781$$

$$\sigma_E^2 = MS_E = 0.9561$$

遗传力：

$$h_i^2 = \frac{4\sigma_F^2}{\sigma_F^2 + \sigma_{BF}^2 + \sigma_{SF}^2 + \sigma_E^2} = \frac{4 \times 0.042\,18}{0.042\,18 + (-0.2781) + 0.2431 + 0.9561} = 0.18$$

$$h_f^2 = \frac{\sigma_F^2}{\sigma_F^2 + \dfrac{\sigma_{SF}^2}{s} + \dfrac{\sigma_{BF}^2}{bs} + \dfrac{\sigma_E^2}{nbs}} = \frac{0.042\,18}{0.042\,18 + \dfrac{0.2431}{3} + \dfrac{-0.2781}{3 \times 3} + \dfrac{0.9561}{2 \times 3 \times 3}} = 0.29$$

（2）全同胞子代测定

全同胞交配设计种类很多，这里仅介绍两种有代表性的交配设计及其田间试验结果分析。

① 测交系设计　设有 m 个父本，f 个母本的测交系设计，采用 RCB 设计，s 个地点，每地点 b 个区组，每小区 n 个单株，统计模型如下：

$$Y_{ijklv} = \mu + S_i + B_{j(i)} + F_k + M_l + SF_{ik} + SM_{il} + FM_{kl} + SFM_{ikl} + BF_{j(i)k} + BM_{j(i)l} + BFM_{j(i)kl} + E_{ijklv}$$

$$(9\text{-}5)$$

式中，Y_{ijklv} 为试验林任意单株的观测值（$i=1$，2，$\cdots$，s；$j=1$，2，$\cdots$，b；$k=1$，2，$\cdots$，f；$l=1$，2，$\cdots$，m；$v=1$，2，$\cdots$，n）；S、B、F、M、E 分别代表地点、区组、母本、父本效应和误差；各字母的组合代表相关效应的互作效应。

方差分析见表 9-5 和表 9-6。

表 9-5　测交系设计多地点子代测定方差分析表（固定模型）

变异来源	自由度	平方和	均方	F 值	期望均方（EMS）
地点	$s-1$	SS_S	MS_S	MS_S/MS_E	
地点内区组	$s(b-1)$	SS_B	MS_B	MS_B/MS_E	
母本间	$f-1$	SS_F	MS_F	MS_F/MS_E	$\sigma_E^2 + nbsm\sigma_F^2$
父本间	$m-1$	SS_M	MS_M	MS_M/MS_E	$\sigma_E^2 + nbsf\sigma_M^2$
母本×地点	$(f-1)(s-1)$	SS_{FS}	MS_{FS}	MS_{FS}/MS_E	$\sigma_E^2 + nbm\sigma_{FS}^2$
父本×地点	$(m-1)(s-1)$	SS_{MS}	MS_{MS}	MS_{MS}/MS_E	$\sigma_E^2 + nbf\sigma_{MS}^2$
母本×父本	$(m-1)(f-1)$	SS_{FM}	MS_{FM}	MS_{FM}/MS_E	$\sigma_E^2 + nbs\sigma_{FM}^2$
母本×父本×地点	$(m-1)(f-1)(s-1)$	SS_{FMS}	MS_{FMS}	MS_{FMS}/MS_E	$\sigma_E^2 + nb\sigma_{FMS}^2$
母本×区组	$s(f-1)(b-1)$	SS_{FB}	MS_{FB}	MS_{FB}/MS_E	$\sigma_E^2 + nm\sigma_{FB}^2$
父本×区组	$s(m-1)(b-1)$	SS_{MB}	MS_{MB}	MS_{MB}/MS_E	$\sigma_E^2 + nf\sigma_{MB}^2$
母本×父本×区组	$s(m-1)(f-1)(b-1)$	SS_{FMB}	MS_{FMB}	MS_{FMB}/MS_E	$\sigma_E^2 + n\sigma_{FMB}^2$
误差	$sbmf(n-1)$	SS_E			σ_E^2
总和	$sbmfn-1$	SS_T			

一般配合力效应值：$\hat{g}_{i.} = \bar{x}_{i.} - \bar{x}_{..}$；$\hat{g}_{.j} = \bar{x}_{.j} - \bar{x}_{..}$；

特殊配合力效应值：$\hat{s}_{ij} = \bar{x}_{ij} - \hat{g}_{i.} - \hat{g}_{.j} - \bar{x}_{..}$

表 9-6 测交系设计多地点子代测定方差分析表（随机模型）

变异来源	自由度	平方和	均方	F 值	期望均方（随机模型）
地点	$s-1$	SS_S	MS_S		
地点内区组	$s(b-1)$	SS_B	MS_B		
母本间	$f-1$	SS_F	MS_F	$\dfrac{MS_F}{MS_{FS}+MS_{FM}-MS_{FMS}}$	$\sigma_E^2 + n\sigma_{FMB}^2 + nm\sigma_{FB}^2 + nb\sigma_{FMS}^2 + nbm\sigma_{FS}^2 + nbs\sigma_{FM}^2 + nbsm\sigma_F^2$
父本间	$m-1$	SS_M	MS_M	$\dfrac{MS_M}{MS_{MS}+MS_{FM}-MS_{FMS}}$	$\sigma_E^2 + n\sigma_{FMB}^2 + nf\sigma_{MB}^2 + nb\sigma_{FMS}^2 + nbf\sigma_{MS}^2 + nbs\sigma_{FM}^2 + nbsf\sigma_M^2$
母本×地点	$(f-1)(s-1)$	SS_{FS}	MS_{FS}	$\dfrac{MS_{FS}}{MS_{FMS}+MS_{FB}-MS_{FMB}}$	$\sigma_E^2 + n\sigma_{FMB}^2 + nm\sigma_{FB}^2 + nb\sigma_{FMS}^2 + nbm\sigma_{FS}^2$
父本×地点	$(m-1)(s-1)$	SS_{MS}	MS_{MS}	$\dfrac{MS_{MS}}{MS_{FMS}+MS_{MB}-MS_{FMB}}$	$\sigma_E^2 + n\sigma_{FMB}^2 + nf\sigma_{MB}^2 + nb\sigma_{FMS}^2 + nbf\sigma_{MS}^2$
母本×父本	$(m-1)(f-1)$	SS_{FM}	MS_{FM}	MS_{FM}/MS_{FMS}	$\sigma_E^2 + n\sigma_{FMB}^2 + nb\sigma_{FMS}^2 + nbs\sigma_{FM}^2$
母本×父本×地点	$(m-1)(f-1)(s-1)$	SS_{FMS}	MS_{FMS}	MS_{FMS}/MS_{FMB}	$\sigma_E^2 + n\sigma_{FMB}^2 + nb\sigma_{FMS}^2$
母本×区组	$s(f-1)(b-1)$	SS_{FB}	MS_{FB}	MS_{FB}/MS_{FMB}	$\sigma_E^2 + n\sigma_{FMB}^2 + nm\sigma_{FB}^2$
父本×区组	$s(m-1)(b-1)$	SS_{MB}	MS_{MB}	MS_{MB}/MS_{FMB}	$\sigma_E^2 + n\sigma_{FMB}^2 + nf\sigma_{MB}^2$
母本×父本×区组	$s(m-1)(f-1)(b-1)$	SS_{FMB}	MS_{FMB}	MS_{FMB}/MS_E	$\sigma_E^2 + n\sigma_{FMB}^2$
误差	$sbmf(n-1)$	SS_E			σ_E^2
总和	$sbmfn-1$	SS_T			

方差分量的遗传学解释：

$$\sigma_M^2 = \frac{1}{4}V_A \qquad V_A = 4\sigma_M^2$$

$$\sigma_F^2 = \frac{1}{4}V_A \qquad V_A = 4\sigma_F^2$$

$$\sigma_{MF}^2 = \frac{1}{4}V_D \qquad V_D = 4\sigma_{MF}^2$$

遗传力估算（H^2 和 h^2 分别表示广义遗传力和狭义遗传力）：

母本家系 $h_{Ff}^2 = \dfrac{\sigma_F^2}{\dfrac{\sigma_E^2}{nbsm} + \dfrac{\sigma_{FMB}^2}{bsm} + \dfrac{\sigma_{FB}^2}{bs} + \dfrac{\sigma_{FMS}^2}{sm} + \dfrac{\sigma_{FS}^2}{s} + \dfrac{\sigma_{FM}^2}{m} + \sigma_F^2}$

父本家系 $h_{Mf}^2 = \dfrac{\sigma_M^2}{\dfrac{\sigma_E^2}{nbsf} + \dfrac{\sigma_{FMB}^2}{bsf} + \dfrac{\sigma_{MB}^2}{bs} + \dfrac{\sigma_{FMS}^2}{sf} + \dfrac{\sigma_{MS}^2}{s} + \dfrac{\sigma_{FM}^2}{f} + \sigma_M^2}$

全同胞家系

$$H_f^2 = \cfrac{\sigma_F^2 + \sigma_M^2 + \sigma_{FM}^2}{\cfrac{(f+m)\sigma_E^2}{nbsfm} + \cfrac{(f+m)\sigma_{FMB}^2}{bsfm} + \cfrac{\sigma_{FB}^2}{bs} + \cfrac{\sigma_{MB}^2}{bs} + \cfrac{(f+m)\sigma_{FMS}^2}{sfm} + \cfrac{\sigma_{FS}^2}{S} + \cfrac{\sigma_{MS}^2}{S} + \cfrac{(f+m)\sigma_{FM}^2}{fm} + \sigma_F^2 + \sigma_M^2}$$

$$h_f^2 = \cfrac{\sigma_f^2 + \sigma_M^2}{\cfrac{(f+m)\sigma_E^2}{nbsfm} + \cfrac{(f+m)\sigma_{FMB}^2}{bsfm} + \cfrac{\sigma_{FB}^2}{bs} + \cfrac{\sigma_{MB}^2}{bs} + \cfrac{(f+m)\sigma_{FMS}^2}{sfm} + \cfrac{\sigma_{FS}^2}{S} + \cfrac{\sigma_{MS}^2}{S} + \cfrac{(f+m)\sigma_{FM}^2}{fm} + \sigma_F^2 + \sigma_M^2}$$

母本单株 $h_{Fi}^2 = \cfrac{4\sigma_F^2}{\sigma_E^2 + \sigma_{FMB}^2 + \sigma_{FB}^2 + \sigma_{FMS}^2 + \sigma_{FS}^2 + \sigma_{FM}^2 + \sigma_F^2}$

父本单株 $h_{Mi}^2 = \cfrac{4\sigma_M^2}{\sigma_E^2 + \sigma_{FMB}^2 + \sigma_{MB}^2 + \sigma_{FMS}^2 + \sigma_{MS}^2 + \sigma_{FM}^2 + \sigma_M^2}$

全同胞单株 $H_i^2 = \cfrac{2(\sigma_F^2 + \sigma_M^2) + 4\sigma_M^2}{\sigma_E^2 + \sigma_{FMB}^2 + \sigma_{FB}^2 + \sigma_{MB}^2 + \sigma_{FMS}^2 + \sigma_{FS}^2 + \sigma_{MS}^2 + \sigma_{FM}^2 + \sigma_F^2 + \sigma_M^2}$

$$h_i^2 = \cfrac{2(\sigma_F^2 + \sigma_M^2)}{\sigma_E^2 + \sigma_{FMB}^2 + \sigma_{FB}^2 + \sigma_{MB}^2 + \sigma_{FMS}^2 + \sigma_{FS}^2 + \sigma_{MS}^2 + \sigma_{FM}^2 + \sigma_F^2 + \sigma_M^2}$$

单地点测定，单株小区或以小区均值为统计单元等情况，参照半同胞子代测定对模型、表达式和计算公式进行简化。

【例 9-2】设有火炬松 3 个父本与 8 个母本进行交配，产生 24 个组合，采用 RCB 设计，3 个区组，各小区的树高平均值见表 9-7。

表 9-7　火炬松测交系试验小区树高平均值

母　本		014	017	201	202	243	259	288	W16	$\bar{X}_i$
父本 S1	重复 I	11	10	11	14	14	14	12	11	
	II	10	12	15	13	10	13	10	13	
	III	13	10	13	11	12	13	11	10	
X_{i1}		11.33	10.67	13.00	12.67	12.00	13.33	11.00	11.33	11.92
父本 S2	重复 I	13	9	15	13	13	11	11	7	
	II	13	14	11	14	17	11	12	8	
	III	12	12	12	14	11	13	13	11	
X_{i2}		12.67	11.67	12.67	13.67	13.67	11.67	12.00	8.67	12.08
父本 N4	重复 I	14	12	14	14	12	12	13	14	
	II	10	11	11	16	11	13	13	15	
	III	13	13	18	12	15	14	14	13	
X_{i3}		12.33	12.00	14.33	13.33	14.33	12.33	13.33	14.00	13.25
$\bar{X}_{\cdot j}$		12.11	11.44	13.33	13.22	13.33	12.44	12.11	11.33	12.42

方差分析见表 9-8。

表 9-8　火炬松测交系试验方差分析表

变异来源	自由度	平方和	均方	F 值		P 值		期望均方	
				固定	随机	固定	随机	固定	随机
区组间	2	1.7500	0.8750	0.28		0.7549			
母本间	7	41.7222	5.9603	1.93	1.65	0.0867	0.2001	$\sigma_E^2 + 9\sigma_F^2$	$\sigma_E^2 + 3\sigma_{FM}^2 + 9\sigma_F^2$
父本间	2	25.3333	12.6667	4.10	3.52	0.0231	0.0579	$\sigma_E^2 + 24\sigma_M^2$	$\sigma_E^2 + 3\sigma_{FM}^2 + 24\sigma_M^2$
母本 父本	14	50.4444	3.6032	1.17	1.17	0.3327	0.3327	$\sigma_E^2 + 3\sigma_{FM}^2$	$\sigma_E^2 + 3\sigma_{FM}^2$
误差	46	142.2500	3.0924					σ_E^2	σ_E^2
总和	71	261.5000							

方差分量估算:

$$\sigma_F^2 = \frac{MS_F - MS_{FM}}{bm} = \frac{5.9603 - 3.6032}{9} = 0.2619$$

$$\sigma_M^2 = \frac{MS_M - MS_{FM}}{bf} = \frac{12.1667 - 3.6032}{24} = 0.3777$$

$$\sigma_{FM}^2 = \frac{MS_{FM} - MS_E}{b} = \frac{3.6032 - 3.0924}{3} = 0.1703$$

$$\sigma_E^2 = MS_E = 3.0924$$

一般配合力方差分量占比:

$$\sigma_g^2(\%) = \frac{\sigma_F^2 + \sigma_M^2}{\sigma_F^2 + \sigma_M^2 + \sigma_{FM}^2} \times 100\% = \frac{0.2619 + 0.3777}{0.2619 + 0.3777 + 0.1703} \times 100\% = 79.0\%$$

特殊配合力方差分量占比:

$$\sigma_s^2(\%) = \frac{\sigma_{FM}^2}{\sigma_F^2 + \sigma_M^2 + \sigma_{FM}^2} \times 100\% = \frac{0.1703}{0.2619 + 0.3777 + 0.1703} \times 100\% = 21.0\%$$

表明火炬松高生长的遗传以加性效应为主。

遗传力的估算:

母本单株 $h_{Fi}^2 = \dfrac{4\sigma_F^2}{\sigma_F^2 + \sigma_{FM}^2 + \sigma_E^2} = \dfrac{4 \times 0.2619}{0.2619 + 0.1703 + 3.0924} = 0.30$

母本家系 $h_{Ff}^2 = \dfrac{\sigma_F^2}{\sigma_F^2 + \sigma_{FM}^2/m + \sigma_E^2/bm} = \dfrac{0.2619}{0.2619 + 0.1703/3 + 3.0924/9} = 0.40$

父本单株 $h_{Mi}^2 = \dfrac{\sigma_M^2}{\sigma_M^2 + \sigma_{FM}^2 + \sigma_E^2} = \dfrac{4 \times 0.3777}{0.3777 + 0.1703 + 3.0924} = 0.42$

父本家系 $h_{Mf}^2 = \dfrac{\sigma_M^2}{\sigma_M^2 + \sigma_{FM}^2/f + \sigma_E^2/bf} = \dfrac{0.2619}{0.3777 + 0.1703/8 + 3.0924/24} = 0.72$

全同胞单株 $H_{FSi}^2 = \dfrac{2(\sigma_F^2 + \sigma_M^2) + 4\sigma_{MF}^2}{\sigma_F^2 + \sigma_M^2 + \sigma_{MF}^2 + \sigma_E^2} = \dfrac{2 \times (0.2619 + 0.3777) + 4 \times 0.1703}{0.2619 + 0.3777 + 0.1703 + 3.0924} = 0.50$

$$h_{FSi}^2 = \frac{2(\sigma_F^2 + \sigma_M^2)}{\sigma_F^2 + \sigma_M^2 + \sigma_{MF}^2 + \sigma_E^2} = \frac{2 \times (0.2619 + 0.3777)}{0.2619 + 0.3777 + 0.1703 + 3.0924} = 0.33$$

全同胞家系

$$H_{Ff}^2 = \frac{\sigma_F^2 + \sigma_M^2 + \sigma_{MF}^2}{\sigma_F^2 + \sigma_M^2 + \sigma_{MF}^2/b + \sigma_E^2/mf} = \frac{0.2619 + 0.3777 + 0.1703}{0.2619 + 0.3777 + 0.1703/3 + 3.0924/24} = 0.98$$

$$h_{FSf}^2 = \frac{\sigma_F^2 + \sigma_M^2}{\sigma_F^2 + \sigma_M^2 + \sigma_{MF}^2/b + \sigma_E^2/mf} = \frac{0.2619 + 0.3777}{0.2619 + 0.3777 + 0.1703/3 + 3.0924/24} = 0.78$$

配合力的估算：

母本一般配合力的估算：$g_i = \bar{X}_{i.} - \bar{X}_{..}$

例如，母本 014 的一般配合力 $g_{014} = \bar{X}_{1.} - \bar{X}_{..} = 12.11 - 12.42 = -0.31$

父本一般配合力的估算：$g_j = \bar{X}_{.j} - \bar{X}_{..}$

例如，父本 S1 的一般配合力 $g_{S1} = \bar{X}_{.1} - \bar{X}_{..} = 11.92 - 12.42 = -0.50$

交配组合特殊配合力的估算：$s_{ij} = \bar{X}_{ij} - \bar{X}_{..} - g_i - g_j$

例如，交配组合（014×S1）的特殊配合力为：

$s_{014 \times S1} = \bar{X}_{11} - \bar{X}_{..} - g_{014} - g_{S1} = 11.33 - 12.42 - (-0.31) - (-0.50) = -0.28$

依此可计算其他亲本的一般配合力和各组合的特殊配合力，结果见表 9-9。

表 9-9　火炬松测交系试验配合力估算结果

父　本	母　本								
	014	017	201	202	243	259	288	W16	g_j
S1	-0.28	-0.27	0.17	-0.05	-0.83	1.39	-0.61	0.50	-0.50
S2	0.90	0.57	-0.32	0.79	0.68	-0.43	0.23	-2.32	-0.34
N4	-0.61	-0.27	0.17	-0.72	0.17	-0.94	0.39	1.84	0.83
g_i	-0.31	-0.98	0.91	0.80	0.91	0.02	-0.31	-1.09	

②半双列杂交　格里芬（Griffing）提出的双列杂交共有 4 种方法，其中以方法 4（半双列）最常用。

设有 p 个亲本，按 Griffing 方法 4 做交配设计，产生 $p(p-1)/2$ 个杂交组合，田间试验 s 个地点，每地点 b 个区组，n 株小区。统计模型如下：

$$y_{ijklt} = \mu + S_i + B_{j(i)} + g_k + g_l + s_{kl} + gS_{ik} + gS_{il} + sS_{ikl} + HB_{j(i)kl} + e_{ijklt} \tag{9-6}$$

式中，y_{ijklt} 为第 i 地点内 j 区组 k 母本与 l 父本子代 t 个体的表现型值；μ 为总体平均值；S_i 为 i 地点固定效应；$B_{j(i)}$ 为 i 地点内 j 区组的固定效应；g_k 为第 k 母本的一般配合力随机效应；g_l 为 l 父本的一般配合力随机效应；s_{kl} 为 k 母本与 l 父本的特殊配合力随机效应；gS_{ik}，gS_{il} 和 sS_{ikl} 分别为一般配合力和特殊配合力与地点的随机互作效应；$HB_{j(i)kl}$ 为 i 地点内 jkl 小区（杂交组合×区组）的随机效应；e_{ijklt} 为第 $ijklt$ 单株上产生的随机误差；$i = 1$，2，$\cdots$，s；$j = 1$，2，$\cdots$，b；$k = 1$，2，$\cdots$，$p-1$；$l = k+1$，$k+2$，$\cdots$，p；$t = 1$，2，$\cdots$，n。

方差分析见表 9-10。

方差成分的遗传学解释：

表 9-10 半双列杂交方差分析表（随机模型）

变异来源	自由度	均方	F 值	期望均方（EMS）
地点	$s-1$	MS_S	MS_S/MS_E	
地点内区组	$s(b-1)$	MS_B	MS_B/MS_E	
杂交组合	$p(p-1)/2-1$	MS_H	MS_H/MS_{HS}	$\sigma_E^2+nb\sigma_{HS}^2+nbs[1/(v-1)]\sum H_q^2\ [q=1,\ 2,\ \cdots,\ v;\ v=p(p-1)/2]$
一般配合力（gca）	$p-1$	MS_g	MS_g/MS_{gS}	$\sigma_E^2+nb(p-2)\sigma_{gS}^2+nbs[(p-2)/(p-1)]\sum g_k^2$
特殊配合力（sca）	$p(p-3)/2$	MS_s	MS_s/MS_{sS}	$\sigma_E^2+nb\sigma_{sS}^2+nbs[2/p(p-3)]\sum\sum s_{kl}^2\quad(k<l)$
组合×地点	$(s-1)[p(p-1)/2-1]$	MS_{HS}	MS_{HS}/MS_E	$\sigma_E^2+nb\sigma_{HS}^2$
gca×地点	$(s-1)(p-1)$	MS_{gS}	MS_{gS}/MS_E	$\sigma_E^2+nb(p-2)\sigma_{gS}^2$
sca×地点	$(s-1)p(p-3)/2$	MS_{sS}	MS_{sS}/MS_E	$\sigma_E^2+nb\sigma_{sS}^2$
组合×区组	$s(b-1)[p(p-1)/2-1]$	MS_{HB}	MS_{HB}/MS_E	$\sigma_E^2+nb\sigma_{HB}^2$
机误	$sb(n-1)[p(p-1)/2-1]$	MS_E		σ_E^2
总和	$sbnp(p-1)/2-1$			

$$\sigma_g^2=\frac{1}{4}V_A\quad\sigma_s^2=\frac{1}{4}V_D$$

$$V_A=4\sigma_g^2\quad V_D=4\sigma_s^2$$

$$V_P=2\sigma_g^2+\sigma_s^2+2\sigma_{gs}^2+\sigma_{sS}^2+\sigma_{HB}^2+\sigma_E^2$$

遗传力的估算：

单株遗传力 $H_i^2=\dfrac{4\sigma_g^2+4\sigma_s^2}{2\sigma_g^2+\sigma_s^2+2\sigma_{gs}^2+\sigma_{sS}^2+\sigma_{HB}^2+\sigma_E^2}$

$$h_i^2=\frac{4\sigma_g^2}{2\sigma_g^2+\sigma_s^2+2\sigma_{gs}^2+\sigma_{sS}^2+\sigma_{HB}^2+\sigma_E^2}$$

家系遗传力 $H_f^2=\dfrac{\sigma_g^2+\sigma_s^2}{MS_H/nbs}$

$$h_f^2=\frac{\sigma_g^2}{MS_H/nbs}$$

进行配合力估算时，模型（9-6）视为固定模型。方差分析见表 9-11。

表 9-11 半双列杂交方差分析表（固定模型）

变异来源	自由度	均方	F 值	期望均方（EMS）
地点	$s-1$	MS_S		
地点内区组	$s(b-1)$	MS_B		
杂交组合	$p(p-1)/2-1$	MS_H	MS_H/MS_{HS}	$\sigma_E^2+n\sigma_{HB}^2+nb\sigma_{HS}^2+nbs\sigma_H^2$

（续）

变异来源	自由度	均方	F 值	期望均方（EMS）
一般配合力（GCA）	$p-1$	MS_g	$MS_g/(MS_s+MS_{gS}-MS_{sS})$	$\sigma_E^2+n\sigma_{HB}^2+nb\sigma_{sS}^2+nbs\sigma_s^2+nb(p-2)\sigma_{gS}^2+nbs(p-2)\sigma_g^2$
特殊配合力（SCA）	$p(p-3)/2$	MS_s	MS_s/MS_{sS}	$\sigma_E^2+n\sigma_{HB}^2+nb\sigma_{sS}^2+nbs\sigma_s^2$
组合×地点	$(s-1)[p(p-1)/2-1]$	MS_{HS}	MS_{HS}/MS_{HB}	$\sigma_E^2+n\sigma_{HB}^2+nb\sigma_{HS}^2$
gca×地点	$(s-1)(p-1)$	MS_{gS}	MS_{gS}/MS_{sS}	$\sigma_E^2+n\sigma_{HB}^2+nb\sigma_{sS}^2+nb(p-2)\sigma_{gS}^2$
sca×地点	$(s-1)p(p-3)/2$	MS_{sS}	MS_{sS}/MS_{HB}	$\sigma_E^2+n\sigma_{HB}^2+nb\sigma_{sS}^2$
组合×区组	$s(b-1)[p(p-1)/2-1]$	MS_{HB}	MS_{HB}/MS_E	$\sigma_E^2+n\sigma_{HB}^2$
机误	$sb(n-1)[p(p-1)/2-1]$	MS_E		σ_E^2
总和	$sbnp(p-1)/2-1$			

配合力计算公式如下：

一般配合力（GCA）：$\hat{g}_i=\dfrac{2}{p(p-2)}(pX_{i.}-2X_{..})$

特殊配合力（SCA）：$\hat{s}_{ij}=X_{ij}-\dfrac{1}{p-2}(X_{i.}+X_{.j})+\dfrac{2}{(p-1)(p-2)}X_{..}$

单地点测定，单株小区或以小区均值为统计单元等情况，对模型、表达式和计算公式进行简化。

【例 9-3】有 6 个亲本（$p=6$），不包括自交和反交，共有组合数 $a=15$ 个，采用 RCB 设计，3 次重复（$b=3$）。各小区平均值列入表 9-12。

表 9-12　半双列杂交试验结果

父本 重复	1 I	1 II	1 III	2 I	2 II	2 III	3 I	3 II	3 III	4 I	4 II	4 III	5 I	5 II	5 III	6 I	6 II	6 III	$X_{i..}$
母本 1	10.7	9.1	9.5	11.2	11.6	10.7	10.5	9.2	10.1	11.1	10.1	12.6	11.1	10.7	11.2	159.4			
2	(29.3)			13.4	9.1	10.4	8.8	10.0	11.2	12.2	11.0	10.9	11.0	10.1	11.0	158.4			
3	(33.5)			(32.9)			10.7	11.1	9.6	8.6	11.9	10.6	11.5	12.0	12.5	164.9			
4	(29.8)			(30.0)			(31.4)			10.7	9.7	10.3	10.4	10.7	12.0	155.0			
5	(33.8)			(34.1)			(31.1)			(30.7)			12.1	13.3	13.2	168.3			
6	(33.0)			(32.1)			(36.0)			(33.1)			(38.6)			172.8			

注：括号内数据为该组合三次重复之和；$X_{.j.}=X_{i..}$；区组和分别为 $X_{..\text{I}}=164$，$X_{..\text{II}}=159.60$，$X_{..\text{III}}=165.80$，$2X_{...}=978.8$

方差分析的离差平方和的分解分两个层次进行。

第一层，剖分区组、杂交组合及误差的离差平方和。

校正值 $C=\dfrac{X_{...}^2}{ab}=\dfrac{489.4^2}{15\times3}=5322.4969$

总离差平方和 $SS_T=\sum X_{ijk}^2-C=10.7^2+9.1^2+\cdots+13.2^2-5322.4969=58.7831$

区组间 $SS_B = \dfrac{\sum X_{..k}^2}{a} - C = \dfrac{1}{15}(164^2 + 159.60^2 + 165.80^2) - 5322.4969 = 1.3564$

组合间 $SS_H = \dfrac{\sum X_{ij.}^2}{b} - C = \dfrac{1}{3}(29.3^2 + 33.5^2 + \cdots + 38.6^2) - 5322.4969 = 28.5298$

误差 $SS_E = SS_T - SS_B - SS_H = 58.7831 - 1.3564 - 28.5298 = 28.8969$

第二层，从杂交组合中剖分出一般配合力和特殊配合力平方和。

一般配合力 $SS_g = \dfrac{1}{b(p-2)}\sum X_{i..}^2 - \dfrac{4}{bp}X^2\cdots = \dfrac{1}{3\times4}(159.4^2 + 158.4^2 + \cdots + 172.8^2) -$

$\dfrac{1}{3\times6}\times489.4^2 = 18.8128$

特殊配合力 $SS_g = \dfrac{1}{b}\sum_{i<j}\sum X_{ij.}^2 - \dfrac{1}{b(p-2)}\sum X_{.j.}^2 + \dfrac{2}{b(p-1)(p-2)}X_{\cdots}^2$

$= \dfrac{1}{3}(29.3^2 + 33.5^2 + \cdots + 38.6^2) - \dfrac{1}{3\times4}(159.4^2 + 158.4^2 + \cdots + 172.8^2) +$

$\dfrac{2}{3\times5\times4}\times489.4^2 = 9.7170$

方差分析结果列入表 9-13。

表 9-13 半双列杂交方差分析结果

变异来源	自由度	平方和	均方	F 值	期望均方（随机模型）
重复	2	1.3564	0.6782	0.66	
杂交组合	14	28.5298	2.0378	1.97	
一般配合力	5	18.8128	3.7626	3.48*	$\sigma_E^2 + 3\sigma_s^2 + 3(6-2)\sigma_g^2$
特殊配合力	9	9.7170	1.0797	1.05	$\sigma_E^2 + 3\sigma_s^2$
试验误差	28	28.896	1.0320		σ_E^2

遗传参数估算：

方差分量： $\sigma_g^2 = \dfrac{1}{b(p-2)}(MS_g - MS_s) = \dfrac{1}{3(6-2)}(3.7626 - 1.0797) = 0.2236$

$\sigma_s^2 = \dfrac{1}{b}(MS_s - MS_E) = \dfrac{1}{3}(1.0797 - 1.0320) = 0.01588$

两种配合力的相对重要性比较如下：

一般配合力方差占比： $\dfrac{\sigma_g^2}{\sigma_g^2 + \sigma_s^2} = \dfrac{0.2236}{0.2236 + 0.01588} = 93.04\%$

特殊配合力方差占比： $\dfrac{\sigma_s^2}{\sigma_g^2 + \sigma_s^2} = \dfrac{0.01588}{0.2236 + 0.01588} = 6.6\%$

由此可见，在本例中，一般配合力是主要的。

遗传力估算：

$$\because \ \sigma_g^2 = \frac{1}{4}V_A \ , \ \sigma_s^2 = \frac{1}{4}V_D$$

$$\therefore \ V_A = 4\sigma_g^2, \ V_D = 4\sigma_s^2$$

全同胞单株遗传力 $H_{FSi}^2 = \dfrac{4\sigma_g^2 + 4\sigma_s^2}{2\sigma_g^2 + \sigma_s^2 + \sigma_E^2} = \dfrac{4 \times 0.2236 + 4 \times 0.015\,88}{2 \times 0.2236 + 0.015\,88 + 1.0320} = 0.64$

$$h_{FSi}^2 = \frac{4\sigma_g^2}{2\sigma_g^2 + \sigma_s^2 + \sigma_E^2} = \frac{4 \times 0.2236}{2 \times 0.2236 + 0.015\,88 + 1.0320} = 0.60$$

全同胞家系遗传力 $H_{FSf}^2 = \dfrac{\sigma_g^2 + \sigma_s^2}{MS_H/b} = \dfrac{0.2236 + 0.015\,88}{2.0378/3} = 0.35$

$$h_{FSf}^2 = \frac{\sigma_g^2}{MS_H/b} = \frac{0.2236}{2.0378/3} = 0.33$$

配合力估算：

列出杂交组合平均值见表 9-14。

表 9-14　各杂交组合平均值

父本	1	2	3	4	5	6	$X_{i.}$
母本1		9.77	11.17	9.93	11.27	11.00	53.13
2			10.97	10.00	11.37	10.70	52.80
3				10.47	10.37	12.00	54.97
4					10.23	11.03	51.67
5						12.87	56.10
6							57.60
						$2X_{..} =$	326.27

一般配合力效应值计算如下：

$$\hat{g}_i = \frac{1}{p(p-2)}(pX_{i.} - 2X_{..})$$

如，$g_1 = \dfrac{1}{6 \times 4}(6 \times 53.15 - 326.27) = -0.31$

其他各亲本的一般配合力效应值均按此方法计算。

特殊配合力效应值计算如下：

$$\hat{S}_{ij} = X_{ij} - \frac{1}{p-2}(X_{i.} + X_{.j}) + \frac{2}{(p-1)(p-2)}X_{..}$$

如，$\hat{S}_{1 \times 2} = 9.77 - \dfrac{1}{4}(53.13 + 52.80) + \dfrac{2}{5 \times 4} \times 326.27 = -0.40$

其他亲本组合特殊配合力效应值均按此方法计算，结果列入表 9-15。

9.2.3.3　遗传型与环境交互作用

遗传型与环境互作（genotype-environment interaction，G×E），也称基因型与环境互作，是指遗传型的相对表现在不同环境下缺乏稳定性，表现为不同环境下遗传型排序变化或遗传型间差别不恒定。现有研究证实，林木 G×E 普遍存在且通常很大。由于存在这种交互作

表 9-15 半双列杂交配合力估计值

母 本	父 本					
	2	3	4	5	6	$\hat{g}_i$
1	−0.40	0.46	0.05	0.27	−0.37	−0.31
2		0.34	0.20	0.46	−0.59	−0.39
3			0.12	−1.09	0.17	0.15
4	$\hat{S}_{ij}$			−0.40	0.03	−0.68
5					0.76	0.43
6						0.81

用，林木良种推广前必须对其进行估算，并对良种及栽植地类型进行划分，这样才能做到适地适遗传型。关于遗传型与环境互作的模式，互作效应的估算及对林木良种推广的影响，详见第 11 章 11.2.2.1 节内容。

9.3 无性系测定与无性系选育

9.3.1 无性系测定特点

无性系测定是对无性系进行排序的遗传测定，通过对无性系进行排序，选择出最好的无性系进行推广应用。无性系测定的特点是每一个基因型都通过营养繁殖(扦插、嫁接、组织培养等)获得多个分株，当将这些分株栽植在不同的环境条件下时，能够很容易地将遗传效应和环境效应区分开。当参试的无性系来自由许多亲本交配产生的全同胞家系，无性系测定的结果还可以将总的遗传方差和协方差进行剖分，分别估算出加性、显性和上位性方差，甚至，当存在 C 效应(无性繁殖过程中引起的分株共有的非遗传效应)时，也可以估算出来。

9.3.2 无性系测定的环境设计与参数估算

9.3.2.1 无性系测定的环境设计

无性系测定的环境设计与子代测定类似。但进行无性系测定时，常采用矩形小区设计，即每个小区包含多个无性系分株。有时，为了获得现实增益(realized gain)的测定值，无性系测定时，试验小区内也可以包含来自种子园种子的实生苗。

9.3.2.2 无性系测定的参数估算

由于无性繁殖获得的不同批次(或继代)植株间不存在亲子间的遗传关系，因此，在估算无性系选择效果时就不能套用遗传力来估算遗传增益。这里，可以引用家畜育种中用来度量同一个体同一性状在不同测定次数之间的重复程度的参数——重复力(repeatability)来估算无性系选择效果，预测优选无性系的后续繁殖分株在目标性状上的重演性高低。因为，同一无性系的不同分株为同一基因型，因而可以将不同分株的相同性状值看作同一个体多次测定值；而重复力就是用来衡量同一数量性状在相同个体多次度量值之间的相关程度。林木中重复力的估算，除了利用无性系分株材料之外，还可以根据林木多年生的特点，即树木大多数性状可以多年份度量，如生长量、种子产量、松脂产量等，利用同一批树木个体的多年测定数据来估算个体的重复力。

第 2 章介绍了群体表型变异的分解[式(2-29)]以及表型方差的分解[式(2-34)]，实际上，环境方差(σ_E^2)又可以进一步分解为一般环境方差($\sigma_{E_g}^2$)与特殊环境方差($\sigma_{E_S}^2$)两部分。从生物学角度看，个体的重复力(R_i)就是遗传方差与一般环境方差之和占总的表型方差的比率，即

$$R_i = \frac{\sigma_G^2 + \sigma_{E_g}^2}{\sigma_P^2} = \frac{\sigma_G^2 + \sigma_{E_g}^2}{\sigma_G^2 + \sigma_{E_g}^2 + \sigma_{E_S}^2} \tag{9-7}$$

如果试验材料为 n 个无性系，每个无性系有 m 个分株，则这 m 个分株的性状平均值可作为该无性系的表现型值，那么，通过 m 次重复度量可以减少的唯一方差组分是特殊环境方差($\sigma_{E_S}^2$)，且减少的倍数为 m。由此，无性系重复力(R_c)的估算公式变换为：

$$R_c = \frac{\sigma_G^2 + \sigma_{E_g}^2}{\sigma_P^2} = \frac{\sigma_G^2 + \sigma_{E_g}^2}{\sigma_G^2 + \sigma_{E_g}^2 + \frac{1}{m}\sigma_{E_s}^2} \tag{9-8}$$

从统计学角度，重复力是同一个体的多次度量值或同一无性系多个分株度量值之间的组内相关系数，如以无性系分组，则估算的为无性系重复力，如以个体分组，则估算的为个体重复力。从统计定义出发，组内相关系数是将同一无性系分株两两配对，在不区分自变量 X 与因变量 Y 的情况下计算的组内相关系数，然后计算多个无性系的组内相关系数平均值。这种方法较繁琐，所以，一般采用方差分析法近似估算组内相关系数。具体步骤为：先将总表型变异分解为组间、组内两部分，根据期望均方组成可估算组间方差(σ_b^2)与组内方差(σ_w^2)，详见表 9-16。

表 9-16　用于估算组内相关系数的方差分析表

变异来源	自由度	平方和	均方	F 值	期望均方(EMS)
组间	$n-1$	$SS_b = k\sum_{i=1}^{n}(\bar{X}_{i.} - \bar{X}_{..})^2$	$MS_b = SS_b/(n-1)$	MS_b/MS_w	$\sigma_w^2 + k\sigma_b^2$
组内	$n(k-1)$	$SS_w = SS_T - SS_b$	$MS_w = SS_w/n(k-1)$		σ_w^2
总计	$nk-1$	$SS_T = \sum_{i=1}^{n}\sum_{j=1}^{k}(X_{ij} - \bar{X}_{..})^2$			

注：n 为组数；k 为每组度量次数。

然后将组间方差与组内方差两者相加($\sigma_b^2 + \sigma_w^2$)得到总方差，这样，就可将组间方差除以总方差得到组内相关系数(t)。对于以个体分组的试验材料，其组内相关系数(t)即为个体的重复力(R_i)。

$$R_i = t = \frac{\sigma_b^2}{\sigma_b^2 + \sigma_w^2} \tag{9-9}$$

对于有 n 个无性系，每个无性系含 k 个分株的试验材料，可将无性系间方差(σ_c^2)看作组间方差(σ_b^2)，无性系内方差(σ_w^2)等同于组内方差(σ_w^2)，则无性系重复力(R_c)的

估算公式为:

$$R_c = \frac{\sigma_c^2}{\sigma_c^2 + \frac{1}{k}\sigma_w^2} = 1 - \frac{1}{F} \tag{9-10}$$

式中,F 为方差分析结果中的 F 统计量,即无性系间均方(MS_c)与无性系内均方(MS_w)的比值(MS_c/MS_w)。当每个无性系的分株数(k)不一致时,可用加权平均数(k_0)代替,计算公式为:

$$k_0 = \frac{1}{n-1}\left(\sum_{i=1}^{n} k_i - \frac{\sum_{i=1}^{n} k_i^2}{\sum_{i=1}^{n} k_i}\right)$$

需要说明的是,由于林木试验材料与试验设计多种多样,因此,在实际应用时应根据具体情况选择合适的方差分析模型估算各随机效应的方差,进而估算重复力。这里,仅举例说明林木无性系重复力的估算方法。对个体重复力的估算有兴趣的同学可参阅相关文献。

设有 c 个无性系,采用 RCB 设计,s 个地点,每地点 b 个区组,n 株小区,统计模型为:

$$y_{ijkl} = \mu + S_i + B_{j(i)} + C_k + SC_{ik} + BC_{j(i)k} + E_{ijkl} \tag{9-11}$$

式中,y_{ijkl} 为 i 地点 j 区组 k 无性系 l 单株的观测值($i=1$,2,$\cdots$,s;$j=1$,2,$\cdots$,b;$k=1$,2,$\cdots$,c;$l=1$,2,$\cdots$,n);μ 为总体平均值;S_i 为 i 地点固定效应值;$B_{j(i)}$ 为 i 地点内 j 区组的固定效应值;C_k 为 k 无性系随机效应值;SC_{ik} 为 i 地点与 k 无性系的互作效应值;$BC_{j(i)k}$ 为 i 地点内 j 区组与 k 无性系的互作效应值;E_{ijkl} 为误差。各随机效应的数学期望=0,方差分量以 σ^2 表示。

根据统计模型进行方差分析,列出期望均方,得出各个效应的均方差的成分构成。方差分析见表 9-17。

在期望均方和均方差之间建立等式计算各方差分量的值,根据方差分量估算无性系重复力,计算公式如下。

无性系重复力:$R_C = \dfrac{\sigma_C^2}{\sigma_C^2 + \sigma_{SC}^2/s + \sigma_{BC}^2/bs + \sigma_E^2/nbs}$

表 9-17 多地点无性系测定的方差分析表

变异来源	自由度	平方和	均方	F 值	期望均方(随机模型)
地点	$s-1$	SS_S	MS_S	MS_S/MS_E	
地点内区组	$s(b-1)$	SS_B	MS_B	MS_B/MS_E	
无性系	$c-1$	SS_C	MS_C	MS_C/MS_{SC}	$\sigma_E^2 + n\sigma_{BC}^2 + nb\sigma_{SC}^2 + nbs\sigma_C^2$
地点 无性系	$(s-1)(c-1)$	SS_{SC}	MS_{SC}	MS_{SC}/MS_{BC}	$\sigma_E^2 + n\sigma_{BC}^2 + nb\sigma_{SC}^2$
区组 无性系	$s(b-1)(c-1)$	SS_{BC}	MS_{BC}	MS_{BC}/MS_E	$\sigma_E^2 + n\sigma_{BC}^2$
误差	$sbc(n-1)$	SS_E	MS_E		σ_E^2
总和	$sbcn-1$				

【例 9-4】湿加松扦插试验，355 个无性系，采用 RCB 设计，3 次重复，4 株小区，按小区统计生根率，数据经过反正弦变换。方差分析见表 9-18。

表 9-18　湿加松扦插试验方差分析表

变异来源	自由度	平方和	均方	F 值	P 值	期望均方
区组	2	0.5579	0.2789	6.60	0.0014	$\sigma_E^2 + 3\sigma_C^2$
无性系	354	112.9950	0.3190	7.56	<.0001	σ_E^2
误差	708	29.9005	0.0422			
总和	1064	143.4533				

$$\text{方差分量：} \sigma_C^2 = \frac{MS_C - MS_E}{b} = \frac{0.3190 - 0.0422}{3} = 0.0923$$

$$\sigma_E^2 = MS_E = 0.0422$$

$$\text{无性系重复力：} R_C = \frac{\sigma_C^2}{\sigma_C^2 + \sigma_E^2/b} = \frac{0.0923}{0.0923 + 0.0422/3} = 0.868$$

最后，有一点需要强调，即利用包含多个无性系的遗传测定资料也可以估算性状的广义遗传力。在第 2 章中曾介绍，同一无性系所有植株的性状平均值构成该无性系值，也就是该无性系的基因型值。那么，无性系测定中，不同无性系间的方差即为遗传方差，而同一无性系不同分株之间的方差（无性系内方差）可视为环境方差（此时，不区分一般环境方差 $\sigma_{E_g}^2$ 与特殊环境方差 $\sigma_{E_s}^2$），如此，可近似估算出该性状的广义遗传力。计算公式为：

$$H^2 = \frac{\sigma_G^2}{\sigma_G^2 + \sigma_E^2} = \frac{\sigma_c^2}{\sigma_c^2 + \sigma_w^2} \tag{9-12}$$

然而，依此估算的广义遗传力不能用来预测优选无性系的期望增益，只能用来预测该树种表现型优树选择所获得子代的性状平均表现，或用来评估优选无性系有性繁殖子代的性状平均表现。

此外，比较式（9-10）与式（9-12）可发现，两者的差别看起来仅在于分母中无性系内方差（σ_w^2）的系数（前者为 $1/k$，后者为 1），据此也可明显看出，对于同一批无性系测定材料，存在 $H^2 \leqslant R_c$ 的关系，该关系式与两者所代表的涵义完全相符。但细究起来，两个公式中，σ_c^2 与 σ_w^2 所包含的内容也不完全相同。

9.3.3　无性系育种程序

树木在无性繁殖条件下可以充分利用所有的遗传效应，因此对于无性繁殖效率高的树种，开展无性系选育是一种简单、快速、高效的改良方式。

生物学特性的差异使得林木树种的无性系选育程序各具特点，但一般主要包括基因资源收集与保存、选择、人工杂交、无性繁殖、无性系测定、无性系选择与推广等几个环节。

9.3.3.1　广泛收集基因资源

无性系的选择效果或选择增益一般只限于一个世代，且无性系在长期使用过程中会出现不同程度的退化现象，因此，需要持续开展无性系选育工作，以解决生产需要。广泛的基因资源是开展树种遗传改良的物质基础，无性系选育也是如此，为此必须注意收集和保存基因资源。

9.3.3.2 创造变异，开展选择

变异是开展选择的基础。通过人工杂交、物理和化学诱变、基因工程技术可以人为创造大量变异，根据目标性状开展选择，可以选出可用于林业生产的无性系。

9.3.3.3 开展无性繁育技术研究，实现无性系工厂化育苗

有性选育、无性利用是提高林业生产力的必由之路。而无性利用的前提是无性系繁育效率的提高和生产成本的降低。通过采用采穗圃、组织培养以及体细胞胚发生等无性繁殖方式，实现无性系工厂化育苗，对于无性系林业的发展至关重要。

9.3.3.4 广泛的测定是无性系选育及成功推广的保证

基因型与环境的互作普遍存在，通过无性系测定可以了解参与测定的无性系在何种环境中生长表现最优，获得最大增益。此外，广泛的无性系测定可以检验无性系的稳定性，为林业生产选出优良品系。

下面以湿加松和桉树为例阐述林木无性系选育和推广程序。

湿地松×加勒比松杂种集中了两个亲本树种的优点，杂种优势明显（见第 7 章），在人工造林中广受欢迎。澳大利亚昆士兰林业研究所于 20 世纪 50 年代在国际上率先开展了湿地松与洪都拉斯加勒比松（*P. caribaea* var. *hondurensis*）杂交育种的研究，并于 80 年代实现了杂种松的商业化应用，同时，扦插繁殖技术的研究取得突破，从 1989 年开始，F_1 代扦插苗逐步在造林上使用，比例逐年上升，至 1991 年，杂种松"家系林业"得以在昆士兰实施，并逐步从家系水平进入到无性系水平，至 2002 年全部实现 F_1 代优良无性系造林，进入"无性系林业"的时代。

杂种松无性系育种采用后向轮回选择方式，具体选育程序如下：

（1）大量配制杂材 F_1 代组合，开展子代测定。所有参试家系均有少量种子冷藏备用。子代林 4 年生时，评价生长和形质性状，按 10% 入选率进行选择。

（2）对入选家系，用冷藏种子或重新杂交制种种子育苗，苗木 8～9 个月龄时，开始修剪，产生萌芽，进行扦插繁殖，在短时间内育成 30 株扦插苗，其中 5 株用于营造无性系测定林，25 株进入无性系收集圃。

（3）无性系测定林 4 年生时做生长和形质性状评价，5 年生时进行材性评价，按 1% 入选率进行选择。

（4）保存在无性系收集圃（采穗圃）内的苗木，经过连续多年有计划的科学的修剪和水肥管理，形成"矮桩平台式"株型，冠层呈开阔圆盘状，长期保持幼态化。

（5）在无性系决选年龄（5 年生），每个采穗母株地径通常在 50 cm 以上，切口高度 10～15 cm，母株总高度一般不超过 30 cm，采用微型扦插技术（插穗长度约 4 cm，针叶除外），每个母株每年可生产 400 株扦插苗，即每个无性系 25×400＝10 000 株扦插苗。这些扦插苗种植在采穗圃中，又作为采穗母株加以培育，经过 1 年的培育和修剪，每一个新的采穗母株可扦插繁殖 100 株苗木。

这样，无性系决选在 2 年时间内，每个入选无性系可繁殖 100 万株扦插苗用于造林，

使优良无性系的遗传增益充分地转化为现实增益。

广西东门林场桉树杂交育种和无性系选育程序如下：

(1)1983—1989 年，"中澳技术合作东门桉树项目"引进 174 个分别来自 8 个国家的桉树树种和种源，营造试验林。

(2)1986 年开始从中澳东门项目引进的树种中选择 9 个树种作为杂交亲本，包括巨桉、尾叶桉、赤桉、圆角桉(*Eucalyptus tereticornis*)、窿缘桉(*E. exserta*)、褐桉(*E. brassiana*)、大叶桉、巨尾桉(*E. grandis×E. urophylla*)和雷林一号桉(*E. leizhou* No1)配制了 1200 多个杂交组合，至 1989 年获得了 154 个杂交家系。4 年生杂交子代平均材积生长量比参试亲本自由授粉子代提高 38.81%，比亲本原选择林分(同龄对比)提高 45.79%，种间杂交子代生长优势大于种内杂交子代。

(3)对 2 年生杂交子代林进行优树选择，1990 年对优树进行伐桩促萌和萌芽条扦插育苗，建立采穗圃，培育无性系扦插苗。该技术逐步改进过渡到优树基部环割促萌和萌芽条组培育苗。

(4)1991 年开展无性系测定。测定表明东门桉树人工杂交种无性系平均生长量高于参加对比的巴西巨桉×尾叶桉、美国佛罗里达州巨桉×大叶桉杂交子代无性系，优于南非人工杂交种子代无性系。

(5)开展无性系选择。入选的优良无性系，从保留在采穗圃、组培室的繁殖材料中规模化扩繁，或重新从原株优树上环割促萌，获取幼态化萌条，扦插或组培育苗，在人工造林中推广应用。

本章提要

遗传测定是林木良种选育中的关键环节，是林木育种的核心工作。本章首先介绍了遗传测定的主要类型，明确需要根据林木繁殖和生产利用方式选择恰当的遗传测定类型。其次重点介绍了子代测定，主要内容包括林木育种常用的交配设计及其优缺点和适用性，强调要根据实际情况选用合适的交配设计；进行环境设计时，必须把握重复、随机和局部控制这三个重要原则；并举例说明估算遗传参数的方法。接着介绍了无性系测定，并以杂种松和桉树为例阐述林木无性系选育和推广程序。本章内容较多且学习难度较大，与杂交育种、选择育种、育种策略制定等章节内容存在紧密联系，在学习过程中应注意前后衔接。

思考题

1. 遗传测定的主要目的是什么？为什么说遗传测定是林木良种选育的关键环节？
2. 交配设计的选择需要考虑哪些因素？各种交配设计的优缺点是什么？
3. 田间试验设计的主要原则是什么？常用的试验设计有哪些？
4. 在进行数据分析前为什么需要对数据进行整理和编辑？什么情况下需要进行数据的转化？
5. 进行遗传参数估算时，如何确定固定效应和随机效应？
6. 为什么在良种推广前需要对遗传型与环境的交互作用进行估算？
7. 无性系测定主要估算哪些遗传参数？无性系选育程序包含哪些环节？

推荐读物

1. Forest genetics. White T L, Adams W T, Neale D B, *et al*. CAB International, 2007.

2. Applied Forest Tree Improvement. Zobel BJ, Talbert J. New York：JohnWiley & Sons, 1984.

3. 实用统计分析方法. 蒋庆琅著，方积乾等译. 北京：北京医科大学，中国协和医科大学联合出版社出版，1998.

4. 试验设计与统计分析——R语言实现. 刘宛秋，徐雁南. 北京：中国林业出版社，2020.

第10章 林木良种繁育

林木育种的目的是通过各种手段培育良种，并将良种应用于生产造林。林木良种也只有应用于林业生产才能体现其遗传价值，产生经济、社会与生态效益。一旦林木良种通过国家或省级品种审定委员会的审、认定，即可进行推广应用，但前提是需要有大量的良种苗木。因此，在林木良种推广之前，需将良种进行大规模扩繁，即开展林木良种繁育。实际上，林木良种繁育也是林木育种的主要任务之一。一般地，育种工作者在进行林木良种选育的同时，也会开展配套的良种繁育技术研发。

10.1 林木良种繁殖途径与形式

10.1.1 繁殖途径

林木良种繁殖途径有两条，即有性繁育与无性繁育。有性繁育是指将选育的品种/良种植株通过有性生殖产生种子，为生产造林提供优良的种子。无性繁育是指将选育的品种/良种植株通过营养繁殖方式(扦插、嫁接、细胞工程繁育等)培育无性系苗木，或者直接为生产单位提供穗条、根段或其他营养器官。采用何种繁殖途径需根据树种的生物学特性、繁殖方式、技术条件等因素而定。

每一种繁殖途径也各有其特点。有性繁育容易实施、不存在无性繁殖技术问题、也不需要特殊的设施，但由于有性生殖过程中的基因重组，导致生产的良种种子的遗传组成不一致(苗木间存在差异)；另外，要待母树开花结实时才能投产，且种子产量还存在丰歉年现象。无性繁育可完全继承良种母树的优良特性，同一无性系苗木遗传组成完全相同(苗木整齐度高)，投产早、繁殖系数高，但也存在繁殖成本高、需要具备无性繁殖技术或特殊设施，且无性繁殖分株可能会存在位置效应、年龄效应(C效应)等问题。

10.1.2 繁育形式

林木良种有性繁育形式主要有母树林与种子园2种，其中，母树林(又称种子生产区或采种林分)是临时性的采种基地，投入少、遗传增益有限、使用年限短。种子园是真正意义上的林木良种基地，投入较大、遗传增益较高、使用年限长，是林木良种有性繁育的主要形式。理论上，林木良种无性繁育形式也有2种，即采穗圃与细胞工程繁育。其中，细胞工程繁育具有繁殖系数巨大、可工厂化生产等优点，但需要有成熟的再生技术体系与设施。尽管目前在少数树种中采用细胞工程形式繁育良种，但由于采穗圃具有技术简单、成本低、不存在无性系变异等特点，因此，采穗圃仍然是目前林木良种无性繁育的主要形式。

总之，当前林木良种繁育主要方式可归纳二条途径(有性、无性)四种形式(母树林、种子园、采穗圃、细胞工程繁育)。以下分别介绍。

10.2 母树林

母树林又称为种子生产区(seed production area，SPA)，是指利用天然林或人工林的优良林分经留优去劣疏伐为人工造林生产临时性用种的采种林分。母树林是解决近期人工造林用种的临时性措施，当该树种的种子园大量投产后，就可以逐步减少母树林的采种量，直至完全淘汰。由于母树林仅通过表现型的种源、林分与母树选择，选择强度不高，且母树林的花粉隔离条件要求不严格，这就决定了母树林种子的遗传品质不可能高。因此，母树林仅能生产初级改良的种子，其遗传增益总体较低(材积增益大多在10%以下)，尤其是对于一些遗传力低的性状。但考虑到母树林的低成本，且能在短时期内提供造林用种，以解生产上急需用种的燃眉之急，因而，建立母树林仍是必要的，尤其对于以下5种情形：①尚未开展育种工作的树种；②用种量大而目前种子园尚未大量投产的树种；③需推广种植引种成功的外来树种；④病虫害严重危害后幸存的林分或母树；⑤稀有珍贵树种。

10.2.1 母树林建立条件

建立母树林需同时满足林分条件、母树条件和隔离条件。

(1)林分条件

①优良种源区的优良林分。

②以纯林为宜，若为混交林，目的树种不少于50%。

③林分达近熟林或中龄林，最好为同龄林。若为异龄林，林龄差不大于一个龄级。

④林分面积大于 2 hm^2，优良母树 50~150 株/hm^2，或优良母树比例达 20% 以上。

⑤林分为实生起源，郁闭度大于 0.6。

⑥地势较平缓、开阔、光照充足，立地条件中等，交通较方便。

(2)母树条件

①生长量指标：生长迅速，单株材积生长量大于林分平均值的15%以上。

②形质指标：树干通直，较圆满。

③健康状况：无病虫害或机械伤害。

④开花结实：正常。

(3)隔离条件

要求拟改建为母树林的林分周围 100~200m 范围内没有同种树种的劣等林分，以减少外来劣等花粉的污染，从而不降低母树林种子的遗传品质。

10.2.2 母树林建立方法

绝大多数母树林都是利用现有的天然林或人工林改建，极少数情况下可能会新建人工母树林。

10.2.2.1　利用现有的天然林或人工林改建

林分选定后，就可以着手开展母树林改建。首先，在林分内设定几个样方，样方面积约 667 m^2。对样方内树木进行每木调查，包括生长量、冠幅、形质指标、抗性、结实量等指标，并依据表现型值进行林木分级，标出优良母树；然后，根据样方调查数据进行母树林疏伐设计。疏伐是建立母树林的关键性措施，其目的有两个：一是通过疏伐，淘汰低劣个体，以获取一定的遗传增益；二是通过疏伐，使保留下来的采种母树的树冠充分发育，同时可改善母树光照条件，从而提高种子产量。因此，在疏伐设计时，保留的母树应尽可能均匀分布。如果几株优势木聚集在一起，也只能保留 1 株。最后，根据疏伐设计方案实施疏伐改建。疏伐强度随树种、林分密度、郁闭度、林龄及立地条件而定。一般需进行 2~3 次疏伐，第一次疏伐强度可达 50%~70%，以后可低一些，每间隔 3~5 年疏伐 1 次。据美国火炬松疏伐经验，疏伐后 3~4 年球果产量才有明显的提高，一般第 6 年为最高，以后又开始下降。伐木剩余物应及时清理，以避免潜在的病虫害侵袭，降低发生火灾的隐患。

10.2.2.2　新建母树林

若存在以下几种情形下，也可考虑新建母树林。

①对于结实较早的速生树种，可从优良种源区的优良林分中，选择良好林木采种或采穗新建母树林。我国南方的一些速生树种，造林 6 年后就能开花结实。可选择在开花结实有利的地区新建母树林，通过适当管理措施，可较快提供初级改良的种子。

②有些树种的天然资源破坏非常严重，只有在交通极不方便的地区还保存有较多的遗传资源。如果生产上对这些树种的用种需求量很大，而种子园种子尚不能大量投产，此时，就可以从遗传资源保存较完整的林分中选择表现型较好的林木进行采种（或采穗），选择适当地点建立人工母树林。

③有些珍贵稀有树种或是重要的外来树种也可建立人工母树林。建立人工母树林不仅是解决近期种子来源的途径，也是保存基因资源的重要措施。

10.2.3　母树林的管理

10.2.3.1　母树林的管理

母树林管理的目标有两个：①尽可能提高种子产量；②易于采集种子。母树林管理措施主要包括抚育清杂，促进开花结实（采用施肥或其他措施）以及防治病虫害等。

10.2.3.2　种子采收

对于临时性的母树林，仅作为一次性采种，可结合主伐作业进行采收。一般选在大量结实年份主伐，母树伐倒后采收球果种子。

对于多年经营的母树林，需多次采种。如树体较矮，可采用高枝剪或摇动果枝采种；如树体较高，只能采取人工上树采种。采种时，应做好安全防护，确保人身安全。在地势平缓地区，有条件情况下也可采用升降卡车、机械摇臂等机械设备采种，但要注意不能伤害树冠，以免削弱后续的种子生产能力。

10.2.4　母树林的增益

母树林的遗传增益大小，关键取决于林分选择是否正确。如果在优良种源区内选择优良林分建立母树林，则肯定能获得一定程度的遗传增益。另外，母树林改建时选留的采种母树与疏伐强度也与遗传增益大小直接相关。据美国南方松经验，母树林种子在干形、冠形、抗病性和适应性等方面增益较明显，但生长量的增益不明显。

10.3　种子园

种子园(seed orchard)是用来生产林木良种的种植园，是利用人工选择的优树无性系或子代家系为材料建立的特种人工林。通过对种子园亲本进行严格挑选与科学配置，并隔离外源花粉以保障种子园种子的遗传品质；同时，通过集约经营与精细化管理来促进种子园种子的高产与稳产。类似于农作物良种繁殖的"制种田"，种子园是林木良种繁育的主要方式，尤其对于针叶树种。

世界上第一个种子园是荷兰人于1880年在爪哇建立的金鸡纳霜树(*Cinchona ledgeriana*)无性系种子园，其目的是提高奎宁含量。1919年，马来西亚人建立了橡胶树无性系种子园。世界上第一个真正意义上的林木种子园是由英国人塞姆戈尔-韦德伯恩(Sermgeour-Wedderburn)于1931年建立的落叶松杂种种子园。1934年，丹麦林学家拉尔森编著《林木育种》，首次系统论述了种子园理论与方法。该书对欧美国家种子园发展有着重要影响，因而拉尔森被称为"种子园之父"。

林木种子园于20世纪40年代兴起于北欧，瑞典、芬兰、丹麦与挪威等国先后建立了欧洲赤松、欧洲云杉以及落叶松种子园。20世纪50年代，美国、加拿大、新西兰、日本等国也相继建立了种子园。20世纪60年代后，种子园建设犹如雨后春笋般兴起，世界各国掀起了种子园发展的高潮。到1970年止，日本已营建日本柳杉、赤松、黑松等树种的种子园1 400 hm²；截至1972年年底，澳大利亚已营建辐射松种子园325 hm²，此外还建有桉树、南洋杉等树种的种子园；至1973年，美国南方松已建立种子园100 hm²；到1973年止，新西兰也已建立辐射松与湿地松种子园350 hm²。据不完全统计，至今，全球有50多个国家和地区建立了近百个树种的种子园，遍及世界5大洲，但规模较大的主要是人工林发展较快的国家，如中国、美国、瑞典、芬兰、新西兰、澳大利亚等。随着林木改良工作的不断深入，已从初级种子园、去劣疏伐种子园、第二代种子园、第三代种子园、循序发展到第四代种子园；由生产半同胞家系种子，发展到生产全同胞家系种子。

我国林木种子园建设始于20世纪60年代，1964年，南京林学院叶培忠、陈岳武等在福建省国营洋口林场建成了杉木初级无性系种子园，这是我国第一个林木种子园。20世纪70年代，我国林木种子园建设全面展开。20世纪80年代，林木种子园被列入国家重点科技攻关项目，进而大大推动了我国林木种子园的发展。20世纪80年代中期，杉木已建成第二代种子园。至80年代末期，我国种子园总面积已达1.6×10⁴ hm²，涉及树种40余种。发展至今，我国主要造林针叶树种均已完成种子园建设，部分种子园已实施去劣疏伐，或营建1.5代种子园。油松已建成第二代种子园，马尾松已建成第三代种子园，而杉木第三代种子园已开始投产，正在建设第四代种子园。截至2017年9月，我国已建成各类林木良种基地(含种子园、母树林、采穗圃)累计达到700多处，其中，国家级重点林木良种基地296处，总面积达380×10⁴亩。本节主要介绍种子园的种类、种子园规划、建立技术，以及种子园管理。对于高世代种子园建立技术及其一些特殊考虑将在 10.4 节介绍。

10.3.1　种子园种类

根据不同的分类方法可将种子园区分为不同的类型，如按繁殖方法可分为无性系种子园与实生苗种子园；按改良程度可分为第一代种子园、第二代种子园、第三代种子园……一般将第二代及以上的种子园称为高世代种子园；按授粉方式或配合力利用不同可分为自由授粉种子园（OP 种子园）与控制授粉种子园（CP 种子园）；按特殊功能可分为杂交种子园、产地种子园、室内种子园等。

（1）无性系种子园（clonal seed orchard，CSO）

利用无性繁殖方法（嫁接或扦插）营建的种子园称为无性系种子园。其优点是：①亲本优良特性得到保持；②能提早开花结实，较快地提供种子；③植株矮化，便于管理及采种作业；④遗传力较高的性状改良效果较好。缺点是：①无性繁殖困难的树种，技术问题多；②建园成本较高，遗传力较低的性状改良效果差。

（2）实生苗种子园（seedling seed orchard，SSO）

利用优树子代家系苗木营建的种子园称为实生苗种子园。其优点是：①建园成本较低；②对于早期选择效果明显、遗传力较低的性状改良效果较好；③不存在无性繁殖技术问题；④能与子代测定相结合。缺点是：①受早期选择效果的限制，结实较晚，初期种子产量较低；②近亲繁殖的危险性较大。

（3）第一代种子园（the first generation seed orchard）

利用表现型选择的优树材料（穗条、种子）建立的种子园，统称为初级种子园。由于初级种子园的建园材料未经过子代测定，其中必然存在一些遗传品质较差的材料，因此，需利用子代测定结果，对初级种子园中的无性系进行留优去劣的疏伐改建，改建后的种子园称为改建种子园或疏伐去劣种子园。如果利用子代测定资料，对初级种子园的建园亲本材料（优树）进行选择并扩大繁殖，利用入选亲本材料重新建立新的种子园，则称为重建种子园（或 1.5 代种子园）。初级种子园、改建种子园及重建种子园都为同一世代，均属于第一代种子园。

（4）高世代种子园（advanced generation seed orchard）

高世代种子园是指在子代测定基础上，采用亲缘关系清楚的优良家系中的优良单株为材料建立的种子园。如从第一代子代林中选出优良家系中的优良单株营建的种子园，称为第二代种子园；以后由第二代，第三代……更高世代的子代中的优良家系和优良单株为材料营建的种子园，统称为高世代种子园。在高世代种子园营建时，还可不断补充新的亲本材料，以拓宽生产群体的遗传基础。

（5）自由授粉种子园（open pollination seed orchard，OP）

世界上大多数林木种子园的种子生产以自由授粉为主，提供的子代实生苗为半同胞家系，因此，利用的是种子园亲本的一般配合力（general combing ability，GCA）效应，这一类种子园可称为自由授粉（open pollination）种子园，简称 OP 种子园。

（6）控制授粉种子园（controlled pollination seed orchard，CP）

在种子园中，通过选择优良交配组合采用人工控制授粉措施进行制种，那么，生产的全同胞家系种子不仅利用了亲本无性系的一般配合力效应，而且还能利用双亲的特殊配合力（special combing ability，SCA）效应，同时，少数亲本入选也会增大选择差，这几方面效应的叠加将使种子园人工控制授粉获得的全同胞子代增益大大提高。相应地，将这一类种子园称为控制授粉（controlled pollination）种子园，简称 CP 种子园。

（7）杂交种子园（hybrid seed orchard）

利用种间具有杂种优势的组合选择亲本材料建立的种子园，目的是生产杂种。如欧洲落叶松与日本落叶松的杂交种子园，湿地松与加勒比松，鹅掌楸与北美鹅掌楸等的杂交种子园等。建立杂交种子园需有前期工作基础，已确证组合间存在明显的杂种优势。可选择特殊配合力高的无性系建立双无性系种子园。

（8）产地种子园（provenance seed orchard）

产地种子园的建园材料属同一树种的不同地理类型，其目的是生产种源间杂种。一般利用地理小种间的优良杂交组合的亲本为材料建园，或将种源试验林通过留优去劣疏伐，保留优良种源内的优良单株，改建成产地种子园。

（9）室内种子园（greenhouse seed orchard）

在气候寒冷地区，为了提早或促进种子园母树开花结实，控制花粉组成，提高种子遗传品质等目的，采用将种子园母树定植于塑料大棚或温室内，通过增温、提高室内 CO_2 含量、延长光照与改善营养条件等方法，来促使种子园母树提早开花结实。该类种子园称为室内种子园或强化种子园、加速育种种子园等。室内种子园已在芬兰、加拿大、美国及我国的桦木、云杉、铁杉等树种中应用，取得了明显的效果。如芬兰的白桦强化种子园 2~3 年即可结实，而正常需 10~15 年。

10.3.2　种子园总体规划

种子园总体规划内容包括建园规模、园址选择、种子园区划、建园亲本数目，以及种子园总体布局与功能分区、施工和管理技术要点、附属设施等。现仅对前四项规划内容详细说明如下。

10.3.2.1　建园规模

种子园规模主要取决于两个因素：①种子园供种地区的造林任务及种子需求量；②建园树种单位面积的种子产量。但一般对用种计划都应留有适当的余地。为经营管理的方便与效率，种子园面积一般不小于 10 hm^2。实际工作中，也可根据具体情况适当减少种子园规模，但最小应不低于 5 hm^2。

10.3.2.2　园址选择

园址选择对于种子园种子产量与品质至关重要。种子园应建立在树种能正常生长发育与开花结实，能有效防止外源花粉污染的地方。同时，还要考虑地形地貌、交通、水源、土地权属、劳力资源等条件。

（1）生态环境条件

种子园应建立在适于该树种生长发育的生态条件范围内，并有利于树种开花结实的地区。温度（尤其是有效积温）、日照时数、降水量、海拔、早晚霜、撒粉期风向等气候因子对树种开花结实有决定性影响，如杉木年积温应达 7000 ℃，年日照时数应达 1000 h 以上；

而土壤厚度、立地条件、土壤水分与树种结实量有关；坡度坡向等地形因子与种子园经营管理有关，这些生态环境因子在种子园选址时均应仔细权衡，具体可参照以下要求。

①地区条件　如当地气候生态条件并不构成开花结实的限制因素时，一般可就地建园。但当气候生态因素影响树木开花结实时，可选在气候比较温暖的南部地区或海拔较低的地区。

②气候因子　除积温、日照时数、降水量需达到该建园树种的要求外，易发冰雹与霜冻的地段，以及风口也不宜建园。在北方高纬度寒冷地区，种子园应建立在年平均气温较高的地区，选择不易受春寒危害的林地。

③地形地貌　宜选择地势平缓（坡度小于 20°）、开阔、阳光充足的阳坡或半阳坡地段，有利于母树的结实，增加种子产量，同时，也便于授粉、采种等生产作业。

④立地条件　土壤条件对树木种子产量影响很大。要求土层深厚，在南方一般应在60 cm 以上，北方应在 40 cm 以上；土壤水肥条件直接影响到母树的种子产量和品质，以中等水平的土壤肥力为宜，太贫瘠、过肥都不利于开花结实；土壤结构和排水性能良好，以透气性和排水性较好的壤质土为宜；土壤酸碱度要符合树种特性；在北方干旱地区，还要考虑园址有便利的灌溉水源，但地下水位高的地段不宜选作园址。

此外，还应考虑交通方便，劳动力来源充足。避免冰雹、飓风、霜害容易侵袭的地段以及工业污染危害区或高速公路、铁路、机场、城市发展等可能扩建的地段。此外，良种基地一般应建在国有土地上，尽量不要在集体土地或私有土地上建设种子园，以保证园址的永久性与安全性。

（2）花粉隔离条件

建立种子园的目的是为了生产遗传品质优良的种子。如果种子园周围存在同一树种劣质林分，就可能存在外源花粉污染，从而降低种子园种子的遗传品质。研究表明，50%的花粉污染率会导致种子园遗传增益降低 25%，因此，园址选择时一定要注意外源花粉的隔离。当然，要做到完全隔离是不可能的，隔离带的作用是尽可能将外源不良花粉稀释，以降低其污染率。

种子园的隔离范围，主要取决于树种的种类、授粉方式、花粉的结构、传播距离、撒粉期的主风方向和风速，以及种子园的位置等因素。不同树种花粉传播的距离不同，因而隔离带宽度也不同。据研究，松树花粉具有两个气囊可随风飘散 300~500 km（或更远）。桦树、栎树的花粉也能在高空传播 600 km。落叶松花粉无气囊，其传粉距离仅限于 100 m 范围内。在杉木种子园中发现，在主风方向，外源花粉在 600 m 范围处其比率仍占 10%以上。一般认为，在松树种子园周围至少 2 km 范围内不能有同一树种的劣质林分，开花季节的上风方位在 1 km 范围内不能有同种或者是近缘种的树种大量分布，在 0.5 km 范围内不能有同种或者是近缘种的树种分布；杉类、落叶松、柏类的隔离距离为松类的 1/3 以上。美国对于针叶树种种子园，普遍采用 150 m 的花粉隔离带，但后来发现，150 m 的花粉稀释区对于降低针叶树种子园花粉污染率方面效果并不好。综合各方面因素及已有研究结果，种子园有效隔离距离应保持在 300 m 以上。为此，可采取以下措施：①利用空间进行有效隔离，或者将某树种的种子园建立在其他树种林分之内。例如，将杉木种子园建立在油茶林中，或利用海拔、纬度引起的开花物候期差异达到隔离目的。②几个树种相互交错在一起同时建立种子园。如华南农业大学在广东省遂溪县建立的火炬松、湿地松、加勒比松、尾叶桉等树种种子园。③注意散粉期的主风方向，在主风向上方设置更宽（如500 m以上）的隔离带。在山区还要注意地形地势，尽可能将种子园建在主风向上方的山坡上。④种子园面积不应小于5 hm²，长与宽不得小于150 m，种子园区域形状以圆形或接近方形为好，避免长条形。

此外，花粉传播还与地形有关，平地花粉传播较远，而在山地的迎风坡与背风坡相差较大。因此，在花粉隔离时，应充分考虑树种特性与园址的地形特点。

10.3.2.3　种子园区划

种子园不仅是良种生产基地，同时又是育种体系中的重要一环，更是林木育种工作的重要场所。因此，为便于开展育种工作，通常将种子园与优树收集圃、采穗圃、子代测定区、良种示范区等规划在一起。另外，种子园还需有种子处理设施与场地、职工宿舍、办公与管理用房等其他辅助设施。可根据地形与土壤条件、各区域的功能与技术要求，以及生产管理条件等进行功能分区与规划布局。区划时应注意以下问题：

①为了便于经营管理和无性系（或家系）的配置，可将种子园划分为若干大区，大区下设立若干小区。大区面积为3~10 hm²，小区面积为0.3~1.0 hm²。区划时应因地制宜，在地势平缓地段可划分成正方形或长方形；在山区则顺山脊或山沟、道路划分，不必追求地块方正或面积一致，但要求连接成片。小区可根据坡向、坡位、山脊区划。大区之间设立道路或防火道间隔，宽度为5~6 m，小区间可设立1~2 m宽的步道或机耕道。

②优树收集区应建在土壤肥沃、水热条件较好的地段，便于优树性状的充分表达；同时也要考虑交通条件，便于调查分析与管理。子代测定是林木育种工作的核心。子代测定区可与其他区域分开，但应安排在有代表性、环境条件易于控制的地段。良种示范区是林木良种的展示区域，是种子园产品的"广告"与"展销"，对于良种宣传与推广有重要意义。营造良种示范林，既可以用种子园的混杂种子，也可以用优良家系的单系种子，但都需用生产性种子设立对照。示范林应模仿生产造林，成片栽植，因此小区面积较大。示范林应选有代表性的立地，交通方便、便于参观的地块。

③如需将种子园、收集圃、采穗圃、试验林、示范林等安排在同一区域，必须注意花粉隔离问题，例如，可将种子园设置在传粉期的上风地段。

④种子园的附属设施，如道路、防火道、隔离带、办公用房、职工宿舍、种子检验实验室、干燥房、晒场、种子储藏库等，也需合理规划。办公与管理用房、种子处理设施等应尽可能安排在种子园中心区域，以方便生产管理。

10.3.2.4　建园亲本数目

林木绝大多数属异花授粉植物，遗传负荷高，近交衰退严重。近交子代通常表现出生殖力低或者不结实、生长势弱、生活力下降。因此，为防止近亲繁殖，扩大遗传基础，种子园的亲本数目不宜太少。

目前，对于初级无性系种子园，国外一般规定需20~60个无性系，每个无性系50~100个分株；我国则按种子园面积大小确定无性系数目，1个小型种子园可有30~50个无性系，较大的种子园有80~100个，或者更多。重建种子园（1.5代种子园）的无性系数量可为初级无性系种子园的1/3~1/2。杂种种子园可选择配合力高的少数亲本组成，理论上可只由花期一致的两个无性系组成的种子园，但目前双无性系种子园非常少。为便于去劣疏伐，实生苗种子园的家系数目一般多于无性系种子园的无性系数目，一般为 100~200 个家系。无性系或家系越多，意味着子代测定的工作量也越大。

总之，种子园无性系(或家系)数目的确定，需根据建园材料是否经过遗传测定、花期是否同步、传粉距离大小、是否疏伐、遗传增益目标、子代测定工作量以及育种周期等因素综合考虑。

10.3.3　种子园建立技术

种子园的建立技术包括林地与建园材料的准备、栽植密度的确定、配置设计的选择，以及苗木定植等方面。

10.3.3.1　林地与建园材料的准备

(1)林地准备

种子园定植前需清除林地的杂灌与采伐剩余物，必要时可采用炼山清杂，然后，按照种子园规划要求进行整地。如地势较平坦可采用挖掘机进行全面整地；若为山地，则可沿等高线进行带状整地。整地宜在定植前一年进行，以便土壤充分风化并蓄水。整地时要注意防止水土流失。

(2)建园材料的准备

无性系种子园的苗木既可以采用扦插，也可以采用嫁接的方式获得。但由于多数针叶树种，尤其是老龄树木插条繁殖很难生根，因而大多数无性系种子园苗木均来自嫁接苗。为此，需提前建立好采穗圃，以保证有足够的接穗供繁殖种子园无性系苗木使用。

通常将优树的接穗(枝或芽)嫁接到健壮的 1~2 年生砧木上。可在事先定植好的砧木上进行嫁接，也可以先嫁接然后再栽植。对于嫁接成活率低的树种，以先嫁接后定植为宜，这样可避免嫁接不成功时因补接而影响干形。砧木与接穗应属同一个树种，即用本砧嫁接，但有时候也采用异砧嫁接，如红松接在樟子松砧木上，湿地松接在马尾松砧木上等。

实生苗种子园苗木培育相对更为简单，利用优树自由授粉种子或控制授粉种子在苗圃地播种育苗，第二年春天即可用来建立实生苗种子园。

需要注意的是，不管是无性系种子园还是实生苗种子园，在建园苗木准备时，需多准备一些备用苗木，以备种子园补接或补植。

10.3.3.2　种子园设计

种子园设计是指种子园无性系或家系的配置(或田间设计)，具体指小区内植株的排列方式。

种子园无性系或家系配置原则有：①无性系种子园每小区由 15~20 个无性系组成，实生苗种子园每小区的家系数目应有 30~50 个；②尽可能使同一无性系的不同分株(或同一家系不同单株)间距最大，以尽量避免自交或近交；③避免无性系(或家系)间的固定搭配，使无性系(或家系)间随机交配，以便保持种子园种子的遗传多样性；④无性系(或家系)力求分布均匀，如需疏伐，则经疏伐后仍能保持分布均匀；⑤便于对各无性系的生长量与产种量进行统计分析；⑥配置方式简便易行，便于施工与管理。但在实际的种子园设计中，要同时满足以上原则是不太现实的，只能根据种子园具体条件与要求选择最合适的方案。

20 世纪 50~70 年代，随着林木第一代种子园的兴起，种子园设计方案逐渐发展起来。进入 21 世纪，随着林木高世代改良工作的不断推进，种子园设计又有新的发展，迄今已有 20 多种设计方案。总体上，可分为系统配置与随机配置两大类。

系统配置（systematic designs）是将无性系或家系按预先设置好的顺序排列，且在不同区组或小区中保持相同的顺序，或仅进行局部的轮换。系统配置包括顺序错位排列（ordinal staggering of block，OSB）、顺序分段排列（ordinal sectionalized design，OSD）、固定区组（fixed block，FB）、轮换排列区组（rotating block，RB）和改良的固定区组（modified fixed block，MFB）等。系统配置具有易于实施、定植与管理方便等优点，但同时也会导致有固定的邻居，亲本间不能随机交配，不利于扩大子代遗传基础，不便于统计分析等。

随机配置（random designs）是不按一定顺序或主观愿望，使各无性系或家系在种子园小区内随机排列，以防止系统性误差。有多种形式的随机配置，如单行排列（pure rows，PR）、棋盘式排列（chessboard，CB）、无性系轮换（shifting-clone design，SC）、完全随机排列（completely random，CR,）、随机排列的完全区组（randomized complete block，RCB）、反向区组（reversed block，RB）、平衡不完全区组（balanced incomplete block，BIB）、不平衡不完全区组（unbalanced incomplete block，UIB）、平衡格子排列（balanced lattice，BL）、邻位轮换排列（permutated neighborhood，PN）、错位行（staggering of rows，SR）、错位行的重复随机排列（replicating and randomizing the staggered rows）、最小近交设计（minimum inbreeding design，MI）、随机重复错位的无性系行（randomized，replicated，staggered clonal-row，R^2SCR）设计、最优邻位设计（optimum neighborhood algorithm，ONA）等。采用随机配置时，通常还需附加一些条件，如同一无性系两个分株不可相邻，要有其他无性系植株隔开等。随机配置的主要优点是：没有固定邻居，亲本间可随机交配，有利于扩大子代遗传基础；但缺点是：定植时工作量大且容易错号，同时也给经营管理增加了难度，尤其是当种子园面积大、无性系数量较多时。

以下简要介绍第一代种子园常用的几种设计，高世代种子园设计将在下一节介绍。

①顺序错位排列　将各无性系或家系按号码在一行中顺序排列，但在排另一行时要错开几位，以另一号码开头（图 10-1）。

(1)	2	(3)	4	(5)	6	(7)	8	(9)	10	(11)	12	(13)	14	(15)	16
17	18	19	20	1	2	3	4	5	6	7	8	9	10	11	12
13	(14)	15	(16)	17	(18)	19	(20)	1	(2)	3	(4)	5	(6)	7	(8)
9	10	11	12	13	14	15	16	17	18	19	20	1	2	3	4
(5)	6	(7)	8	(9)	10	(11)	12	(13)	14	(15)	16	(17)	18	(19)	20
1	2	3	4	5	6	7	8	9	10	11	12	13	14	15	16
17	(18)	19	(20)	1	(2)	3	(4)	5	(6)	7	(8)	9	(10)	11	(12)
13	14	15	16	17	18	19	20	1	2	3	4	5	6	7	8
(9)	10	(11)	12	(13)	14	(15)	16	(17)	18	(19)	20	(1)	2	(3)	4
5	6	7	8	9	10	11	12	13	14	15	16	17	18	19	20

图 10-1　顺序错位排列示意（引自王明庥，1989）
（带括号植株为疏伐后保留的单株）

我国第一代种子园大多采用这种设计。该设计的优点是：排列方式简单易行；嫁接、定植、管理、采收种子时便于查号，经营管理方便；可使同一无性系植株在同一行内相隔距离最大；通过系统疏伐后，有可能使各无性系保留的植株数相等，且分布均匀等。这种设计的缺点是：因顺序排号，邻居固定，会产生固定亲本的子代，降低了种子园所产种子遗传多样性，同时也不便于进行统计分析处理。

②固定或轮换排列区组　当各个重复地块的排列相同时，称为固定排列区组。为避免在依次相连的地块内重复同样的排列，在重复的地块内，采用系统轮换，称为轮换排列区组。对围绕每一无性系或家系个体邻居的组成实行有限的变换（图 10-2）。这种排列方式虽能改变固定邻居，但增加了施工与管理工作的难度。

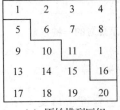

(a) 原始排列区组

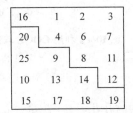

(b) 一次重复和一次有组织的轮换

图 10-2　轮换排列区组示意（引自王明庥，1989）

③随机完全区组设计　图 10-3 为改良的随机完全区组设计，该例中，种子园共 24 个无性系，设 4 个区组，在每个区组中无性系都是随机分布的，同一无性系不同分株间至少相隔 3 个植株距离。

④分组随机排列　当种子园内无性系数量较多时，可先将无性系分成数量相等的若干组，每组无性系 20~25 个，然后将种子园各小区划分成面积相等的地块，每一地块安排一组无性系，组内无性系随机排列。该排列方式也有工作量大、不便于管理等缺点。

⑤计算机配置　该方法是借助人工开发的计算机软件进行种子园无性系或家系配置。采用计算机配置可避免无性系（或家系）间的固定搭配，能满足同一无性系的不同分株间距最大的要求。目前已有多个用于种子园设计的计算机软件。拉巴斯蒂德（La Bastide）（1967）最早采用计算机软件进行种子园设计，他出于保证种子园内无性系间随机交配，促进异交考虑，提出邻位轮换设计（permutated neighborhood，PN）方法。随后，贝

X O P A	G I W U
I G E R	L H E T
K C D F	Q O R P
J Q L H	X V K S
W U S M	J C F M
B N T V	B N A D
X D J L	X P W B
R U W F	G T K V
P T V N	J I R F
B G Q M	D C N S
I K O S	E H L O
H E C A	U Q A M

图 10-3　改良的随机完全区组设计（引自 White 等，2007）

尔和弗莱彻（Bell and Fletcher，1978）将其进一步完善，开发出 COOL（Computer Organized Orchard Layouts）软件，该软件具有灵活性强、最多可配置 100 个无性系，每一无性系的分株数可任意设置，能适用于形状不规则的种子园，也能应用于杂种种子园等特点，因而，该方法在早期第一代种子园设计中应用较多。图 10-4 是 COOL 软件在种子园设计中的一个例子。20 世纪 80 年代以来，南京林业大学、北京林业大学、福建林学院（现福建农林大学）等单位相继开发了种子园设计的计算机辅助软件，并在一些树种的种子园建设中应用。

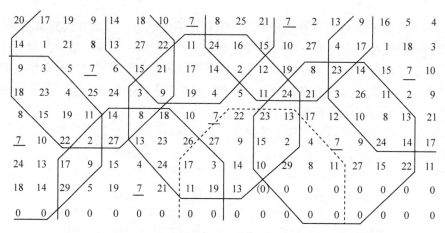

图 10-4　利用 COOL 软件进行种子园无性系配置的一种方案

(引自 Bell 和 Fletcher，1978)

(共 29 个无性系，每个无性系分株数不等)

种子园无性系的开花习性(花量、花期)、雌雄繁殖适合度、自交不孕性、无性系间杂交可配性等信息对于种子园无性系配置是非常重要的。初级种子园营建时大多对这些信息缺乏了解，因而初级种子园往往难以取得令人满意的结果。但从建立高世代种子园考虑，应充分重视积累这方面信息。

需要说明的是，以上所有种子园设计都是针对雌雄同株树种。对于雌雄异株树种的种子园设计则是另一种情形。雌雄异株树种不存在自交，且如果有亲缘关系的无性系间性别相同则也不可能有近交发生。另外，雄株只提供花粉不能结实，因此，从种子园种子产量方面考虑，应该尽可能配置雌株；但从子代遗传多样性考虑，雄株又不能太少否则会限制多样性水平。此外，还应考虑花粉量能否满足种子园产量要求。目前，关于雌雄异株树种的种子园设计报道较少，建议的一种方案为：采用 9 株(3 行×3 列)方形小区，小区中心栽植雄株，周围栽植雌株，以 9 株小区为单位在种子园内不断重复，但中心的父本无性系及周围 8 个母本无性系可轮换。

10.3.3.3　栽植密度

在确定种子园植株的栽植密度时，主要考虑的因素有 3 个方面：一是保证植株间有充足的花粉授粉，提高种子的播种品质；二是确保亲本母树的树冠受光充足，生长良好，发育正常，在单位面积上具有一定数量的结实株数，增加种子产量；三是种子园是否要去劣疏伐。

栽植间距过小(密度大)，会影响母树树冠发育，结实少，单位面积产量低，且建园所需苗木多，增加抚育管理费用；栽植间距过大(密度小)，在母树开花挂果初期，授粉不足，不仅影响产量，也会增加自交概率，降低种子品质，在种子园生长发育后期虽然母树单株产量较高，但由于单位面积上株数太少，总产量也会降低。如遇植株死亡，更会在种子园中形成大片空地。此外，稀疏的种子园日后无法根据子代测定结果去劣疏伐，或只能进行强度不大的疏伐。因此，确定适当的栽植密度是十分重要的。

国外种子园的初植密度，主要根据树种生物学特性及是否需要疏伐来确定。例如，日

本的种子园一般需经 1~2 次疏伐，初植密度较高，日本柳杉、扁柏的初植间距为 2.5 m×
2.5 m；日本落叶松为 4 m×4 m；赤松和黑松为 3.5 m×3.5 m；鱼鳞松和冷杉为 3 m×3 m，疏
伐后每公顷最终保留 400 株(5 m×5 m) ~200 株(7 m×7 m)。而西方一些国家不主张疏伐，
建园时的初植密度就是最终的密度。如瑞典种子园中，欧洲赤松为 4 m×4 m 或 5 m×5 m，
欧洲云杉为 4 m×7 m 或 5 m×7 m 或 7 m×10 m，落叶松为 5 m×5 m。美国南方松种子园为
6 m×6 m 或 9 m×9 m。

目前我国林木种子园的株行距大多为 4~6 m。这对于南方主要针叶树种(杉木、马尾
松)种子园较为合适，但在北方一些土壤较贫瘠的山地，针叶树种初级种子园若采用该株
行距，15 年以前树冠间空隙仍较大。后期如拟进行去劣疏伐，株行距又显得略大。因此，
应作适当调整。

种子园初植密度的确定要从树种生长特性、立地条件、种子园类型、盛果期长短、疏
伐设计等方面综合考虑。一般地，速生树种的株行距应大于生长缓慢的树种；土壤肥沃地
区的株行距应大于立地条件差的；无性系种子园的初植密度应小于实生苗种子园；初级种
子园初植密度应大于重建种子园等。为兼顾初期生长与开花结实及后期去劣疏伐的要求，
可采用宽行距、窄株距的定植方式。

10.3.3.4　种子园定植

(1)无性系种子园的定植

无性系种子园的定植方式有两种：一种是在苗圃先培育嫁接苗，然后在种子园中定
植；另一种是先在种子园中进行定砧，然后再按无性系配置进行嫁接。

①预先培育嫁接苗法　在苗圃移植区预先培育 1~2 年生砧木苗，株行距 0.5 m×0.5 m
或 1.0 m×1.0 m，次年春季嫁接；或者，先在苗床用营养袋培育砧木苗，待砧木苗 1~2 年
生时再嫁接。嫁接后苗木再培养 1 年，挑选合格的苗木，按无性系配置图带土移植到种子
园林地。

这种方法营建的种子园，由于嫁接苗在定植前又经过了一次选择，定植苗规格较一
致，从而使种子园的林相整齐，便于经营管理。但该方法需在苗圃地培育嫁接苗，用工较
多，成本较高。我国北方地区的一些造林树种，如红松、油松、云杉和冷杉等树种都可以
采用该方法建园。可在苗圃利用温室或塑料大棚用营养袋培育嫁接苗，嫁接苗成活后，视
其情况仍在室内或苗圃中培养 1~2 年，然后定植到种子园中。

②预先定植砧木法　先按区划要求对种子园林地进行细致整地，全垦或水平带垦，清
除树根、树桩、竹鞭等，开挖栽植穴，穴内全部回填表土，并施足基肥。为了加速建园，
一般选用壮苗按预先规画好的株行距进行定砧，砧木培育 1~2 年后，按照无性系配置图
直接在砧木上进行嫁接。

嫁接时要注意做好组织工作，先将每小区的砧木挂上号牌，嫁接人员在领取接穗后，
按砧木号将接穗对号嫁接，嫁接完毕后，登记日期及嫁接人姓名，以备复查。

(2)实生苗种子园的定植

实生苗种子园的建园苗木来自优树自由授粉种子或控制授粉种子，将种子集中在苗圃
地按家系育苗，家系苗培育 1~2 年后，挑选超级苗在种子园中根据家系配置图进行定植。

实生苗种子园一般需进行疏伐，因而初植密度普遍较大。实生苗种子园有单株或块状

两种定植方式。单株定植时，株行距可与普通人工林相似；块状定植时，可采用家系小区内的间距较小，小区之间的间距较宽，以便于疏伐。如以 3~5 株为 1 个家系小区，可采用小区内的间距 1~2 m，小区间的间距 3~5 m，并按子代测定要求进行田间试验设计排列。疏伐时，先进行家系间选择，再作家系内选择。

总之，种子园的定植需严格按照规划设计进行，同时，定植时注意防止差错，定植后要进行全面复查。另外，种子园的各项工作均应有详细的记录，建立详尽完备的技术档案。

10.3.4 种子园管理

种子园经营管理的目的，在于增加种子产量和提高种子的遗传品质。管理工作包括遗传管理、树体管理及环境管理等方面。

10.3.4.1 种子园遗传管理

种子园遗传管理的目的是保障种子园生产种子的遗传品质，具体工作包括无性系或家系数量与配置、花粉管理与去劣疏伐等方面。其中，无性系或家系数量与配置的目的是为了控制近交，这在前文中已作介绍。花粉管理与去劣疏伐的目的是保持或提高种子园种子的遗传品质。花粉管理是种子园遗传管理中最核心的内容，事实上，前文中强调的外源花粉隔离也属于花粉管理内容。此外，无性系的开花物候、雌雄球花量、传粉媒介与距离、花粉竞争能力、外源花粉比例以及辅助授粉等方面均属于花粉管理范畴。下面着重介绍花粉管理与去劣疏伐两方面管理工作。

（1）花粉管理

随机交配是维系种子园种子遗传传多样性的前提条件。理想的种子园交配系统是所有无性系开花物候同步，雌雄球花产量相近，外源花粉完全阻隔，无性系间杂交亲和，这样的种子园就近似于一个随机交配群体。然而，实际的种子园中，或多或少存在亲本间开花不同步、雌雄球花产量相差悬殊、杂交不亲和，存在自交与外源花粉污染等现象，从而降低了种子园种子的遗传品质与遗传多样性。在种子园管理工作中，为了避免或尽可能降低上述因素的不利影响，必须掌握种子园亲本的开花结实特性，了解种子园交配系统，必要时采取措施调节无性系开花物候、花量及授粉比率、降低近交与外源花粉比例等，从而对种子园花粉实施有效管理。

①开花物候与花期调节　由于种子园中各无性系来源与遗传基础不同，常导致无性系间的开花物候（花期早晚与持续时间、可授期等）存在差异，其直观表现就是无性系间开花不同步，也称为花期不遇。若种子园无性系间存在花期不遇，将降低种子园种子的遗传多样性与品质。因为在这种情况下的种子园中，交配仅仅发生在开花期较一致的无性系间。此时，种子园的交配系统实际上分成了由若干个花期一致的无性系组成的亚群体，交配仅局限于亚群体内而非所有无性系间，且还有可能增加自交的比例。虽然树木开花早晚与当年的气候有关，不同年份花期确实存在一定的差异，但研究发现，林木各无性系在不同年份开花的先后次序是相对稳定的。为了改善花期不遇状况，缩小种子园无性系间开花物候的差异，可考虑采用激素或物理措施调节花期。研究表明，施用赤霉素可促进针叶树提早开花；环剥树干或枝条的树皮、环束、切根等措施，也能促进针叶树种子园提早开花结

果；用过冷水对树体进行喷雾降温，可推迟花期。当然，这些花期调节措施可能对某些树种有效，且只能在一定范围内调节。而通过花粉储藏结合人工辅助授粉可使种子园无性系间充分交配。辅助授粉是种子园花粉管理重要的技术措施之一，将在稍后重点介绍。另一种方法是在后续种子园营建中，在无性系再选择阶段，可按花期对无性系进行选择与分类，将花期一致无性系归为一组栽植在一起，以尽量避免花期不遇引起的对种子园种子产量与品质的影响。

②雌雄球花量及调节措施　除了种子园无性系花期之外，雌雄球花量也是影响无性系间交配概率的重要因素。只有在无性系间花期同步、雌雄球花量相近的情形下，才能使无性系间交配概率均等，实现随机交配。但实际的种子园中，无性系间的雌雄球花量也存在差异，尤其在种子园刚开始开花的前几年。如在辽宁兴城油松种子园中发现，2 个无性系提供了种子园总花量的 57%，7 个无性系占总花量的 92.4%，28 个无性系没有参与授粉。此外，在大多数针叶树种的种子园中，刚开始开花的前几年往往是雌球花多、雄球花少，且雌球花可授期一般比雄球花散粉期来得早，持续时间长，散粉期常包含在可授期内，这种情形下，能达到充分自由授粉的目的，并可通过人工辅助授粉加以改善。另外，施用激素也能促进开花量，如日本学者研究发现用赤霉素处理能够提高柳杉花量，赤霉素对杉科及柏科树种的促花效果都不错，可以在这方面展开试验研究。

③传粉与受精　影响传粉与受精的主要因素有花期、散粉期主风方向以及植株间距离。花粉的传播距离因树种花粉粒结构、花粉密度、地形、气象因子等的不同而异。不同树种因传粉媒介、花粉粒结构不同，其有效传粉距离相差也较大，如柳杉花粉的有效传播距离仅约 10 m；杉木有效传粉距离能达 40 m 以上。因种子园内花粉受有效传播距离限制，因而相邻植株间交配概率较高，所以在无性系配置时应有意识地将配合力高的亲本配置在一起。

种子园中，不同无性系植株授粉的概率取决于园内花粉云（pollen cloud）浓度与均匀程度。但在种子园内，由于各无性系所产雄球花量不等及受小地形和风向的影响，花粉粒数量在水平与垂直两个方向上不可能是均匀的。例如，油松花粉传播受地形与风的综合影响，被地形抬升的花粉能顺风传播 1500 m，但在开阔地带，顺风传播 1000 m 后花粉密度已可忽略。风速大小对传粉起了重要作用，林内不同高度的花粉云浓度也不一致。如欧洲赤松种子园中距地面 2 m 与 25 m 两处风速的差异达 2~3 倍，相应地，在林分中离地面1 m 高处的花粉捕集量，只有同一林分中树冠平均高度处的 1/5。此外，如果种子园面积过小，授粉更不充分，因为漂浮的花粉很快被风吹到很远的地方，因此，在一个较小的林分里花粉云的浓度总是很低，即使雄花繁盛，雌花仍然授粉不足。所以，种子园面积不能过小。同样地，要解决授粉不足的问题也只有通过人工辅助授粉。

当花粉粒落在雌蕊柱头上后就完成了授粉，能否成功受精还要视其他因素而定。如亲本间亲和性、花粉竞争与配子选择、授粉时的气候条件（降水）等，涉及雌雄配子相互作用，具体的机理还不清楚，有待进一步深入研究。

④自交率的监控　控制近交是种子园遗传管理的重要一环。树木自然群体中蕴含着大量的"遗传负荷"，通常情况下林木近交衰退严重，主要表现在胚发育不良、种子饱满度降低、子代苗木生长势弱、生长慢、适应性差等。因此，若种子园中存在较高比例的近交，

必然降低种子园种子的遗传品质。实践证明，仅仅通过种子园设计，无性系的数量和配置来控制近交是难以完全杜绝的。实际上，林木(尤其是针叶树种)种子园始终存在一定程度的自花授粉。据报道，湿地松种子园自交率较低。5 年平均自交率为 2.5%；欧洲赤松种子园平均自花授粉率为 6%~12.6%；日本柳杉种子园自交率较高，达 21.7%~33.2%。因此，应对种子园无性系自交率进行监控，若自交率超过 10%，就应采取措施(如人工授粉)进行干预。通过对种子园进行人工辅助授粉，增加花粉云浓度，可有效降低树冠中自花授粉的比例。

自交率的检测主要利用遗传标记，如同功酶标记与 DNA 分子标记，这方面技术目前已非常成熟，检测技术简便，结果准确，可靠性高，已成为通用的遗传检测方法。

⑤辅助授粉　辅助授粉是种子园花粉管理最核心的内容。辅助授粉是指不经去雄与套袋环节，对种子园中的母树直接补充授粉，其目的是提高授粉率、增加种子产量、改善种子的遗传品质与播种品质。

辅助授粉具有以下四方面的作用：第一，增加种子产量。当种子园内花粉密度低时，辅助授粉可补充自然授粉量的不足，能显著提高种子产量，尤其是对于面积较小或幼龄期的种子园。同时，人工辅助授粉可克服自然传粉时不良天气的影响。第二，降低外源花粉污染的比例。通过辅助授粉，增加了种子园无性系的花粉浓度，相应降低了外源花粉的浓度。第三，扩大种子园种子的遗传基础。辅助授粉可改变少数无性系花粉量占优势的现象，降低其授粉比例，增加不同无性系间的交配概率，提高子代遗传多样性。第四，改良种子的遗传品质与播种品质。辅助授粉所用花粉是精选的优良无性系的混合花粉，能改善子代的遗传品质。同时，辅助授粉可降低种子园自交比例，特别当不同无性系的分株雌、雄花期不一致时，尤为明显。通过降低自花授粉率，减少自交产生的空粒种子比例，从而使种子的遗传品质与播种品质得以提高。

人工辅助授粉操作简便，效果较好。一般从经过遗传测定的无性系植株上采集雄球花，调制好花粉，装入瓶中，瓶口用数层纱布包扎，置于干燥器中，用氯化钙保持干燥。为节省花粉用量，在鲜花粉中可加入填充剂，如经处理的死花粉、滑石粉等，均匀混合后，装入容器中。在雌花可授期内，选择晴朗的天气进行辅助授粉，清晨气流稳定，适于操作，同时还要注意利用地形掌握风向。辅助授粉可采用多种方法实施，以往采用毛刷、背负式喷雾器喷散花粉、竹竿系着纱布袋摇散花粉等方式。随着科技的发展，目前可利用无人机辅助授粉，通过计算机操控、精准授粉。在种子园结实初期每年可人工辅助授粉 2 次，定植 10 年后每年辅助授粉 1 次。

综上所述，为了改善种子园种子的遗传品质与播种品质，促进种子园种子的稳产高产，加强花粉管理是十分必要的，是种子园经营管理中最有成效的措施之一。概括起来，种子园花粉管理措施应包括以下几方面：a. 外源花粉隔离；b. 无性系/家系的数目与配置；c. 无性系开花同步性的调节；d. 无性系开花数量的调节；e. 自交率的监控与管理；f. 人工辅助授粉。

(2)去劣疏伐

去劣疏伐是种子园管理的基本工作，是增加种子园种子产量，提高种子遗传品质的重要措施之一。当种子园初植密度过大时，郁闭后一般都需进行疏伐。通过去劣疏伐，可保证母树有充分的营养空间，使树冠充分发育，有利于结实。同时，由于初级种子园的建园材料未经遗传测定，疏伐时可根据子代测定结果淘汰遗传品质低劣的无性系或家系，以提高种子的遗传品质。此外，根据对种子园各无性系或家系开花习性与结实能力的调查观察结果，对于花期不遇，花量过少、不健康，或种子产量极低的植株，也可以酌情伐除。

为了做好去劣疏伐工作，需对种子园内各无性系或家系进行开花结果习性的调查观察，并保存有多年的开花结果纪录；同时还需要有子代测定数据。将子代测定与开花结实习性两方面信息结合起来对种子园无性系或家系进行综合评价，以确定保留与疏伐对象。

疏伐时还需注意以下 3 点：①第一次疏伐要及时，以不影响树冠发育为宜。当林分郁闭后就应进行第一次疏伐。②疏伐强度要适宜。疏伐强度随初植密度、树冠发育状况而定。强度过小，不利于树冠发育；强度过大，保留母树少，土地利用率不高，且影响种子产量。③疏伐要分期进行。如我国杉木、马尾松种子园一般疏伐 3 次，在 6~7 年生时，进行第一次疏伐，目的是扩大树木生长的营养空间，以利于树冠发育；随后的两次疏伐，主要根据子代测定资料，淘汰遗传品质低劣的无性系或家系，提高种子园种子的遗传品质。又如，美国火炬松种子园一般要疏伐 3~7 次。建园后 4~5 年开始第一次疏伐，以后每隔 2~3 年疏伐一次，最后仅保存最初 20% 的植株。试验证明，疏伐可明显促进种子生产。据统计，第一次疏伐可增产种子 2~4 倍，以后每一次疏伐均可使种子产量持续上升。

10.3.4.2　种子园树体管理

树体管理也是种子园管理的一项重要内容，具体而言，就是对种子园母树进行整形修剪。通过整形可使树体端正，树冠充分发育；修剪可使树体矮化，便于授粉与采种作业；同时，还可改善树冠结构，调节冠层内的光照条件，促进母树花芽分化，进而增加单位面积的种子产量。

种子园树体管理分整形和修剪两大类，修剪又可分为截顶与疏枝。采用哪一类树体管理措施主要视树种生长发育特性、种子园条件、经营管理水平而定。毫无疑问，了解树种生长发育特性、开花结实习性以及树冠内雌雄球花的时空分布模式，对于制定有效的树体管理措施有指导意义。

（1）整形

整形的目的是保持树体端正，树冠匀称，不偏冠，同时使树冠充分发育，以充分利用营养空间。整形宜早不宜迟，在种子园保留植株确定后就可着手整形工作。对主干歪斜的幼龄植株可通过绑缚直立杆来校正，或用软绳牵拉；随着侧枝伸长与树冠发育，对于松类种子园，可采用软绳将树冠中下部向上生长的长枝往下拉，使树枝张开以扩大冠幅，增加树冠内透光率，使树冠发育充分，增大营养空间，进而增加花量与坐果率。

（2）截顶

截顶的目的是使母树矮化，便于授粉与采种。如在澳大利亚辐射松种子园中，通常在树高生长旺盛期进行截顶，以控制树高生长，达到矮化母树的目的。但后来发现，强度截顶对辐射松高生长的控制仍有限，且只能在幼树阶段实施，对大树进行截顶较为困难，且会影响种子产量。如我国东北地区的红松种子园，在幼树阶段对母树去顶，保留 3~5 个侧枝，投产后可增产 80%~400%。对于我国南方的杉木种子园，是否截顶目前尚存在争议。不同于松树，杉木顶端优势非常强，其冠幅一般较小，且花果枝都位于树冠的中上部及外层。如果截顶较晚，树冠发育已完成，而中下部侧枝的花果枝很少，必定会极大影响结实量。而如果在母树幼龄期，当树高生长达到预期高度（如6 m左右）时进行截顶，促进侧枝发育，以后每年进行适度修剪，控制树高生长，或许是一种较可行的方案。当然，这需要试验数据证明。

（3）疏枝

疏枝可改善树冠结构与光照条件，促进花芽分化，增加单位面积种子产量。疏枝的对象为徒长枝、丛生枝与病虫枝等。疏枝时应考虑母树生长和着花特点，要注意树冠的层次与侧枝分布均衡性，注意保留雌花枝。另外，疏枝强度要适宜。实践证明，修枝对种子园增产有帮助。如在樟子松种子园中疏枝试验中，在母树进入结实旺盛期进行修枝，每一轮枝保留3~4个主枝，其余的枝条全部剪去，修枝后种子园种子产量提高了21%。在油松种子园中也证实，截顶与疏枝修剪可明显增加雌球花量。

我国种子园的树体管理实践总体上仍较少，可供借鉴的经验不多，尚需加大力度开展试验研究，针对不同树种总结出切实可行的方案。在这方面，或可借鉴瑞典欧洲赤松种子园的整形修剪方法，其具体措施为：①当种子园植株的树体大小达预定营养空间的75%时，可着手进行早期修剪，这时仅对过长的侧枝、生长不良枝条、枯梢、病枝等修剪，使树冠匀称不偏冠，保持主干正常生长。②当植株达预定高度的75%时，可开始截顶，同时，对上部轮生侧枝，特别是长枝也要进行修剪。③一次性的强度截顶会导致随后几年的种子产量显著降低，因此，截顶最好是多次完成，每次采用适度的修剪强度。④截顶往往会促进侧枝生长，如仅截顶不修枝则会导致侧枝徒长，因此，截顶应与修枝相结合。

此外，树体大小也是影响种子园产量的重要因素。虽然不希望种子园植株营养生长过盛而抑制生殖生长，但要求植株生长正常、发育充分，因为树体大小与种子产量密切相关。因此，需通过营林措施尽快使种子园植株达到合适的树体大小，这是下一节要介绍的内容。

当然，也有一些国家的种子园不进行整形修剪。如美国东南部地区的火炬松和湿地松种子园，因其种子园的地势平坦，能方便采用机械作业，因而无须对树体进行矮化处理。

10.3.4.3　种子园环境管理

种子园环境管理的目的只有一个，即提高种子园种子产量，确保种子园稳产高产。但要做好种子园的环境管理工作，首先需分析影响种子园种子产量的因素。总体上看，影响种子园种子产量有遗传与环境两方面因素。其中，遗传因素指种子园植株的开花结实能力受遗传控制，不同基因型间差异很大。这可以通过选择结实能力强的无性系作为建园材料达到提高种子产量的目的。当然，对于大多数初级种子园，在选择建园材料时主要考察的是生长量等经济性状，忽视了开花结实性状的评价。但在改建种子园及随后的高世代种子园中，建园材料选择时必定重点考虑无性系的结实能力。这部分内容在本章其他部分中介绍，在此不再重复。

影响种子园种子产量的第二方面因素为环境因素。环境因素又包括气候因素、土壤因素与生物因素（病虫害）。其中，气候因素包括温度、光照与降水（湿度），适宜的气候条件对于林木开花结实是至关重要的。例如，在我国南方地区的针叶树种子园，若撒粉期正遇雨季，降水量多、湿度大、则会极大影响种子园内正常授粉，降低种子产量。气候因素与种子园所在地区有关，一般在种子园园址选择时就已充分考虑气候因素，这方面内容已在 10.3.2.2 中介绍，这里不再赘述。土壤因素包括土壤养分与水分、土壤质地等；生物因素主要是指病虫害及动物对开花结实及种子的影响。以下就土壤、生物两方面因素的管理作详细说明。

(1) 土壤管理

种子园土壤管理措施主要包括灌溉、施肥、中耕除草、种植绿肥植物等。实践证明，改善种子园土壤水肥状况，有利于母树生长发育，提高种子产量，减少结实大小年等间隔现象。

①灌溉　灌溉有利于营养生长，使树冠体积增加，增加开花结实面积，从而间接增加种子产量。但灌溉要适时，若在全生长季灌溉，不一定对开花结实有利。如 1984 年，北京林业大学曾对辽宁兴城 9 年生油松种子园在生长季进行灌溉试验，结果发现灌溉可提高生长量，增加当年针叶长度与重量，但对雌雄球花量的增加效果不明显。有研究认为，在雌球花分化期，适当的土壤干旱有利于雌球花芽分化，如在该时段灌溉可能会抑制雌球花形成。如对美国火炬松种子园观察结果表明，冷湿的 3 月不利于胚珠的发育，而温暖干燥的 4 月则有利于胚珠的发育。一般认为，初夏时，土壤含水量高有利于雌球花发育，在这个时期如果水分亏缺，将会影响花原基的分化。而温暖与干旱的夏末，有利于花的孕育，此时若灌溉反而不利于花的发育。因此，为了促进开花结实，种子园灌溉既要做到适量，又要做到适时。

②施肥　施肥可以改善土壤养分状况，促进母树生长，从而达到提高种子产量的目的。但由于不同树种对土壤养分的需求不完全一致、林木不同发育阶段对养分的需求也不同，同时，不同立地的种子园其土壤养分条件各异等，因此，需要区分树种、发育阶段、经营历史、土壤养分状况等提出科学、合理的施肥方案。这需要与林木土壤营养与生殖生理领域的专家合作，充分调查取样，分析土壤养分含量，尤其是有效 N、有效 P、速效 K、交换性 Ca、交换性 Mg、有效 Zn、有效 B、有效 Mo 等元素的含量。在土壤分析与营养诊断基础上，对于树木需求量大而土壤含量低的养分元素作针对性的补充，即所谓的"测土施肥"或"配方施肥"。同时，应先在种子园内进行小规模的施肥试验，待试验结束后总结最佳施肥方案，之后再进行推广应用。

另外，种子园施肥还需做到适时、适量。不同季节施肥起到的效果是不一样的。一般在花芽分化期稍前施肥效果最好。如我国南方的杉木种子园，6~8 月是杉木花芽分化期，6~7 月施肥对于促进花芽分化效果最好。施肥也不是越多越好，关键是要有针对性，即"缺啥补啥"。如在我国南方大多数地区，土壤有机质含量普遍较低，缺乏速效 P、速效 K。施肥时需协调好 N、P、K 的比例。

此外，施肥与灌溉应尽量结合起来进行。据美国在火炬松种子园的试验发现，施肥与灌溉相结合比单独施肥、单独灌溉效果更好。

施肥方法一般采用环状施肥，即在距离树干基部 0.5~1.0 m 处开挖一圈深度约为 15~25 cm 的沟，开挖深度以不伤及植株主要根系为宜。在合适季节进行施肥，沿主干基部环施，然后用土覆盖，恢复成原状。也可以根据场地条件采取其他施肥方式。

③中耕松土　土壤结构对林木生长发育影响很大。土壤疏松通气，有利于树木对养分和

水分的吸收，促进开花结实。深耕能疏松土壤结构，改善土壤的通气透水状况。而且，深耕往往会切根，在短期内有促进开花结实的效果，这在美国火炬松种子园中得到了证实。

④套种绿肥　种子园内套种绿肥是提高土壤肥力、改良土壤结构的有效办法。此外，套种绿肥还可节约抚育管理费用，若套种经济作物则还可增加收入，在幼龄种子园中尤其更值得提倡。可套种的绿肥植物有紫穗槐、紫花苜蓿以及一些豆科作物等。

（2）有害生物防治

有害生物的调查与防治也是种子园环境管理的主要内容之一。种子园中有害生物防治对象主要有病害、虫害与鼠害。要使种子园稳产、高产，必须保证种子园植株的正常生长，防止花、果实、种子遭受病虫鼠害。调查发现，病虫害的发生对于种子园产量的影响是非常严重的。例如，因病虫害发生可导致美国南方松种子园种子产量降低90%以上；在辽宁兴城油松种子园中，遭受虫害的球花可达90%，2年生球果近1/3遭受损失。

要防治病虫害，必须从研究病虫害的发生发展规律着手。生物防治是今后发展的方向，但在当今生产实践中，化学防治仍是主要手段。例如，美国在防治南方松球果和种子害虫时，通常采用低毒、长效的内吸性杀虫剂呋喃丹。各树种具体防治措施可参考相关文献。

与病虫害相比，鼠害对种子园种子的危害程度相对要轻些。鼠害主要表现为松鼠取食松子，影响松树种子园的种子产量，如在我国东北地区落叶松种子园中，松鼠危害较为严重，最高可导致80%的种子损失。对于松鼠的防治只能采用环境友好型的措施，如夏季在树干1 m以上高处包裹40 cm宽的胶带，使其不能顺利攀爬上树；或者在种子接近成熟期，利用广播喇叭声音驱赶；或者在松鼠可能经过的路径上撒上一般林分采集的松果，以满足其取食的要求，从而减轻其对种子园种子的危害程度。

10.4　高世代种子园

高世代种子园是第二代及更高世代种子园的统称。理论上，第二代种子园的建园材料来自第一代种子园亲本的子代林，第三代种子园的建园材料来自第二代种子园亲本的子代林，依此类推，但在实际的多世代育种工作中，基于拓宽后续世代育种群体与生产群体遗传多样性考虑，在每一轮的育种循环中均会补充新的亲本材料，即补充群体。补充群体的材料大多来自后向选择结果，或者新选择的优树，从世代角度看，新补充的材料与当前育种群体材料为不同的世代，即在第二代及后续世代的育种群体中均可能存在世代重叠。因此，为了不至于引起混淆，国外林木育种界已趋向于用"第一轮、第二轮……"替代"第一代、第二代……"来定义不同轮次的育种群体。由于多年来我国的林木育种界及生产单位已经习惯用"第一代、第二代……"来表述，因此，本教材仍沿用以往的传统用词，但读者应该辨析这两者的区别。从准确性与严谨性角度，以"第一轮、第二轮……"来定义当前林木育种群体或种子园更为贴切。

国外主要造林树种已进入高世代育种，如芬兰的欧洲赤松、白桦正着手建立第二代种子园，挪威的欧洲云杉、韩国的黑松（*Pinus thunbergii*）等树种均已建立第二代种子园，瑞典欧洲赤松、欧洲云杉，加拿大的花旗松已建成第三代种子园，新西兰与澳大利亚的辐射松与美国湿地松、火炬松人工林用种主要来自第三代种子园种子；新西兰的亮果桉

（*Eucalyptus nitens*）已进入第四代改良，美国火炬松、法国海岸松的第四代种子园也已经开始投产；我国的油松已有第二代种子园，马尾松第三代种子园已建成，杉木第三代种子园已投产，正在着手第四轮改良。本节重点介绍高世代种子园的建园材料、种子园设计与建立方法、强化育种措施、高世代种子园的发展以及种子园增益评估等。

10.4.1　高世代种子园的建园材料

高世代种子园质量取决于建园亲本材料遗传值的高低。第一代种子园建园材料来自天然林中入选的优树，选优时常限定每个林分仅入选 1 株，优树间一般不存在亲缘关系。但发展到第二代种子园以及更高世代的种子园后，由于子代材料来自种子园无性系间交配结果，入选的下一代建园材料间或多或少会存在亲缘关系。因此，在选择高世代种子园建园亲本材料时，必需了解清楚亲本间的亲缘关系，以便于控制近交。可通过对育种群体进行结构化管理来控制近交。例如，将育种群体分为精英群体与主群体，主群体又分为若干个亚系（又称为育种组），交配仅发生在亚系内，从不同亚系入选的个体间则不存在亲缘关系。

高世代种子园的建园亲本材料通常由以下几个部分组成：一部分是通过后向选择从上一世代优树群体中挑选出来的具有高遗传值的优良无性系；另一部分是通过前向选择从优良家系中选出的优良单株无性系。此外，为了拓宽育种群体的遗传基础，有的高世代种子园的建园材料还包括从天然林或未经改良的人工林中新选出来的优树（即补充群体）。因此，高世代种子园的建园材料往往存在世代重叠。

此外，第一代种子园建园时一般对入选材料了解不多，而在高世代种子园建园时，对建园材料的性状表现与开花结实特性有了较全面的掌握，尤其是经后向选择入选的亲本材料。前向选择一般在 6~8 年子代林中进行，此时多数树种已进入开花结实年龄。因此，建园时对前向选择材料的生殖生物学特性也有所了解。而且，同一个高世代种子园的建园材料一般要求来源于同一个育种区，所以，高世代种子园的建园亲本材料遗传品质普遍较高、谱系清晰、生殖生物学特性也较清楚，这些对于高世代种子园设计无疑是有益的。

10.4.2　高世代种子园设计与建设

10.4.2.1　高世代种子园设计

种子园设计是影响种子园交配系统的最重要因素。不同于第一代种子园，高世代种子园的建园材料大多来自上一代亲本及其子代群体的强度选择结果（即家系选择+家系内选择），其遗传基础相应变窄，且来自同一家系的个体还存在亲缘关系。因此，第一代种子园设计方案不一定适用于高世代种子园。

第一代种子园设计时，主要是通过精巧的空间排列来降低自交（同一无性系不同分株）的概率，同时兼顾避免有相同的邻居以实现随机交配。如完全随机配置（completely random）（Giertych，1975）、近邻轮换设计（permutated neighborhood，PN）（Bastide，1967），以及基于 PN 设计理念开发的 COOL 软件（Bell & Fletcher，1978）、种子园设计者（seed orchard designer，SOD）软件（Vanclay，1991）等。第一代种子园设计无须考虑无性系间的亲缘关系。但在高世代种子园设计中，无性系间的亲缘关系是必需要考虑的。同时，还需兼顾以下几方面：①保持种子园种子的遗传品质，使遗传增益最大化；②有利于随机交配，以维系遗传多样性；③控制近交，尽量减少自交与近交概率；④具有灵活性（flexibility），适用性广。

国外对高世代种子园设计研究较多。林德格伦等(1986)提出在高世代种子园设计中增加高育种值无性系的比例，以提高种子园的遗传增益。霍奇等(Hodge *et al.*，1993)就风媒传粉树种的高世代种子园设计进行了详细讨论。通过计算机模拟不同情形(亲本无性系数目、亲缘关系、育种值)，对系统配置与随机配置两类方案进行了比较，建议风媒传粉树种的高世代种子园应采用系统配置方案，且种子园中无性系分株数量应与其育种值呈正比。勒斯季布雷等(2003，2007)提出了错位行(staggering of rows)排列与错位行的重复随机排列(replicating and randomizing the staggered rows)两种设计；怀特等(White *et al.*，2007)提出了随机完全区组(randomized complete block)设计与改良的固定区组设计(modified fixed block)。

由于高世代种子园设计时需考虑的因素很多，同时，在确定最优配置方案时还涉及复杂的数学运算(如最小二乘法、迭代等)，因此，传统的简单排列方法已不太适用于高世代种子园设计，需要结合复杂的数学算法并开发出相应的软件。如勒斯季布雷等(2010，2015)提出的最小近交设计(minimum inbreeding design，MI)，埃尔卡萨比等(2014)提出的随机重复错位的无性系行(randomized，replicated，staggered clonal-row，R^2SCR)设计，以及恰劳普科瓦等(Chaloupkova *et al.*，2016)提出的最优邻位设计(Optimum neighborhood algorithm，ONA)方法，并都开发出了相应的计算机软件，而且是免费共享的。下面介绍高世代种子园采用的一种系统设计——改良的固定区组设计(MFB)以及新开发的两种随机设计 R^2SCR 与 ONA。

(1)改良的固定区组(MFB)设计

改良的固定区组设计属系统设计。该设计可使同一无性系的不同分株以及与有亲缘关系无性系的不同分株间保持最大距离，同时，通过增加最优无性系分株数数量，可实现种子园遗传增益最大化。此外，该设计对无性系数量无限制，且易于种子园施工与管理。图 10-5 为 MFB 设计的一个案例。图中，大写字母(A~L)代表一组(12 个)无性系，如后向选择的入选亲本；小写字母(a~l)表示另一组(12 个)无性系，如前向选择入选的最优子代单株。拥有相同大写和小写字母的两个无性系(如 A 和 a)可能是近亲(如亲子关系或同胞关系)，或者可能是相同的无性系，但同一组无性系间没有亲缘关系。通过将最优无性系配置在同一字母的大小写(如 A，a)的位置上，就可以使其出现的频率加倍，从而提高遗传增益。

(2)随机重复错位的无性系行 (R^2SCR)设计

R^2SCR 是一个适用性强(flexible)，交互式(interactive)的计算机软件，可处理种子园中经常遇到的各种问题。虽然该方法名称特定于“行”，但并不仅限于单行小区(single row plot)，也可以用于单株树小区(single-tree-plot)，而且单行小区无性系的分株数可以为任意的偶数。该软件可同时考虑多个参数并能给出多种种子园配置方案，考虑的参数包括：①无性系数；②无性系间的共祖度；③种子园大小；④单行小区长度；⑤同一无性系的行数或同一无性系所占位置数；⑥场地空间布局(存在障碍区，或不适宜种

A	B	C	D	A	B	C	D
k	l	i	j	k	l	i	j
E	F	G	H	E	F	G	H
c	d	a	b	c	d	a	b
I	J	K	L	I	J	K	L
g	h	e	f	g	h	e	f
A	B	C	D	A	B	C	D
k	l	i	j	k	l	i	j
E	F	G	H	E	F	G	H
c	d	a	b	c	d	a	b
I	J	K	L	I	J	K	L
g	h	e	f	g	h	e	f

图 10-5　改良的固定区组设计

(引自 White 等，2007)

植点)。同时，可选 3 种不同的配置模式，即平衡模式(无性系分株数相同)、线性模式(无性系分株数与其育种值线性相关)及习惯模式(根据每个无性系实际可用的分株数量)。

不同的配置方案按照以下 4 个指标顺序进行比较与排序：①空配置点数；②满足各参数条件的程度，这需要利用最小二乘法来评估，其主要依据是无性系的期望分株数与实际分株数的离差值；③最小近交；④变异系数。在此基础上确定最佳配置方案。

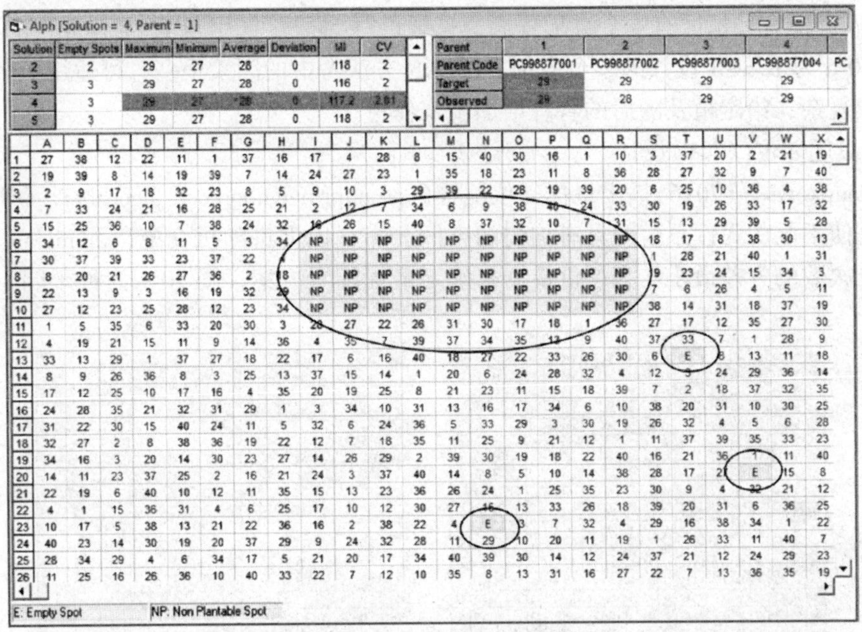

(a)

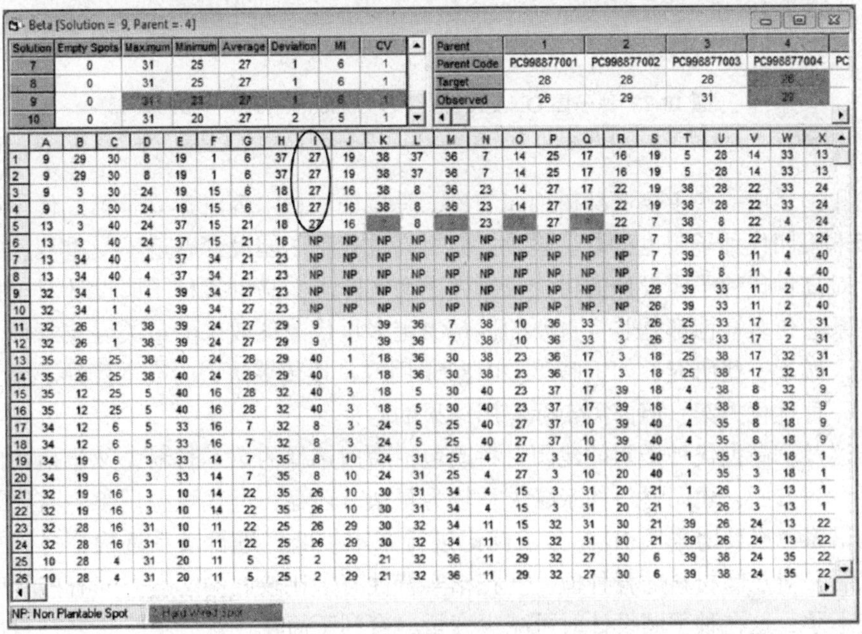

(b)

图 10-6　R²SCR 设计示例

a. 单株树小区的平衡设计，2 个无性系(1 和 2)有亲缘关系，种子园大小(长宽各 40)，场地中有一块不适合种植区(NP)。方案 4 中，有 3 个空配置点(标识为灰色)，右上框中，给出了有亲缘关系的 2 个无性系的信息，也给出了每一无性系的期望分株数(Target)与实际分株数(Observed)。

b. 图示的方案 9 为随机、重复、错位排列的 4 株单行小区设计，有 50 个不宜种植点(NP)，靠近不宜种植区有 4 个空配置点，见绿色"?"标识。(引自 El-Kassaby 等，2014)

图 10-6 为 R^2SCR 设计的一个案例。R^2SCR 方法考虑的因素很多，可适用于多种场合，但配置较复杂，给定植及随后的管理增加了工作量。

(3)最优邻位(ONA)设计

Chaloupkova 等(2016)提出最优邻位配置(optimum neighborhood algorithm，ONA)方法，其目的是使不同的无性系搭配具有均匀的空间分布，以促进随机交配(panmixia)。以无性系间邻位次数的方差最小作为评价依据来确定最优配置方案。图 10-7 为种子园 ONA 设计的示例。

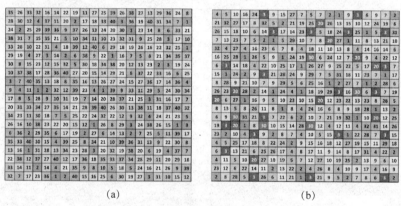

(a)   (b)

图 10-7　种子园 ONA 设计(引自 Chaloupkova 等，2016)
(a)平衡设计(40 个无性系，每无性系 10 个分株)　(b)不平衡设计(32 个无性系，每无性系分株数不等)

虽然我国目前一些主要造林树种如油松、马尾松、杉木等已建立了第二代、第三代种子园，杉木第四代种子园也已着手建设，但对高世代种子园设计普遍不受重视，很少见到有专门针对高世代种子园设计的讨论或研究。而实际上，高世代种子园设计对于保持遗传增益与维系遗传多样性都是非常重要的，是决定多世代改良效果的最关键技术环节。最近国内也有人做了一些研究，如王晴等(2018)采用改良遗传算法，为高世代种子园无性系配置提供了一种优化方案，但尚需实际应用结果的验证。

前已述及，高世代种子园的建园材料既包括后向选择的亲本材料，又包括前向选择的子代材料，一方面，建园材料的亲缘关系较为复杂，还存在世代重叠现象，需要弄清楚材料之间的谱系，必要时采用 DNA 分子标记进行亲本推断，进行谱系重构；另一方面，至高世代以后，对建园材料的育种值、开花结实特性有了比较好的掌握。如有些针叶树种常存在自交不孕，这在种子园设计时可减少变量，有利于简化设计方案。总之，目前可利用的信息很多，可综合各方面信息开展高世代种子园无性系配置研究。例如，为提高种子园增益，对育种值高的亲本可配置更多的分株；或者为方便定植与管理，也可采用系统配置方案。当然，这些都需要经过充分论证。但从研究手段看，利用开发计算机软件对各种情形进行仿真模拟进而筛选出最优设计方案是目前种子园设计的主流方法，也是最简便有效且省时省钱的方法。

10.4.2.2　高世代种子园建设

(1)园址选择

大体上，高世代种子园园址选择时考虑的气候、土壤及隔离因素与第一代种子园相似，差别在于高世代种子园对于外源花粉的隔离要求更高。

另外，在我国第一代林木种子园建设过程中，园址选择时大多没有考虑到雨季的影响。我国中东部及南部地区由于季风的影响，雨季一般由南向北逐步转移。在高世代种子园建设中应考虑到建园地点的雨季与树种的盛花期，避免两者在时间上重叠。如果无法避开，则必须选择地形开阔、阳光充足、日照较长的向阳坡地。这种地段即使在雨季，当雨停止时云雾也会很快散开，有利于种子园植株的开花与传粉。

高世代种子园的隔离条件更加严格，要求种子园周围至少保持150~200 m 的隔离带，在撒粉期的上风方向应避免有同树种的普通林分，上风方向隔离带还要更宽。同时，高世代种子园与低世代种子园之间也应隔离。

(2)无性系数目

一般地，高世代育种群体由300~400 个亲本组成，高世代种子园由20~40 个精选无性系构成。当然，具体的数目应根据树种的改良基础与进程、遗传增益与多样性的要求、种子园面积等因素综合考虑。林德格伦(2014)认为，高世代育种群体大小不应每一世代都固定不变，应考虑在遗传多样性下降至可接受范围的前提下，确定最佳的育种群体大小。

(3)建立方法

为了提早开花结实，缩短育种周期，高世代种子园一般都采用嫁接的方式建立无性系种子园，且大多利用同一树种多年生植株作为砧木。具体的建立方法可参照第一代无性系种子园。

近年来，在美国火炬松、湿地松的第三轮、第四轮种子园建立过程中，他们以早期嫁接的植株作为砧木，采取高枝嫁接(topgrafting)方法建立无性系种子园，第二年就能开花结实，大大缩短了育种周期。

(4)高世代种子园的管理措施

与第一代种子园管理相似，高世代种子园的管理同样包括遗传管理、树体管理及环境管理三方面内容。遗传管理措施有去劣疏伐、人工辅助授粉、花期与花量的化学调控等；环境管理措施包括施肥灌溉、松土除草、有害生物防治等；树体管理主要有去顶矮化与整形修剪等。树体管理工作虽属非遗传管理措施，但影响花量及雌雄花比例，从而间接影响子代的遗传品质。需要强调的是，必须及时进行去劣疏伐和去顶矮化。如果去劣疏伐措施不及时，自然整枝会导致母树的结实冠层提高，影响种子产量。去顶矮化也应及时。松类树种嫁接部位宜低，嫁接植株3~5 年时就应去顶，并辅以修枝、压枝、拉枝及整形措施，使树冠开张，形成圆头状树冠，有利于开花结实与球果采收。此外，高世代种子园需实施人工辅助授粉，不仅可增加种子园种子产量，而且能提高种子的遗传品质。

10.4.3 高世代种子园中的强化育种措施

强化育种措施也称为加速育种技术，即采用各种技术措施促进种子园母树早开花，以缩短育种周期。常用的强化育种措施有栽培技术、激素处理、胁迫处理、室内种子园、高枝嫁接及综合技术等。

(1)栽培技术

利用栽培技术措施促进母树早期快速生长和树冠发育，从而使母树尽快达到开花结实所需要的树体大小。栽培技术措施包括：大株行距(如 5 m×5 m 或者更大)、施肥、灌溉和松土除草等。

(2)激素处理

赤霉素(GA_3，$GA_{4/7}$，GA_9)可促进针叶树开花。GA_3 如可提高柳杉花量，对杉科、柏科均有较好的促花效果；GA_9 可促进花旗松开花；对松科 6 个属 21 个种都有较好的促花效果。另外，多效唑可促进被子植物开花，但其效果往往要延迟 1 年。

(3)胁迫处理

对树木进行胁迫处理，如环剥、干旱和绞缢处理，也能促进林木早开花。在花旗松、落羽杉、欧洲云杉及西加云杉等树种中发现，环剥树干或枝条的树皮可促进林木开花。用绳索捆绑或绞缢白桦枝干可促进开花结实，但在采用该项技术施，需先进行试验研究，摸索能促进开花而又不会致死的胁迫程度。

(4)室内种子园

室内种子园是指将种子园建立在温室大棚内。作为种子园的温室大棚一般都较高(7 m以上)。通过调节温室大棚内的光照、温度与 CO_2 浓度，再结合其他措施以促进林木早开花。该技术在美国的湿地松与火炬松，芬兰的白桦，以及我国东北地区的白桦种子园中得到应用并取得了较好的效果。

(5)高枝嫁接

高枝嫁接就是将接穗嫁接至已开花树木的树冠枝条上，可使嫁接植株提早开花。例如，美国湿地松第 1~2 代改良，将世代间隔从 32 年缩短为 15 年，2003 年开始的第三轮改良，又进一步将世代间隔降低至 10~11 年，主要手段就是种子园的高枝嫁接(Alex 等，2007)。在美国火炬松的高世代(尤其是第 3~4 代)种子园建设中，也采用高枝嫁接的方法促进种子园早开花。2014 年 1 月，美国北卡罗来纳州立大学对入选的 48 个无性系采用高枝嫁接方式建立第四轮种子园，砧木采用的是早期嫁接且已诱导开花的无性系，将入选亲本的接穗嫁接到中间砧(interstock)无性系枝条上，第二年(2015 年)就已开花，并开展控制授粉，进一步缩短了火炬松的育种周期。

(6)综合技术

有时候，需将上述技术措施结合起来使用，如将环剥与激素处理相结合，温室大棚与环剥与激素处理相结合等。21 世纪初，东北林业大学在白桦强化育种中取得了突出的成绩。他们将白桦母树种植于温室大棚内，通过适量 CO_2 浓度(1.59×10^{-2} mol/L)、适当光照度(60 000~100 000 Lux)、适时绞缢处理(4 月 15 日~5 月 15 日)、适宜催花素喷施(不同时期、不同部位的催花素)和适中的温湿度控制(24℃，80%相对湿度)，使自然条件下

17~20 年开花结实的白桦缩短为 2~3 年结实，4~5 年规模结实，大大加速了白桦育种进程。

10.4.4 高世代种子园的发展

在高世代种子园中，为了强化遗传增益，可以采用类似于农作物"制种田"的方式，通过人工控制授粉大量制种(mass production of control crosses)，即从 OP 种子园发展为 CP 种子园。这已在新西兰辐射松以及美国火炬松的高世代种子园中实施。早在 1986 年，新西兰辐射松采用人工控制授粉大量生产 CP(controlling pollination)家系种子。至 1996 年，辐射松人工控制授粉每年消耗的授粉隔离袋数目达 50 万个。美国每年火炬松人工造林面积超过 $40 \times 10^4 \, hm^2$，2017 年良种化率已达 98%，其中 50%~60%的造林用种来自第三代种子园种子。从 2000 年开始，美国火炬松第三代种子园每年通过控制授粉大量制种，人工制种量逐年增加，2007 年生产实生苗 2650 万株，2014 年生产实生苗 8000 万株，2015 年第四代种子园开始进行人工控制授粉，至 2017 年，来自第三代、第四代种子园控制授粉子代实生苗达 1.160 亿株，占南方火炬松实生苗 15%。良种推广应用后产生的实际增益达 20%。

为了方便人工控制授粉与管理，CP 种子园设计方案可能与 OP 种子园完全不同。在 CP 种子园中，外源花粉隔离、近交控制和随机交配等因素均可不予考虑，重点考虑的是尽量使授粉工作简易高效。因此，在 CP 种子园中，常常将无性系嫁接成行状或块状以方便花粉采集和控制授粉，即无性系行(或块)种子园设计。同时，为了方便授粉操作，对母树进行高强度修剪(或截顶)，尽可能地保持树体矮化以方便授粉，可将这类种子园称为绿篱式人工授粉种子园。

10.4.5 种子园的遗传增益评估

种子园种子遗传增益的高低不仅是林木育种工作中关心的问题，更是良种使用者普遍感兴趣的核心内容。遗传增益又可区分为期望遗传增益与现实遗传增益两类。期望遗传增益是前瞻性的，在未来的实际应用中不一定能达到；而现实遗传增益是回溯性的，是实际已经获得的增益。

期望遗传增益(expected genetic gain)是根据入选亲本(如种子园无性系)的遗传价值(育种值)、选择强度、目标性状的遗传率等参数信息利用公式估算得到的。期望遗传增益信息可为育种策略的制定提供参考。现实遗传增益(realized genetic gain)一般通过建立比较试验林(或良种示范林)获得，即选择有代表性的地段，模拟生产性造林与管理模式，将种子园种子培育的苗木与一般林分种子培育的苗木成片栽植，最终以林分调查数据为依据来评估种子园种子的现实增益。但也有利用种子园亲本的子代测定数据，通过直接比较入选家系与所有参试家系性状平均值来估算现实增益，由于子代测定林的栽植模式与生产性造林完全不同，因此，采用该方法估算的遗传增益可作为参考，与生产实际获得的现实增益仍有一定的偏差。

表 10-1 为国内外报道的林木不同类型种子园的现实遗传增益。从中可以看出，对于大多数树种(不包含杉木)的材积生长量(或林分蓄积量)，第一代种子园增益约 10%~

15%，第二代种子园增益为 15%～20%，第三、四代种子园增益约 20%～25%。随着世代的增加，增益也增大，但增加的幅度逐渐变小。与其他树种相比，我国报道的杉木种子园遗传增益普遍较高。

表 10-1　各类种子园不同性状的现实遗传增益

类型	世代	树种	性状	现实遗传增益	文献出处
无性系	1	湿地松(*Pinus elliottii*)	抗锈病	43.1%	Vergara *et al.*，2004
无性系	1	湿地松(*P. elliottii*)	林分蓄积量	10.2%	Vergara *et al.*，2004
无性系	1	火炬松(*P. taeda*)	20 年生，林分蓄积量	8%～12%	Zobel *et al.*，1984
无性系	1	欧洲云杉(*Picea abies*)	林分蓄积量	10%	Rosvall *et al.*，2001
无性系	1	欧洲云杉(*P. abies*)	29 年生，立木材积	10%～25%	Kvaalen *et al.*，2008
无性系	1	欧洲赤松(*Pinus sylvestris*)	林分蓄积量	10%	Rosvall *et al.*，2001
无性系	1	欧洲赤松(*P. sylvestris*)	林分蓄积量	11.5%	Haapanen *et al.*，2016
无性系	1	欧洲白桦(*Betula pendula*)	林分蓄积量	5%	Rosvall *et al.*，2001
实生苗	1	巨桉(*Eucalyptus grandis*)	2.5 年生，树干材积	7.5%	Franklin，1986
无性系	1	邓恩桉(*E. dunnii*)	2 年生，材积生长量	11%～13%	Shi *et al.*，2016
无性系	1	杉木(*Cunninghamia lanceolata*)	6 年生，树干材积	20.65%	郑勇平等，2007
无性系	1	马尾松(*P. massoniana*)	树高，胸径，通直度	12%，15%，30%	王章荣等，1991
无性系	1	黑松(*P. nigra*)	9 年生，树高，胸径，材积	8%，11%，32%	Matziris，2005
无性系	1	柏木(*Cupressus funebris*)	15 年生，树干材积	17.03%	骆文坚等，2006
无性系	1	油松(*P. tabuliformis*)	树干材积	19%	沈熙环等，1994
无性系	1.5	欧洲赤松(*P. sylvestris*)	林分蓄积量	23.9%	Haapanen *et al.*，2016
无性系	1.5	欧洲白桦(*B. pendula*)	林分蓄积量	20%	Rosvall *et al.*，2001
无性系	1.5	杉木(*C. lanceolata*)	6 年生树干材积	27.47%	郑勇平等，2007
无性系	1.5	马尾松(*P. massoniana*)	树高，胸径，通直度	15%，40%，50%	王章荣等，1991
无性系	2	湿地松(*P. elliottii*)	树干材积	17%	White *et al.*，1993
无性系	2	火炬松(*P. taeda*)	林分蓄积量	12%～20%	McKeand，2006
无性系	2	欧洲白桦(*B. pendula*)	8～12 年生，林分蓄积量	26.3%～29.3%	Hagqvist and Hahl，1998
实生苗	2	巨桉(*E. grandis*)	2.5 年生，树干材积	14.6%	Franklin，1986
无性系	2	粗皮桉(*E. pellita*)	树高、胸径	16%，19%	Leksono *et al.*，2008
实生苗	2	马占相思(*Acacia mangium*)	1 年生，胸径，通直度	5.2%，4.3%	Nirsatmanto *et al.*，2004
无性系	2	杉木(*C. lanceolata*)	6 年生，树干材积	32.14%	郑勇平等，2007
无性系	2	杉木(*C. lanceolata*)	3 年生，树干材积	30%～35%	施季森等，1991
双无性系	2	杉木(*C. lanceolata*)	6 年生，树干材积	46.14 %	郑勇平等，2007
无性系	3	欧洲赤松(*P. sylvestris*)	林分蓄积量	25%	Rosvall *et al.*，2001
无性系	3	欧洲云杉(*P. abies*)	林分蓄积量	25%	Rosvall *et al.*，2001
实生苗	3	巨桉(*E. grandis*)	2.5 年生，树干材积	17%	Franklin，1986
无性系	3	火炬松(*P. taeda*)	树干材积	20%	McKeand，2017
实生苗	4	巨桉(*E. grandis*)	2.5 年生，树干材积	19.7%	Franklin，1986

10.5　采穗圃

采穗圃(scion orchard)是为生产单位提供林木良种优质种条(插穗或接穗)的繁殖圃，采穗圃为林木良种繁育的形式之一，属林木良种繁殖基地范畴。依据采穗圃内定植的无性系原株是否经过遗传测定分为普通采穗圃与改良采穗圃两种类型。普通采穗圃中的建圃材料是表现型优树选择的结果，尚未进行遗传测定，一般是为初级无性系种子园建设提供繁殖穗条；改良采穗圃是为生产造林提供遗传品质优良种条的繁殖圃，其建圃材料已经过遗传测定，即利用优良无性系材料营建的采穗圃。

10.5.1　采穗圃营建方法

(1)选址

采穗圃宜选在气候适宜、土壤肥沃、地势平坦、便于排灌的地点，同时要考虑交通条件，方便生产管理，还应注意牲畜危害，最好在苗圃地附近建立，以避免穗条长途运输，提高穗条的扦插/嫁接成活率。如需在山地建立采穗圃，圃地的坡度不宜太大，坡向以阳坡、半阳坡为宜。采穗圃无须隔离，但应避免品种混杂。尤其对于根蘖能力强的树种，应做好不同品种/无性系间的隔离，以防止串根而造成品种混杂。

(2)定植

可按品种或无性系分区，将同一个品种栽培在一个小区内，块状定植，做好标识。定植密度因树种/品种生长特性、使用年限、立地条件以及管理措施而异。一般地，针叶树采穗圃定植密度可大些，如杉木采穗圃可采用 1 m×1 m；阔叶树采穗圃定植密度可小些，如杨树采穗圃可采用 1.5 m×1.5 m，或 2 m×2 m。

10.5.2　采穗圃管理

采穗圃的经营目标是大量生产优质种条，因而其管理工作重点是尽可能促进采穗圃母株的营养生长，提高优质种条的产量。具体的管理工作包括：整地施肥、中耕除草、水分管理、病虫害防治、促萌、整形修剪以及档案管理等。由于不同树种生产经营目标不同，因而对穗条质量的具体要求也不完全相同，因此，应根据树种特点有针对性地制定相应的采穗圃管理措施。以下管理措施适用于以生产幼嫩优质种条为目标的采穗圃。

(1)整地施肥

圃地的土壤管理对于种条产量影响较大。采条母株定植前，应深翻整地，疏松土壤，栽植穴不能太小，并适当施基肥(农家肥或复合肥)。为保证采穗圃能提供大量优质种条，需根据采穗圃立地条件合理追肥，追肥一般以氮肥为主；也可在圃地种植绿肥。

(2)中耕除草

定植后，每年松土除草 2~3 次，防止杂草与植株竞争土壤养分、水分。

(3)水分管理

圃地应有排灌设施，确保圃地在雨季不积水，旱季能浇灌。对于杨树、桉树等需水量大的树种，水分管理好坏直接影响种条的产量。

（4）病虫害防治

由于每年大量采条，容易招致病虫害的发生，应做好病虫害防治工作。另外每年对圃地枯枝残叶也要及时清理。

（5）促萌

促萌是采穗圃管理最重要的工作。针对不同树种采取相应的促萌措施。如杨树采穗圃，第一年扦插，第二年起，每年早春进行平茬，第二年秋在萌条基部留两芽采条，第三年春在每丛留4芽让其抽条，其他多余的芽全部抹去，连续采条4~5年后，采穗圃母株已生理老化，种条生活力下降，此时需重建采穗圃。对于杉木采穗圃，促萌措施更多，常用的促萌措施有以下4种：

①浅栽　浅栽可促进穗条萌蘖，母株定植时可使根颈部暴露于地面，促使萌蘖发生。

②去顶梢促萌　杉木顶端生长优势很强，当除去主干顶梢后，由于顶端生长势受到抑制，主干上的潜伏芽会大量萌发，一般在春季进行去顶梢促萌处理。

③弯干促萌　可采用斜栽、将主干拉弯或用软质绳将相邻株两两相对弯曲扎在一起，使主干不能直立，从而削弱顶端生长优势，促使主干茎萌生芽条。

④压条促萌　将下部枝条压在地上，用土埋压，促进萌条发生。采用压条方法获得的萌条有些已生根，可直接用于造林。

（6）整形修剪

整形修剪是采穗圃管理的基本工作，其目的是将采条母株进行幼化。通过整形修剪，不仅可以矮化树体，便于穗条采集，而且可以促进幼年区域休眠芽与不定芽的萌发，从而使穗条生理年龄幼化。但尽管采取幼化处理，采穗圃母株的生理年龄仍逐年增加，因此，一般采穗圃的使用年限为5~8年，最长不能超过10年，之后需重新建立采穗圃。

（7）档案管理

采穗圃档案包括品种来源、定植图等技术档案，以及常规生产管理、种条生产与出圃记录等工作档案。一般安排专人管理，纸质档案与电子档案分别归档管理。

10.6　林木良种的细胞工程繁育

细胞工程（cell engineering）是应用细胞生物学的原理与方法，结合工程学的技术手段，在细胞水平上进行遗传操作，通过细胞和组织培养，获得目标产品（细胞、组织、胚胎、生物体）的技术。细胞工程技术包括组织培养、体细胞胚胎发生、细胞融合、染色体工程、基因工程等。其中，林木染色体工程很少涉及，林木基因工程育种及体细胞融合技术已在第8章介绍，组织培养技术将在第12章介绍。这里，简要介绍体细胞胚胎发生技术在林木良种快繁中的应用以及人工种子等方面内容。

10.6.1　体细胞胚胎发生

体细胞胚胎发生（somatic embryogenesis，SE）是指不通过配子受精，经胚状体（embryoid）途径发育成完整植株的过程。体细胞胚胎发生具有繁殖系数高，遗传稳定性好等优点，是林木良种重要的繁育手段。

体细胞胚胎发生有 3 条途径：一是从外植体上直接发生；二是在固定培养基上，外植体先形成愈伤组织，再分化产生细胞胚；三是悬浮培养中，先产生胚性细胞团，再形成体细胞胚。体细胞胚大多起源于一个胚性细胞，胚性细胞经过首次分裂形成二细胞原胚，以后经过细胞分裂形成多细胞原胚。原胚形成后，细胞分裂活跃，很快形成球形胚结构，进而完成胚胎繁育。在植物体细胞胚的诱导过程中，影响诱导体细胞脱分化、再分化和发育过程的因素很多。选择适当的外植体是成功诱导体细胞胚的关键。目前松柏类植物几乎均以合子胚为外植体，杂交鹅掌楸以未成熟胚为外植体。新鲜细胞系诱导体细胞胚的能力较强，老化细胞形成胚的能力明显下降。2,4-D 是诱导体细胞胚胎发生的必需条件，是胚性感受态表达的重要因子。高浓度的 2,4-D、BA 和 KT 组合对快速诱导胚发生愈伤组织有利，而要形成后期原胚则必须将激素浓度降低。此外，也可采用 NAA、BA 和 KT 的组合，特别是在增殖培养阶段，用 NAA 代替 2,4-D 更有利于体细胞胚的发生。长时间培养在含有 2,4-D 的培养基上易造成体细胞胚成熟能力的丧失。ABA 能抑制不正常胚的发育，促进体细胞胚的正常化，提高体细胞胚的发生频率。胚细胞分化早期与多胺的生物合成关系较密切，多胺抑制剂可抑制球形胚的形成，但不影响愈伤组织生长，在球形胚后期不再影响胚的发育，可以提高体细胞胚的质量。此外，影响体细胞胚胎发生的因素还包括培养基、碳源、渗透压、活性炭、光照、温度、微量元素、氮源成分、琼脂、蔗糖浓度以及 pH 值等。

在 20 世纪 50 年代末，斯图华德（Steward）和莱纳特（Reinert）几乎同时在胡萝卜根组织培养中观察到了体细胞胚的形成。林木体细胞胚胎发生研究始于 20 世纪 70 年代后期，到 20 世纪 90 年代初得到迅速发展。目前，在已成功诱导出体细胞胚胎的 100 多种植物中，有 40 多种木本植物。在落叶松、云杉、松、黄杉和北美红杉等针叶树中，至少有 20 个树种成功地研制了体细胞胚；在杨树、柳树、鹅掌楸等阔叶树中，有 20 多个树种观察到体细胞胚胎发生或获得了再生植株。其中，火炬松、欧洲云杉、花旗松、辐射松和杂交鹅掌楸等树种的体胚诱导和植株再生已应用于生产实践，如新西兰一家公司已具备年产 200 万株辐射松体细胞胚再生植株的能力，美国 ArborGen 公司在火炬松体细胞胚胎发生技术研究有所突破。新西兰林业研究所辐射松良种繁育过程中，将种子园、采穗圃常规繁育技术与基因工程、组织培养和体细胞胚胎发生技术相结合，加速了辐射松良种无性系繁殖与推广的进程；我国已在杂交鹅掌楸、云杉属、火炬松、黑穗醋栗、桉树、桃树、枫香、杉木和马尾松等树种中开展了相关研究。杂交鹅掌楸体细胞胚胎发生工厂化生产线已在福建将乐建立并投产。

10.6.2　人工种子

人工种子（artificial seeds）即人为制造的种子，是一种含有植物胚状体或芽、营养成分、激素以及其他成分的人工胶囊，又称合成种子（synthetic seeds）。该技术是 20 世纪 80 年代在植物离体繁殖的基础上发展起来的。人工种子可减少试管移苗、苗木包装运输等生产环节。

人工种子由三部分构成：①胚状体。由组织培养产生的有胚芽、胚根，类似天然种子胚的双极性结构，具有萌发长成植株的能力。②人工胚乳。保证胚状体生长发育需要的营养物质，一般以诱导胚状体的培养基为主要成分，或外加一定量的植物激素、抗生素、农药以及除草剂等。③人工种皮。包裹在人工种子最外层的胶质薄膜，这层薄膜既要保证内外气体交换畅通，又要防止水分及各类营养物质的外渗，且具备一定的机械抗压力。人工种子研制大致包括：外植体的选择和消毒、愈伤组织的诱导、体细胞胚的诱导、体细胞胚的同步化、体细胞胚的分选、体细胞胚的包裹（人工胚乳）、包裹外膜，以及发芽成苗和体细胞胚变异等环节。

（1）人工胚乳与人工种皮

包裹胚的营养基质称为人工胚乳，对营养需求因种而异，但与细胞、组织培养的培养基大体相仿，通常还要配加一定量的天然大分子碳水化合物（淀粉、糖类）以减少营养物泄漏。常用人工胚乳有：MS（或 SH、White）培养基+马铃薯淀粉水解物（1.5%）；1/2SH 培养基+麦芽糖（1.5%）等。也可根据需要在上述培养基添加适量激素、抗生素、农药、除草剂等。

人工种皮是指胚状体及其类似物以外部分的统称。聚氯乙烯（商品名 Polyox WSR－N750）适用于包制种子。它可直接溶于 MS 培养基中，干燥后可固化，遇水又会溶解。有多种水溶性胶均适用，其中以海藻酸钠、明胶、树胶、Gelrite 为最佳。人工种子胞衣制作的方法有干燥法、离子交换法和冷却法。以离子交换法较实用、方便。此法又以海藻酸钠最为常用，其价格低廉，使用方便，对胚状体基本无毒害作用，具有一定的保水、透气性能，经 $CaCl_2$ 离子交换后，机械性能较好。为了克服人工种子易于沾黏和变干的缺点，美国杜邦公司以一种称为 Elvax 4260 的涂料对人工种子进行表面处理，效果较好。此外以 5%$CaCO_3$ 或滑石粉抗黏，也有一定效果。

（2）人工种子贮存

由于农林业生产的季节性限制，人工种子需要贮存一定时间，但人工种子含水量大，容易萌发，种球易失水干缩，贮存难度较大，目前技术尚不够成熟。一般是将人工种子保存在温度为 4~7 ℃、相对湿度<67%条件下低温库。

（3）人工种子的萌发与转换

转换指人工种子在一定条件下，萌发、生长、形成完整植株的过程。转换的方法可分为无菌条件下的转换和土壤条件下的转换。无菌条件下的转换也称离体条件下的转换，是将人工种子播种在 1/4MS 培养基，并附加 1.5%麦芽糖、8 g/L 的琼脂。土壤条件下的转换也称活体条件下的转换，是将人工种子直接播种于人工配制的土壤。目前主要采用无土培养试验，培养基质主要成分为蛭石与珍珠岩，可附加低浓度无机盐与 0.75%麦芽糖，以提高转换率。真正将人工种子直接播种在自然土壤中的转换试验目前很少。

与体细胞胚胎发生相比，人工种子的研究进展较慢，其原因主要是体细胞胚胎形成后可以直接诱导再生成苗，而不一定需经人工种子环节，此外，制备人工种子的包裹材料及附加成分技术上尚不成熟，且人工种子转换率较低。

本章提要

林木良种繁育也是林木育种的主要任务之一。林木良种繁育有有性、无性两种途径。采用哪种途径需根据树种的生物学特性、繁殖方式、技术条件等因素而定。

采穗圃是为生产单位提供林木良种优质种条的繁殖圃。采穗圃的经营目标是大量生产优质种条，因而其管理工作重点是尽可能促进采穗圃母株的营养生长，提高优质种条的产量。

母树林是利用天然林或人工林的优良林分，通过留优去劣疏伐，为人工造林生产临时性用种的采种林分，是解决近期人工造林用种的一条临时性措施。当林分条件、母树条件及隔离条件均符合一定的要求时才能建立母树林。如果是在优良种源区内选择优良林分建立母树林，则其遗传增益是有保证的。

种子园是林木良种繁育的主要方式，也是林木育种体系的组成部分。通过对种子园亲本进行严格挑选与科学配置，并隔离外源花粉来保障种子园种子的遗传品质；同时，通过集约经营与精细化管理来促进种子园种子的高产与稳产。第二代及更高世代种子园都称为高世代种子园，目前，一些树种已建成第四代种子园。在高世代种子园建立过程中，控制近交、平衡遗传多样性与遗传增益，提高种子产量等是重点关注的问题。采用温室大棚、激素处理、胁迫处理、高枝嫁接等强化育种措施可有效促进林木提早开花。为了提高种子园的遗传增益，可通过人工控制授粉大量制种，为生产性造林提供全同胞家系种子。

体细胞胚胎发生具有繁殖系数高，遗传稳定性好等优点，是林木良种重要的繁育手段。而人工种子在林木良种繁育中的应用较少，其效果有待观察。

思考题

1. 林木良种繁育的方式有哪些？
2. 什么是采穗圃？采穗圃经营管理包括哪些内容？
3. 什么是母树林？在什么情况下需要建立母树林？
4. 建立母树林的林分条件、母树条件及隔离条件有哪些？
5. 决定母树林遗传增益大小的因素？
6. 什么是种子园？种子园有哪些类型？
7. 简述无性系种子园和实生种子园的概念及特点。
8. 在种子园园址选择时应考虑哪些因素？
9. 为何要进行种子园设计？随机配置与系统配置各有哪些优缺点？
10. 种子园经营管理的目标包括哪些内容？
11. 种子园中为何要控制近交？一般采用哪些措施来控制近交？
12. 提高种子园种子产量有哪些技术措施？
13. 从遗传学的角度谈谈种子园花粉管理的重要性。
14. 缩短育种周期的强化育种措施有哪些？
15. 谈谈你对自由授粉种子园与控制授粉种子园的认识。

推荐读物

1. 林木遗传育种学. 王明庥. 北京：中国林业出版社，2001.

2. Optimum neighborhood seed orchard design. Chaloupkova K, Stejskal J, El-Kassaby Y A, Lstiburek M. *Tree Genetics & Genomes*, 2016, 12: 105.

3. Randomized, replicated, staggered clonal-row (R²SCR) seed orchard design. El-Kassaby Y A, Fayed M, Klapste J, Lstiburek M. *Tree Genetics & Genomes*, 2014, 10: 555-563.

4. Advanced generation seed orchards' turnover as affected by breeding advance, time to sexual maturity and costs, with special reference to *Pinus sylvestris* in Sweden. El-Kassaby Y. A., Prescher F., Lindgren D. *Scandinavian Journal of Forest Research*, 2007, 22: 2, 88-98, DOI: 10.1080/02827580701217752.

5. Advanced-generation wind-pollinated seed orchard design. Hodge G R, White T L. *New Forests*, 1993, 7: 213-236.

6. Gain and diversity inadvancedgenerationcoastal Douglas-fir selections forseedproduction populations. Stoehr M, Yanchuk A, Xie C Y, Sanchez L. *Tree Genetics & Genomes*, 2008, 4(2): 193-200.

第11章 林木良种审定与推广

林木良种(品种)的审定、保护与推广等工作，是良种(品种)选育后进行推广应用的前提，也是种苗管理工作的基本组成部分。育种者培育的良种(品种)需经品种审定合格才能推广应用，品种育成者经申请并被授予品种权后才能获得权益保护。了解林木新品种审定和保护的法律法规，掌握林木良种推广的基本理论与技能，对于从事种苗管理的行政人员、种苗生产者、经营者和育种者都是必要的。

11.1 林木良种/品种

11.1.1 林木良种、新品种概念与命名

11.1.1.1 林木良种、品种的概念

良种(improved variety)，也称优良品种，是经人工遗传改良与培育，经济性状与生物学特征符合人类生产、生活需求，且性状遗传稳定一致、能适应一定的自然和栽培条件的特异性植物群体。品种(cultivar)是经过人工选育，具有较好的适应性、特异性，并且其经济性状优良、主要性状整齐一致、性状遗传稳定等。品种名需用单引号标出。

11.1.1.2 林木品种的特点

①品种是经济上的概念，是林业的重要生产资料，而不是分类单位。

②评价品种优劣的唯一标准是现实的应用价值，而不是选育技术是否先进。

③品种具有地域性，优良品种并不一定适宜所有的栽培环境。

④品种应用具有时效性，时代不同，生产上对品种特性的要求也不同。

⑤要最大限度地发挥优良品种的遗传潜力，需要给予一定的栽培条件，即良种与良法配套，才能最大程度地实现高产和高效。

11.1.1.3 植物新品种概念

植物新品种是指经过人工培育的或者对发现的野生植物加以开发的，具备新颖性、特异性、一致性和稳定性并有适当命名的植物品种。

①新颖性 指申请新品种权的品种在申请日前，经申请权人自行或者同意销售、推广其种苗，在中国境内未超过 1 年；在境外，木本或者藤本植物未超过 6 年，其他植物未超过 4 年。

②特异性 指一个品种有一个以上的性状明显区别于已知品种。

③一致性 指一个品种的特性除可预期的自然变异外，群体内个体间相关的特征或特性表现一致。

④稳定性 指一个品种经过反复繁殖后或者在特定繁殖周期结束时，其主要性状保持不变。

植物新品种是知识产权的一种形式，又称"植物育种者权力"，是授予植物新品种培育者利用其品种排他的独占权力。保护的对象不是植物品种本身，而是植物育种者应当享有的权利。它和其他知识产权在形式上有某些共同特征，但同时又有本质差别。植物新品种保护是指对植物育种者权力的保护，这种权力是由政府授予植物育种者利用其品种排他的独占权力，未经育种者的许可，任何人、任何组织都无权利用育种者培育的品种从事商业活动。

11.1.1.4 林木新品种的地位和作用

（1）林木新品种的地位突出

林木生产周期长，栽培环境大多为荒山荒地，仅仅依靠改善外部栽培条件是有限度的，必须从林木自身内在的遗传基础进行改良，培育新品种，充分发挥林木自身的优良特性，弥补恶劣的外部环境对其生长和发育的不良影响。与作物、蔬菜等生命周期比较短的植物育种相比，林木育种对于林业生产的发展更为重要。

（2）林木新品种的作用

①增加产量、改善品质、减少投入，充分满足社会需求 人工林：轮伐期缩短 1/3～1/2；产量提高 20%～50%。三倍体毛白杨比普通毛白杨表现出了显著的优越性（表 11-1）。

表 11-1 三倍体毛白杨和普通毛白杨生长和材性的对比

项目	规格与指标	普通毛白杨	三倍体毛白杨
育苗	地径 3 cm，苗高 3～4 cm	2 年	1 年
造林	胸径>15 cm，树高>12 m 单株材积>0.1 m³/株 蓄积量：10～20 m³/亩	>10 年	5 年
材质	纤维长 木质素含量	0.84 mm 19.8%	1.28 mm 17.7%
抗性	耐瘠薄、抗病虫害	较差	较强

②带动相关产业及国民经济发展

新西兰：天然林约 $640×10^4$ hm²，人工林 $180×10^4$ hm²，辐射松占人工林的 90%，全部采用来自种子园的良种繁殖以及用优良家系进行无性繁殖，良种化的投入产出比为 1∶46，林木蓄积平均 207 m³/hm²，占国土面积 6% 的人工林提供了 97% 的木材。人口不足 400 万的新西兰，林产品贸易额占世界林产品总贸易额的 1%，占太平洋地区的 8%。林产品已成为新西兰第三大出口创汇产品。

美国：自 20 世纪 50 年代以来，开展湿地松、火炬松遗传改良工作。由初级种子园、去劣疏伐种子园、1.5 代和第二代种子园，发展到个别树种的第三代种子园。每年提供13.3 亿株，造林 $75×10^4$ hm² 以上。北卡罗来纳协作组用火炬松初级种子园种子造林，材积增益为 8%～12%，再考虑树干通直，木材密度大等因素，林分的实际增益达 20%。36年累计投资 7500 万美元，而由木材产量和品质提高带来的收益高达 15 亿美元，投入与产出比为 1∶20。

智利：全国森林面积 $1570×10^4 hm^2$，发展林业的气候得天独厚，南方沿海瘠薄的酸性红壤，不宜作物生长，却十分有利于辐射松生长、繁衍。19 世纪末引进辐射松，全部采用来自种子园的实生苗或优良家系的嫩枝扦插苗造林。现有人工林 $210×10^4 hm^2$，80% 为辐射松，成材期仅需 24 年，为原产地美国的 1/3。2018 年林业产品出口额达到 68. 36 亿美元。

③改善生活方式　经济林新品种的成熟期一致，可以进行集中采收木材或果实等，也便于机械化作业；通过培育控制株型一致的新品种，为机械化管理提供了可能；培育的耐除草剂类型的新品种，降低了管理成本和劳动强度，一定程度上缓解用工难的问题；培育的抗病虫新品种，不仅减少因病虫害引起的各种损失，同时还减少了防控病虫害的化学污染，为绿色环保生产等方面提供了支撑。

④推动相关领域的科技进步　培育新品种需要以遗传、细胞、分子等学科的理论研究为基础，新品种培育有利于推动理论研究和基础研究，也将促进林木育种理论与相关技术的发展和进步；良种需要良法与之配套才能发挥新品种的最大效益，该方面的工作必将推动栽培理论和技术，以及与之配套的管理技术的科技进步；所有这些均需要劳动者去实施和完成，对劳动者素质提出了更高的要求，也同时促进了人才的培养等。

11. 1. 2　林木品种审定、认定

《中华人民共和国种子法》规定：国家对主要农作物和主要林木实行品种审定制度。主要农作物品种和主要林木品种在推广前应当通过国家级或者省级审定。国家对部分非主要农作物实行品种登记制度。列入非主要农作物登记目录的品种在推广前应当登记。应当审定的林木品种未经审定通过的，不得作为良种推广、销售，但生产确需使用的，应当经林木品种审定委员会认定。

品种审定是由各级审定委员会对要推广的新品种的综合性状，包括园艺性状、生产性状、观赏性，对病虫害的抗性、对环境条件的要求、区域适应能力以及与现有品种对比等的综合性状进行鉴定，是在行政层面上对新品种推广应用实施的管理，也就是由权威性专门机构对新选育出的品种进行审查，并确定其能否推广以及推广适生范围的法定过程，是品种推广前的必要程序。

品种认定是经品种审定委员会审查，对未经审定通过的林木品种，但生产确需使用的，认定其在一定期限内可推广范围的过程。

实行品种审定制度，有利于品种管理，充分发挥良种作用，从而更经济而充分地利用国土资源。

11. 1. 2. 1　品种审定的意义

品种审定(variety approval)是由专门机构(如品种审定委员会)对新育成的品种能否推广和在什么范围推广做出审查决定。品种审定的目的是在加强品种管理，保护育种者、种子经营者和生产者共同的利益，因地制宜地推广优良品种，充分发挥优良品种的作用。

①品种审定是对品种能否推广的鉴定，对优良品种准许推广，表现差的品种不允许推广，从而保证生产上推广的品种具有优良的增产增收的性能。

②通过品种审定，在实行品种权力保护的条件下，可以使育种者的知识产权得到有效的保护，从而调动育种者的积极性，激励育种者选育出更多更好的品种。

③通过品种审定可加速新品种的推广，促使生产上不断用新育成的优良品种取代原有生产的品种，从而使育种成果迅速而有效地向现实生产力转化。

11.1.2.2　品种审定管理机构

我国品种审定工作分为两大部分：一个是主要农作物品种审定，另一个是林木品种审定。2003 年国家林业局通过了《主要林木品种审定办法》(以下简称《办法》)，自 2003 年 9 月 1 日起施行。该办法规定：未经审(认)定通过的林木品种，不能作为林木良种推广使用，通过审(认)定的林木良种，要严格按照审(认)定确定的适宜生态区域范围规范推广。

国家林业局(现国家林业和草原局)设立国家级林木品种审定委员会，承担在全国适宜生态区域推广的林木品种审定工作；省、自治区、直辖市人民政府林业主管部门设立省级林木品种审定委员会，承担在本行政区内适宜生态区域推广的林木品种审定工作。

林木品种审定委员会由科研、教学、生产、推广、管理和使用等方面的专业人员组成，每届任期 5 年。

林木品种审定委员会设立主任委员会，负责林木品种审定的组织和结果公告工作。主任委员会设主任委员 1 名，副主任委员 8~10 名。

按照林木用途分别设立专业委员会，承担林木品种审定的初审工作，专业委员会各专业委员会设主任委员 1 名，副主任委员 1~2 名，专业委员会委员应当具有高级专业技术职称。

林木品种审定委员会设立秘书处，由同级人民政府林业主管部门林木种苗管理机构承担，负责林木品种审定委员会的日常工作。秘书处设秘书长 1 名，副秘书长 1~2 名。

11.1.2.3　林木品种的报审条件

《办法》规定，申请人向林木品种审定委员会提出审定申请的主要林木品种必须符合下列条件：

①严格按照林木品种选育程序或引种驯化程序进行选育。

②在产量、抗性、品种、观赏价值等方面显著优于特定对照种、品种，具有相对稳定性。

③已形成配套的繁殖技术，具备一定数量种子或穗条(种根)的生产能力。

④经区域试验证实，在一定区域内生产上有较高使用价值、性状优良的品种。

⑤优良种源区内的优良林分或者种子生产基地生产的种子。

⑥有特殊使用价值的种源、家系或无性系。

⑦引种或野生驯化成功的树种(或品种)及其优良种源、家系和无性系。

如果审定通过的林木良种在使用过程中发现已经不具备林木良种条件的，有关利害人或者县级以上人民政府林业行政主管部门林木种苗管理机构可以提出取消林木良种资格的建议。审定通过的林木良种，在林木良种有效期限届满后，林木良种资格自动失效，不得再作为林木良种进行推广、经营，但是可以再申请审定。

11.1.2.4　报审范围

根据《办法》，凡属下列范围之一的均可报审。

①经多年栽培驯化，证明具有生产使用价值的优良树种。

②经区域试验证实，在特定区域内生产上具有较高使用价值，性状表现优良的树种、品种。

③依照国家有关标准和技术规范建设的林木良种生产基地生产的种子、穗条及其他繁殖材料。

④优良种源区内优良林分，经去劣留优改建的采种基地中生产的种子。

⑤有特殊使用价值的树种类型、家系、无性系、品种。

⑥引种驯化成功的树种及其优良种源、家系和无性系。

11.1.2.5 报审材料

报审者按要求认真填写《国家(或某省、自治区、直辖市)林木品种审(认)定申请书》，并附以下材料：

①林木品种选育报告。报告应对品种的亲本来源及特性、选育过程、区域试验规模与结果、主要技术经济指标、主要优缺点、繁殖栽培技术要点、抗逆性、适宜种植范围等方面进行详细说明。同时提出拟定的品种名称。

②区域试验证明表。

③品种特异性、一致性、稳定性描述。

④提交林木品种特征图像资料或标准图谱(如叶、茎、根、花、果实、种子的照片)。

⑤通过科技成果鉴定或获得新品种权的品种，应当附相应证书复印件。

⑥申请材料真实性承诺书。

⑦转基因品种应提供国家转基因林木安全证书或安全评估报告。

⑧申请人与原选育人不一致的，应提供原选育人的报审委托书以及协作协议。

⑨代理机构代理申请林木品种审定的，应当附上代理机构与委托人签订的委托书。

11.1.2.6 报审程序

①育种单位或个人提出申请，填写《国家(或某省、自治区、直辖市)林木品种审(认)定申请书》，并附相关材料。国(境)外企业、组织或个人申请审定，应委托具有中国法人资格的机构代理。

②报审者所在单位审核并签章。国(境)外组织、个人、企业申请审定的品种，由所委托代理的机构审核签章。

③报审者为试验现场核查做好准备。

④协作单位以及主持区域化试验和生产试验单位推荐签章等。

⑤在每年的规定时间前，向品种审定委员会提交申请书、申报材料等。

⑥审定委员会进行形式审查，无误后受理申请。

11.1.2.7 林木品种审定、公告与登记

林木品种审定委员会应在当年内完成本年度的审定工作。林木品种审定执行国家、行业和地方有关标准；暂无标准的，应当执行省级以上人民政府林业行政主管部门制定的相关技术规定。林木品种审定委员会受理的审定申请，由专业委员会进行初审。初审通过审定的林木品种，应提出该林木品种的特性、栽培技术要点、适宜推广的生态区域和林木良种有效期限。专业委员会应根据初审结果，向林木品种审定委员会主任委员提出初审意见，报主任委员决定。同一林木品种只能审(认)定一次。

　　林木品种审定委员会应当对审(认)定通过的林木良种统一命名、编号，颁发林木良种证书，并报同级林业行政主管部门发布公告。公告的主要内容包括：名称、树种、学名、类别、林木良种编号、品种特性、适宜推广生态区域、栽培技术要点和主要用途等；审(认)定通过的林木良种还应公告林木良种有效期限。对审(认)定未通过的林木品种，如申请人有异议的，可以在接到通知后 90 天内，向原林木品种审定委员会或者国家林木品种审定委员会申请复审，但复审只有一次。

　　林木良种的编号规则包括林木良种审定委员会简称、审定或者认定标志、林木良种类别代码、树种代号、林木良种顺序编号和审(认)定年份 6 部分组成：

　　①林木良种审定委员会简称：国家级林木良种审定委员会简称为"国"；省级林木良种审定委员会简称为各省、自治区、直辖市的简称。

　　②审定或者认定标志：S 代表审定通过，R 代表认定通过。

　　③林木良种类别代码用英文缩写表示，分别为：引种驯化品种 ETS；优良种源 SP；优良家系 SF；优良无性系 SC；优良品种 SV；母树林 SS；实生种子园 SSO；无性系种子园 CSO。种子园代码后用加括号的阿拉伯数字表示育种代数，如(1)为一代种子园，(1.5)为一代改良种子园，依此类推。

　　④树种代号：由树种属名、种名(拉丁名)的第一个字母组成，与其他树种有重复的，加种名的第二个及以后的字母至相区别为止。

　　⑤林木良种顺序编号：由 3 位阿拉伯数字组成。

　　⑥审(认)定年份：由 4 位阿拉伯数字组成。

11.1.3　林木新品种登录及保护

11.1.3.1　林木新品种登录

　　(1)品种登录

　　品种登录(cultivar registration)是根据《国际栽培植物命名法规》(*International Code of Nomenclature for Cultivated Plants* ，ICNPCP)对新育成的栽培植物品种名称进行认定并在同行业中进行通报的过程。这一过程保证了新品种名称的准确性和唯一性。国际园艺学会(International Society for Horticultural Sciences，ISHS)命名与登录专业委员会(Commission for Nomenclature and Registration)下属的国际栽培植物品种登录权威系统(International Cultivar Registration Authority System，ICRAS)的各个国际品种登录权威(International Cultivar Registration Authorities，ICRA)在遵循 ICNCP 的前提下，对各自负责的植物类群在世界范围内收集、整理并公开发表所有栽培植物品种名，同时接受品种登录申请，公开出版品种名录和登记簿，并进行补遗。

　　(2)品种登录的意义

　　栽培植物品种登录工作有着极其重要的意义：

　　①对于育种者，育成的品种被登录就是正式发表，即育成的品种及其性状描述将会被整个育种界和学术界公认，是保证育种者权益的前提条件。

　　②对于整个育种界，登录权威出版的栽培品种名录是相关育种者培育和命名新品种的前提。

③对于生产者和消费者，植物新品种在国际登录中心登陆后将保证品种名称的准确性、统一性和权威性，有利于在世界范围内的合法传播和交易，减少了后期的法律纠纷，有利于植物产业的发展。

④对于国家，拥有植物品种登录权威的多少也反映了该国植物界在国际植物界的地位以及相应植物科学研究水平的高低。

（3）登录品种的程序

各类植物登录的要求可能不尽相同，但栽培植物品种国际的登陆的一般程序如下：

①由育种者向登陆权威提交拟登录品种的文字、图片、育种亲本、育种过程等有关材料，并交纳申报费用。

②由登录权威根据申报材料和已登录品种，对拟登录品种名称、特征和特性进行书面审查，必要时进行实物审查。

③登录权威对符合登录条件的品种，给申请人颁发登录证书，借以鞭策进一步登录工作。同时将其收录在登录年报中，在正式出版物上发表。

（4）国际登录权威对申请登录品种的具体要求

①国际登录簿应收录所负责命名的分类群的所有已知的品种和品种群名。如果某个品种已经灭绝，可以标注出来。虽然有些品种已经不再用于栽培，但是具有历史意义，可能在种子库或其他种质资源库中已经保存多年。

②国际登录簿中应包含所有可接受品种名的"可替代品种名"，包括"商标注册名"；"不同育种翻译名"或"不同书写符号转换名"，但是要注明哪一个品种名是可接受的品种名。

③国际登录簿应包括虽为不可接受的登录名称，然而在商业生产上一直在应用或已经依据命名法规在被接受前符合特殊的标准的品种名。这些要明确注明不可接受以及不可登录的原因。

④只要能加以证明，要注明命名的日期、命名人等，要对品种或品种群名有明确详述。

⑤在同一属或种的分类单位中，当同一个名字被使用一次以上时，每次的使用要进行适当的描述。

⑥国际登录簿应包括那些没有正式登录，但已经发表的品种名，作为一个特殊群列出。

⑦国际登录簿应包括品种的商标名。

⑧国际登录簿应负责立法品种，例如，UPOV 成员国为了保护新品种而命名的品种名。

⑨依据商标而命名的品种名要登记且要注明，以避免与符合国际命名法规的可接受的品种名混淆。

⑩国际登录无须列出种名，只要列出品种名和品种群即可。

（5）登录申请表的填写

每一个 ICRA（International Cultivar Registration Authorities）都要求编制登录申请表，并要求所有的申请者必须填写。其内容因植物种类不同而有所差异。要求不宜过分复杂，否则不便于实施操作。

所有的申请表至少包含以下内容：第一次发现某植物群体有培育成品种潜力的人；给品种定名的人；第一次引种人（有必要与私人作为经营生产的引种区别）；申请登录的人和时间（通常表明年份即可）；如果一个品种或品种群事前已经定名，但是没有登录，在申请登陆时要求写出最早发表此品种的人以及发表的详细情况（包括时间和地点），复印件要同时附上，以备作为正式的申请文件；如果申请登录的名字是最初品种名的语言文字形式，而不是拉丁名形式，则需要同时提供其最初的语言文字形式；杂交培育的品种要注明父母亲本，芽变品种要标明产生芽变的母株品种；如果品种是来自野生状态的植物，则需要说明最早发现的地点；如果申请了商标、专利、植物新品种保护，要出示有关性状的测试记录。

皇家园艺学会（英国）色谱（最新版）是应用十分广泛的色谱，推荐各个 ICRA 使用此色谱，并且在发表登录报告时要注明所使用色谱的版本；特别当对于一个品种的描述不全面时，申请登录者必须提供有关这一品种不同于其他品种的特性；最好提供品种的实物标本、照片、绘图等材料作为档案材料保存，以用于区别其他品种；要提供品种繁殖的最佳方法；对品种名的词源进行必要的解释，让大家了解名字的含义；如品种获奖，应说明获奖的日期和奖项名称；登录表必须强调的是虽然是由 ICRA 最后决定品种名，但是并不受发表时间先后的影响。

（6）交付登录费

国际园艺学会不提倡各个国际登录权威向申请登录的人或单位收取任何登录费用，因为在申请成为国际登陆权威之前的条件之一就是申请人或单位有能力（时间、经费）完成这样的登录任务。但是可视实际情况收取一定的登录费。

11.1.3.2　林木新品种保护

（1）植物新品种保护的概念

植物新品种是指经过人工培育的或者对发现的野生植物加以开发的，具备新颖性、特异性、一致性和稳定性并有适当命名的植物品种。植物新品种是知识产权的一种形式，又称"植物育种者权力"，是授予植物新品种培育者利用其他种排他的独占权力。保护的对象不是植物品种本身，而是植物育种者应当享有的权利。它和其他知识产权在形式上有某些共同特征，但同时又有本质差别。植物新品种保护是指对植物育种者权力的保护，这种权力是由政府授予植物育种者利用其品种排他的独占权力。植物育种者权力与专利权、著作权、商标权同属知识产权，未经育种者的许可，任何人、任何组织都无权利用育种者培育的品种从事商业活动。也就是说，只有品种权所有者有全权出售品种的繁殖材料，或者以销售为目的生产这种繁殖材料，其他人只能在品种权所有者授权的情况下才能这样做。

品种权包括育种者对培育出的新品种享有排他的独占权，以及自己实施或者许可他人进行生产、销售以及相关商业活动；还包括育种者应该享有的、表明其品种完成人身份的权力以及获得相应奖励和荣誉的权利。

申请人在为即将申请的品种确定名称后，在向 ICRA（International Cultivar Registration Authorities）组织机构正式申请之前，需尽早将该新品种的名称公开发表。可个人发表，如育种人在产品目录上发表，也可由相关的 ICRA 发表。其刊物必须是公开发行的且至少发行到拥有图书馆的有关植物、农业、林业或园艺各有关单位(报纸、园艺或非技术性杂志除外),在国际互联网上或光盘上发表不算正式发表。此外,发表必须标有日期,至少标至年份。

申请者将登载有自己品种名的发行物复印件分别送给 ICRA 和当地主要的植物或园艺图书馆。如可能的话,将新品种的蜡叶标本送到尽量多的植物标本馆,确保送到离申请者最近的植物标本馆以此作为标准。这有助于防止将来同其他品种混淆,也有助于解决品种权的纠纷。最后,需要指出的是品种名可以被所有人使用,但盗用他人品种名作为商标并赢利的行为是违法的。

(2)植物新品种保护的意义

我国植物新品种保护起步晚,近年来才逐步得到重视和发展,国家实行植物新品种保护制度,依法保护育种者的品种权。大力推行新品种保护具有如下意义:

①有利于规范育种行业,激励植物品种创新　培育植物新品种需要大量的投资,包括技能、劳力、物质资源和资金,同时要花费多年的时间。授予新品种的培育者享有排他的独占权,使其能利用其品种得到利润,可鼓励他们为植物育种继续投资,为农业、林业和园艺的发展做出更大的贡献。

②有利于促进植物产品贸易及植物科学的国际合作与交流　实施新品种保护,对植物新品种给予国际保护,为我国育种人员到国外申请品种权铺平了道路,国外的单位和个人也可以依法在我国取得品种权,这样可以促进植物育种的国际合作和交流,形成优良品种双向流动的新机制。

③开展植物新品种保护工作是我国科技体制改革的需要　随着国家科技体制改革向纵深发展,若对其植物品种知识产权不给予保护,科研单位的生存和发展将面临严重挑战,农林业生产也将面临再无优新品种的绝境。因此,保护植物新品种,不仅会影响科研单位的生存和发展,而且是关系到农业、林业可持续发展的大事。

(3)国际植物新品种保护制度的建立

①国际新品种保护联盟　早在 19 世纪,随着植物新品种被大量培育出来,以及国际间植物种子贸易的迅速兴起,使得植物品种保护的重要性日益显现。1961 年 12 月 2 日,比利时、法国等 5 个欧洲国家在巴黎签署了《国际植物新品种保护条约》(The International Convention for the Protection of New Varieties of Plants),1968 年成立了国际植物新品种保护联盟(International Union for the Protection of New Varieties for Plants,UPOV),这就标志着新品种保护已被国际社会广泛关注,并且被逐步纳入到正规的法制中。自成立 UPOV 以来,其作为政府间的国际组织主要是协调和促进成员国之间在行政和技术领域的合作,特别是在制定基本的法律和技术准则、交流信息、促进国际合作等方面发挥重要作用。1994 年开始实施整个欧盟统一的植物新品种保护制度,在欧盟建立 20 多个 DUS 测试点。中国、日本和韩国分别于 1999 年、1982 年和 2002 年加入。日本建立了 8 个测试站,韩国建立了 4 个品种测试基地。

②国际植物新品种保护公约　UPOV 成立后签署了的第一个《公约》文本又称 1961 年文本,从 1968 年开始生效,并于 1972 年、1978 年和 1991 年在日内瓦做了 3 次修订,分别称为 1972 年文本(Act of 1972)、1978 年文本(Act of 1978)和 1991 年文本(Act of 1991)。

《公约》文本有两个主要作用：第一，规定了通过 UPOV 成员国授予植物育种者的最低权利，即详细列出了保护范围；第二，对保护品种，确定了新颖性、特异性、一致性、稳定性及新品种命名的标准。许多发达国家已对植物新品种实施保护，并建立起比较完备的保护体系和新品种特异性、一致性、稳定性测试体系（DUS 测试体系）。

(4) 我国植物品种保护制度

我国的植物新品种保护起步较晚。1999 年 4 月 23 日，我国加入了国际植物新品种保护联盟（UPOV），签订了 1978 年文本，成为第 39 个成员国。1999 年 10 月 1 日，我国开始实施《中华人民共和国植物新品种保护条例》（以下简称《条例》）。我国颁布实施了一系列有利于新品种保护的法律，在法规建设方面取得了较大进展，初步形成新品种保护法律体系框架，对植物新品种进行保护，对我国林木育种技术创新、林木产业化、规范林木产业市场秩序等方面发挥了重要作用。

目前国际上植物新品种保护制度有两种：一种是"双轨制"保护植物新品种的制度，就是通过植物专利、普通专利和植物品种证书的制度，对植物品种实行全面的保护，以美国为代表；另一种是"专门法"保护植物新品种的制度，1997 年 3 月，为了与《与贸易有关的知识产权协议》和《公约》接轨，履行国际义务，我国采用"专门法"的保护制度，由国务院颁布了《条例》。

(5) 申请植物新品种保护的程序

① 申请新品种授权的条件　新品种属于国家植物品种保护名录中列举的植物的属或者种（1999—2016 年先后发布了 6 批保护名录，包括 206 个属和种）。

授予品种权的植物新品种应当具备新颖性（novelty）、特异性（distinctness）、一致性（uniformity）和稳定性（stability），因此新品种测试也简称为 DUS 测试。

授予品种权的植物新品种应当具备适当的名称。

② 植物新品种权的授予过程　根据《公约》和《条例》的规定，植物新品种权的授予需经过以下几个过程：第一，申请人提出申请；第二，审批机关进行形式审查，主要进行初步审查、初审公告和实质审查（包括田间试种和实验室测定）；第三，授权并发布授权公告。

对于准备提出申请保护的新品种的一个基本前体就是在申请保护国或地区（欧盟）该品种所属的植物属或种已被列入保护名录；其次看其是否具有新颖性、特异性、一致性和稳定性。

对于申请人，建议在申请前认真阅读有关文件，如果在中国境内提出申请，此前要认真阅读《中华人民共和国植物新品种保护条例》。

对于申请保护的品种的名称有三点要求：一是不允许全名为纯数字；二是不能使用违背社会公德的文字；三是不能使用容易就品种特性引起误解的名称。

对于植物新品种保护年限的有关规定是藤本、林木、果树和观赏植物自品种权授予之日起 20 年，其他植物（如大田作物、蔬菜等）为 15 年。需要按照规定交纳新品种保护年费才能获得真正的保护作用。

③植物新品种审查的基本内容(图 11-1)

A. 初步审查：主要审查申请品种是否具有新颖性，即申请品种是否与申请前的所有已知品种有差异，主要通过与已知品种数据库逐一对比的方式进行审查。新颖性是指申请品种在申请日前其繁殖材料未被销售，或者经育种者许可，在中国境内销售该品种繁殖材料未超过 1 年，在境外销售藤本及木本不超过 6 年，其余不超过 4 年。

B. 实质审查：主要审查申请品种是否具有特异性、一致性、稳定性。特异性是指该品种应明显区别于以前已知的植物品种；一致性是指该品种经过繁殖，除可预见的变异外，其相关特征或特性在不同单株间表现整齐一致；稳定性是指该品种经反复繁殖在一定周期内，其相关特性及特征稳定不变。此外，该品种必须有一个适当的名称。

实质审查主要有 3 种形式：第一，通过文件进行审查；第二，通过专家组进行实地审查；第三，由国家林业局指定的测试机构进行田间试种测试。根据国际上的通行做法和我国的实际情况，主要采取第二种形式进行实质审查，今后将逐步加大第三种方式审查的比例，与国际植物新品种测试接轨。第三种形式需由申请人将测试材料递交国家林业和草原局指定的测试机构，测试机构将申请品种与对照品种在田间试种 1~3 年，定期观测、记录、比较，最后写出测试报告，对田间测试难以得出明确结论的申请品种，必要时还要再进行实验室鉴定和分子生物学检测。

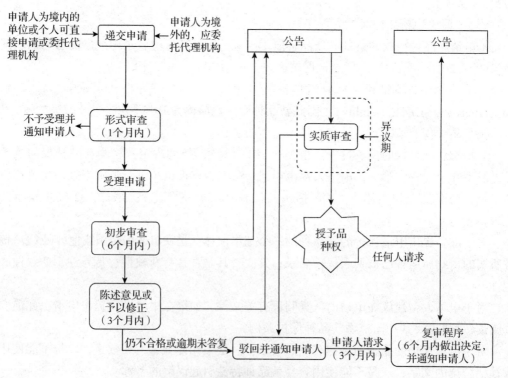

图 11-1 植物新品种权审批流程图
(根据国家林业和草原局植物新品种保护办公室审批流程修改)

11.2　林木良种(品种)推广

林木良种就是通过国家或省级品种审定委员会审定的主要作物或林木品种,经区域化试验证明其在适生区域内产量、质量、适应性、抗性等目标性状明显优于当前主栽材料(品种)的种植材料(品种)。

11.2.1　品种区域化试验

11.2.1.1　品种区域化的意义和任务

生产良种化和良种区域化是生产现代化的重要标志之一。优良品种只有在适宜的生态环境条件下,才能发挥其优良特性;而每一个地区只有选择并种植合适的品种,才能获得良好的经济效益。所以,品种推广必须坚持适地适种(无性系)的原则,否则将给生产上造成损失。尤其是多年生木本植物,因品种不合适造成的生产上的损失将持续到品种更换之后,即使采取品种更新措施,也会导致前期投资的巨大损失。

品种区域化是实现适地适种的主要途径,其内容和任务如下:

(1)在适应范围内栽种品种

根据品种要求的生态环境条件,安排在适应区域内种植,使品种的优良性状和特性得到充分发挥。最可靠的是通过品种多点区域试验,即采取适应性试验。在生态条件相似的地区,栽培技术水平的差异会影响品种优良特性的发挥,如不耐粗放管理的品种,在栽培水平低下的地区就难以获得丰产优质,因此,在适应范围内栽种良种(或品种),除了考虑气候、土壤等生态因子外,还必须考虑其栽培水平及经济基础。

(2)确定不同区域的品种组成

根据地区生态环境条件,结合市场要求、交通、劳力等因素,对某一种林木树种的栽培品种布局做出规划。品种组成数量不宜过多,选择少数最适宜的优良品种集中栽培,是获得高产优质的途径之一。品种布局的具体组成品种数量,应根据林木种类、栽培面积及当地生产经营条件等因素而定。

11.2.1.2　品种区域化的方法

(1)划分自然区域

根据气候、土壤等生态条件,对全国或某一省(直辖市、自治区)范围内做出总体的区划和分品种的区划。

(2)确定各区域发展品种及其布局

以市场需求为出发点,市场需求包括原有传统市场和潜在市场;原有品种构成及存在问题,调查内容包括:①当地的生态环境条件、灾害性天气的频率和危害程度、栽培管理水平及其特点;②原有品种在当地的生长发育及产量、品质、抗逆性、适应性、主要物候等栽培反应;③群众对品种的评价。根据调查结果,确定区域化品种布局,包括在资源调查中发现的优良类型,并经过生产实践考验的可在同一生态区域作为区域化品种;新引入和新育成品种,经过引种试验、品种比较试验和适应性试验后,根据供试品种在一定地区范围内的实际表现,挑选适合于本区域发展的品种。

（3）品种试验

品种试验包括区域试验和生产试验。具体试验方法由品种审定委员会制定并发布。

品种的区域试验：每一具有显著生态差异的地理区域不少于三个符合统计分析要求的试验点（即跨省、自治区、直辖市完成区域试验的品种，在生态上具有显著差异的区域试验点至少3个；在一个省、自治区、直辖市完成区域试验的品种，在本省、自治区、直辖市内区域试验点至少3个）。每一区域试验点的试验面积在 2 hm^2 以上（包括对照）。慢生树种不少于1/4轮伐期；速生树种不少于1/2轮伐期；引种成功树种不少于1/3轮伐期；短周期定向培育材不少于一个生产周期；经济树种要有连续 4 年以上的正常产量记录。区域试验应当对品种丰产性、适应性、抗逆性和品质等性状进行鉴定，一般应具有速生、丰产、稳产、优质、抗逆性强等部分或全部优良性状，包括指标如下：

①用材树种良种指标　A. 在同等立地条件下，单位面积木材产量显著大于当地同一树种的其他品种。其中，a. 阔叶树木材增益具有速生、丰产、优质、抗逆性强和适应性好等综合优良特性或品质，与当地主要栽培种或已推广的良种相比，增益在10%以上；具有速生、丰产的单项优良特性的，与当地主要栽培种或已推广的良种相比，增益在15%以上；具有材质优良的特性，或某一抗性性状，经济性状显著（$a=0.05$）优于当地主要栽培种或已推广良种；b. 针叶树优良种源和母树林的种子，造林后木材增益5%以上；c. 种子园的种子木材增益10%以上，优良家系、优良无性系，木材增益15%以上；d. 引种成功的树种及其优良种源、家系、无性系，木材增益大于当地主要造林树种（品种）15%以上。B. 具有材质优良，抗病、抗虫、适应不良生态因子（如盐碱、风沙、干旱、瘠薄、低温、积水等）优良性状。C. 具有某种或多种特殊使用价值（建筑、纤维、造纸、板材等），且显著优于生产对照品种。

②经济树种良种指标　以生产果品、油料为主要目的的，在同等立地条件下，经品种比较试验，产品增益应高于当地主栽品种15%；在未实现品种化地区，产量增益应高于平均产量的30%以上；引种成功的良种产量应高于当地主栽品种15%以上。

生产试验是在接近大田生产的条件下，对品种的丰产性、适应性、抗逆性等进一步验证，同时总结配套栽培技术。抗逆性鉴定、品质检测结果以品种审定委员会指定的测试机构的结果为准。一般情况下，生产试验比区域试验要求略高，试验地点数量、试验林面积、试验期限等指标均要大于区域试验对应的指标。

11.2.2　品种的适应性及 GEI 效应分析

林木生长的表现除受环境条件的影响，多数情况下还受基因型与环境交互作用的影响。同一品种在不同地点、不同年份以及不同栽培条件下，其生长表现或生态效应值常常波动较大，简单地利用试验总平均值，往往不能对遗传值做出真实评价。林木遗传价值及其推广利用的可行性，不仅取决于生长量的绝对值，而且在很大程度上还取决于遗传稳定性和生长适应性。研究基因型与环境交互作用效应，可了解各品种的适应性和遗传稳定性，确定品种的适宜推广范围，充分发挥品种优势。因此，研究基因型与环境交互作用效应（gene-environment interaction，GEI）对林木品种的推广具有非常重要的意义。

11.2.2.1　基因型与环境交互作用

基因型与环境互作（G×E）是指遗传型的相对表现在不同环境下缺乏稳定性，表现为不同环境下基因型排序变化或基因型间差别不恒定。研究表明，林木 G×E 普遍存在，如图 11-2 所示，1 号无性系(或种源、家系)在 A 地比 2 号无性系生长快，而在 B 地却比 2 号无性系长慢，这就意味着这两个参试的无性系与地点(环境)存在着交互作用。由于存在这种交互作用，林木良种推广前必须对其进行估算，并对良种类型进行划分，这样才能做到适地适遗传型。另外，对栽植地环境也需要进行分类，并按照环境因子相似原则划分树种的育种区、育种亚区。结合二者并辅以适当的栽培方法，才能充分体现良种在生产上的贡献，良种良法相辅相成获得最大增益。

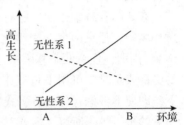

图 11-2　遗传型与环境交互作用示意

G×E 交互作用的表现方式有两种：一种为秩次改变 (rank change interaction)，即在不同环境中基因型的相对排序会发生改变；另一种为尺度效应(scale effect interaction)，即虽然在不同环境中基因型的相对排序不会发生改变，但基因型间的差异大小并不恒定。在这里，术语"基因型"与"环境"的含义非常宽泛。"基因型"可为不同的种，或者同一树种不同的种子产地、种源、家系或无性系。"环境"可以为不同的土壤类型、海拔、气候、施肥处理、栽植密度或以上因素的任意组合以及其他环境与栽培因子。

为了便于理解，现举一个基因型与环境交互作用的具体实例：假定有两个林木品种 A 和 B，栽培于两个环境条件不同的试验点 X 和 Y，观察其产量性状在不同环境下的变化。如 A 和 B 品种在 X 和 Y 试验点表现一致的趋势，那么基因型(品种)与环境(试验点)的互作就不存在。如果 A 和 B 品种在 X 试验点的产量为 B>A，但在 Y 试验点，则为 A>B，说明品种与试验点存在互作效应(图 11-3)。

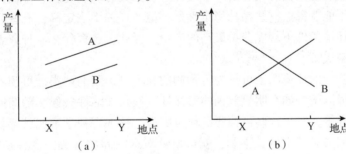

（a）　　　　　　　　　（b）

图 11-3　基因型与环境交互作用方式

（a）无交互作用　（b）存在交互作用

当考虑 G×E 交互作用时，描述表现型值(或表型方差)的线性模型还应包含 G×E 交互作用项，即

$$P_{ij}=\mu + E_i + G_j + GE_{ij} \tag{11-1}$$

式中，P_{ij} 为第 j 个基因型在第 i 个环境中的表现型值；μ 为所有基因型在所有环境中的群体平均值；E_i 为环境效应值；G_j 为基因型 j 在所有环境的平均值，GE_{ij} 为 G×E 交互作用效应值，为基因型 j 在第 i 个环境的表现型值 P_{ij} 与其期望值之间的离差，而该期望值与基因型 j 在所有环境平均表现值，以及第 i 个环境的效应值有关。

需要说明的是，上式仅为一个简化公式，在涉及多个环境的实际试验中，式(11-1)线性模型还应包括试验设计的各因子(如区组)以及随机误差项。

式(11-1)表明在第 i 个环境，任意一对基因型 j，j' 之间的差异不仅依赖于两个基因型在所有环境的平均表现(G_j，$G_{j'}$)，而且还与两个基因型与环境交互作用有关，即

$$P_{ij} - P_{ij'} = (G_j + GE_{ij}) - (G_{j'} + GE_{ij'}) \tag{11-2}$$

式中，$P_{ij} - P_{ij'}$ 为基因型 j 与 j' 某一性状的表现型值差异；$G_j + GE_{ij}$ 为基因型 j 在第 i 个环境的表现；$G_{j'} + GE_{ij'}$ 而为基因型 j' 在第 i 个环境的表现。

在式(11-2)中，如果所有基因型在所有环境的 GE 交互作用项为 0，那么，在某个任意环境中，任意两个基因型之间的差异仅与两者的平均基因型值有关(即 $P_{ij} - P_{ij'} = G_j - G_{j'}$)；因而，任意两个基因型之间的差异在所有环境中保持恒定。这表明，当用图 11-3 中的坐标表示时，可用平行线来表示不同基因型在不同环境中的表现。当然，在实际情况下，即使不考虑式(11-1)、式(11-2)，由于存在随机误差，不同基因型的表现不可能出现完美的平行线。所以，需要对 G×E 交互作用的显著性进行统计检验。

11.2.2.2 品种的环境缓冲性

如果基因型与环境的交互作用效应显著，将必然影响林木品种的环境缓冲性。所谓品种环境缓冲性，是指林木品种的产量、品质以及成熟期等经济性状在不同的环境条件下保持稳定。稳定性好的品种能够较好地调节其表现型，使其能较快地适应变化的环境，维持其平稳的生理、生殖特性。

不同品种对环境因素改变的反应各不相同。有些品种具有广泛适应性，但有些仅仅能适应特殊地区。适应性广的品种一般称为优良缓冲性品种。

理想的品种应该是既具有较高的环境缓冲性，又具有高产特性，即高产稳产品种。但有时候这两者并不能兼得。有些品种稳定性好，但产量并不一定高；有些品种虽然稳定性差，但在特殊的环境条件下却能获得最高的产量。因此，选育什么品种或者推广什么品种要根据具体情况来决策。

林木品种试验中的环境因子可分为可预测的和不可预测的两类。可预测的环境因子包括较大范围的环境因子，如有明显差别的海洋性气候与大陆性气候、随纬度变化的冷暖差异、土壤条件差异等。对于这些可预测的环境因素，林木育种学家比较容易应对。如果知道环境中的某一因素对林木生长不利，就可以针对这一问题育成一个特别能适应的品种，以降低其可能的受害程度而增加其稳定性，如培育抗盐碱品种在沿海地区和盐碱化地区种植；培育抗干旱品种在干旱地区栽培等。不可预测的环境因子，如年份与年份之间的气候差异、极端的气候因子、突发性的病虫害等，育种学家应对的策略就是培育适应性广的品种。理想的品种不仅要对可预测的环境表现适应，也要对不可预测的环境表现出相当程度的稳定性。

李火根等(1997)研究了 5 个美洲黑杨品种(无性系)在 4 个区域化试验点的 4 年生时胸径生长表现(表 11-2)。在不同区试点生长表现好的品种并不相同，在徐州、南京、崇明、临海 4 个区试点生长表现好的品种分别为 NL-80375、NL-80370、I-69，NL-80367。方差分析表明，它们之间存在显著的基因型与环境交互作用。

了解基因型与环境交互作用效应对林木的遗传改良有重要意义。一方面，基因型与环

境交互作用效应的存在掩盖了植物遗传性的真实表现，在一定程度上降低了选择效果和遗传增益；另一方面，研究基因型与环境交互作用效应可了解品种的适应性及其遗传稳定性，从而为植物品种确定适宜推广范围，做到适地适品种。

表 11-2　5 个美洲黑杨品种在 4 个区试点的 4 年生平均胸径　　　　　　　cm

无性系	江苏徐州	江苏南京	上海崇明	浙江临海
NL-85366	10.75	18.58	19.03	13.80
NL-85367	10.60	18.13	19.30	15.73
NL-85370	11.29	19.10	18.47	15.32
NL-85375	11.88	15.78	19.10	12.63
I-69	10.23	19.03	19.63	12.93

注：引自李火根等，1997。

　　林木育种中，通常采用 B 型遗传相关来定量分析家系、无性系与地点的交互作用。利用 B 型遗传相关作为 G×E 交互作用的度量指标。

　　以下四点需引起重视：①在优良家系或无性系推广种植前，最好在所有潜在种植区进行家系或无性系测定；②在某些特定的地点，有利于某些特殊性状的表达，也有利于基因型鉴定；③如果仅在单一环境进行基因型测定，估算的遗传力及遗传增益会偏高；④如果在不同地点，基因型间秩次改变较大，则在制定林木改良策略时，应采取相应的策略。例如，可将整个种植区域分解为多个育种单元或配置区。有证据表明，具有较高遗传力的性状表现出较低的家系×环境交互作用。

　　环境缓冲性已成为林木育种研究和品种推广的重要组成部分，可通过多个地点、多个新品种(新无性系)、多年连续观测的联合分析等研究方法，建立相应的分析模型，如线性回归分析、非线性回归分析、主分量分析、偶图法、多维标度法、主坐标分析、对应分析等，分析新品种的适应性、G×E 交互作用以及环境缓冲性等，并对其性状表现的稳定性做出评价，为新品种推广提供技术支撑。

11.2.3　林木良种推广体系

11.2.3.1　品种推广原则

　　当新品种培育成功后，采取一切可行措施，使经过审定的品种在其适宜的生长区域内大面积栽培，充分发挥良种的作用，即为品种推广。为避免品种推广中的盲目性给生产上造成损失，充分发挥良种的作用，品种推广应遵循：

　　(1)严格遵守国家林木品种审定制度

　　只有经过林木品种审定合格，并由国家或省(自治区、直辖市)级的林业主管部门批准公布的品种，才能进行推广。未经审定或审定不合格的品种不得推广。

　　(2)坚持适地适品种推广良种

　　品种具有地域性，为避免因适应性等给造林者带来损失，要求审定合适的品种只能在其区域化试验确定的适生范围内推广，不得越区推广。

（3）遵循规范的良种繁育制度

在新品种推广过程种，应注意规范种苗繁殖的各个环节，保证向新品种推广地区提供纯正的合格种苗，从源头上保证造林者的利益和品质的声誉。

（4）实行栽培技术配套推广

在进行林木新品种推广时，应通过科学的栽培技术，实现良种与良法配套，从技术上保证最大限度地发挥品种的遗传潜力。

11.2.3.2 品种推广方式和方法

联合国粮食及农业组织的《农业推广》（1984年）一书中将农业推广方法按传播方式分为大众媒介传播、集体指导、个别指导，结合中国实际情况，品种推广可采用如下途径和方法：

（1）依靠林业行政部门组织推广

可采用专题会议或结合其他会议推广，也可采用协作组、培训班等形式边试验、边推广。行业行政部门由于具有政府业务机构的权威性，在品种推广中应防止误导，坚持多年行之有效的典型示范、现场交流等方法，按品种通过审定时划定的适应区域推广品种。

（2）借助大众传媒宣传推广

利用电视、电台、报刊发布有关品种信息，包括新品种通过审定的正式公布等。大众媒介传播具有覆盖面大、推广快，能在短时间内将信息传给广大林农的特点。但大众媒介是单向的信息传播，不能进行现场示范和交流，对信息的接受程度常受信息发布单位和传播机构的权威性的影响。

（3）以点带面示范推广

通过生产单位、专业户布点推广，这是新育成品种推广中采用较普遍的一种形式。由于只有经试种表现优异，生产单位、专业户才会大面积种植，所以一般不会出现盲目推广的弊端。但又受引种布点数的限制，推广面常具有一定的局限性，对多年生、周期长的木本植物，推广速度较慢，可通过合理布置示范林和联合龙头企业带动推广等方式加以解决。

（4）利用互联网传播

随着计算机技术和通信技术的进步，互联网更加普及，为新品种的推广开辟了一条新途径。将育成的具有销售权的新品种在互联网上发布，并进行网络销售，可将新品种在适生范围内推广应用。利用互联网传播不仅不受区域限制，还可以在线视频形式推介新品种，更容易为广大使用者认识和接受。

（5）授权专业机构组织推广

专业机构具有多方面的优势，借助该方面的优势，可以节省时间，提高推广面积和示范效果，有利于快速大规模推广优良品种，产生显著的经济效益和社会效益。

11.2.3.3 建立健全的良种繁殖程序与繁育体系

种苗是特殊商品，其质量好坏直接影响产品的质量和产量，为此，必须建立健全科学合理的良种繁育体系、制度和程序。一个品种按繁殖阶段的先后、世代的高低形成的过程称作种子生产程序，这种程序各国不完全相同。良种繁殖包括两个方面作用：第一，向生产和使用种苗的单位提供品种纯正、种性性状显著并且生活力强的优良品种；第二，运用各种繁殖技术，加速繁殖，提高繁殖系数，满足生产上的数量要求。可以通过建立良种繁育圃实现快速育苗技术。还可以不按照世代而是按品种种子的纯度、净度、含水量和发芽力等标准来定级，分为原种、一级良种、二级良种和三级良种，为保障原种、良种的种子质量，必须按照各自的种子生产技术规程进行生产。

种苗生产程序包括：

①核心种苗的生产　核心种苗（nuclear stock）也就是超级原种。新品种或现有品种以及杂交种子都可作为核心种苗。这是品种审（认）定后用作第一批繁殖材料的种苗。

②繁殖种苗的生产　繁殖种苗（propagation stock）是核心种苗繁殖后的材料。核心种苗在严格的保持条件下可以扩繁 2 代以上，扩繁的繁殖苗要栽培在温室中的花盆或栽培槽中。所有植株的来源应记录清楚，这样每株种苗都可根据繁殖的代数追溯到核心种苗。定期对原种随机抽样检测。

③生产用种苗的生产　生产用种苗的质量是林木优良品种进入生产过程的关键步骤。在繁殖种苗及其采穗母株的质量得到保障的前提下，利用良种繁育圃进行适时采穗、合理贮藏、快速育苗、按制度进行登记和调拨是提供高质量生产用苗的重要环节。

良种繁育体系随国家经济发展阶段而有不同要求。例如，我国在 1978 年提出"品种布局区域化，种子生产专业化，加工机械化，质量标准化"，以县为单位有计划地供应良种的"四化一供"要求。所谓品种布局区域化，是指按照品种生态型与生态条件相适应的原则，确定品种的引进、繁育和推广；种子生产专业化就是建立专门的种子生产基地；加工机械化就是把基地生产出来的半成品种子，用各种加工机械加工处理，保证其播种品质；质量标准化就是在种子分级、原种生产方法、种子检验规程、种子的运输、储藏和包装等方面，制定出先进可行的技术标准，并以此为尺度，在种子繁育的全过程中贯彻执行。

随着我国市场经济发展，良种繁育体系得到进一步改进和完善，突出市场经济对资源合理配置的作用。"四化一供"中的"四化"符合社会主义市场经济体制的要求，而"一供"已经被"种苗营销商品化、市场化"所取代；按照市场经济条件下"以法治种"的种苗工作方针，从种苗生产、加工、检验到营销都必须严格执行《种子法》及配套的实施细则的规定；对种苗生产和营销工作中玩忽职守乃至假冒伪劣、诈骗偷窃等违法行为加以规范，从法律和制度上保证现在化农业生产对良种繁育质量方面日益增长的要求。

11.2.4　良种应用

11.2.4.1　良种在生产中占居核心地位

在杨树新品种纸浆材的推广应用中，良种发挥了核心作用，实现了效益的最大化，为产业发展奠定了成本优势（图 11-4）。

11.2.4.2　良种与良法配套

为发挥良种的优良种性，在实行品种区域化的同时，还必须配合良好的栽培技术。为此，对一个新育成或引进品种，在品种育种或引进过程中，特别是进入品种试验阶段，育种单位或个人必须对新育成品种同时进行栽培试验，研究其主要培育技术，以便良种与良法配套推广。

11.2.4.3　良种推广

我国目前已建设国家林木良种基地 296 处，保证国家重要造林树种良种供给。主要造

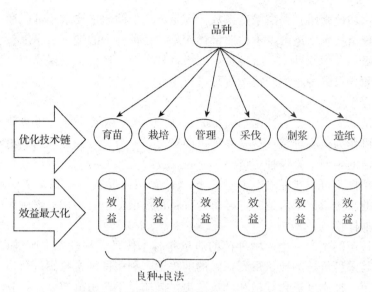

图 11-4　纸浆材林木新品种与产业链的关系

林树种良种使用率平均为 60.8%。大多林木和经济林树种遗传改良处于 1~2 代,杉木第三代种子园良种的遗传增益达 10%~30%;杨树、桉树等实现四轮品种更新,增产效果达50% 以上。

本章提要

　　利用各种途径育成的林木新品种需要在国际权威机构进行品种登录。林木新品种在大面积推广之前,需要进行区域试验,并通过国家级或省级农作物(或林木)良种审定。新品种保护是林木育种工作的重要环节,是产业化的关键,需要有相应的法律保护育种者的权益。本章介绍了林木品种登录的权威机构、品种登录及其审定的程序,新品种申请及其保护的措施,以及林木良种推广体系。

复习思考题

1. 什么是品种审定、品种推广?林木品种审定有何意义?
2. 试述林木品种、新品种和良种的区别与联系。
3. 品种权的含义和法律特点是什么?
4. 试述林木新品种保护的意义。
5. 试述林木品种推广的原则。
6. 报审品种应具备哪些条件?
7. 授予品种权的品种应具备什么条件?
8. 为什么要实行品种布局区域化?
9. 概述品种区域化的步骤和方法。
10. 品种登录和审定的意义和程序分别是什么?两者之间是什么关系?
11. 品种命名有哪些具体要求?
12. 国际登录权威对申请登录品种有哪些具体要求?

推荐读物

1. 园林植物育种学．包满珠等．中国农业出版社，2004.
2. 园林植物育种学．戴思兰．中国林业出版社，2007.
3. 园艺植物育种总论(第 2 版)．景士西．中国农业出版社，2007.
4. 作物育种学总论．张天真等．中国农业出版社，2003.
5. 草坪草育种学．张新全等．中国农业出版社，2004.

第12章　常用林木繁殖技术

　　林木良种选育的目的是为林业生产提供良种，只有当良种能够投入生产并得到广泛应用后才能发挥良种的作用和价值。而新选育的良种在最初阶段数量极少，不能满足推广应用的数量需求，必须有配套的繁殖技术，在较短的时间内，繁殖大量的种苗，才能满足生产和市场需求，充分发挥良种的应用潜力和价值。

　　林木良种繁殖可采用有性或无性途径，既可以采用常规育苗技术也可以采用组织培养或细胞工程技术。在生产中究竟选择哪一种技术需要根据树种的生物学特性、繁殖材料供体的多少、繁殖技术条件、所需苗木数量等因素而定。本章介绍常用的林木繁殖技术，包括杂交制种及实生苗培育，以及扦插、嫁接、组织培养等无性繁殖技术。细胞工程技术已在第10章介绍，这里不再重复叙述。

12.1　林木杂交制种及实生苗培育

12.1.1　林木杂交制种

12.1.1.1　林木种子的概念

　　在植物学中，种子是高等植物(种子植物)特有的繁殖体，由胚珠通过传粉受精发育而来，大多数植物都以种子繁殖。利用现代生物工程技术，根据植物对环境的长期适应性，通过根、茎、叶等无性繁殖，还可以选育出新的林木品种和林木新种质。所以种子在林业生产中的含义比植物学的含义更为广泛。根据森林培育学对种子的定义，在林业生产中，凡可直接用作播种材料的植物组织、器官均称为种子，包括种子、果实、根、茎、芽、叶、苗等。

12.1.1.2　林木制种的涵义

　　"制种"作为一个专业术语，来源有多种。1978年国内最早出现"制种"一词，是指玉米、水稻、高粱和其他农作物杂交种子的繁殖。在《农作物育种蔬菜育种学》一书中，将杂交种子的繁殖统称为制种，有些地区将自交种子和无性种(苗)繁殖称为采种(多用于蔬菜)、繁种或良种繁育，而有些地方亦称其为制种。此外，动物胚胎繁殖和冷冻移植被称为制种，制备微生物菌种也被称为制种。伴随着种子业的发展，制种的内涵和意义已经远远超出了杂交种子的繁殖和培育的范畴，扩展到粮食作物、棉花、油料、蔬菜、瓜果、牧草、花卉、药用植物、木本植物等，可将与种子生产操作相关的所有活动统称为制种。一般而言，制种是指良种(即生产用种)的繁育过程，也是在严格的隔离与选育条件下，对原种进行繁殖的过程。

2008 年，陈荣贤编著的《作物制种技术》一书对制种进行了初步界定，即制种是指由种子公司或品种持有者，根据植物的生长发育特性和对环境条件的要求，选择适宜的繁种基地，组织管理生产单位或农户，按照种子生产技术操作规程，获得优质、高产良种的过程。林木种子产业化包括育、繁、推、销，而林木制种是其关键环节，不仅要承担快速繁殖新品种种子、保持品种纯度和种性的任务，还要对人员（技术人员和农户）、技术（操作规程）、栽培（实施技术措施）、种子（种子质量指标）等一系列流程进行管理。简而言之，林木制种是一个融合种子生产、企业管理和林木栽培管理技术的系统工程。

林木制种是种子学的重要组成部分，其基本原理包括有性繁殖与基因重组、杂交与杂种优势利用、近交衰退与避免近交、繁殖方式与品种混杂等。其应用技术包括花期调控技术、杂交制种技术、雄性不育亲本的筛选与诱导技术等。

林木制种的中心任务是采用科学的制种技术，获得高产、优质的林木种子。具体任务包括：①根据杂交育种与杂种优势利用原理，明确林木制种的技术路线与方法，并制订科学的技术规程。②按照林木良种繁育技术体系与规程，制定林木原种、良种繁育程序，保证优质原种、良种的扩繁，满足林业生产需求。③根据林木的生长发育特性及对环境条件的要求，为制种基地的选址、田间管理、开花调控、杂交授粉、采种等技术环节制定合理的措施。

12.1.1.3　林木杂交制种的概念

杂交制种，即用父母本通过杂交方法生产出杂交子一代（F_1）种子的生产过程。制种是种子业的重要环节，是育种成果应用于生产实践的基础。狭义的林木制种是指林木杂交种子的生产。广义上，林木制种包括各种林木种子的繁殖、常规品种和杂交种的良种生产，是一项系统工程。

制种不同于育种概念，育种是指利用各种培育方法，培育获得高产、抗病、优质的新品种；而制种是指对已经培育成功的种子进行生产。林木制种主要包括收集和保存花粉、人工控制授粉，采集、处理、保存种子等技术方法和环节。林木制种应遵循良种繁育程序和繁育制度，不仅要快速、大量地繁育新品种，满足林业对良种种质资源数量的需求，还应加强选育，去杂去劣，以保持品种纯度和种性。

在知网全文期刊数据库中检索 2000—2021 年的中文期刊中，题名或关键词含"杂交制种"的有 3743 条，制种内容多涉及农作物和园艺作物，少数词条涉及林木种苗和动物制种。所以，杂交制种有广泛的涵义和用途。当前，杨属、桉属、鹅掌楸属、落叶松属、云杉属等属内种间杂交，有过许多关于出现杂种优势的报道。杂交制种技术是提高林木产量和种子商品性的关键技术。总之，加快林木杂种优势利用研究，攻克制种技术瓶颈，是林木制种长期的工作任务。

12.1.1.4　杂交制种与林木杂种优势利用

一般情况下，林木种间杂种会表现出双亲的中间特征，也可能表现为杂种优势。杂种优势（heterosis）是指由不同遗传组成的亲本杂交而获得的杂种 F_1 代，在生长势、生育力、繁殖力、抗逆性、产量和品质等方面优于双亲的现象。杂种优势利用已成为提高产量、改善品质的重要措施之一，在林木、农作物、果树等多年生植物中广泛应用，并取得了显著的增产效果。

（1）采用无性繁殖途径利用林木杂种优势

对于杨树、桉树、鹅掌楸等容易无性繁殖的树种，通过种间或品种间杂交，产生 F_1 代杂种，然后选择具有较高杂种优势的单株进行无性繁殖，便可培育出新的优良品种。因此，林木无性繁殖技术是杂交优势利用的基础，可通过无性繁殖技术将杂种优势固定下来。

（2）采用有性繁殖途径利用林木杂种优势

林木杂种优势一般只利用 F_1 代种子，需要每年进行杂交制种，比较费时费力。在杂种优势的利用过程中，必须注意三个问题：一是杂交亲本育种目标性状的典型性；二是亲本杂交组合的选配，由于 F_1 表现出的优势程度不同，甚至有些呈现劣势，因此要提前确定亲本的配合力，使杂种子代具有明显的杂种优势；三是杂交制种技术简便，种子产量高，以快速经济的方式提供大量的杂交种子，从而进行实生苗培育。该技术多应用于无性繁殖困难或无性繁殖成本高的树种。

12.1.1.5　林木杂交制种技术

杂交制种技术是现代林木制种的重要技术，掌握杂交制种技术，是生产优质、高产种子的必备条件。杂交制种技术不仅包含亲本选择、花期调控、花粉技术、授粉技术等关键技术，还包括土地准备和隔离条件、制种过程管理、种子采收与处理、质量控制及建档等配套管理技术，是一个系统工程。鉴于前四项关键技术（亲本选择、花期调控、花粉技术、授粉技术）已在第 7 章中详细介绍，本章对此不再重复叙述。以下简要介绍后四项配套管理技术：

（1）土地准备和隔离条件

在选定制种基地时，要对基地土壤条件进行认真考察选择。在树种适生地域范围内，一般选择地势平坦、土壤肥沃、地力均匀、排灌方便、旱涝保收，病、虫危害轻，没有检疫性病虫害，便于隔离，交通方便，生产水平较高，生产条件和劳力技术条件较好的地方。不同林木对土壤要求不同，选择制种田和制种基地以林木适应性为前提，根据品种特征特性安排相应土地制种。除此之外，无论是异花授粉林木，还是自花授粉或常异花授粉林木，杂交制种都必须强调隔离，防止非目的花粉的污染。

（2）制种过程管理

种子园、母树林或制种群体的田间管理比大田生产管理精细，要根据各种林木的生长发育特性，依据水分、养分、温度、光照、土壤等条件的要求，采取相应的栽培管理措施。管理的主要环节有水肥管理、中耕除草、防治病虫害、植株整形及修剪、清杂等，目的是保证父母本花期相遇，促进植株正常开花结实，子粒饱满成熟，克服或减少大小年现象。在授粉时期，控制花粉污染也是一项非常重要的工作。

（3）种子采收与处理

种子成熟后要尽快采收，并及时晾晒或后熟，可白天在室外晒种，晚上收回室内摊晒。待种子干燥后压碎去皮，风选去杂后得到纯净种子，或采用脱粒机械脱粒，将纯净种子装入编织袋或木桶中，置干燥、通风、阴凉的仓库，或 4 ℃以下的冰箱或冷库内进行储藏。长期保存应放在 −18 ℃以下的冷藏设备内。而后根据树种特性在适宜的时期进行播种育苗。

(4)质量控制及建档

种子质量是制种工作的中心任务，质量控制管理要贯穿于制种的各个环节。种子质量是否达标，质量控制管理是关键。通过田间检查可以初步确定种子质量；种子采收入库时，经过水分含量、净度等项目的控制，保证入库质量；入库的种子经过纯度、杂交率、发芽率测定，特殊情况下还要检验病虫，杂质、活力等内容，最终确定种子质量等级。建立制种档案应包括杂交亲本来源、性状特征(包括形态、生长、形质、生物学等特征)，具体位置及所处立地条件，控制授粉时间、天气条件，花粉收集时间，套隔离袋时间、数量，雌球花数量，种子采收时间、数量，种子质量、千粒重、有效种子比例等。

12.1.1.6　林木杂交制种技术与其他学科的关系

林木杂交制种技术是建立在种子学及其他学科基础上，是种子学的重要组成部分，以种子繁育理论为基础，种子生产为主，又独立成为体系。学习林木杂交制种技术，需要在林学、植物学、植物生理学、农业生态学、气象学、土壤学、栽培学、遗传育种、植物保护、种子学、种子贮藏加工等学科知识的基础上，才能更好地学习掌握这门技术，充分发挥各门知识在制种实践中的指导作用。

杂交制种获得种子之后，便可以进行实生苗培育。

12.1.2　实生苗培育

12.1.2.1　实生苗的含义

实生苗又称播种苗、有性繁殖苗，是用种子播种而长成的苗木，与无性繁殖苗木相对应。

在林木中，选择一般配合力高的杂交亲本、甚至特殊配合力最高的杂交组合进行杂交制种，尽管子代苗也存在性状分离现象，但整体来说还是具有较高的遗传增益，同时也兼顾了苗木造林后具有较高的遗传多样性、抗逆性和抗病虫害能力，有利于生态平衡。而不注重亲本选择和自由授粉获得的实生苗易发生性状分离，苗木整体性状比亲本差，个体间遗传性状差异较大，造林后个体之间分化严重，在生产实践中应该引起注意。

12.1.2.2　实生苗的特点

实生苗具有以下优点：操作方法简单，易于繁殖；种子来源广泛，可进行大量培育；根系发达，生长健壮，对外界环境条件具有较强的适应性；生长较快，寿命较长，产量较高。实生苗也存在一些缺点，如实生苗进入结果期较晚；易发生性状分离，个体间遗传性状差异较大，造林后个体之间分化严重，不易保持原品种的优良性状，尤其是异花授粉树种。经济林树种以利用果实为主，播种苗幼龄期较长，结果比较晚。因此，在木本植物中，对于难以无性繁殖的树种，以及需要嫁接繁殖的树种的砧木，实生繁殖仍然是最主要的育苗方法。

12.1.2.3　实生苗培育方式

实生苗培育包括播种苗培育和容器苗培育。容器苗与普通播种裸根苗相比，具有育苗期短、苗木规格和质量易于控制、苗木出圃率高、节约种子、起苗运苗过程中根系不易损伤、苗木失水少、造林成活率高、造林季节长、无缓苗期、便于机械化操作等优点。因此，有条件的单位建议采用容器苗培育。这里主要介绍播种苗培育，容器苗培育可以参考

《林木种苗培育》等书。

12.1.2.4　实生苗培育技术

培育优质的林木实生苗木是良种推广应用的前提条件，是林业高效发展的重要环节。林木实生苗培育包含以下环节：

（1）苗圃地选择

选择地势平坦、土壤肥沃、疏松适宜、排灌良好（忌水涝）的中壤、砂壤土为宜，土壤pH 和土层厚度均应适宜林木生长。对育苗地偏沙的土壤，结合施基肥适当掺入壤土。对偏黏的土壤，结合施基肥适当掺入细砂土。对偏碱的土壤，结合施基肥加入硫黄、硫酸亚铁或其他土壤改良剂。设置苗床的高度、宽度、长度可以根据育苗量进行合理调整，同时，还应在育苗床上喷洒杀虫剂，减少虫害对种苗的不利影响。

（2）播种育苗

播种前可以进行种子催芽，催芽是解除种子休眠和促进种子发芽的措施。对于不具备冬眠的种子，也可通过催芽，促进种子发芽，提高场圃发芽率。催芽即将种子放在温度适宜的环境下促其发芽。种子播种可分为大田直播和苗床播种两种方式。大田直播可平畦播，也可垄播，播后不进行移栽，就地生长成苗。苗床播种时整地较细，先期播种面积较小，可节省用地，也便于管理，幼苗期再进行移栽，或秋季起苗后移栽。

（3）苗期管理

①间苗与定苗　种子出土以后，在幼苗长至 2~3 片真叶时，开始第一次间苗，过晚则影响幼苗生长。应做到早间苗，及时进行移栽补苗，使苗木分布均匀，生长良好。间苗后土壤孔隙度大的应进行弥缝、浇水，以保护幼苗根系。定苗时，幼苗的保留株数可稍大于产苗量。当幼苗受到某种灾害时，定苗时间要适当推迟。

②灌水与施肥　灌水是培育壮苗的重要措施之一，干旱少雨地区能否及时灌水，往往是育苗成败的关键。凡有条件的地方，都要按照各类苗木不同生长阶段对水分的需求，以及气候、土壤状况进行合理灌水。一般播种前应灌足底水，出苗前尽量不浇水，以防土壤板结和降低地温，影响种子发芽出土。幼苗初期，床播苗圃地要用喷壶或喷淋设施少量洒水，直播苗圃地也要少浇水，出真叶前，切忌漫灌，但要保持稳定的土壤湿度。旺盛生长期是叶片的大量形成期，需水量多。而在秋季营养物质积累期，需水量少。一般苗木生长期需浇水 5~8 次。生长后期要控制浇水，以防苗木徒长，不利于安全越冬。进入雨季，应注意排水防涝，如苗木较长时间处于积水状态，会造成根系腐烂，发生病害，甚至死亡。播种前需要施基肥；在幼苗长至 3~4 片真叶时，通常进行根外追肥，以促进幼苗生长，也可在5~6 月结合降雨或灌水施肥。生长后期再追施 1 次速效磷、钾肥，促使苗木组织充实。

③土壤管理　土壤管理的关键是中耕除草。主要目的是疏松土壤、打破板结、增加土壤通气性、减少蒸发、保持土壤水分、清除杂草，减少水分和养分消耗，增加光照，为苗木生长创造良好的条件。苗圃地杂草生长迅速，不但与苗木争夺养分和水分，而且还是多种病虫害的中间寄主，如果防治不及时就会引起病虫害蔓延，甚至影响苗木生长。除草可用人工拔除、耕作和使用覆盖物等方法，最简单有效的方法是使用化学除草剂除草。

④病虫害防治　苗木受到病虫危害时，轻则影响苗木正常生长，降低苗木质量；重则引起缺苗断垄，甚至成片死亡。因此，在培育林木苗木过程中，应采取有效措施，控制病

虫害发生，减少损失，保证苗木的正常生长。针对病害和虫害，均应结合具体情况采取相应的防治措施。

(4)苗木出圃

当年苗木落叶后至翌年苗木发芽前为苗木出圃期，每批苗木应挂有苗木产地标签，注明苗木品种(树种)、苗龄、等级、数量、批号、起苗日期、生产单位和苗木检验证书等。

12.2　林木无性繁殖

12.2.1　无性繁殖概念与特点

林木的无性繁殖(asexual propagation)，又被称为营养繁殖(vegetative propagation)，是指采集树木的部分器官、组织或细胞，在合适的条件下使其再生成为完整植株的过程。基于植物细胞全能性(cell totipotency)理论可知，任何具有分生能力的植株细胞、组织或器官，在一定条件下均可以发育成为独立的完整植株。由于无性系是由林木的离体器官、组织或细胞经体细胞有丝分裂再分化、发育而成的再生群体，没有通过有性生殖过程，不会发生基因分离和重组现象，因此，繁殖的无性系的每一个分株与原株具有相同的基因型，可以完整地保持原株的基本特性。

与种子繁殖相比，无性繁殖有以下优势。

①无性繁殖能够充分利用加性效应、显性效应和上位性效应，可以获得较大的遗传增益　在遗传学上，遗传效应可以分为加性效应、显性效应和上位性效应。在无性繁殖条件下，原株的遗传组成与其分株是完全相同的。分株不仅继承了原株的加性效应，而且还继承了显性效应和上位性效应。而在有性繁殖条件下，由于基因的分离与重组，子代只能继承亲本的加性效应，不能继承显性效应和上位性效应。因此，在同一改良世代内，优良无性系的遗传增益会高于家系。

②无性系性状整齐一致，便于集约化栽培和管理　树木种子繁殖不可避免地会产生遗传分化，家系内个体生长表现出差异。而同一无性系具有相同的基因型，表现型相对一致。由于无性系林分的林相整齐，木材品质一致，因而便于集约化栽培和管理，能够达到工业用材林定向培育的目标。

③无性系选育的改良周期比较短　无性系良种选育程序包括选优、无性系测定、建立采穗圃等环节，而不必等待开花结果；即使是人工创造变异，也可以根据早晚期相关选择而得到提前利用，具有见效快的特点。

同时，无性繁殖也存在着一定的隐患。

①病毒危害　无性繁殖是采用营养体的一部分进行繁殖，易引起病毒病的病毒、类病毒、类菌质体等微生物可从母体(原株)传到繁殖的无性系群体中去，直接在无性系中传播，因此无性繁殖很容易引起病毒病的危害。

②发生体细胞无性系变异　无性繁殖能保持品种的遗传特性，这是相对的，因为体细胞在外界条件的影响下也有可能发生变异。例如，太空育种即为植物在宇宙射线的影响下进而可能发生变异。在植物组织培养过程中，在培养基中添加的植物生长调节物质等化学药剂的刺激也会引起无性系产生突变。

12.2.2 林木扦插繁殖技术

扦插繁殖(cuttage propagation)是植物繁殖的方式之一，是通过截取一段植株营养器官，插入疏松湿润的土壤或细沙等基质中，利用其再生能力，使之生根抽枝，成为新植株。扦插属于无性繁殖。选取植物不同的营养器官作插穗，按取用插穗器官的不同，又分为枝插、根插、芽插和叶插。扦插繁殖具有操作简单、效率高、成本低等优点。

(1)扦插时期

扦插时期因植物的种类和性质而异，多数木本植物对于插条繁殖的适应性较强，除冬季严寒或夏季干旱地区不能进行露地扦插外，凡温暖地带及有温室或温床设备条件者，四季都可以扦插。木本植物的扦插时期，又可根据落叶树和常绿树而决定，一般分休眠期插(硬枝扦插)和生长期插(嫩枝扦插)两类。

(2)插条选择

扦插枝条来源于母体的植株，采取的扦插枝条要求具备品种优良，生长健旺，无病虫害等条件，生长衰老的植株不宜选作采穗(条)母树。在同一植株上，插穗(条)要选择树体中下部位且向阳充实的枝条，如葡萄扦插枝条一般是选择节距适合、芽饱满、枝杆粗壮的枝条。在同一枝条上，硬枝插条选用枝条的中下部，因为中下部贮藏的养分较多，而梢部组织常不充实。但树形规则的针叶树，如龙柏、雪松等，则以带顶芽的梢部为好，扦插育苗后的树干通直，形态美观，剪去过分细嫩的顶部。

(3)插条生根能力

插条生根能力受遗传和环境因素影响，其中，遗传因素起主导作用。不同树种或同一树种不同种源、家系和无性系的插条生根能力有差异。采条原株(母株)的年龄、采条部位以及采条季节对插条生根也有一定的影响。一般从树龄小的树上或从树干基部采条，或用根萌条作插条，扦插比较容易成功；反之，如果从树龄较大的树冠上部采集枝条，插条生根率一般较低。硬枝插条多于秋末树液停止流动后至初春采集，嫩枝扦插多采用生长期的半木质化枝条。根插可于深秋采根，沙藏越冬或在春天随采随插。对于刺槐等根蘖能力极强的树种，甚至可以将根截成2~5 cm，采取播根方式育苗。

(4)影响扦插成功率因素

插条生根率高低与温度、湿度、光照以及基质等有密切关系，为提高扦插成功率应做好如下几个方面：

①选择通气保湿的插床基质　杨树、柳树、水杉等容易生根的树种对基质选择不甚严格，大田扦插也都能成活。但对于难生根的树种，由于生根时间长(1个月以上)，插床基质的颗粒过粗，孔隙度大，虽然通气性好，但持水性差，易造成插条水分亏缺萎蔫；而当插床基质过于黏重时，又会因积水而影响气体交换，造成生根部位无氧呼吸，并引起病菌增殖，从而导致插条腐烂。此外，一些树种对扦插基质的 pH 值要求较严格，如雪松只有在微酸性的介质中才能取得较高的成活率。

②保证足够的光照以及适宜的温度和湿度　在缺乏光照的情况下，植物不能合成生根活性物质，也不利于生根抑制物质的转化，往往会导致扦插失败。而在充足的光照条件下，嫩枝的叶片或硬枝插条萌生的叶片光合作用正常，不仅能合成碳水化合物等生命活动

的能源以及形态建成的组分，而且还会合成促进生根的生长素等，从而缩短生根时间，提高扦插成活率。扦插基质温度较高，地上气温较低，有利于减少蒸腾，加速插条基部愈伤组织形成和生根物质的合成，从而提高扦插成功率。插条在尚未生根前，主要通过被动吸水维持地上部分的蒸腾，在这期间必须保证空气湿度，减少蒸腾失水，维持水分平衡，这点对嫩枝扦插尤为重要。

20 世纪 70 年代以来，全光照自动喷雾扦插育苗技术得到了迅速发展。它以间歇喷雾或恒定湿度控制喷雾方式为插条提供水分，同时起到调节插床和空气温度、湿度的作用，具有生根迅速、育苗周期短、技术简单等优点，值得推广应用。

③采用物理、化学等方法处理插条，促进插条生根　植物生根的难易同自身所含生根促进物质与抑制物质的比例有关，采取人工措施增加插条中促进生根物质的比例，或降低插条中抑制生根物质的含量，可以提高扦插的成活率。最常采用的方法是用生长素处理插条，补充外源激素，加速内源激素的合成，促进插条不定根的形成。此外，还可以采取插条沙藏越冬催根、插条流水冲洗等，以减少插条中生根抑制物质含量，提高扦插生根率。

12.2.3　林木嫁接繁殖技术

嫁接(grafting)是指人们有目的地将一株植物上的枝条或芽，接到另一株植物的枝、干或根上，使之愈合生长在一起，形成一株新的植株。通过嫁接培育出的苗木称嫁接苗。用来嫁接的枝或芽称为接穗或接芽，承接接穗的植株称为砧木。嫁接的方法很多，按材料的来源，可分为枝接、芽接和针叶束(短枝)嫁接；按取材的时间，可分为冬枝接、嫩枝接；按嫁接方式不同，又可分为劈接、舌接、切接、袋接、靠接、髓心形成层对接等。嫁接在树木基因资源收集保存、无性系种子园营建、树冠矮化、提早开花结实、增强树种适应能力、老树幼化复壮以及良种扩繁等方面具有重要的作用。

嫁接成败主要取决于砧木与接穗的亲和力，即砧木与接穗嫁接愈合及其进一步生长发育的能力。嫁接不亲和或亲和力低，主要表现于嫁接不愈合，接穗逐渐干枯，或虽不干枯，但不发芽或萌芽后生长极弱，最后死亡；接口愈合差，出现断裂、结瘤或流胶流脂等；嫁接结合部位上下不一致，形成砧木细或砧木粗现象；接穗生长缓慢，叶片变小，叶色变黄，或大量开花；接口虽愈合良好，但若干年后接穗生长缓慢，树势衰退甚至死亡等。嫁接亲和力的高低主要取决于砧木与接穗内部组织结构、遗传和生理特性的相似程度。一般接穗与砧木亲缘关系越近，亲和力越强。同品种或同种的植株间嫁接，即本砧嫁接，亲和力最强；不同树种间嫁接，即异砧嫁接，亲和力因树种而异。同科异属的树种嫁接，亲和力一般较小，但也有嫁接成活并在生产上广泛应用的实例，如核桃嫁接在枫杨上。

此外，嫁接的成败还取决于砧木与接穗的生理状态、嫁接方法的选择、嫁接季节、嫁接的环境条件、嫁接技术以及嫁接后管理等。一般而言，生长健壮，营养器官发育充实，体内储藏的营养物质较多，嫁接容易成活。不同的嫁接方法受植物生长发育时期的限制，如枝接一般在冬季或早春树木萌发前实施，而芽接大多在生长季节砧木与接穗的韧皮部与木质部分离阶段进行。在室外嫁接时应注意天气条件，低温、阴雨、大风等天气不宜嫁接。嫁接后要及时进行截砧、松绑、抹芽、培土等常规管理。

嫁接繁殖具有以下特点：

①嫁接苗能保持优良品种接穗的性状，且生长快、树势强、结果早，因此，利于加速新品种的推广应用。

②可利用砧木的某些性状如抗旱、抗寒、耐涝、耐盐碱、抗病虫害等增强栽培品种的适应性和抗逆性，以扩大栽培范围或降低生产成本。

③可利用砧木调节树势，使树体矮化或乔化，以满足经营管理上不同需求。

④多数砧木可用种子繁殖，故繁殖系数大，便于生产上大面积推广。

12.2.4　组织培养快繁技术

植物组织培养(tissue culture)是指在无菌条件下，将离体的植物器官(根、茎、叶、花、果实、种子等)、组织(形成层、花药组织、胚乳、皮层等)、细胞(体细胞和生殖细胞)以及原生质体，培养在人工配制的培养基上，给予适当的培养条件，使其长成完整的植株。由于培养物是脱离植物母体，在透光容器(如玻璃瓶)中进行培养，所以也称作离体培养、微体繁殖、试管繁殖等。植物细胞全能性是植物组织培养技术的理论基础，该理论由德国植物学家哈伯兰特(Haberlandt)在1902年提出，并由斯图华德和莱纳特两学者在1958年得到证明。

通过组织培养可以将一个外植体(explant)(离体的器官、组织、细胞)在一定的时间内，繁殖出比常规繁殖多几百倍，甚至千万倍与母体遗传性状相同的健壮小植株，并可培育成大田苗的标准。由于试管苗具有增殖快、成本低、易于批量生产和管理方便等特点，因而被用于树木、花卉、药用植物等苗木的工厂化生产。这不仅解决了苗木供应问题，而且为长期保存和应用优异种质提供了重要手段。通过组织培养，快速繁殖苗木是当前生物技术中较成熟的技术，更适合于繁殖珍稀濒危植物。

林木组织培养快速繁殖技术主要包括培养基的配制、无菌培养体系的建立、外植体的分化及芽的增殖和继代培养、完整植株的获得、试管苗炼苗和出瓶移栽等阶段。

12.2.4.1　培养基的配制

培养基是植物组织培养的物质基础，也是植物组织培养能否获得成功的重要因素之一。培养基可分为两类：一是基本培养基，包括大量元素和微量元素(无机盐类)、维生素、氨基酸、糖和水等。迄今为止，基本培养基已有几百种，但较常用的仅一二十种，如MS、改良MS、White、Nitsch、N_6、B_5等；二是完全培养基，即在基本培养基的基础上，添加一些植物生长调节物质(BA、ZT、KT、2,4-D、NAA、IAA、IBA、GA_3等)以及其他复杂的有机附加物，包括有些成分尚不完全清楚的天然提取物，如椰乳、香蕉汁、番茄汁、酵母提取物、麦芽膏等。

一般分别配成大量元素、微量元素、铁盐、有机物质(除蔗糖)、植物生长调节剂等不同浓缩母液。配制培养基时分别计算和量取各种母液，添加蔗糖、琼脂和蒸馏水(或去离子水)，混合并加热融化琼脂，煮沸后定容，调节pH值，分装，灭菌。

12.2.4.2　无菌培养体系的建立

尽管所有的植物细胞都具有重新形成植株的能力，但不是任何细胞都同样能表现出来，所以要选择那些在培养时容易进行再分化产生植株的部位作试验材料。在同一植物不同部位的组织、器官中，其形态发生的能力，因植株年龄、采集季节、外植体大小及其着生部位及生理状态而有很大不同，因此，选择合适的外植体对离体快速繁殖是十分重要的。一般选择生长健壮的优良植株，在春季取幼年树体较基部位置的材料为好。

首先清理材料，将需要的部分用软毛刷、毛笔等在流水下刷洗干净，也可用毛笔醮少量洗衣粉或肥皂水刷洗，把材料切割到适当大小，用流水冲洗几分钟。然后用灭菌剂（如70%酒精、10%的双氧水、30%～50%浓度的84消毒液等其中的一种）进行材料的表面灭菌。具体过程为：在超净工作台上将外植体置入一个无菌的三角瓶或广口瓶内，用70%乙醇处理较短时间（一般为30 s左右），至少用无菌水冲洗1次；用无菌的镊子将外植体移入另一无菌的瓶内过程中，不要接触内壁，仅接触瓶内底部位置；倒入灭菌液，同时加入表面活性剂（如吐温-80）数滴，轻轻摇动灭菌器皿，处理一定时间；到预定时间后倒出灭菌溶液，立即用无菌水冲洗3~5次，即可接种。

有些外植体在启动培养中常常会发生褐化现象。褐化是指外植体在诱导脱分化或再分化过程中，自身组织向培养基释放褐色物质，使培养基逐渐变成褐色，外植体也随之进一步变褐而死亡的现象。在培养初期，外植体的褐化是诱导脱分化及再生的重大障碍。产生褐化的因素较复杂，随植物种类、基因型、外植体年龄、外植体着生部位及生理状态而不同。选择适当的外植体并建立最佳的培养条件是克服褐化的主要手段。改善培养条件，连续转接，勤换新鲜培养基，利用液体培养基，在培养基中加入活性炭、抗氧化剂或用抗氧化剂进行材料的预处理或预培养均可抑制褐化。

12.2.4.3　外植体的分化及芽的增殖和继代培养

在启动培养阶段所获得的芽、苗和胚状体等数量不多，还需要增殖培养。试管苗增殖是快速繁殖的重要环节，是提供大量的遗传性稳定种苗的手段，增殖过程受到外植体的部位与生理状态、培养基种类、外源激素配比与浓度、温度、湿度、光照与通气状况等的影响。增殖有下列4种途径。

（1）无菌短枝型（minicutting type）

即无菌短枝扦插，又称节培法或微型扦插法。将微小短枝扦插在试管的培养基上，促使其基部分化出根而成为完整植株。该方法一次成苗，遗传性状稳定。

（2）丛生芽增殖型（organ type）

在适宜的培养基上不断诱导腋芽，从而形成丛生芽，然后将一定长度的芽剪下并转入生根培养基，诱导生根成苗。其特点是遗传性状稳定，繁殖速度快，是目前快速繁殖方法中常用的主要途径。

（3）器官发生型（organogenesis type）

由植物器官诱导愈伤组织，再诱导不定芽。切割不定芽并诱导其发根形成植株，也可以直接从离体器官和组织上诱导不定芽产生小植株。这种方法可能会发生不良变异，进行良种繁殖时应注意。

（4）胚状体发生型（embryoid type）

植物器官、细胞或愈伤组织通过胚状体发生途径，经原胚期、心形胚期、鱼雷形胚期及子叶期发育形成植株。胚状体发生的特点是数量多、结构完整、易成苗、繁殖速度快，受到国内外同行的普遍重视。

12. 2. 4. 4 增殖培养应注意的问题

能否保持试管苗的继代和增殖培养能力，是获得大量试管苗并用于生产的关键问题。一般认为分化再生能力衰退是由多种原因引起的，在培养过程中，逐渐消耗了母体中原有的与器官形成有关的特殊物质，一些组织经长期继代培养后发生了一些变化。不同植物保持再生的能力存在很大差异。不同植物种类、同种植物不同品种、同一植株不同器官和部位，继代增殖能力不同。一般是被子植物大于裸子植物；幼年材料大于老年材料；刚分离组织大于已继代的组织；芽大于胚状体并大于愈伤组织。培养基及培养条件适当与否对继代培养影响颇大，所以常改变培养基和培养条件来保持继代培养。有研究表明，即使在原来培养过程中丧失分化能力的一些组织，加入腺嘌呤、酵母汁或酪蛋白等物质后，器官分化能力又可得到一定的恢复。

在植物组织与细胞培养过程中，细胞、组织和再生植株以及后代中会出现各种变异，这种变异具有普遍性。影响遗传稳定性的因素有培养材料的基因型、试管苗继代培养次数和离体器官发生方式等。应尽量采用不易发生体细胞变异的增殖途径，缩短继代培养时间，限制继代培养次数，取幼年的外植体材料，采用适当的生长调节物质种类和较低的浓度，减少或不使用在培养基中容易引起诱变的化学物质，定期检测，及时剔除异常苗，坚持多年跟踪检测，调查再生植株开花结实特性，以确定其生物学性状和经济性状是否稳定。

玻璃化现象是茎尖脱毒、工厂化育苗和材料离体保存中的严重障碍。所谓玻璃化是试管苗叶、嫩梢呈水晶状透明或半透明，整株矮小肿胀、失绿，叶片皱缩成纵向卷曲，脆弱易碎。玻璃苗分化能力下降，生根困难，移栽难以成活，有时高达 50% 以上。细胞分裂素浓度和培养温度与玻璃化呈正相关，琼脂和蔗糖浓度与玻璃化苗的比例呈负相关。液体培养和密闭的封瓶口材料也是导致玻璃化的主要原因。增加培养基中 Ca、Mg、Mn、K、P、Fe、Cu、Mn 元素含量，降低 N 和 Cl 元素比例，特别是降低铵态氮浓度，提高硝态氮含量，增加自然光照强度和时间，可在一定程度上减轻玻璃化危害程度。

12. 2. 4. 5 完整植株的获得

外植体通过大量增殖后，多数情况下形成无根的芽苗。绝大部分离体繁殖产生的芽、嫩梢需要生根培养才能得到完整的植株。

生根难易与母株的年龄和所处的生理状态有关，同时与取材季节和外植体所处的环境条件有关。对于难生根的植物不仅要从培养条件中去找原因，同时也应从取材上考虑。一般认为木本植物比草本植物，成年树比幼年树，乔木比灌木难生根。

植物生长调节物质对不定根的形成起着决定性作用，生长素促进生根，而赤霉素、细胞分裂素、乙烯通常不利于发根。降低培养基的无机盐浓度，有利于根的分化。生根需要适量的 P、K；Ca^{2+} 多数情况下利于根的形成和生长；B、Fe 等微量元素对生根有利。生根培养时通常使用低浓度的蔗糖。由于植物根系形成与生长具有向暗性的特点，添加活性炭也可促进试管苗生根。

12. 2. 4. 6 试管苗的炼苗和出瓶移栽

试管苗长期在弱光、恒温、高湿的特殊环境下生长，适应性较差，在移植之前必须进行锻炼，增强小苗抗性以提高移苗成活率。目前较为成功的炼苗方法是采用组培苗出瓶前"闭口"阳光下炼苗，可在较长的炼苗时间内保持试管苗不污染，同时在炼苗中要提供适宜的温度和阳光强度。

　　试管苗移栽时从瓶中取出小苗，清洗干净，迅速栽在已经过消毒处理的基质中，喷淋透水，放在清洁、排水良好的温室或塑料保温棚中，保持较高的空气湿度，20 d 左右可定植到大田。基质以疏松、排水性和透水性良好者为宜，如珍珠岩、蛭石、河沙、过筛炉灰渣、椰糠等。

12.3　林木无性系遗传变异

12.3.1　无性系遗传变异特点

　　无性系是相对于有性生殖过程而来的。对易于无性繁殖的树种，从林木群体中选出不同种源或家系的优良单株，或通过人工杂交产生优良组合，再从中选出优良个体，进一步通过无性繁殖形成无性系。无性系的基因型由母株决定，因此与母株具有完全相同的遗传特征。在无性繁殖的情况下，母株的遗传组分与其无性系分株的遗传组合完全相同，无性系不仅继承了母株的加性效应，而且还继承了母株的显性效应和上位效应。

　　无性系变异来源于无性系内自然发生的体细胞突变，表现为芽变和营养系微突变。芽变来源于体细胞中自然发生的遗传变异。变异的体细胞常出现在芽的分生组织，形成变异芽。只有当变异的芽萌发成枝，乃至开花结果以后，表现出与原有植株的性状有明显差异时，才易被发现。营养系微突变发生于控制数量性状的基因，表现型效应较小，不易和环境效应区分和鉴别。实际上营养系微突变是一种不易被发现的芽变，与主基因突变相比，其特点是突变频率较高，有害的遗传效应较小。微突变虽然就单个基因效应来说难以觉察，由于基因位点多，加上突变频率较大，长期逐代积累，也会造成品种内株系间在一系列性状上发生显著变异。

12.3.2　无性系遗传变异的表现形式

　　植物组织培养是一个无性繁殖的过程，由母体得到的再生植株与母体植株应该是完全一样的。但事实上，植物组织培养得到的再生植株存在广泛的变异，即体细胞无性系变异。体细胞无性系变异几乎可以在所有的植物类型上发生，这些变异往往可分为可遗传变异和不能遗传的生理变异。作为植物组织培养中经常发生的事件，尤其是近年来在遗传转化实践中，经历组织培养和再生阶段后，经常出现一些非目的性状的改变，因此植物育种家认为无性系遗传变异是育种材料的一种重要来源。

　　利用无性系变异进行植物品种改良往往具有以下特点：①在保持优良品种特性不变的情况下改进个别农艺性状；②与辐射诱变相结合可成为高效的细胞诱变育种方法，提高植物品种改良的效率；③体细胞无性系变异遗传稳定、较易筛选，可大大缩短选育年限；④通过在培养基中加入一定的选择压力而筛选到特定的突变体；⑤可能产生的细胞质突变有利于形成细胞质雄性不育系。

　　无性系遗传变异是植物组织培养过程中出现的普遍现象，不限于某些植物，也不限于某些器官、组织或细胞。无性系遗传变异涉及的性状相当广泛，包括数量性状、质量性状、染色体数目和结构的变化、DNA 序列的变化和生化特性变化等，但以数量性状变化为主，如株高、叶型、成熟期、分化特性等。

12.3.3　无性系遗传变异的影响因素

无性系遗传变异往往受到多种因素的影响。植物的不同繁殖周期、繁殖代数及品种差异往往影响遗传变异效率，长期营养繁殖的植物具有更高的变异率。植物细胞具有全能性，在组织培养过程中可选择各种的外植体来进行无性繁殖，但不同的外植体类型、生理状态等因素会明显影响变异的频率。一般地，培养分化程度高或衰老的组织，产生变异的概率会增大。茎尖、侧芽等分生组织产生的遗传变异往往相对较少。此外，研究还发现遗传变异概率随着继代次数和培养时间的增加而增高，再生能力降低甚至完全消失。培养基的组成成分对于组织培养过程中遗传变异的产生至关重要。如植物生长调节剂是植物组织培养基的重要成分之一，但其也可能同时发挥着诱变剂的作用。当培养基中有多种植物生长调节剂共同作用时，其变异率要大于仅使用一种植物生长调节剂。植物生长调节剂是通过影响外植体在组织培养中细胞分裂，非器官化的生长程度以及特异类型的细胞增殖等过程引起变异。植株再生方式对变异也有显著的影响，通过脱分化后的愈伤组织分化不定芽的方式再生植株变异多，而通过分化胚状体途经再生植株变异较少。

12.3.4　无性系遗传变异的遗传基础

体细胞无性系变异有其遗传基础，具体表现在染色体数目和结构变异以及基因突变、扩增、丢失、重排和转座子激活等方面。体细胞无性系变异类型有：①预先存在的变异，主要来源于不同组织、染色体倍性存在差异的多细胞外植体和嵌合体。②染色体数目的变化，如多极纺锤体的出现、染色体不均等分离或滞后以及核裂等使染色体产生非整倍体。③点突变，即 DNA 序列上碱基的排列顺序以及数目的改变。④体细胞染色体交换以及姐妹染色单体交换，如染色体重组产生的缺失和重复现象可能会影响发生在断裂位点上的基因以及邻近基因，造成其功能的改变或丢失，进而引起表现型的变化。⑤DNA 的复制和缺失，高等组织中的基因的分化受到环境压力的影响，会进行自我复制，造成基因所编码的 mRNA 和蛋白质的增加，这类 DNA 序列拷贝数的增加或者衰减会影响变异的频率。⑥DNA 甲基化，当 DNA 高度甲基化时，基因的活性就会受到抑制；甲基化程度降低时，基因活性提高。甲基化程度的增加和减少可对基因表达水平、染色质结构的改变等造成影响。⑦转座子，即转座子通过从基因组的一个位置移动到新的靶位置上去，使靶点处的基因失活，同时也可产生直接或者间接的基因重排。⑧外遗传变异，即发育变异，由外部因素引起的基因表达的改变，从而导致表型上的变异，常见的有复幼现象、适应化作用和短暂矮化。

12.4　林木无性繁殖应注意的问题

12.4.1　无性繁殖 C 效应

（1）成熟效应

树木的无性繁殖能力随着树龄增加而下降的现象称为成熟效应（cyclophysis），即采穗母树树龄越大，穗条生根能力越低。在林木中，树体较大，生命周期较长，长时间受遗传和环境的共同作用，无性繁殖的接穗、芽或者插条经常来自成熟的个体，成熟效应在植物无性繁殖中普遍存在。成熟效应对无性繁殖群体的生长发育会产生显著影响。成熟材料无性繁殖困难，生根能力丧失，生长不良。成熟效应导致的无性繁殖材料退化，在林木无性繁殖过程中，会表现出树势衰退、提前开花结实、苗期斜向生长或无顶端优势、形态畸变、抗逆性降低等。插条的生根能力、成苗质量在很大程度上受到成熟效应的影响。王军辉等在青海云杉硬枝扦插研究中指出，该树种存在明显的成熟效应，母株年龄显著影响插条生根。

（2）位置效应

树木的繁殖除了受成熟效应影响以外，还常常受位置效应（topophysis）的影响。位置效应是指无性繁殖材料的采集部位对繁殖效果的影响，如用侧枝扦插或嫁接育苗，会出现斜向生长、顶端优势减弱，提早开花结实等现象。在生产实践中，人们往往会看到繁殖材料表现出成熟效应和位置效应的综合效应，也就是营养繁殖材料都是从一定年龄母株的一定部位上采集的，既有成熟效应，又存在位置效应，表现为二者的综合效应。采条母株的年龄、采条部位以及采条季节对插条生根均有影响。迪亚兹-萨拉（Díaz-Sala）和塞克斯顿（Sacristán）报道指出林木的再生能力受树龄和枝条着生部位的影响，特别是在针叶树的器官再生中，外植体的类型和年龄、母树的年龄和成熟度都是制约繁殖能否成功的因素。一般而言，采穗母树的年龄越大，生根率越低。在扦插繁殖中，一般从树龄小的树上或从树干基部采条，或用根萌条作插条，扦插比较容易成功；反之，如果从树龄较大的树冠上采集枝条，插条生根率往往会较低。

在林业生产实践中，经济林树种与速生用材树种的经营目的不同，相应地，其无性繁殖育苗方法也有所不同。在经济林或林木种子园等的生产活动中，均以收获种实为其经营目的，因此，需要加速其生殖生长。利用繁殖材料的成熟效应和位置效应，采集具有年龄效应和位置效应的枝条在成年砧木上进行高枝嫁接，以最大程度地促进其提早开花结实。而在林木速生林培育中，希望加速其营养生长或延长其营养生长阶段，因而应采用多种手段克服成熟效应和位置效应的不利影响。

12.4.2 无性繁殖材料的幼化保持

无性繁殖中成熟效应会导致无性繁殖材料退化，特别是优良品种在无性繁殖中同样会受到成熟效应和位置效应的影响，引起品种退化。引起品种退化的因素除了年龄效应和位置效应以外，还有无性繁殖中的病毒侵染。因此，针对这些问题，必须注意通过幼化复壮（rejuvenation）和脱除病毒（elimination of viruses）等措施恢复并保持采穗母树的幼龄状态，克服树木的成熟效应，以保证品种遗传潜力的充分发挥。无性繁殖材料的复壮是指针对品种退化而采取的恢复并维持树木幼龄状态的措施。托马斯（Thomas）指出树木整体和其组织的生命周期存在不同步性。对于与老化相关的以及由成熟效应引起的退化，可直接通过种子更新复壮，或利用树木的幼态组织区域进行育苗，从而实现复壮。海德（Heide）指出复幼的核心在于促进幼化不定芽的形成和发育成苗。

常用无性繁殖复壮技术有以下 5 种：

（1）根萌条或干基萌条法

张劲等指出树木的幼性取决于其组织离根系的距离。贝克（Beck）等指出成熟的无性繁殖材料可以通过用促进萌条的方法实现幼性的保持。萌条方式有两种：根萌和桩萌。常用的促萌方法包括平茬、截干、重度修剪等。有理论认为，幼化的芽或者隐芽本身就存在于树干的基部，只是截干前未萌发或者根部的隐芽未发育，截干后隐芽开始发育形成幼化的组织。树干基部存在处于幼年阶段的休眠芽以及不定芽，挖根促萌可以促进根部处于幼化状态的不定芽分化发育而获得根萌苗。该方法在生产上应用最为广泛。如桉树采取树干基部环割，进而利用环割愈合部位的萌条进行扦插育苗；山杨、毛白杨通过截根促萌或挖根段沙培促萌，再利用根上萌生的芽条进行扦插繁殖；胡杨、刺槐甚至采取根段直接扦插繁殖。尚迪（Shanthi）在赤桉试验中，用萌条进行扦插试验，不定根发生能力明显高于无性系的枝条扦插能力。

（2）平茬或反复修剪法

通过高强度修剪使树干维持年幼的生理状态，或对老枝扦插、嫁接获得的苗木连续平茬（嫁接苗要在嫁接口之上平茬），促使不定芽萌条，利用萌条作穗条，可显著提高生根率，改善生长状况。日本柳杉、辐射松、火炬松等均采用高强度修剪树干的方法获得了具有较高生根能力的穗条。我国一些地区在进行毛白杨幼树繁殖时，曾采用短枝嫁接结合连续平茬的方法，获得了幼化的无性繁殖材料。

（3）幼砧嫁接法

通过将老龄接穗嫁接到幼龄砧木上，利用砧木幼年性的生理状态促进接穗返幼复壮，也能收到较好的效果。落叶松连续幼砧继代嫁接后，新穗条萌芽能力显著提高，同时嫁接的代数与新嫁接苗上剪取的插穗的生根率呈显著的正相关关系，表明嫁接后的接穗幼性增强。北美红杉研究中，在试管中以种子萌发的实生苗为砧木与处于成年期的枝条为接穗进行连续继代嫁接，经连续 5 代（轮次）的幼砧继代嫁接可使其成功幼化，表现为经幼化的植株生长旺盛，其枝条的发根能力强。又如，欧洲云杉、红杉、桉树等曾采用该方法改善了插条的生根状况。在木本植物中，通过将成熟个体的接穗嫁接在处于幼年期的砧木上，经过数次的反复嫁接，成熟接穗最终能够得以"返老还童"。

（4）连续扦插法

从老龄树上采取的枝条虽然生根率较低，但对少数成活的植株再采插条进行扦插，这样经过连续几年的反复扦插，可以明显地改善生根状况。如从 80~120 年欧洲云杉大树上采条扦插生根率仅为 6%，经过 3 轮连续扦插后，生根率可达到 80%。欧洲云杉、栎树、山杨、桉树等也采用该方法获得成功。

（5）组织培养法

组织培养是林木幼化的一种公认的有效方法。植物组织培养获得的再生植株，由于经过脱分化，可以达到返幼复壮的目的。同时，植物组织培养的微茎尖脱毒技术，可以有效脱除病毒。

有关树木老化与复壮的研究虽较多，但对于无性繁殖方法实现复壮的生理基础研究还不够，其中一些无性繁殖复壮方法尚存在争议，但一般认为，从成熟植株的根部等幼态区获得材料进行复壮最为可靠。

本章提要

本章介绍了林木杂交制种概念、意义、技术和利用，以及实生苗的概念、特点和培育技术，认识杂种优势及其利用价值。学习了林木无性繁殖的概念及其应用价值，以及几种常用的林木无性繁殖方法，了解这些方法的技术要点，掌握其主要操作步骤；在林业生产中应用最多的无性繁殖方法是扦插和嫁接；与种子繁殖相比，无性繁殖能够充分利用加性效应、显性效应和上位效应，可获得较大的遗传增益。通过学习我们知道林木的无性繁殖中的再生植株存在广泛的变异，即体细胞无性系变异，无性系遗传变异往往受多种因素的影响，这些变异不仅仅出现在表型方面，还有许多表现在染色本数目和结构变异以及基因突变、扩增、丢失、重排和转座子激活等方面。无性繁殖的成熟效应、位置效应会导致无性繁殖材料退化，但其有规律可循，并有相应的应对策略，为此学习了多种无性繁殖幼化复壮技术，在生产实践中通过幼化复壮措施，恢复并保持采穗母树的幼龄状态，以保证品种遗传潜力的充分发挥。

复习思考题

1. 为什么要开展林木杂交制种工作？
2. 分析种子繁殖和无性繁殖各自的优缺点。
3. 如何提高林木扦插生根率？
4. 试举例说明嫁接在林木育种工作中的重要性，并指出其可能存在的问题。
5. 对于营养生长阶段较长的树种，应采取哪些措施促进其杂种提早开花结果？
6. 芽变和营养系微突变有何异同？
7. 林木无性繁殖材料复壮的措施及其依据是什么？

推荐读物

1. 林木育种学 . 陈晓阳，沈熙环 . 北京：高等教育出版社，2005.
2. 园艺植物育种学总论 . 景士西 . 第 2 版 . 北京：中国农业出版社，2007.
3. 林木遗传育种学 . 王明庥 . 北京：中国林业出版社，2001.
4. 树木的无性繁殖与无性系育种 . 朱之悌 . 林业科学，1986，22(03)：280-290.
5. 论树木的老化—幼年性、成年性、相互关系及其利用 . 朱之悌，盛莹萍 . 北京林业大学学报，1992(S3)：92-104.

参考文献

安元强，郑勇奇，等，2016. 林木种质资源调查技术规程研制[J]. 林业调查规划，41(3)：1-6.

包满珠，等，2004. 园林植物育种学[M]. 北京：中国农业出版社，210-220.

陈金水，2000. 园林植物遗传育种学[M]. 北京：中国林业出版社.

陈蓬，2004. 国外天然林保护概况及我国天然林保护的进展与对策[J]. 北京林业大学学报(社会科学版)，3(2)：50-54.

陈晓阳，沈熙环，2005. 林木育种学[M]. 北京：高等教育出版社.

陈英，何秋伶，诸葛强，等，2006. 林木基因工程研究进展[J]. 分子植物育种，4(1)：1-7.

崔梦凡，黄琳曦，裴文慧，等，2019. 红果榆实生苗培育技术与应用[J]. 林业科技通讯(6)：62-64.

戴思兰，2007. 园林植物育种学[M]. 北京：中国林业出版社，230-249.

翟大才，陈先中，李善春，2004. 林木无性繁殖及其在林业中应用进展[J]. 贵州林业科技，32(1)：43-48.

杜庆章，战鹏宇，等，2020. 基因组选择研究进展及其在林木中的发展趋势[J]. 北京林业大学学报，42(11)：1-8.

高暝，2013. 美洲黑杨(*Populus deltoides* Marsh)超亲杂种生长优势机理初探[D]. 北京：中国林业科学研究院.

巩振辉，2008. 植物育种学[M]. 北京：中国农业出版社.

郭树杰，毋建军，等，2020. 林木种质资源及调查方法研究[J]. 西北林学院学报，36(1)：1-5.

郭文丽，李义良，赵奋成，等，2019. 湿加松无性系表型遗传多样性研究[J]. 植物研究，39(2)：259-266.

何俊，张劲峰，施庭有，等，2015. 云南亚高山乡土造林树种栽培技术[M]. 昆明：云南民族出版社.

洪森荣，郭连金，2006. 离体保存技术在植物种质资源保存中的应用[J]. 上海师范学院学报，26(3)：92-97.

胡秉民，耿旭，1993. 作物稳定性分析方法[M]. 北京：科学出版社.

胡芳名，龙光生，1995. 经济林育种学[M]. 北京：中国林业出版社.

胡延吉，2003. 植物育种学[M]. 北京：高等教育出版社.

黄开勇，陈琴，戴俊，等，2016. 截干对杉木种子园老龄化母树光合特性的影响[J]. 基因组学与应用生物学，35(6)：1503-1511.

蒋永明，翁智林，2005. 绿化苗木培育手册[M]. 上海：上海科学技术出版社.

景士西，2007. 园艺植物育种学总论[M]. 2版. 北京：中国农业出版社.

康向阳，2010. 关于杨树多倍体育种的几点认识[J]. 北京林业大学学报，32(5)：149-153.

蓝家样，詹先进，张兴中，等，2006. 棉花核雄性不育系的培育与利用研究进展[J]. 中国农学通报(12)：152-156.

李宝银，2011. 森林资源经营技术[M]. 厦门：厦门大学出版社.

李火根，黄敏仁，潘惠新，等，1997. 美洲黑杨新无性系生长遗传稳定性分析[J]. 东北林业大学学报，25(6)：1-5.

李丽，翟立海，谢会芳，等，2019. 毛梾实生苗培育技术与应用探究[J]. 南方农业，13(Z1)：55-56.

李庆臻，1999. 科学技术方法大辞典[M]. 北京：科学出版社.

李义良，赵奋成，吴惠姗，等，2012. 湿加松生长性状杂种优势与 SSR 遗传距离的相关性分析[J]. 林业科学研究，25(2)：138-143.

李义良，赵奋成，钟岁英，等，2017. 湿地松×洪都拉斯加勒比松及亲本 DNA 胞嘧啶甲基化的初步研究[J]. 植物科学学报，35(5)：716-722.

李颖楠，2018. 枫香品种资源评价及快繁技术研究[D]. 洛阳：河南科技大学.

李悦，瞿超，续九如，等，2005. 中国大陆林木遗传育种学科 1949—2003 年的研究历程[J]. 北京林业大学学报，27(1)：79-87.

李允菲，孙宇涵，李云，2016. 植物单倍体育种及其在林木育种中的应用[J]. 世界林业研究，29(1)：41-46.

林建丽，朱正歌，高建伟，2009. 植物杂种优势研究进展[J]. 华北农学报，24(s2)：46-56.

刘良式，1998. 植物分子生物学[M]. 北京：科学出版社.

刘祖洞，1990. 遗传学[M]. 2 版. 北京：高等教育出版社.

卢庆善，孙毅，2002. 农作物杂种优势[M]. 北京：中国农业科技出版社.

卢宪雯，2019. 基于组织培养技术的马来良姜快繁体系构建[D]. 昆明：云南大学.

齐明，骆文坚，何贵平，2010. 林木重要性状的杂种优势和遗传方式以及杂优预测的可能性[J]. 世界林业研究，23(002)：75-80.

阮梓材，2003. 杉木遗传改良[M]. 广州：广东科技出版社.

沈熙环，1990. 林木育种学[M]. 北京：中国林业出版社.

沈银柱，2002. 进化生物学[M]. 北京：高等教育出版社.

施季森，童春发，2006. 林木遗传图谱构建和 QTL 定位统计分析[M]. 北京：科学出版社.

史旦宾斯，1963. 植物的变异和进化[M]. 复旦大学遗传学研究所，译. 上海：上海科学技术出版社.

宋清洲，等，2005. 园林大苗培育教材[M]. 北京：金盾出版社.

孙殿生，1986. 种子基本知识(一)[J]. 种子通讯(2)：40-42.

孙明升，2020. 亲本间遗传距离对松树种间杂交可育性与子代杂种优势的影响[D]. 南宁：广西大学.

孙宇涵，王欢，李云，2016. 浅谈林木体细胞融合技术[J]. 中国农学通报，32(4)：136-143.

谭小梅，金国庆，张一，等，2011. 截干矮化马尾松二代无性系种子园开花结实的遗传变异[J]. 东北林业大学学报，39(4)：39-42.

唐国强，陈新华，黄永利，等，2020. 湿地松雄性不育系营养和生殖生长研究[J]. 绿色科技(13)：1-4，8.

万建民，2006. 作物分子设计育种[J]. 作物学报，2(3)：455-462.

王楚彪，卢万鸿，林彦，等，2020. 桉树种间杂交可配性及可利用组合分析[J]. 桉树科技，37(1)：4-12.

王玖瑞，2004. 枣树雄性不育和胚败育研究[D]. 保定：河北农业大学.

王军辉，张建国，张守攻，等，2006. 青海云杉硬枝扦插的激素、年龄和位置效应研究[J]. 西北农林科技大学学报(自然科学版)(7)：65-71.

王明庥，1989. 林木育种学概论[M]. 北京：中国林业出版社.

王明庥，2001. 林木遗传育种学[M]. 北京：中国林业出版社.

王庆斌，张玉波，邹威，等，2012. 寒地杨树新品种遗传稳定性与适应性分析评价[J]. 东北林业大学学报，40(12)：40-42.

王庆菊，2014. 园林苗木繁育技术[M]. 北京：中国农业大学出版社.

王尚堃，蔡明臻，晏芳，2014. 北方果树露地无公害生产技术大全[M]. 北京：中国农业大学出版社.

王晓阳，2009. 利用 SSR 分子标记探测鹅掌楸杂种优势[D]. 南京：南京林业大学.

王欣，孙辉，胡中立，等.2018. 基因组选择方法研究进展[J]. 扬州大学学报(农业与生命科学版)，39(1)：61-67.

王章荣，2012. 高世代种子园营建的一些技术问题[J]. 南京林业大学学报(自然科学版)，36(1)：8-10.

王章荣，2012. 林木高世代育种原理及在我国的应用[J]. 林业科技开发，26(1)：1-5.

卫素音，吕兰英，卫晓丽，等，2020. 皂荚实生苗培育[J]. 中国花卉园艺(12)：50-51.

魏照信，陈荣贤，2008. 农作物制种技术[M]. 兰州：甘肃科学技术出版社.

文彦忠，2017. 刺槐无性系种子园老龄母树截干矮化试验[J]. 防护林科技(5)：29-30.

翁海龙，王福德，王鑫，等，2015. 杂种落叶松继代嫁接幼化技术研究初报[J]. 林业科技，40(1)：22-23，58.

吴坤明，吴菊英，甘四明，2001. 桉树杂交育种及杂种优势的利用简介[J]. 广东林业科技(4)：10-15.

吴栩佳，2021. 鹅掌楸原生质体制备与瞬时转化条件优化[D]. 南京：南京林业大学

武吉华，张坤，等，2004. 植物地理学[M]. 4 版. 北京：高等教育出版社.

肖尊安，2011. 植物生物技术[M]. 北京：高等教育出版社.

续九如，2006. 林木数量遗传学[M]. 北京：高等教育出版社.

杨成超，黄秦军，苏晓华，2010. 林木杂种优势遗传机理研究进展[J]. 世界林业研究，23(5)：25-29.

姚俊修，2013. 鹅掌楸杂种优势分子机理研究[D]. 南京：南京林业大学

尹佟明，2010. 林木基因组及功能基因克隆研究概述[J]. 遗传，32(7)：677-684.

余波澜，张利明，孙勇如，等，2002. 雄性不育基因工程及其在蔬菜育种中的应用[J]. 园艺学报，(S1)：645-650.

余连城，2020. 蒙古栎实生苗培育与山地造林技术[J]. 种子科技，38(7)：55-56.

臧云鹏，李明杰，卞建国，2018. 花卉扦插繁殖技术[J]. 现代农业科技(24)：151，155.

张传来，2013. 果树优质苗木培育技术[M]. 北京：化学工业出版社.

张金凤，朱之悌，张志毅，1999. 黑白杨派间杂交试验研究[J]. 北京林业大学学报，21(1)：6-10.

张劲，刘勇，薛敦孟，等，2017. 毛白杨无性繁殖材料老化与复壮研究[J]. 西北林学院学报，32(4)：87-91，171.

张磊，熊涛，王建忠，等，2015. 广西东门林场桉树无性系选育研究概述[J]. 桉树科技，32(1)：45-49.

张守攻，齐力旺，李来庚，等，2016. 中国林木良种培育的遗传基础研究概览[J]. 中国基础科学·植物科学专刊(2)：61-66.

张天真，等，2003. 作物育种学总论[M]. 北京：中国农业出版社.

张新全，等，2004. 草坪草育种学[M]. 北京：中国农业出版社.

张应中，赵奋成，李福明，等，2008. 湿地松与加勒比松杂交制种技术[J]. 广东林业科技(4)：5-8.

张昀，1998. 生物进化[M]. 北京：北京大学出版社.

章元明，2006. 作物 QTL 定位方法研究进展[J]. 科学通报(19)：2223-2231.

赵罕，朱高浦，狄爱民，等，2016. 林木远缘杂交育种现状及研究进展[J]. 世界林业研究，29(2)：28-32.

赵寿元，乔守怡，2001. 现代遗传学[M]. 北京：高等教育出版社.

朱高浦，李芳东，杜红岩，等，2012. 植物嫁接技术机理研究进展[J]. 热带作物学报，33(5)：962-967.

朱军，2002. 遗传学[M]. 3 版. 北京：中国农业出版社.

朱之悌，盛莹萍，1992. 论树木的老化—幼年性、成年性、相互关系及其利用[J]. 北京林业大学学报(S3)：92-104.

朱之悌，1986. 树木的无性繁殖与无性系育种[J]. 林业科学，22(3)：280-290.

朱之悌，1990. 林木遗传学基础[M]. 北京：中国林业出版社.

Beck S L, Dunlop R, van Staden J, 1998. Rejuvenation and micropropagation of adult Acacia mearnsii using coppice material[J]. Plant Growth Regul., 26: 149-153.

Bell G D, Fletcher A M, 1978. Computer organised orchard layouts (COOL) based on the permutated neighbourhood design concept[J]. Silvae Genetica, 27: 223-225.

Brickell C D, Baum B R, Hetterscheid W L A, *et al.*, 2006. 国际栽培植物命名法规[M]. 7版. 向其柏, 臧德奎, 孙卫邦, 译. 北京: 中国林业出版社.

Burdon R D, 1977. Genetic correlation as a concept for studying genotype-environment interaction in forest tree breeding [J]. Silvae Genetica, 26: 168-175.

Cullis B R, Jefferson P, Thompson R, *et al.*, 2014. Factor analytic and reduced animal models for the investigation of additive genotype-by-environment interaction in outcrossing plant species with application to a *Pinus radiata* breeding programme [J]. Theoretical & Applied Genetics, 127(10): 2193-2210.

Diaz-Sala C, 2014. Direct reprogramming of adult somatic cells toward adventitious root formation in forest tree species: the effect of the juvenile adult transition[J]. Front. Plant Sci., 5, 310.

Díaz-Sala C, 2019. Molecular dissection of the regenerative capacity of forest tree species: special focus on conifers[J]. Front. Plant Sci., 9: 1943.

Du Q, Yang X, Xie J, *et al.*, 2019. Time-specific and pleiotropic quantitative trait loci coordinately modulate stem growth in *Populus*[J]. Plant Biotechnology Journal, 17: 608-624.

El-Kassaby Y A, Fayed M, Klapste J, *et al.*, 2014. Randomized, replicated, staggered clonal-row (R2SCR) seed orchard design[J]. Tree Genetics & Genomes, 10: 555-563.

Finlay K, Wilkinson G, 1971. The analysis of adaption in a breeding programme [J]. Australian Journal of Agricultural Research, 14(6): 742-754.

Gauch H G, 1992. Statistical analysis of regional yield trials: AMMI analysis of factorial designs[M]. Amsterdam: Elsevier.

Greuter W, McNeill J, Barrie F R, *et al.*, 2001. 国际植物命名法规[M]. 朱光华, 译. 北京: 科学出版社.

Hall D, Hallingbäck H R, Wu H X, 2016. Estimation of number and size of QTL effects in forest tree traits[J]. Tree Genet Genomes, 12: 110. doi: 10.1007/s11295-016-1073-0.

Heide O M, 2018. Juvenility, maturation and rejuvenation in plants: adventitious bud formation as a novel rejuvenation process[J]. The Journal of Horticultural Science and Biotechnology, 94: 1-10.

Huang L, Chow T, Tseng T, *et al.*, 2003. Association of mitochondrial plasmids with rejuvenation of the Coastal Redwood, *Sequoia Sempervirens* (D. Don) Endl[J]. Botanical bulletin of Academia Sinica, 44: 25-30.

Jansson G, Hansen J K, Haapanen M, *et al.*, 2017. The genetic and economic gains from forest tree breeding programmes in Scandinavia and Finland[J]. Scandinavian Journal of Forest Research, 32: 4, 273-286, DOI: 10.1080/02827581, 2016. 1242770.

Kinghorn, 2011. An algorithm for efficient constrained mate selection[J]. Genetics Selection Evolution, 43: 4.

Koop H, 1987. Vegetative reproduction of trees in some European natural forests[J]. Vegetatio, 72: 103-110.

La Bastide JGA, 1967. A computer program for the layouts of seed orchards[J]. Euphytica, 16: 321-323.

Lambeth C, Lee B C, O'Malley D N, *et al.*, 2001. Polymix breeding with parental analysis of progeny: An alternative to full-sib breeding and testing[J]. Theor Appl Genet, 103: 930-943. doi: 10.1007/ s001220100627.

Lewin B, 2005. Gene Ⅷ[M]. 余龙, 江松敏, 赵寿元, 主译. 北京: 科学出版社.

Li Y, Telfer E, Wilcox P L, 2015, New Zealand forestry enters the genomics era-applications of genomics in tree breeding[J]. NZ Journal of Forestry, 60(1): 23-25.

Liesebach H, Liepe K, Bäucker C, 2021. Towards new seed orchard designs in Germany – A review[J]. Silvae

Genetica, 70: 84-98.

Maria L Badenes, Angel Fernándezi Martí, Gabino Ríos, *et al.*, 2016. Application of genomic technologies to the breeding of trees[J]. Frontier in genetics, 7: 198.

Paula M, Pijut& Keith E, Woeste& G, *et al.*, 2007. Technological advances in temperate hardwood tree improvement including breeding and molecular marker applications[J]. In Vitro Cell. Dev. Biol. Plant, 43(4): 283-303.

Russell P J, 1990. Essential Genetics[M]. 2nd ed. London, Blackwell Scientific Publications.

Sacristán C, 2016. Back in time, back to the future: Aging and rejuvenation[J]. Trends Mol. Med., 22: 631-632.

Shanthi K, Bachpai V K W, Anisha S, *et al.*, 2013. Senescence, ageing and death of the whole plant[J]. New Phytologist, 197: 696-711.

Sivakumar V, Yasodha R, 2015. Micropropagation of *Eucalyptus* camaldulensis for the production of rejuvenated stock plants for microcuttings propagation and genetic fidelity assessment[J]. New Forest, 46: 357-371.

Starr C, Taggart R, 1995. Biology: the Unity and Diversity of Life[M]. 7th ed. Washington: Wadsworth Publishing Company.

Tong C, Yao D, Wu H, *et al.*, 2020. High-quality SNP linkage maps improved QTL mapping and genome assembly in *Populus*[J]. Journal of Heredity, 111(6): 515-530.

Wendling I, Trueman SJ, Xavier A, 2014. Maturation and related aspects in clonal forestry-part Ⅱ: reinvigoration, rejuvenation and juvenility maintenance[J]. New Forest, 45: 473-486.

White T L, Adams W T, Neale D B, 2007. Forest genetics [M]. CAB International.

White T L, Adams W T, Neale D B, 2013. 森林遗传学[M]. 崔建国, 李火根, 主译. 北京: 科学出版社.

Xu Y, 2003. Developing marker-assisted selection strategies for breeding hybrid rice [J]. Plant Breed. Rev., 23: 73-174.

Yan W, Hunt L A, Sheng Q, *et al.*, 2000. Cultivar evaluation and mega-environment investigation based on the GGE biplot[J]. Crop Science, 40(3): 597-605.

Yao J, Li H, Ye J, *et al.*, 2016. Relationship between parental genetic distance and offspring's heterosis for early growth traits in *Liriodendron*: Implication for parent pair selection in cross breeding[J]. New Forests, 47: 163-177.

Zeng Z B, 1994. Precision mapping of quantitative trait loci[J]. Genetics, 136: 1457-1468.

附录：林木育种学常用术语

(按汉字拼音字母排序)

B

摆动假说(wobble hypothesis)：翻译时，密码子的第三位碱基与反密码子的第一位碱基配对时常出现非 Watson-Crick 碱基配对，即密码子第 3 位碱基的配对缺乏特异性，可随意摆动。

半同胞家系(half-sib family)：某一亲本与群体中所有其他亲本随机交配获得的子代，即仅有一个亲本相同的子代家系。

半同胞交配(half-sib mating)：指同父异母或同母异父的后代个体间的交配。

变异(variation)：指亲子之间以及子代个体之间存在差异的现象。变异又可区分为遗传变异与环境饰变两类。在繁殖过程中由于基因重组产生的子代个体之间基因型差异外，基因突变、染色体变异也会产生可遗传的变异。环境(environment)条件的改变可导致非遗传的变异。

变种(varieties)：物种以下的分类单位。指在形态结构或生理特征上有别于原种的一群个体。变种的分布范围比亚种小。

标记辅助选择(marker assisted selection，MAS)：指根据分子标记基因型来选择优良性状的个体。

表观遗传调控(epigenetic regulation)：指非基因序列改变所导致的基因表达水平发生变化，主要包括 DNA 甲基化、基因组印记和组蛋白的修饰和折叠及小分子 RNA(如 miR-NA)调控等方面。

表现型(phenotype)：生物个体所表现出的性状。

表型同型交配(phenotypic assortative mating，PAM)：指表现型相似个体间的交配，如花期相似的个体间交配。

表型异型交配(phenotypic disassortative mating，PDM)：指表现型相异个体间的交配。

表型相关(phenotypic correlation)：性状表现型度量值之间的相关。

表现型选择(phenotypic selection)：仅根据树木表现型观测值进行的选择，又称混合选择。

补充群体(infusion population)：育种群体经过数个世代的轮回选择后，需要扩大遗传基础，增加遗传多样性。可从天然林群体中选择新的优树，新补充的优树群体称补充群体。

317

不连续交配设计(disconnected mating design):将一个大的育种群体划分成较小的几个子群体,子群体间个体不相互交配,子群体中的交配常用不连续析因设计或不连续半双列杂交。不连续交配设计可提供没有亲缘关系的亚系。

不亲和性(incompatibility):在有性生殖过程中由于生物个体间存在生殖隔离,从而导致不能受精,或是受精后不能产生后代的现象。

C

C 效应(C-effects):指无性繁殖过程中,由成熟效应、位置效应以及供繁材料的粗细、繁殖技术的好坏等因素所引起的非遗传效应。C 效应仅对当代起作用,不具有遗传效应。

C-值(C-value):基因组大小通常被称为 C-值,一般以每个单倍体细胞核内的 DNA 量(pg)表示。

采穗圃(scion orchard, hedge orchard):是为生产单位提供林木良种优质种条(插穗或接穗)的繁殖圃,是林木良种无性繁育的主要方式。

尺度效应(scale effect interaction):基因型与环境交互作用的表现形式之一。虽然在不同环境中基因型的相对排名不会发生改变,但基因型间的差异大小并不恒定。

超亲遗传(transgressive inheritance):又称越亲遗传,是指两个品种杂交,在其杂交后代中出现超过原始亲本的个体的现象。超亲遗传和杂种优势不同,超亲遗传主要是基因重组的结果,可以通过选育工作将其保持下来,而杂种优势则主要来源于基因的非加性效应。

超显性假说(overdominance hypothesis):解释杂种优势机理的一种假说,又称"等位基因异质结合假说"。该假说认为,等位基因异质结合优于同质结合,即杂合子优于纯合子。

产地种子园(source seed orchard):种子园的一种类型,区分产地营建的种子园,或为生产不同种源间杂种而营建的种子园。

成熟效应(cyclophysis):指树木的无性繁殖能力随着树龄增加而下降的现象。

初级种子园(primary seed orchard):是指建园材料仅经过表现型选择,而未经过子代测定,其遗传品质尚未经测定的种子园。

纯系(pure line):通过连续多代近亲繁殖得到的纯合品系。纯系中,所有基因位点都是纯合的。

测交(test cross):与隐性亲本回交,或将隐性亲本与待测亲本进行杂交,以测定待测亲本的遗传价值。

雌雄同株(monoecious):雌雄性器官位于同一个体上。

雌雄同熟(homogamy):雌花和雄花在同一时间成熟。

雌雄异株(dioecism):雌雄性器官分别位于不同的个体上。

雌雄异熟(heterogamy):雌花和雄花在不同时间成熟。

重建种子园(restitution seed orchard):用经过遗传鉴定的优良无性系重新建立的新种子园。国内称重建(第一代)种子园,国外称 1.5 代种子园。

重组基本群体(recombinant population):育种群体经交配设计与人工杂交,产生下一轮的家系子代，构成了下一轮育种的基本群体，称为重组基本群体。

D

大配子体（megagametophyte）：裸子植物种子中的胚乳为单倍体，称为大配子体。

单倍体（haploid）：含有配子染色体数目的个体，用 $1n$ 表示。

单价体（univalent）：在减数分裂中期没有配对的单个染色体。

单体（monogamic）：丢失一条染色体的二倍体生物，以 $2n-1$ 表示。

单交（single cross）：是指两个不同基因型个体进行一次交配，所得的杂种称单交种。

单对交配（single pair mating）：育种群体中，每个亲本仅交配一次。

单性状选择（single trait selection）：选择的目标性状仅为单一性状。

单性生殖（parthenogenesis）：又称弧雌生殖，指从未受精的卵细胞发育成个体的现象。

单株选择（individual selection）：是谱系清楚的选择。根据入选标准，从群体中挑选优良个体，分别采种或采条，单独繁殖，单独测定的选择。优树选择、家系选择、家系内选择均属于单株选择。

等位基因（alleles）：在同源染色体上占据相同座位的基因。

地理变异（geographic variation）：一个树种分布在广大地域，由于突变、隔离及自然选择等原因，随地理区域不同而出现的变异。

地理小种（geographic race）：种内的变异类型。经长期自然选择适应于某一类特殊生境（海拔、气候、土壤因子等）、遗传上具有明显的适应性分化特征的种群。

地域小种（local land race）：当某一外来树种引种至自然分布区外栽植，经过自然适应或人工驯化，在引种地区选育出的适合当地土壤气候条件的品种。

定向选择（directional selection）：个体的适合度与其性状表现直接相关，最终将导致有利等位基因被某一群体所固定，因而会降低群体遗传变异水平。

奠基者效应（founder effect）：也称为建立者效应。指少数个体的基因频率决定了其繁衍后代群体的基因频率的现象，是遗传漂变的一种极端表现。

DNA 指纹（DNA finger printing）：是指利用分子标记技术对所检测个体/品种显示的特异 DNA 片段信息。依据高变异性的分子标记在个体间表现出的多态性，建立每一品种的标准图谱（类似于人的指纹，因而称为指纹图谱），从而将个体/品种一一鉴别。

DNA 多态性（DNA polymorphism）：DNA 分子水平上的多态性，包含转换、颠换、片段重复、插入、缺失等变异信息，可通过 SNP、SSR、RFLP、RAPD、AFLP 等分子标记技术进行分析。

多倍体（polyploidy）：是指体细胞中含有 3 个或 3 个以上染色体组的个体。

多态位点（polymorphic loci）：指具有 1 个以上等位基因的位点。

多态位点比率（proportion of polymorphic loci）：是指在所测定的全部位点中，多态位点所占的比率。

多父本混合授粉（multiple parental pollination，polymix）：是指将多个父本的花粉混合起来，对同一个母本进行授粉，即 A×（B+C+D+…）。

多性状选择（multiple traits selection）：选择的目标性状有多个。

多向性选择(disruptive selection)：又称为分裂性选择、歧化选择，是指选择后群体向2个或多个不同方向发展的趋势。分裂性选择会增加群体变异水平，是维系遗传多样性的一种机制。

独立淘汰法(independent culling)：对所需改良的性状同时进行选择时，给每个性状设定一个最低入选标准，如果个体达到所有这些标准就可入选。

E

二倍体(diploid)：含有两套染色体($2n$)的细胞或个体。

F

反向遗传学(reverse genetics)：从基因到表型。从基因入手，研究该基因所控制的表型。

翻译(translation)：是将mRNA中编码的信息翻译合成多肽的过程。

繁殖群体(propagation population)：又称为生产群体(production population)，指从候选群体中选择部分优良亲本(无性系或家系)用于生产良种，如建立初级种子园或采穗圃。

分子标记(molecular marker)：是以个体间DNA序列变异信息为基础开发的一类遗传标记，包括SNP、SSR、RFLP、AFLP等，分子标记直接反映了DNA水平的遗传变异。

分子设计育种(molecular design breeding)：以生物信息学为平台，以基因组学和蛋白质组学等数据库为基础，通过多种技术的集成与整合，对育种程序中的诸多因素进行模拟、筛选和优化，提出最佳的符合育种目标的基因型以及实现目标基因型的亲本选配和后代选择策略，以提高植物育种中的预见性和育种效率，实现从传统的经验育种到定向、高效的精确育种的转化。

非轮回亲本(non-recurrent parent)：回交中，只参加一次杂交的亲本称为非轮回亲本，也称为"供体亲本"。

非同源染色体(non-homologous chromosomes)：形态结构彼此不同，不属于同一对的染色体。

非整倍体(ancuploid)：细胞或个体的细胞核内含有的染色体数不是染色体组的整数倍。

复等位基因(multiple allele)：同一基因位点存在两种以上的等位基因。

复式杂交(multiple cross)：是指用两个以上亲本进行两次或两次以上的杂交。

辐射诱变育种(breeding by radiation induction)：是指利用各种射线照射，在诱变后代中筛选具有育种目标性状的新材料，进而培育新品种或创造新种质的过程。

复壮(rejuvenation)：也称幼化，指针对品种退化而采取的恢复并维持树木幼龄状态的措施。

辅助授粉(supplementary pollination)：收集目的父本的花粉，在不去雄、不套袋的情况下，以人为的方法将花粉施加于母本植株雌蕊柱头(花)上的人为补充授粉的方法。

G

高世代种子园(advanced-generation seed orchard)：是第二代及更高世代种子园的

统称。

高枝嫁接（topgrafting）：是将接穗嫁接至已开花树木的树冠枝条上，可使嫁接植株提早开花。

广义遗传力（broad-sense heritability）：指遗传方差占总表型方差的比率。

广义遗传相关（broad-sense genetic correlation）：指两个性状无性系值（遗传型值）之间的相关。

固定指数（fixation index）：衡量种群中实际基因型频率是否偏离遗传平衡时的理论频率的指标。一般用符号"F"表示。

H

哈迪—温伯格法则（Hardy-Weinberg rule）：在一个大的随机交配群体中，如果没有迁移、突变与选择等因素的影响，那么，群体只需经过一代的随机交配，则其基因型频率与等位基因频率就可在世代相传中保持不变。

核质互作（nucleocytoplasmic interaction）：指细胞核基因与细胞质基因的相互作用。核质互作是引起植物雄性不育的遗传因素之一，也可能是导致植物杂种优势的原因之一。

后向选择（backward selection）：通过子代测定结果对参试亲本进行评价与再选择。

环境饰变（environmental modification）：是由生境引起的不可遗传的表现型变异，如外部形态、解剖结构、生理特性、物候与生态习性等方面的变异。

回交（back cross）：指两个亲本产生的杂种一代（F_1）再与其亲本之一进行的杂交。

环境相关（environmental correlation）：由于相同环境效应导致的性状间相关。

混合选择（mass selection）：又称表现型选择（phenotypic selection），混合选择是一种只依据表现型、不作遗传测定的选择。

J

基本群体（base population）：供育种工作选择使用的林木群体。包括天然林或未经改良的人工林，以及谱系清楚的子代林，由数千个基因型组成。

基础群体（founder population）：某一树种最先开始的育种活动一般为优树选择，即在该树种天然林的适宜种源区选择表型优树，用来选择优树的天然林分就构成了基础群体，以区别于后续轮回中的基本群体（base population）。

基因表达调控假说（hypothesis on gene expression & regulation）：解释杂种优势遗传基础的一种假说。该假说认为，杂种优势产生的根本原因在于基因的差异表达与调控。

基因分化系数（coefficient of gene differentiation）：指群体间变异量占总变异量的比值（以平均期望杂合度或基因多样度为基础），一般以 G_{st} 表示。

基因工程（genetic engineering）：也称基因操作、重组 DNA 技术，指在分子生物学的理论指导下采用类似工程设计的方法预先设计蓝图，通过基因克隆、遗传转化以及细胞与组织培养技术，将外源基因转移并整合至受体植物的基因组中，并使其在后代植株中得以正确表达和稳定遗传，从而使受体植物获得新性状的技术体系。

基因流（gene flow）：又称为迁移（migration），指群体间等位基因的交流。

基因渐渗(gene introgression)：在一些分布区重叠的、亲缘关系密切的树种，一个种的遗传物质穿越种间障碍转入到另一个种内的现象(参考渐渗杂交)。

基因频率(gene frequency)：是指在一个群体中，某一个基因位点内某种等位基因所占的比例。

基因型频率(genotype frequency)：是指某种基因型个体占群体全部个体的比例。

基因库(gene pool)：有性生殖生物的某一群体中，能进行生殖的个体所含有总的遗传信息。即一个群体中所有个体的基因的集合。

基因枪法(particle gun)：又称为微射轰击法(microinjection bombardment)，DNA直接转化的一种方法。

基因组(genome)：是一个细胞的细胞核内所有染色体上全部基因的总称。

基因组选择(genomic selection，GS)：是一种全基因组范围的标记辅助选择方法，主要通过全基因组大量的遗传标记信息计算出不同染色体片段的育种值，然后估算出个体基因组范围的总育种值并进行未知群体的选择。

基因组编辑育种(breeding by genome editing)：是对特定基因进行精准定点诱变，从而改变其调控的特定性状。

基因资源(gene resource)：也称为遗传资源(genetic resource)，指以物种为单位的种内个体的全部遗传物质或种内基因组、基因型变异的总和。

基因重组(gene recombination)：是指生物在有性生殖过程中由于基因的重新组合导致子代与亲本之间，以及子代各个体之间遗传上的差异。基因重组是引起生物发生可遗传变异的主要原因。

基因突变(gene mutation)：指基因水平的变异。具体是指基因在结构上发生碱基对组成或排列顺序的改变。

基因型与环境交互作用(genotype-environment interaction，G×E)：当多个基因型种植在不同的环境，基因型间的相对表现缺乏稳定性。

加倍单倍体(doubled haploid，DH)：又称为双单倍体，指单倍体加倍后获得的纯合二倍体。

家系(family)：由同一植株上采集种子繁育而成的子代构成一个家系。

家系选择(family selection)：是将家系作为一个单位，按家系平均值进行的选择。

家系内选择(within family selection)：是根据家系内个体表现型值距该家系平均值的离差进行个体选择。

交配系统(mating system)：广义的交配系统泛指影响某类生物个体雌雄配子结合的所有生物学属性，包含繁育系统与传粉机制等特征。狭义的交配系统特指雌雄配子结合的方式，也可指个体间的交配模式，如自交、异交等。

交配设计(mating design)：以测定育种亲本遗传品质为目的而制定的各种交配方式。

近亲交配(inbreeding)：又称为近亲繁殖，指亲缘关系较近的亲属之间的交配，或指基因型相同或相近的两个体间的交配。自交就是最极端的近交。

近交系数(inbreeding coefficient)：指个体的两个相同基因来源于同一个祖先基因的概率，是衡量近亲交配程度的指标，一般用 F 表示。

近交衰退(inbreeding depression)：近亲间交配会导致近交衰退，近交子代表现出劣于其亲本的现象，如生长势减弱，适合度降低、适应能力下降等。

渐渗杂交(introgressive hybridization)：一个物种的基因渗入到另一物种中的现象。当两个物种分布区重叠，且不存在种间生殖隔离，则容易发生种间杂交与回交，且一般倾向于与更繁盛的物种回交，导致群体内大多数个体与更繁盛的物种相似，但也具有另一物种的一些性状(参考基因渐渗)。

渐变群(cline)：地理变异的一种模式，对于分布广泛且连续的树种，种源间性状变异随着环境梯度变化而呈现出梯度变异趋势。

间接选择(indirect selection)：又称为相关选择响应(correlated response to selection)。是根据与改良性状相关性状或指标的选择。假如两个性状之间存在强度的正相关或负相关，那么，对第一个性状的选择必然会引起第二个性状的改变。

精选群体(elite population)：由育种群体中挑选出少数排序较前的亲本组成。

精选树(elite tree)：通过子代测定，证明遗传上优良的优树。

就地保存(in situ conservation)：种质资源保存的一种方式，是指对保护对象在其自然生境中进行原址保存，如保护天然林分或用保护林分的种苗就近营建新的林分。

K

可变剪接(alternative splicing)，又称为选择性剪接，指对同一个 mRNA 前体通过不同的剪接方式(选择不同的剪接位点)产生不同的 mRNA 剪接异构体的过程，即对同一转录本通过不同的剪切方式最终合成不同多肽。

控制授粉(controlled pollination)：根据预先设定的交配设计将父本花粉授于母本，开展人工杂交。一般包括去雄、套袋隔离和授粉 3 个环节。

L

离体保存(*in vitro* conservation)：指对离体培养的植株、器官、组织、细胞或原生质体等材料，采用限制、延缓或停止生长的处理措施使之保存，在需要时重新恢复其生长、并再生植株的方法。又称为设施保存，指利用冷库、低温冰箱等设施保存种子、花粉、营养器官、DNA 样品等种质。

良种(improved variety)：也称优良品种，是经人工遗传改良与培育，经济性状与生物学特征符合人类生产、生活要求，且性状遗传稳定一致、能适应一定的自然和栽培条件的特异性植物群体。林木良种的概念比较宽泛，包含无性系、种源、家系等材料，也包含种子园混合种子。

林木育种学(tree breeding)：是应用森林遗传学原理，研究林木良种选育及繁殖的理论与技术的学科。

林木改良(tree improvement)：指应用森林遗传学原理培育林木良种，以改良林木产量和品质的林业实践活动。

连锁不平衡(linkage disequilibrium，LD)：又称为配子相不平衡(gametic phase disequilibrium)或等位基因关联(allelic association)，指两个或两个以上不同基因座的等位基因同时出现的频率不等于随机出现(或遗传平衡时)的频率。

理想群体(idealized population)：是指群体中雌雄个体数目相等、亲本产生配子或后代数目相等、在世代间群体大小恒定等。

轮回亲本(recurrent parent)：回交中，参加多次回交的亲本为轮回亲本，也称为受体亲本。

轮回选择(recurrent selection)：是多世代改良中通常采用的选择方法，是指在连续的多个育种世代中，选择、交配、遗传测定、再选择，如此反复循环，使所需基因频率不断提高，遗传增益一代比一代高。

轮回育种(cyclic breeding)：林木长期育种可看作选择、交配、遗传测定等育种活动的循环往复，即轮回育种。

M

孟德尔群体(Mendelian population)：一群能相互交配、属于同一基因库的个体。

密码子(codon)：mRNA 上 3 个连续的核苷酸决定一个特定的氨基酸。mRNA 上特定的密码子顺序与相应的蛋白质的氨基酸顺序相对应。

母树林(seed production stand)：又称为种子生产区(seed production area，SPA)，是指利用天然林或人工林的优良林分，通过留优去劣疏伐，为人工造林生产临时性用种的采种林分。

N

年年相关(age-age correlations)：又称为幼成相关(juvenile-mature correlations)，指相同性状在不同年龄之间的遗传相关。

P

配合力(combining ability)：一类遗传参数，是衡量亲本将其优良性状传递给后代的相对能力。

配合选择(combined selection)：是在优良家系中选择优良单株，是将各家系平均表现型值和所属家系内个体表现型值结合起来考虑的选择方法。

配子(gamete)：一个成熟的雄性生殖细胞(精细胞)或雌性生殖细胞(卵细胞)。

平衡选择(balancing selection)：是自然选择的一种形式。由于存在杂合子优势，选择使同一基因座上具有不同的等位基因，从而得以维持基因座上的多态。因此，平衡选择是保持群体遗传变异的重要因素。

品种(variety)：是经过人工选育的，具有较好的适应性、特异性，并且其经济性状优良、主要性状整齐一致、性状遗传稳定等特性的一个物种。品种名需用单引号标出。

品种登录(cultivar registration)：是根据《国际栽培植物命名法规》(International Code of Nomenclature for Cultivated Plants，ICNPCP)对新育成的栽培植物品种名称进行认定并在同行业中进行通报的过程。这一过程保证了新品种名称的准确性和唯一性。

品种审定(cultivar approval)：是由专门机构(如品种审定委员会)对新育成的品种能否

推广和在什么范围推广做出审查决定。品种审定的目的是在加强品种管理，保护育种者、种子经营者和生产者共同的利益，因地制宜地推广优良品种，充分发挥优良品种的作用。

瓶颈效应（bottleneck effect）：指群体的遗传多样性及基因频率受限于世代交替过程中的最小有效群体大小。群体在某一个时间内，由于个体数量的急剧减少，导致遗传多样性降低，后代群体的基因频率由这些幸存的个体的基因型所决定，与祖先群体的基因频率不同。

Q

QTL（quantitative trait loci）：即数量性状位点，指控制数量性状的基因（或关联遗传标记）在基因组中的位置。

QTL 定位（QTL mapping）：又称为 QTL 作图。是基于遗传图谱信息通过连锁分析将影响同一数量性状的多个 QTL 分离开来，并将它们定位到基因组上的确切位置，这一过程就称为 QTL 定位。其目的是鉴定一个或多个影响数量性状的基因存在的染色体区域。

切枝杂交（cutting cross）：对于从授粉受精到种子成熟时间较短的树种，可以在室内对雌花花枝进行水培，完成授粉与种子采收工作。

迁地保存（*ex situ* conservation）：又称异地保存，指在人为条件下将遗传资源收集并迁至其生境之外的地方进行保存。例如，将收集到的种子、穗条在其他适宜地区的栽植保存。迁地保存是应用较广的保存方式，多与林木育种活动结合，如种源试验林、种子园、收集圃、无性系和子代测定林、树木园等都属迁地保存。

迁移（migration）：又称为基因流（gene flow），指群体间等位基因的交流。

前向选择（forward selection）：从优良家系中选择优良单株，其目的是构建下一轮育种群体，这种选择即为前向选择。

亲本分析（parentage analysis）：是指利用遗传标记信息来推定子代的亲本。

全双列交配设计（dialled mating design）：供试的每个亲本进行正交、反交及自交的所有可能的交配称全双列交配设计。如只有正交或反交组合，则称为半双列交配设计。

全同胞家系（full-sib family）：特定的父母本之间杂交获得的子代，或由共同父母本产生的子代。

群体（population）：指栖息在一定区域内同一物种的一群个体，群体内个体均有机会与其他个体进行交配。

群体遗传学（population genetics）：是研究群体遗传多样性模式，阐述遗传多样性的起源、维持机制及进化意义的遗传学分支学科。林木群体遗传学是遗传学原理在林木群体水平上的具体应用。

群体遗传结构（genetic structure of population）：遗传变异在群体内和群体间的分布模式及动态变化。

R

染色单体（chromatid）：染色体通过复制形成，而由同一个着丝粒所连接在一起的两条子染色体（即姐妹染色单体）。着丝粒分裂以后，子染色体分开成为染色体。

染色体(chromosomes)：是 DNA 与组蛋白结合的复合体，是遗传物质的载体。

染色体变异(chromosome variation)：指染色体水平上发生的变异，可细分为染色体结构变异和染色体数目变异两类。

染色体基数(basic number of chromosome)：每一个染色体组中的染色体数，在二倍体或单倍体生物中即单倍体数，用符号 X 表示。

染色体外遗传(extrachromosomal inheritance)：是指染色体以外的遗传因子所表现的遗传现象。在真核生物中常称为细胞质遗传，也称为核外遗传、非染色体遗传、非孟德尔遗传或母体遗传。

染色体组(chromosome set)：指体细胞中的一组完整的非同源染色体，它们在形态和功能上各不相同。

染色体组型(kargotype)：或称核型，指每种生物染色体数目和形态特征的总称。

染色质(chromatin)：是染色体在细胞分裂的间期所表现的形态，呈纤细的丝状结构，由核内的 DNA 与组蛋白、RNA、非组蛋白等结合形成。

人工种子(artificial seeds)：又称合成种子(synthetic seeds)，利用体细胞胚发生的特征，将体细胞胚包埋在胶囊中，可以形成具有种子的性能并直接在田间播种的种子。人工种子由体细胞胚、人工胚乳和人工种皮 3 个部分组成。

S

三倍体(triploid)：细胞中含有三整套染色体的生物个体。

三交(triple cross)：是指单交所得 F_1 再与第三个亲本进行杂交，即(A×B)× C。

三体(trisomic)：多一条染色体的二倍体，以 $2n+1$ 表示。

双交(double cross)：是指参与杂交 4 个亲本先两两进行杂交，然后用两个不同的单交种再次进行杂交，如(A×B)×(C×D)。

双三体(double trisomic)：对于两对同源染色体来说，每对都多一条染色体的二倍体，以 $2n+1+1$ 表示。

双受精(double fertilization)：显花植物中的受精现象。一个精核和卵核融合成为双倍体合子核，其余两个精核和极核融合成为三倍体胚乳核。

四体(tetrasomic)：多出了两条相同的染色体的二倍体，以 $2n+2$ 表示。

世代间隔(generation cycle)：指上下世代间的时间长度。

森林遗传学(forest genetics)：是研究林木遗传与变异的学科，是遗传学的分支学科。

上位性(epistasis)：指非等位基因间的互作。

上位性互作假说(epistasis interaction hypothesis)：解释杂种优势遗传基础的一种假说。该假说认为，杂种优势来源于不同位点的有利等位基因间的交互作用。

适合度(fitness)：是指某基因型能成活繁殖后代的相对能力。

生产群体(production population)：又称为繁殖群体(propagation population)。从候选群体中选择部分优良亲本(无性系或家系)用于生产良种，如建立初级种子园(primary seed orchard)或采穗圃(scion orchard)，该群体称为生产群体或繁殖群体。

生化标记(biochemical marker)：指生物体内某些生化性状差异，如血型、等位酶、单萜等。

生活周期（life cycle）：包括一个有性世代和一个无性世代，从种子到种子的历史，也就是无性世代与有性世代交替发生的历史，所以又称世代交替（alternation of generations）。

生态型（ecotype）：是指因特定的环境的选择而形成的在某些性状上具有明显区别，并具有稳定遗传特性的同一植物种内的变异类群。

生殖隔离（reproductive isolation）：由于多种因素使得亲缘关系接近的类群之间在自然条件下不交配，或者即使能交配也不能产生后代或不能产生可育性后代的隔离机制，又称生殖障碍（reproduction barriers）。包括合子前隔离（pro-zygotic isolation）与合子后隔离（post-zygotic isolation）两种类型。

实生苗种子园（seeding seed orchard，SSO）：由优树自由授粉种子或控制授粉种子培育苗木营建的种子园。

数量性状（quantitative character，quantitative trait）：即多基因性状，指遗传上受多基因控制，表现为连续分布，不能明确分组，易受环境影响的性状。

顺序选择（tandem selection）：在一定时间内，仅改良某一性状，直至达到所希望的要求符合时为止，如此一个性状、一个性状依次进行选择。

T

特殊配合力（special combining ability）：两个特定亲本交配，其子代性状表现的平均值与两个亲本一般配合力的离差，常用 SCA 表示。

体细胞胚胎发生（somatic embryogenesis）：是指不通过配子受精，经胚状体（embryoid）途径发育成完整植株的过程。

体细胞杂种（somatic cell hybrid）：通过体细胞融合后产生的杂种。

同源多倍体（autopolyploid）：由同一物种染色体组加倍产生的多倍体。

同源染色体（homologous chromosomes）：二倍体生物中，大小、形态相似的一对染色体。

图位克隆（map-based cloning）：又称定位克隆（positional cloning），图位克隆技术是定位与分离功能基因最经典的遗传学方法。该方法是基于目标基因紧密连锁的分子标记在染色体上的位置来逐步确定和分离目标基因，一般包括连锁作图、精细作图、基因组测序，以及功能验证等四个步骤。

W

外来树种（exotics）：当将一个树种栽种到自然分布区外时，称为外来树种。

微卫星（microsatellites）：又称为简单序列重复（simple sequence repeats，SSR）。其重复基序较短，仅 1~6 个碱基对。

位置效应（topophysis）：指树木无性繁殖过程中，繁殖材料的采集部位对繁殖效果的影响。树冠不同部位的枝条，在形态解剖和生理发育上存在的潜在差异，进而对无性繁殖苗木产生影响。如用侧枝扦插或嫁接育苗，会出现斜向生长、顶端优势减弱，提早开花结实等现象。

稳定性选择(stabilizing selection)：当选择有利于中等数值的表现型时，中等类型比例逐代增大而极端类型逐代减少，长期这样选择的结果，群体平均值保持不变，但方差则可能逐渐缩小。自然选择中属于这种情况者较多，其基本作用是防止群体遗传组成发生明显变化。

无性繁殖(asexual propagation)，又称为营养繁殖(vegetative propagation)，是指采集树木的部分器官、组织或细胞，在合适的条件下使其再生成为完整植株的过程。

无性系(clone)：由同一株母树(原株)经无性繁殖获得的一批植株，连同原株一起构成一个无性系。

无性系原株(ortet)：用来繁殖无性系的原始母树。

无性系分株(ramet)：组成无性系的各个植株。

无性系值(clonal value)：某一个体的基因型值 G_i 实际上等同于该个体的无性系值，可利用同一无性系多个分株的表现型值来估算该无性系值(基因型值)。

无性系选择(clonal selection)：是通过无性系对比试验，评选出优良无性系的过程。

无性系育种(clonal breeding)：将天然群体或人工群体中选出的优良单株繁殖成无性系，通过无性系测定选育出优良无性系，并将优良无性系进行扩繁及推广应用的育种技术。

无性系测定(clonal test)：遗传测定的一种类型，通过田间对比试验，对参试无性系的遗传值进行评价与选择。

无性系种子园(clonal seed orchard, CSO)：对建园亲本材料通过无性繁殖获得无性系，利用无性系植株营建的种子园。

无意选择响应(inadvertent selection response)：当对某一目标性状进行选择时，由于性状间的遗传相关，导致另一个非目标性状发生改变。

X

细胞工程(cell engineering)：是应用细胞生物学的原理与方法，结合工程学的技术手段，在细胞水平上进行遗传操作，通过细胞和组织培养，获得目标产品(细胞、组织、胚胎、生物体)的技术。细胞工程技术包括细胞与组织培养、细胞融合、染色体工程、胚胎培养、基因工程等。

细胞学标记(cytological marker)：指染色体核型、带型以及染色体数目与结构变异等细胞学信息。

细胞质基因组(plasmon)：指一个细胞中的各种细胞器基因的总称，包含叶绿体基因组和线粒体基因组。

狭义遗传相关(narrow-sense genetic correlation)：指两个性状育种值之间的相关。

乡土树种(indigenous tree species, native tree species)：任何一个树种都有它的自然分布范围，当它在自然分布区内生长或种植时称为乡土树种。

相关选择响应(correlated response to selection)：假如两个性状之间存在强度的正相关或负相关，那么，对第一个性状的选择必然会引起第二个性状的改变。

形态学标记(morphological marker)：指符合孟德尔分离的任何表型性状(如豌豆的花

色）。

雄性不育性（male sterility）：指雄蕊发育不正常，表现为花粉败育、无花粉、花药退化或不开裂等缺陷，不能产生有功能的花粉，但它的雌蕊发育正常，能够接受正常花粉而受精结实。

选择群体（selected population）：从基础群体中选出具有育种目标性状的一群个体，构成选择群体，如从天然林中选出的优树构成选择群体。

选择系数（selection coefficient）：是指某基因型被淘汰而不能繁殖后代的个体在群体中所占的百分率。

选择育种（selection breeding）：简称选种，是指人们按照一定的育种目标，从发生自然变异的群体中选留一部分个体或类型、或淘汰一部分个体或类型，并由选留群体中采集种子、种条或其他繁殖材料，经过比较、鉴定和繁殖，获得新品种的育种方法。

选择差（selection differential）：指入选树木（或中选群体）平均值与选择前总群体平均值的离差值，以 S 表示。

选择响应（response to selection）：指入选树木（或中选群体）子代的平均值与选择前总群体平均值的离差值，以 R 表示。

选择强度（selection intensity）：将选择差除以选择前总群体的标准差，所得的值称为选择强度，以 i 表示。

驯化（domestication）：当原分布区与引入地区的自然条件差异较大，或由于外来树种的适应范围较窄，只有通过杂交、诱变、选择等措施改变其遗传型从而使引进树种逐渐适应新的环境，该过程称为驯化。广义地，驯化还应包括将野生种改变成栽培种的过程。

Y

芽变（bud sport）：植物的芽的变异，常是体细胞突变的结果。

芽变选择（bud mutation selection）：是指通过对芽变的比较、鉴定和繁殖获得新品种的方法。芽变选择对于已有优良品种某个性状的进一步改良非常有效。

亚群体（subpopulation）：将广布种区分为若干个繁育群，称为亚群体。亚群体区域较小，且亚群内个体间可相互交配。

亚种（subspecies）：种内一种变异类群，形态上有区别，在分布上、生态上或季节上有所隔离，这样的类群即为亚种。

一般配合力（general combining ability）：在一系列交配组合中，一个亲本与其他亲本交配所得的子代性状的平均表现，常用 GCA 表示。

遗传（heredity）：是指生物在上、下代之间及同代的个体之间的相似现象。

遗传学（genetics）：是研究生物遗传和变异的科学，更具体的，是研究基因的结构、功能、传递、变异与表达的科学。

遗传标记（genetic markers）：是指任何表型性状或者可以鉴定的特征，且控制该表型或特征的等位基因遵循孟德尔分离规律。

遗传负荷（genetic load）：指群体中携带的隐性有害等位基因。

遗传漂变（genetic drift）：在小群体中，由于亲代在产生子代时，对基因的随机抽样而引起的等位基因频率发生随机性改变的现象。

遗传相关(genetic correlation)：由遗传因素引起的相关，可归因于基因连锁(linkage)与一因多效(pleiotropy)两方面因素。

遗传同型交配(genetic assortative mating，GAM)：指基因型相似个体间的交配，如花期相似的个体间交配。

遗传图谱(genetic map)：又称连锁图谱(linkage map)，是指遗传标记在染色体上的相对位置，或称遗传距离。遗传图谱提供了基因组的组织框架，是基因组学的核心内容，同时又是基因图位克隆、QTLs 定位以及标记辅助选择的基础。

遗传异型交配(genetic disassortative mating，GDM)：指基因型相异个体间的交配。

遗传型选择(genotype selection)：根据遗传测定林中子代或无性系的表现对亲本进行的选择。

遗传增益(genetic gain)：选择响应除以亲本群体的平均值，所得的百分率称为遗传增益，以 G 表示。

遗传资源(genetic resources)：也称为基因资源(gene resources)，指以物种为单位的种内个体的全部遗传物质，或种内基因组、基因型变异的总和。

异源多倍体(allopolyploid)：由不同物种染色体的加倍产生的多倍体。

异源四倍体(allotetraploid)：来自不同物种二倍体非减数配子的融合形成的多倍体。

异地保存(ex situ conservation)：又称迁地保存，指在人为条件下将遗传资源收集并迁至其生境之外的地方进行保存。例如，将收集到的种子、穗条在其他适宜地区的栽植保存。异地保存是应用较广的保存方式，多与林木育种活动结合，如种源试验林、种子园、收集圃、无性系和子代测定林、树木园等都属异地保存。

依频选择(frequency-dependent selection)：是指依赖于基因频率的选择。当等位基因频率较低时，选择对其有利；当等位基因频率较高时，选择对其不利。依频选择可使遗传多态性保持均衡。

引种(introduction of exotics)：指将一个树种从其自然分布区内引至分布区外进行种植的过程。

有效群体大小(effective population size，N_e)：指理想群体中参与繁育的个体数量。在理想群体中，个体间交配是随机的，因此，群体大小即为有效群体大小。对于现实群体，该个体数量等同于具有相同的等位基因分布或相同的近交水平的理想群体(在随机遗传漂变影响下)的繁育个体数。

优良林分选择(excellent stand selection)：是指在天然林或人工林分中，依据林分的实际情况，比较各林分的优劣，将符合优良林分标准的林分筛选出来。

优树(plus tree)：是指在相同立地条件下的同龄林分中，生长、干形、材性、抗逆性或适应性等性状特别优异的单株。

优树收集区(clone bank)：又称育种圃，林木改良的原始材料种植圃，由优树材料组成的育种群体，是营建种子园的物质基础。

优树选择(selection of plus tree)：从天然林或人工林群体中，按选种目标和优树标准进行表现型优良个体的选择。

育种程序(breeding procedure)：从取得和研究育种材料开始，经过选择、测定、繁育到获得新的林木良种或品种的全部有序过程。

育种群体(breeding population)：从选择群体中挑选一部分符合育种目标的材料作为交配组合亲本，该交配亲本群体构成了育种群体。

育种区(breeding zone)：从组织林木种质资源保存、育种、合理调拨种苗的需要出发，依地理、生态、行政区划和林木种群分布的实际情况而划分的地域。

远缘杂交(out crossing)：指亲缘关系较远的个体间的交配，如不同种、属间或亚种间的交配。

Z

早期选择(early selection)：林木未达经济成熟期前的选择。

杂交(crossing, hybridization)：指两个遗传组成不同的亲本交配，所产生的后代称为杂种(hybrid)。

杂交不亲和(cross incompatibility)：一般发生在远缘杂交中，由于亲缘关系太远，导致杂交的两个亲本所产生的配子不亲和，以致不能正常授粉、受精或胚胎不能正常发育等现象。

杂交方式(pattern of crossing)：即参与杂交的亲本数目以及各亲本杂交的先后次序。

杂交组合(cross combination)：指杂交双亲的组合与配置。如黑杨×小叶杨，有时也简称为组合。

杂交育种(breeding by hybridization)：通过杂交、培育、鉴定和选择，以选育新的品种的过程。

杂种(hybrid)：广义地，将不同基因型个体间的杂交子代称为杂种，包含种间杂种与种内杂种。狭义地，指种间杂种。

杂种优势(hybrid vigor, heterosis)：指两个遗传组成不同的亲本杂交产生的杂种 F_1 代，在生长势、生活力、繁殖力、抗逆性、产量和品质上比其双亲优越的现象。

杂种种子园(hybrid seed orchard)：用遗传品质好、遗传基础不同的两个或两个以上的栽植材料营建的，以生产具有杂种优势林木种子为目的的种子园。

中间砧(interstock)：在高枝嫁接过程中，将早期嫁接且已诱导开花的枝条作为砧木，这类砧木就为中间砧。

种子园(seed orchard)：是利用人工选择的优树无性系或子代家系为材料建立起来的特种人工林，用来生产林木良种的种植园，实行集约经营。

种源(provenance)：又称地理种源(geographic source)，是指种子或其他繁殖材料的原产地。

种源试验(provenance trial)：也称为林木的种群测定，对不同种源的材料进行栽培对比试验。

种源选择(provenance selection)：通过种源试验，为某一造林生境选出最佳种源的过程。

种质(germplasm)：在物种繁衍过程中，从亲代传递给子代的遗传物质。

种质资源(germplasm resources)：指具有特定的种质或基因，可供育种及相关研究利用的各种生物类型资源，如种子、果实、花粉、根、茎、苗、芽等的繁殖材料以及DNA等。

子代测定(progeny test)：是指将交配子代按照田间试验的原则营建测定林，根据子代生长表现估计亲本的相对遗传值，从而实现对亲本的排序及选择。

自然分布区(natural distribution region)：特指该树种的自然分布范围。具体而言，指某一树种的起源地及随后的自然扩张所覆盖的区域。

正向遗传学(forward genetics)：从表现型到基因。从表现型入手，致力于鉴定影响该表现型的基因。

致死当量(lethal equivalent)：是指在基因纯合状态下，平均引起一个死亡事件的一组基因数目。

致死基因(lethal gene)：某些基因的表现型效应是引起个体死亡。

直接选择(direct selection)：是直接根据改良性状进行的选择。

秩次改变(rank change interaction)：即在不同环境中基因型的相对排名会发生改变，G×E交互作用的表现方式之一。

质量性状(qualitative character, qualitative trait)：受单基因或多基因控制的，不同基因型的表现差异明显，可明显区分，受环境因素影响较小的遗传性状。

指数选择(index selection)：将所有有价值的性状信息综合成一个简单的指数值，选择时把它作为单个性状值来看待。

整倍体(euploid)：细胞或个体的细胞核内含有染色体组整数倍的染色体。

转录(transcription)：是以DNA模板合成mRNA的过程。

转录因子(transcription factor)：指能调节功能基因转录起始的一类蛋白质分子，它们可直接或间接结合RNA聚合酶，通过专一性识别基因的顺式作用元件(启动子、增强子)来调节转录。

主群体(main population)：育种群体的主体部分，包含绝大多数亲本。